西门子工业自动化技术丛书

运动控制系统应用指南

组　编　西门子（中国）有限公司
主　编　游辉胜
副主编　杨同杰

机 械 工 业 出 版 社

本书主要介绍了运动控制、选型设计、调试优化所涉及的基本原理和相关标准及应用。

本书共6章及附录，分别介绍了运动控制的基础理论；西门子运动控制器的功能及其应用，在运动控制中所涉及的低压电器；变频控制系统的原理及SINAMICS V20变频器及SINAMICS G120C变频器的功能；伺服控制原理及SINAMICS V90伺服控制系统的功能；伺服控制系统的优化原理和方法；伺服电动机的选型原则及基本计算；电气设计中的直流24V电源、防护、冷却、接地等设计要求；西门子变频器、伺服驱动系统及运动控制系统的使用技巧。

本书可供通用机械设备制造相关的设计、调试、维护等技术及管理人员阅读，也可以作为中、高职学校和大专院校、高校相关专业的教学参考用书。

图书在版编目（CIP）数据

运动控制系统应用指南/游辉胜主编．—北京：机械工业出版社，2020.4（2025.1重印）

（西门子工业自动化技术丛书）

ISBN 978-7-111-65143-7

Ⅰ.①运…　Ⅱ.①游…　Ⅲ.①自动控制系统-指南　Ⅳ.①TP273-62

中国版本图书馆CIP数据核字（2020）第046904号

机械工业出版社（北京市百万庄大街22号　邮政编码100037）
策划编辑：林春泉　责任编辑：林春泉
责任校对：杜雨霏　封面设计：鞠　杨
责任印制：李　昂
北京捷迅佳彩印刷有限公司印刷
2025年1月第1版第8次印刷
184mm×260mm · 18.75印张 · 459千字
标准书号：ISBN 978-7-111-65143-7
定价：86.00元

电话服务
客服电话：010-88361066
010-88379833
010-68326294

网络服务
机　工　官　网：www.cmpbook.com
机　工　官　博：weibo.com/cmp1952
金　　书　　网：www.golden-book.com
机工教育服务网：www.cmpedu.com

序

中国改革开放40多年以来，经济发展取得了举世瞩目的成就，制造业已成各个行业快速发展的基础。基础设施建设、汽车、食品饮料、通信、电子、机械制造、纺织、印刷、包装、物流和电池制造等在中国和全球市场需求的快速增长，产品更新换代周期的缩短，对自动化制造设备在高效率、高质量、低成本等方面提出了更高的要求。伴随着《中国制造2025》和“一带一路”倡议，中国制造业的技术水平稳步提高，中国经济的快速发展促进了周边国家的发展，也拉动了全球经济。

全球知名的西门子公司与中国的合作已有150年的历史。特别是近30年，西门子公司全面融入中国经济的发展，不仅在制造和销售方面具有国际水准和高质量的产品，大大提升了制造业的技术水平；而且还在中国建立了研发基地，将产品管理的职能设在中国，在中国形成了完整的价值链。西门子公司采用全球统一的设计标准和质量标准，秉承“中国定义、中国研发、中国制造、全球销售”的策略，实现了从中国制造到中国创造的转变。标有“中国制造”的运动控制产品，以及用这些产品装备的制造设备，使中国的机器制造水平与国际接轨，提高了自动化系统的可靠性，而且远销全球。“中国制造”已经逐步成为高质量的代表。

本书涉及的SIMATIC S7-200 SMART PLC、SIMATIC S7-1200 PLC、SIMATIC S7-1500 PLC、SINAMICS V20变频器、SINAMICS G120C变频器、SINAMICS V90伺服驱动器、SIMOTICS 1FL6伺服电动机是西门子公司为装备制造业设计的高性价比的运动控制产品，应用遍及中国和全球。为了让广大读者更好地了解和应用这些产品，西门子公司的资深工程师们编写了本书。本书基于作者多年从事这方面工作的经验和体会，对运动控制系统的设计、调试、性能优化等方面进行了全面、系统的描述，相信读者通过了解和学习一定会有助于所运用的运动控制产品在自动化设备上发挥出最大的效能。

本书作者都是在自动化行业具有多年工作经验的工程师，他们将技术知识、产品知识和工作经验集于本书，因此本书是一本非常好的实用型参考书，既可以作为工程师的设计参考手册，亦可作为自动化设备设计制造的教科书。

希望本书能够让更多的自动化工程师受益，希望西门子公司的技术和产品为中国的发展做出更多的贡献。

西门子公司资深专家　王钢

前言

作为一个制造业大国，同时也是全球制造业的中心，我国近几年间，在通用机械设备制造业有着极大的发展和变革，同时由于人力成本的上升以及消费者对产品品质要求的不断更新，从而对生产机械提出了新的要求。并且，随着机电一体化的大力发展与普及，电气控制元件逐步取代某些机械部件，从而使得设备的机械运动越来越复杂，对机械设备的效率、精度、稳定性、安全性和节能等提出了越来越高的要求，因此在生产机械中，运动控制器、低压电器、变频调速系统、伺服控制系统等的应用就越来越广泛。

西门子公司本着以客户为本的思想，以为客户提供全套解决方案为目标，为机械设备制造商提供运动控制器、传感器、人机界面、低压电器、变频器及异步电动机、伺服驱动器及伺服电动机等。客户可以根据机械设备的设计需求自由选择相应的产品，力求性价比最高，为制造业最终实现工业 4.0 夯实基础。

本书是基于编者多年从事这方面工作的体会，结合相关标准、基本理论以及西门子运动控制相关产品的实际应用而编写的。本书在内容的编写上力求全面实用，从运动控制系统的硬件配置、软件功能、设计标准、应用技巧等方面为机械设备制造商的相关专业人员做了全面的介绍。第 1 章主要介绍了运动控制系统的应用背景、系统组成、系统功能、基本原理及运动控制器的种类。第 2 章主要介绍了运动控制器 PLC 的应用场合、工作原理及其内部结构，重点介绍了西门子 PLC 的运动控制功能，如 SIMATIC S7-200 SMART PLC 运动控制功能、运动控制向导使用及其运动控制指令和 SIMATIC S7-1200/1500 PLC 运动控制功能、控制脉冲型伺服的运动控制向导使用、控制总线型伺服的运动控制向导使用及其运动控制指令，同时还介绍了运动控制系统应用过程中所必需的低压电器。第 3 章主要介绍了变频调速的基本原理，三相异步电动机的用途分类、基本结构、等效电路、调速原理和制动控制原理，变频器的组成、工作原理及控制方式，西门子 SINAMICS V20 变频器及 SINAMICS G120C 变频器的基本功能、调试方法、参数备份及其通信功能。第 4 章主要介绍了伺服电动机矢量控制原理、坐标变换原理和 PWM 控制方法，伺服电动机使用的编码器种类和特性、网络通信功能，SINAMICS V90 伺服驱动系统脉冲型及总线型的组成和功能、安全功能、调试工具及其伺服电动机。第 5 章主要介绍了伺服控制系统频域响应的基本原理，伺服控制系统中 PID 控制器原理、电流环优化、速度环优化和位置环优化，SINAMICS V90 伺服驱动系统的一键优化功能、实时自动优化功能、插补轴优化功能、机械谐振抑制功能、低频振动抑制功能等。第 6 章主要介绍了伺服电动机的选型原则及其要点，电器控制柜设计中所涉及的基本原则、直流 24V 电源的设计要点、电气控制柜的防护设计及冷却设计，从而保证电气控制元器件安全稳定工作；接地的分类、低压系统的接地形式、接地设计及电磁兼容性设计要点、西门子驱动器的接地屏蔽要点等，运动控制系统的设计调试要点包括电动机的起停控制、变频器的 Modbus 通信控制和 PROFINET 通信控制、SINAMICS V90 PN 伺服驱动器的位置控制和转矩应用等。附录列出了伺服电动机选型计算的常用基本公式，并详细分析了圆盘型负载和滚珠丝杠型负载伺服电动机的选型计算过程。

本书可以为机械设备制造业中相关行业工作者、生产管理者、设备维修维护者的参考书籍及培训材料，也可作为各中、高职院校的参考教材。此外，我希望本书也可以为有志于学习和了解通用机械设备运动控制相关的基本原理和西门子运动控制产品的读者朋友、行业伙伴们带来一定的帮助。

本书由游辉胜主编并统稿，游辉胜编写第1章、第2章、第6章中的6.1、6.3、6.4节及附录部分；戴朝阳编写第3章；杨同杰编写第4章中的4.1～4.3节及第5章；丁楠编写第4章中的4.4节；孙文玉编写第6章中的6.2节。全书由李澄、朱亮负责主审。感谢西门子资深专家王钢先生在本书的编写过程中提出了相当多的宝贵意见并为本书作序。感谢在本书编写过程中给予大力支持的各位朋友。

由于时间仓促、编者水平有限，书中难免存在不足之处，诚恳希望有关专家、学者、工程技术人员以及广大读者朋友们多多包涵，并不吝批评指正，谢谢!

编者

游辉胜

目录

第1章 运动控制概论

1.1 运动控制系统的应用背景

现代科学技术的不断发展给机械制造行业带来机遇的同时，也带来了更多的挑战。即使最先进的机器也必须不断满足更高的要求，应对诸如高产品质量、高循环率的生产能力和低生命周期的成本挑战。因此，电子元件正在逐步取代机械部件，不仅如此，控制系统还必须承担更多复杂的处理任务，控制更多的轴，应对更短的创新周期，从而跟上快速变化的市场需求。另外，在满足高效率、高质量的同时，还必须尽量降低成本，控制机械设备的价格。

运动控制起源于早期的伺服控制，简单地说，运动控制就是对机械运动部件的位置、速度、加速度等进行实时的控制管理，使其按照预期的轨迹和规定的运动参数完成相应的动作。随着计算机技术和微电子技术的发展，机电一体化技术得到迅速提高，运动控制技术作为其关键的组成部分也得到了前所未有的发展，各种运动控制的新技术和新产品层出不穷，使产品结构和系统结构都发生了质的飞跃。

在机械制造领域中，尤其是那些依赖于运动控制的设备，它们的运动大多是依靠机械元件以及若干电子装置来完成的，例如齿轮、凸轮、位控模块等。这也意味着，即使是一个很小的功能变化或者额外的功能需求都将导致更换元件、更新机械结构、重新编程等工作。同时由于机械磨损在所难免，系统控制准确度会逐渐降低，需要大量的备件库存。而在市场竞争日益激烈的今天，势必要求产品多样化、质量提高、产能增加等，这就使得生产机械的运动要求越来越复杂，对速度及准确度的要求也越来越高，而传统的生产机械越来越难满足这些要求。能够取代这些独立元件的方法是使用一种功能全面的自动化系统，它必须能够提供针对不同控制任务的解决方案，并具有如下特点：

- 由一个系统来完成所有的运动控制任务。
- 适用于具有许多运动部件的机器。

1.2 运动控制系统的组成

运动控制通常是指在复杂条件下，将预定的控制方案、规划指令转变成期望的机械运动，实现控制目标精确的位置控制、速度控制、加速度控制、转矩或力的控制。

按照使用动力源的不同，运动控制主要可分为以电动机作为动力源的电气运动控制、以气体和流体作为动力源的气液控制和以燃料（煤、油等）作为动力源的热机运动控制等。据资料统计，在所有动力源中，90%以上来自于电动机。电动机在现代化生产和生活中起着十分重要的作用，所以在这几种运动控制中，电气运动控制应用最为广泛。

电气运动控制是由电动机拖动发展而来的，电力拖动或电气传动是以电动机为对象的控制系统的通称。运动控制系统多种多样，但从基本结构上看，一个典型的现代运动控制系统的硬件主要由人机界面、运动控制器、功率驱动装置、电动机、执行机构和传感器反馈检测装置等部分组成。其中的运动控制器是指以中央逻辑控制单元为核心、以传感器为信号敏感元件、以电动机或动力装置和执行单元为控制对象的一种控制装置。

运动控制器就是控制电动机的运行方式的专用控制器，例如由行程开关控制交流接触器的开合而实现电动机拖动物体往复运行，或者用时间继电器控制电动机正反转或转一会儿、停一会儿、再转一会儿、再停。运动控制在专用机器中的应用，由于运动形式较为简单，通常要比在机器人和数控机床领域的应用易于理解和实现，通常被称为通用运动控制（General Motion Control，GMC）。运动控制器是决定自动控制系统性能的主要器件之一。对于简单的运动控制系统，采用单片机设计的运动控制器即可满足要求，同时价格便宜；对于复杂的运动控制系统，需要采用专用的运动控制器才能满足特定的需求，但价格昂贵；对于其他的运动控制系统，可以采用基于可编程序控制器中的运动控制功能来实现，且性价比高。

一个运动控制系统的基本架构通常包括：

- 一个运动控制器，用以生成轨迹点（期望输出）和闭合位置反馈环。许多控制器也可以在内部闭合一个速度环。
- 一个驱动或放大器，用以将来自运动控制器的控制信号（通常是速度或转矩信号）转换为更高功率的电流或电压信号。更为先进的智能化驱动可以自身闭合位置环和速度环，以获得更精确的控制。
- 一个执行器，如液压泵、气缸、线性执行机或电动机用以输出运动。
- 一个反馈传感器，如光电编码器、旋转变压器或霍尔效应设备等用以将执行器的位置反馈到位置控制器，以实现和位置控制环的闭合。
- 众多机械部件，用以将执行器的运动形式转换为期望的运动形式，包括齿轮箱、轴、滚珠丝杠、齿形带、联轴器以及线性或旋转轴承。

1.3 运动控制系统的功能

通常，一个运动控制系统的功能包括：速度控制、位置控制（点到点）、同步控制（电子齿轮和凸轮）。对于位置控制，通常依据设定的目标位置和目标速度，规划出一个运动的速度曲线（如三角形速度曲线、梯形速度曲线或者S形速度曲线），执行机构依据规划出的速度曲线，运动到停止状态就到达目标位置。对于同步控制，也就是从动轴的速度或位置在机械上跟随一个主动轴速度或位置的变化。例如一个系统包含两个转盘，它们在皮带牵引下按照一个给定的相对角速度同步转动。电子齿轮的主动轴和从动轴之间的随动关系是一个线性的函数关系，而电子凸轮较之电子齿轮更复杂一些，它使得主动轴和从动轴之间的随动关系可以是一个非线性的函数关系。

1. 运动规划功能

此功能实际上是去设置形成运动的速度及位置的基准量。合适的基准量不但可以改善轨迹的精度，而且还可以降低对转动系统以及机械传递元件的要求。通用运动控制器通常都提供针对冲击、加速度和速度等这些可影响动态轨迹精度的量值加以限制的运动规划方法。对于加速度进行限制的运动规划产生梯形速度曲线；对于冲击进行限制的运动规划产生S形速度曲线，用户可以根据需要直接调用相应的函数。一般来说，对于数控机床而言，采用加速度和速度基准量限制的运动规划方法，就已获得一种优良的动态特性。对于高加速度、小行程运动的快速定位系统，其定位时间和超调量都有严格的要求，往往需要高阶导数连续的运动规划方法。

2. 多轴插补、连续插补功能

通用运动控制器提供的多轴插补功能在数控机械行业获得广泛的应用。近年来，由于雕刻市场，特别是模具雕刻机市场的快速发展，推动了运动控制器的连续插补功能的发展。在模具雕刻中存在大量的短小线段加工，要求段间加工速度波动尽可能小，速度变化的拐点要平滑过渡，这种特性就要求运动控制器有速度前瞻和连续插补的功能。故许多高科技公司推出的专门用于小线段加工工艺的连续插补型运动控制器，在模具雕刻、激光雕刻、平面切割等领域获得了良好的应用。

3. 电子齿轮与电子凸轮功能

电子齿轮和电子凸轮可以大大地简化机械设计，而且可以实现许多机械齿轮与凸轮难以实现的功能。电子齿轮可以实现多个运动轴按设定的齿轮比同步运动，这使得运动控制器在定长剪切和无轴转动的套色印刷方面有很好的应用。另外，电子齿轮功能还可以实现一个运动轴以设定的齿轮比跟随一个函数，而这个函数由其他的几个运动轴的运动决定；一个运动轴也可以以设定的齿轮比跟随其他两个轴的合成运动速度。电子凸轮功能可以通过编程改变凸轮形状，无需修磨机械凸轮，极大简化了加工工艺。这个功能使运动控制器在机械凸轮的淬火加工、异型玻璃切割和全电动机驱动弹簧等领域有良好的应用。

4. 凸轮输出功能

指在运动过程中，位置到达设定的坐标点时，运动控制器输出一个或多个开关量，而运动过程不受影响。例如在自动光学检测应用的飞行检测中，运动控制器的比较输出功能使系统运行到设定的位置即起动 CCD（Charge - Coupled Device，电荷耦合器件）快速摄像，而运动并不受影响，这极大地提高了效率，改善了图像质量。

5. 测量输入功能

可以锁存测量输入信号产生时刻的各运动轴的位置，其精度只与硬件电路相关，不受软件和系统运行惯性的影响，在测量行业有良好的应用。另外，越来越多的 OEM（Original Equipment Manufacturer，原始设备制造商）希望将他们自己丰富的行业应用经验集成到运动控制系统中去，针对不同应用场合和控制对象，个性化设计运动控制器的功能。

1.4 运动控制器的种类

运动控制器是整个运动控制系统的核心，可以是专用控制器，但一般采用具有通信功能的智能装置，如数控系统、工业控制计算机（Industrial Personal Computer，IPC）、可编程序控制器（Programmable Logic Controller，PLC）、数字信号处理器（Digital Signal Processor，DSP）或者单片机等。运动控制器的作用是执行编写的程序、采集现场的 I/O 信号、实现各种运算功能、对程序流程和 I/O 设备进行控制并与操作站和其他现场设备进行通信。

目前，工业生产中常用的用于运动控制的控制器产品包括基于 PCI（Peripheral Component Interconnect，外设部件互联标准）总线和 DSP 的运动控制板卡、可编程序控制器和专用运动控制器等。

1）运动控制板卡。运动控制板卡具有很强的专业性，功能强大，应用广泛，但板卡类一般使用的编程语言是高级语言，编程有一定的难度。目前，多轴联动、多轴同步、主从跟随等相对复杂的控制一般都采用运动控制板卡这种控制方式，如图 1-1 所示。

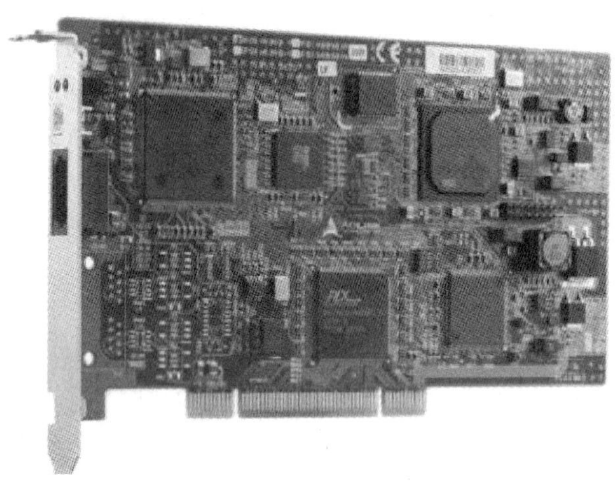

图 1-1　运动控制板卡

2）PLC 控制。PLC 控制是位置控制方式，控制时发送高速脉冲指令或通过通信发送速度和位置指令。一般来说，在 PLC 控制中，点到点的位置控制居多，多轴的顺序起停、主从跟随和多轴同步也可以使用 PLC 控制，如图 1-2 所示。

3）专用运动控制器。不同的控制器可以实现不同精度和类型的运动轨迹的控制。运动轨迹一般由直线、圆弧组成，对于一些非圆曲线轮廓则用直线或圆弧去逼近。插补计算就是控制器根据输入的基本数据，通过计算将运动轨迹描述出来，边计算边根据计算结果向执行机构发出运动指令。对于快速运动或圆弧插补运动，往往需要浮点数运算能力更强、输出信号频率更高的专用运动控制器来实现，如图 1-3 所示。

图 1-2　PLC 控制

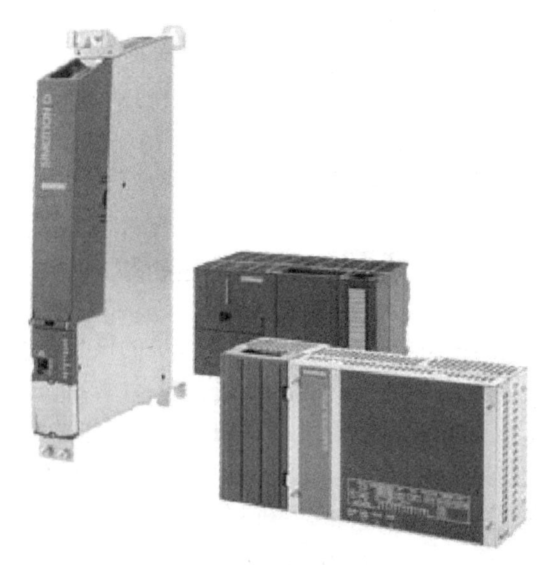

图 1-3　专用运动控制器

1.5 运动控制系统的基本原理

运动控制系统也可称为电力拖动控制系统，运动控制系统是通过对电动机电压、电流、频率等输入电量的控制，改变工作机械的转矩、速度、位移等机械量，使各种工作机械按人们期望的要求运行，满足生产工艺及其他应用的需求，如图 1-4 所示。

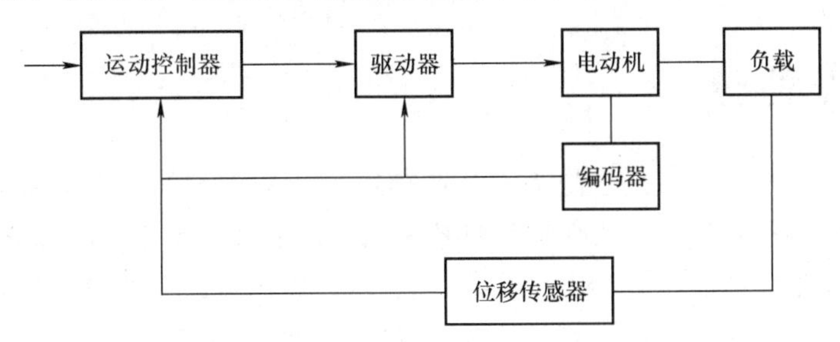

图 1-4 运动控制系统的控制原理图

运动控制器接收到控制指令后，经过运算分析控制驱动器驱动电动机带动负载运动。通常情况下，驱动器采用伺服驱动器，电动机采用带编码器的同步电动机，编码器直接反馈给伺服驱动器。在某些情况下，电动机的编码器信号也同时会反馈给运动控制器。由于电动机与负载之间存在减速比、反向间隙、机械误差等，电动机上的编码器不能真实地反映出负载的位置信息，在位置控制精度要求较高的场合，需要在负载上安装一个能直接反映出负载位置信号的位移传感器，其信号一般直接反馈到运动控制器。

随着机械制造 OEM 对运动控制器产品越来越熟悉，运动控制器一直在拓展它的应用领域和范围，在一些非传统的细分行业取得了突破。虽然这些行业只占了运动控制器市场很小的一部分，但这些领域将成为未来的赢利增长点，也为很多中小型的公司提供了市场机会。例如风力变桨距控制系统、火焰切割机、硅片切割机、追日系统、贴标机、套标机、枕式包装机、立式包装机、飞剪、飞锯和张力控制系统等。

运动控制系统的性能要求稳定性好，并且具有快速的响应性能，还要能达到较高的控制精度。因此，运动控制系统的选择应遵循以下原则：

- 根据要开发设备的工作特点，确定伺服电动机的类型。
- 确定要控制的电动机轴数和电动机工作模式。
- 确定位置检测、反馈模式，选择是否采用光电编码器或光栅尺或磁栅尺。
- 确定输入输出开关量的数量。

根据以上内容，选择合适的运动控制器。

第2章 运动控制器及其低压电器

2.1 运动控制器

PLC（可编程序控制器）是专门为在工业环境下应用而设计的数字运算操作的电子装置。随着生产规模的逐步扩大，市场竞争日趋激烈，对成本和可靠性的要求也越来越高，继电器控制系统已经难以适应工业生产的需求，而 PLC 控制系统可以使用可编程的存储器存储指令，并实现逻辑运算、顺序运算、计数、定位、同步、定时和各种算术运算等功能，用来对各种机械或生产过程进行控制。

2.1.1 PLC 的应用场合

目前，PLC 在国内外已广泛应用于钢铁、石油、化工、机械制造、汽车等行业，使用情况大致可归纳为开关量的逻辑控制、模拟量控制、运动控制、过程控制、数据处理、通信及联网。

1. 开关量的逻辑控制

开关量的逻辑控制是 PLC 最基本、最广泛的应用领域，它取代传统的继电器电路，实现了逻辑控制和顺序控制，既可用于单台设备的控制，也可用于多机群控及自动化流水线。

2. 模拟量控制

在工业生产过程中，有许多连续变化的量，如温度、压力、流量、液位和速度等都是模拟量。

3. 运动控制

众所周知，PLC 是可以用于控制圆周运动或直线运动的，从控制机构的配置角度来说，早期是直接用于开关量 I/O 模块连接位置传感器的执行机构，现在一般使用专用的运动控制模块或 PLC 的运动控制功能。如可以驱动步进电动机或伺服电动机的单轴或多轴位置控制模块。目前，世界上各主要 PLC 厂商的产品几乎都有运动控制功能，广泛用于各种机械、机床和机器人等场合。

4. 过程控制

过程控制是指对温度、压力、流量等模拟量的闭环控制。PID 调节是闭环控制系统中用的最多的调节方法。过程控制在冶金、化工、热处理、电力等场合有非常广泛的应用。

5. 数据处理

PLC 具有数学运算、数据传送、数据转换等功能，可以完成数据的采集、分析和处理。数据处理一般应用于大型控制系统，如无人控制的柔性制造、造纸、冶金和食品工业等。

6. 通信及联网

PLC 通信指的是 PLC 与 PLC 之间的通信及 PLC 与其他智能设备之间的通信。随着计算机控制的发展，工厂自动化网络发展也很快，各 PLC 厂商都纷纷推出各自的网络系统，如西门子的 PROFINET，三菱的 CC－LINK，倍福的 ETHERCAT 等。

2.1.2 PLC 的工作原理

PLC 采取循环扫描工作方式，其工作过程如图 2-1 所示。PLC 通电后，有两种基本的工作状态，即运行状态与停止状态。在运行状态，PLC 的工作过程分为内部处理、通信服务、输入处理、程序执行和输出处理 5 个阶段。在停止状态，PLC 只进行内部处理和通信服务。

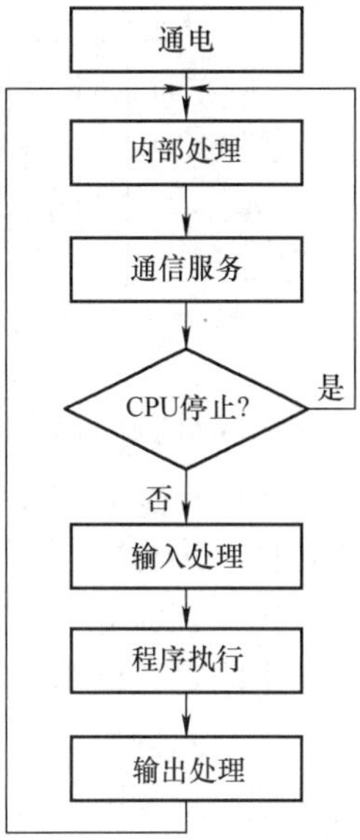

图 2-1 PLC 工作过程

1. 内部处理阶段

在内部处理阶段，PLC 复位监控定时器，运行自诊断程序。检查正常后，方可进行下面的操作。如果有异常，则根据错误的严重程度报警或停止 PLC 运行。

2. 通信服务阶段

通信服务阶段又称为通信处理阶段、通信操作阶段或外设通信阶段。在此阶段，PLC 与带微处理器的外部智能装置进行通信，响应编程工具键入的命令，更新编程工具的显示内容。

3. 输入处理阶段

输入处理阶段又称为输入采样阶段、输入刷新阶段或输入更新阶段。在此阶段，PLC 中的 CPU 将所有外部输入电路的接通/断开状态通过输入接口电路读入输入映像寄存器，接着进入程序执行阶段。在输入处理阶段完成后，输入映像寄存器与外界隔离，即使外部输入信号的状态发生了变化，输入映像寄存器的状态也不会随之更新。输入信号变化了的状态只有等到下一个扫描周期的输入处理阶段到来时才能通过 CPU 送入输入映像寄存器中。

4. 程序执行阶段

PLC 的用户程序由若干条指令组成，指令在存储器中按序号顺序排列。在没有跳转指令时，则从第一条指令开始，逐条顺序执行用户程序，直到用户程序结束之处，然后进入输出处理阶段。在程序执行阶段，CPU 对程序按从左到右、先上后下的顺序对每条指令进行解释、执行。从输入映像寄存器、输出映像寄存器和内部中间寄存器中将编程地址的状态读出来，并根据用户程序给出的逻辑关系进行相应的运算，运算结果再写入对应的输出映像寄存器或内部中间寄存器中。

5. 输出处理阶段

输出处理阶段又称为输出刷新阶段或输出更新阶段。在此阶段，将输出映像寄存器的状态传送到输出锁存器，然后通过输出接口电路和输出端子再传送到外部负载。在输出处理阶段完成后，输出锁存器的状态不变，即使输出映像寄存器的状态发生了变化，输出锁存器的状态也不会随之改变。输出映像寄存器变化了的状态只有等到下一扫描周期的输出处理阶段到来时才能通过 CPU 送入输出锁存器中。

在以上扫描循环过程中，CPU 还会进行自诊断，当发现 PLC 异常时执行相应的中断程序，当发现致命错误时，则直接强制 CPU 停止。

根据 PLC 的上述循环扫描过程，可以得出从输入端子到输出端子的信号传递过程，如

图 2-2 所示。

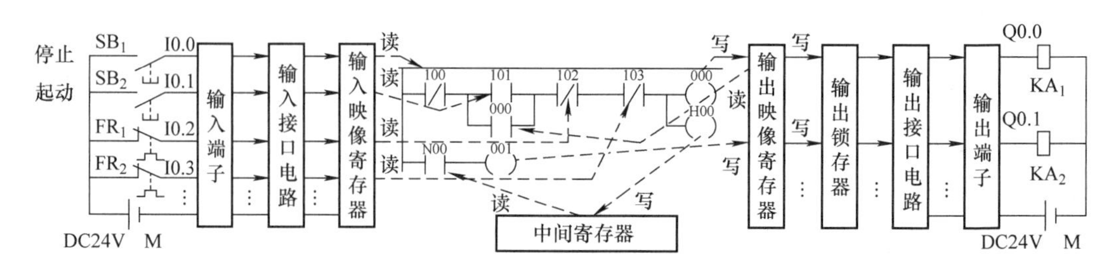

图 2-2 PLC 信号传递过程

在输入处理阶段，CPU 将 SB_1、SB_2、FR_1、FR_2 触点的状态读入相应的输入映像寄存器，外部触点接通时存入输入映像寄存器的是二进制数“1”，反之存入“0”。

在程序执行阶段，当执行第一条指令时，从输入映像寄存器 I0. 0、I0. 1、I0. 2、I0. 3 和输出映像寄存器 Q0. 0 中读出二进制数进行逻辑运算，其运算结果写入输出映像寄存器 Q0. 0 和内部中间寄存器 M0. 0 中。当执行第二条指令时，从内部中间寄存器 M0. 0 中读出二进制数，然后写入输出映像寄存器 Q0. 1 中。

在输出处理阶段，CPU 将各输出映像寄存器中的二进制数写入输出锁存器并锁存起来，再经输出电路传递到输出端子，从而控制外部负载动作。如果输出映像寄存器 Q0. 0 和 Q0. 1 中存放的是二进制数“1”，外接的 KA_1 和 KA_2 线圈将通电，反之将断电。

PLC 在运行状态时，执行一次图 2-1 所示的扫描操作，其所用的时间称为扫描周期（工作周期），其典型值为几毫秒到几十毫秒。扫描周期 T 的计算公式见式（2-1）。

$$T = T_1 + T_2 + T_3 + T_4 + T_5 \tag{2-1}$$

式中 T——扫描周期时间；

T_1——内部处理时间；

T_2——通信服务时间；

T_3——输入处理时间；

T_4——程序执行时间；

T_5——输出处理时间。

2.1.3 PLC 的内部结构

PLC 由电源、输入电路、输出电路、存储器和通信接口电路几大部分组成，其结构如图 2-3所示。

1. CPU

PLC 的 CPU 实际上就是中央处理器，能够进行各种数据的运算和处理，将各种输入信号存入存储器，然后进行逻辑运算、计时、计数、算术运算、数据处理和传送、通信联网以及各种应用指令。再对编制的程序进行编译、执行，将结果送到输出端，响应各种外部设备的请求。

2. 存储器

PLC 系统中的存储器主要用于存放系统程序、用户程序和工作状态数据，PLC 的存储器包括系统存储器和用户存储器。

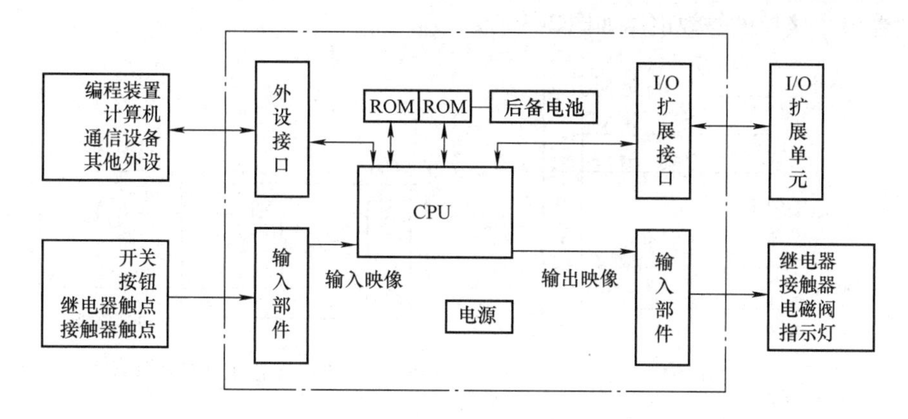

图 2-3　PLC 内部结构图

1）系统存储器：用以存放系统管理程序、监控程序及系统内部数据，PLC 出厂前已将其固化，用户不能更改。

2）用户存储器：用户存储器包括用户程序存储器（程序区）和用户数据存储器（数据区）两部分。存储各种暂存数据、中间结果和用户程序。用户程序存储器用来存放用户针对具体控制任务，采用 PLC 编程语言编写的各种用户程序，其内容可以由用户修改或增删。用户数据存储器可以用来存放用户程序中所使用器件的状态和数据等。用户存储器的大小关系到用户程序容量的大小，是反映 PLC 性能的重要指标之一。根据需要，部分数据在掉电时用后备电池维持其现有的状态，这部分在掉电时可保存数据的存储器称为保持数据区。

3. 开关量输入/输出接口

开关量输入/输出接口是与工业生产现场控制电器相连接的接口。

1）输入接口：输入接口用来接收、采集外部输入的信号，并将这些信号转换成 CPU 可接收的数字信息。输入接口电路可采集的信号有三大类，包括无源开关、有源开关和模拟量信号。按钮、接触器触点、行程开关等属于无源开关；接近开关、晶体管开关电路等属于有源开关；模拟量信号则是由电位器、测速发电机和各类变送器所产生的信号。根据采集信号可接纳的电源种类的不同，输入接口电路又可以分为直流输入接口、交流输入接口和交/直流输入接口三类。根据输入接口公共端的电平高低，可分为共阳极输入或共阴极输入。

共阳极输入电路如图 2-4 所示。其中，输入 1 ~ n 是输入端子，COM 是公共端。

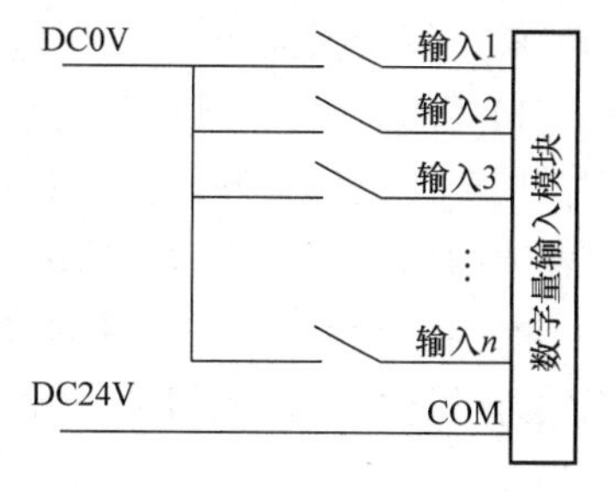

图 2-4　共阳极输入电路图

共阴极输入电路如图 2-5 所示。其中，输入 1 ~ n 是输入端子，COM 是公共端。

2）输出接口：输出接口电路是 PLC 与外部负载之间的桥梁，能够将 PLC 向外输出的信号转换成可以驱动外部执行电路的控制信号，以便控制如接触器线圈等电器的通断电。开关量输出接口电路有继电器输出和晶体管输出两种形式。继电器输出的响应速度慢，带负载能力大，可接交流或直流负载，吸合频率较慢；晶体管输出的响应速度快，带负载能力小，可以连接直流负载。

继电器输出接口的等效电路如图 2-6 所示。

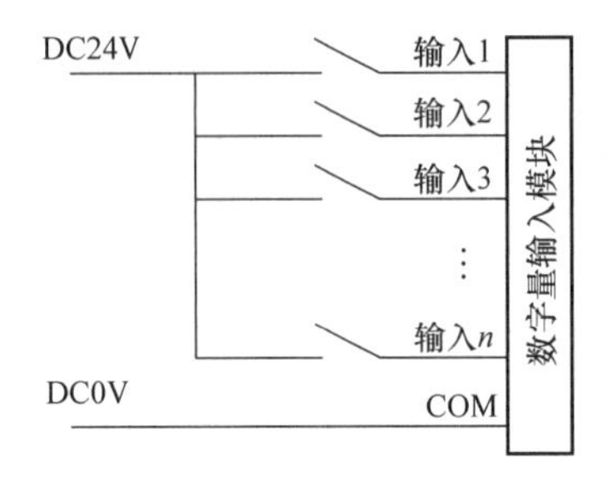

图 2-5 共阴极输入电路图

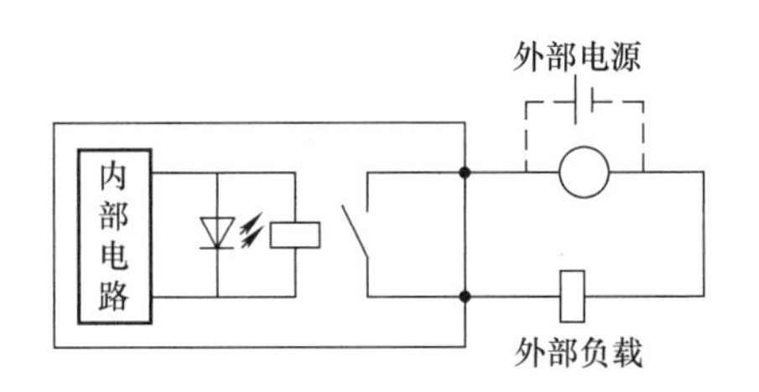

图 2-6 继电器输出接口的等效电路图

晶体管源型输出（PNP）接口的等效电路如图 2-7 所示。

晶体管漏型输出（NPN）接口的等效电路如图 2-8 所示。

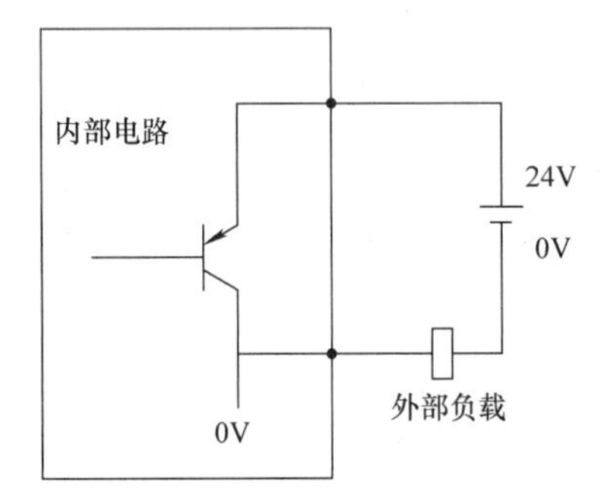

图 2-7 晶体管源型输出（PNP）接口的等效电路

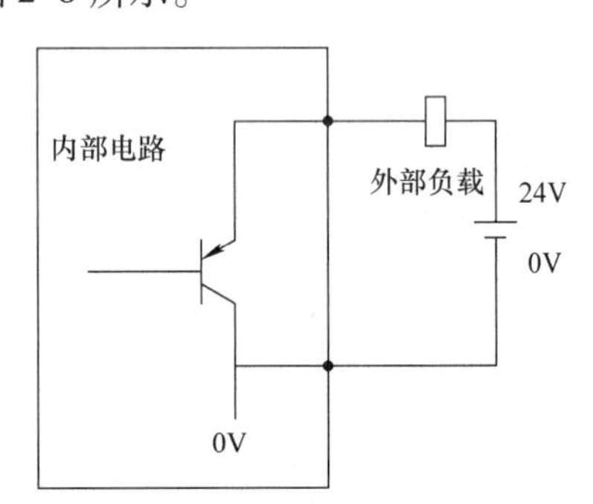

图 2-8 晶体管漏型输出（NPN）接口的等效电路

4. 输入/输出映像

PLC 的输入映像寄存器和输出映像寄存器的作用就是连接外部物理输入点和物理输出点的桥梁，每个扫描周期输入/输出映像寄存器都刷新一次。

1）输入映像：开关量的输入接口属于物理输入，指的是外部输入给 PLC 的信号。每个扫描周期接收后，外部物理输入点的实际状态将映射到输入映像寄存器中。PLC 直接通过扫描输入映像寄存器了解外部端子的通断状态。

2）输出映像：开关量的输出接口和输入接口一样，也是属于物理输出，指的是 PLC 输出给外部连接元件的信号。每个扫描周期结束后，将输出映像寄存器的状态映射到外部物理输出点。

5. 电源模块

PLC 的电源模块能够将外部输入的电源经过处理后，转换成满足 PLC 的 CPU、存储器、输入/输出接口等内部电路工作所需要的直流电源。PLC 根据信号的不同，有的采用交流供电，有的采用直流供电。交流电源一般为单相 220V，直流电源一般为 24V。

6. 编程装置

系统应用程序是通过编程器送入的，对程序的修改也是通过它实现的，操作者可以通过它监视和修改程序的执行。

2.2 西门子 PLC 的运动控制功能

目前，市场上常用的西门子 PLC 包括 SIMATIC S7-200 SMART、SIMATIC S7-1200 和 SIMATIC S7-1500 系列，其中 SIMATIC S7-1500 系列不仅具有通用型，还有运动控制专用型。

2.2.1 SIMATIC S7-200 SMART PLC

SIMATIC S7-200 SMART PLC 是西门子公司经过大量市场调研，为中国客户量身定制的一款高性价比、小型、带运动控制功能的 PLC。结合西门子 SINAMICS 驱动产品和 SIMATIC 人机界面产品，以 SIMATIC S7-200 SMART PLC 为核心的小型自动化解决方案为中国客户创造更多的价值。用户程序可以包含布尔逻辑、计数、定时、复杂数学运算、运动控制以及与其他智能设备的通信。其结构紧凑、组态灵活、功能强大，这些优势的组合使它成为控制各种应用的完美解决方案。

SIMATIC S7-200 SMART PLC 的 CPU 分为经济型（CR 系列）、标准型继电器输出型（SR 系列）以及标准型晶体管输出型（ST 系列），仅标准型晶体管输出型支持高速脉冲输出，具备运动控制功能。CPU 模块本体最多集成 3 路高速脉冲输出，如图 2-9 所示，频率高达 100kHz，支持脉冲串输出（PTO）、脉宽调制（PWM）和运动轴 3 种开环运动控制方式，可以控制步进电动机或伺服电动机的速度和位置。可以自由设置运动包络，同时具备简单易用的运动控制向导设置功能和运动控制指令，快速实现设备的调试、定位等功能。

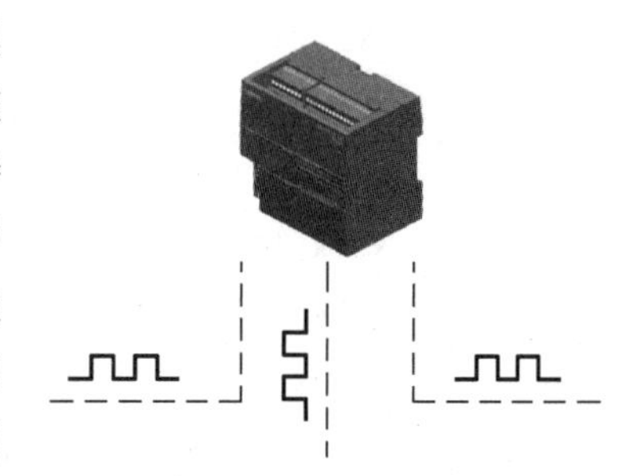

图 2-9 ST 型 CPU 的高速脉冲输出

运动控制可在最多 3 个运动轴中提供开环位置控制所需的功能和性能：

- 提供高速控制，速度从每秒 20 个脉冲到每秒 100000 个脉冲。
- 支持急停、S 曲线或线性加速及减速。
- 提供可组态的测量系统，输入数据时，既可以使用工程单位，也可以使用脉冲数。
- 提供可组态的反冲补偿。
- 支持绝对位置控制、相对位置控制和手动位置控制方式。
- 提供多达 32 个移动曲线，每个曲线最多可有 16 种速度。
- 提供 4 种不同的参考点搜索模式，每种模式都可以对起始的寻找方向和最终的接近方向进行选择。

SIMATIC S7-200 SMART CPU 可以通过以下 3 种方式输出脉冲，实现定位控制。

1. 脉冲串输出

内置在 CPU 的速度和位置控制。仅提供脉冲串输出功能，方向和限值输入输出控制必须通过应用程序使用 PLC 中集成的或扩展模块提供的输入输出进行控制，采用脉冲输出 PLS 指令。

2. 脉宽调制

内置在 CPU 的速度、位置或负载循环控制。若组态 PWM 输出，CPU 将固定输出的周期时间，通过程序控制脉冲的持续时间或负载周期的变化控制应用的转速或位置，采用脉冲输出 PLS 指令。

3. 运动轴

内置于 CPU 中，用于速度和位置控制。提供带有方向控制和禁止输出的单脉冲串输出功能，还包括可编程输入、自动参考点搜索等多种功能。采用运动控制指令。使用运动控制向导，将会对每个运动轴生成 13 个运动控制子程序。其子程序名及其对应的子程序功能见表 2-1。

表 2-1 运动控制子程序

序号	程序名	程序功能
1	AXISx _ CTRL	提供运动轴的初始化和全面控制
2	AXISx _ MAN	用于运动轴的手动操作
3	AXISx _ GOTO	命令运动轴转到指定的位置
4	AXISx _ RUN	命令运动轴执行已组态的运动曲线
5	AXISx _ RSEEK	起动参考点查找操作
6	AXISx _ LDOFF	建立一个参考点位置的偏移量
7	AXISx _ LDPOS	将运动轴位置更改为新的值
8	AXISx _ SRATE	修改运动控制向导已组态的加速、减速和急停曲线
9	AXISx _ DIS	控制 DIS 的输出
10	AXISx _ CFG	根据需要读取组态的程序块并更新运动轴的设置
11	AXISx _ CACHE	预先缓冲已组态的运动曲线
12	AXISx _ RDPOS	返回当前轴的位置
13	AXISx _ ABSPOS	通过 SINAMICS V90 伺服驱动器读取绝对位置值

注：每个运动子控制子程序中都有前缀“AXISx _”，其中“x”代表运动控制向导组态的轴通道编号，其值为 1、2 或 3。例如：AXIS1 _ MAN 代表处于第一通道的运动轴的手动控制；AXIS2 _ LDPOS 代表处于第二通道的运动轴位置更新为新的值；AXIS3 _ RDPOS 代表处于第三通道的运动轴返回当前轴的位置。

在使用这些运动控制子程序时，需要遵循以下使用准则：

1）每个 PLC 的扫描周期都必须激活“AXISx _ CTRL”子程序。

2）必须确保在同一时间、同一通道仅有一条运动（AXISx _ CTRL 除外）控制子程序激活。

3）应指定运动到绝对位置，必须首先使用 AXISx _ RSEEK 或 AXISx _ LDPOS 子程序建立零点位置。

4）应根据程序输入移动到特定位置，使用 AXISx _ GOTO 子程序。

5）要运行通过运动控制向导组态的运动曲线，使用 AXISx _ RUN 子程序。

6）运动控制向导根据所选的测量系统自动组态速度参数和位置参数。对于脉冲，这些参数的数据类型为双整数；对于工程单位，这些参数的数据类型为浮点数。

7）在用户程序中，可以使用 AXISx _ CTRL 子程序的输出监视运动轴是否完成移动。

8）在用户程序中，运动轴正在处理某个命令时，不要在程序中启动其他运动子程序。

2.2.2　SIMATIC S7-200 SMART PLC 运动控制向导

打开 SIMATIC S7-200 SMART PLC 的编程软件 STEP 7 MicroWIN SMART V2.4，新建一个 CPU 为 ST 型的项目，例如 ST60。

1）组态运动轴，如图 2-10 所示。运动轴需要在运动控制向导里自动生成。

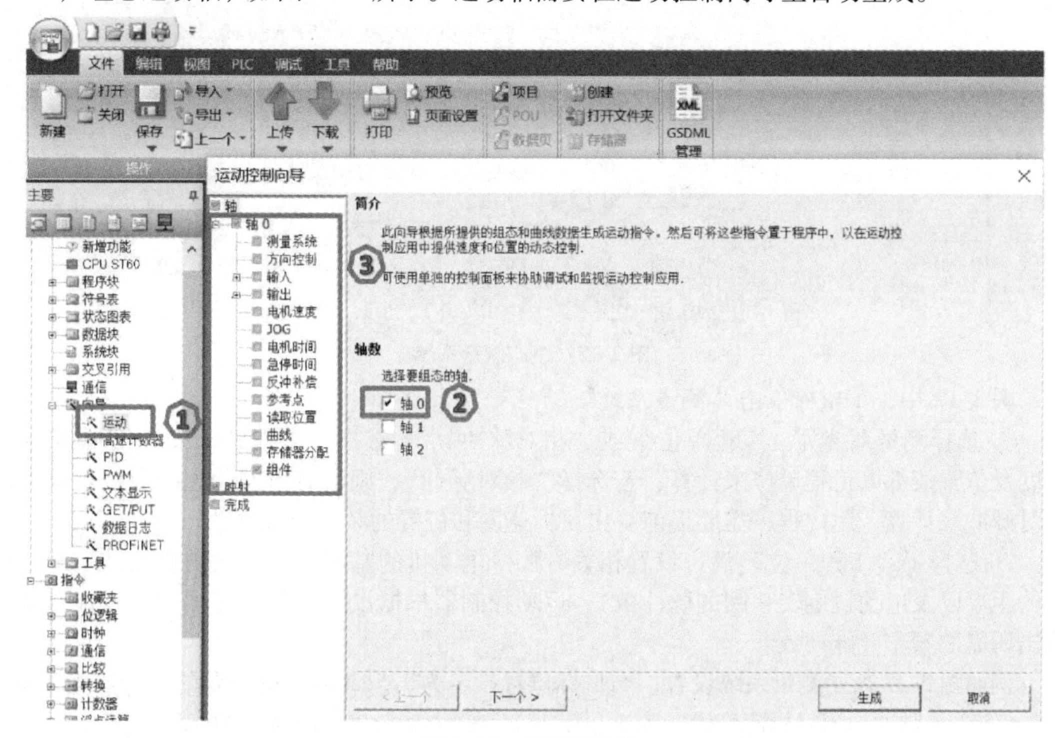

图 2-10　组态运动轴

图 2-10 中，①在向导选项中，双击“运动”功能，打开运动控制向导。

② 在弹出的运动控制向导中，选择“轴 0”。

③ 选择了轴 0 后，则可以对轴 0 的这些参数进行组态。其他轴则不能进行组态。反之，则不能对未选择的轴进行组态。

2）修改运动轴的名称，如图 2-11 所示。这样便于明确知道该轴的作用。

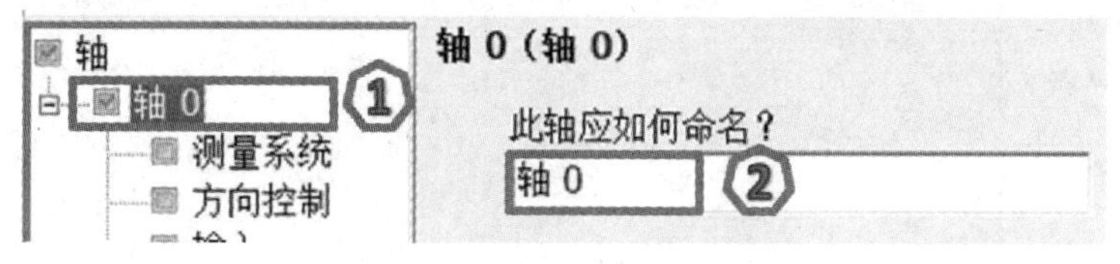

图 2-11　修改运动轴的名称

图 2-11 中，①鼠标单击“轴 0”。

② 可以修改轴的名称。

3）组态测量系统，如图 2-12 所示。后续所有的位置和速度相关的单位均按照该测量系统自动计算。

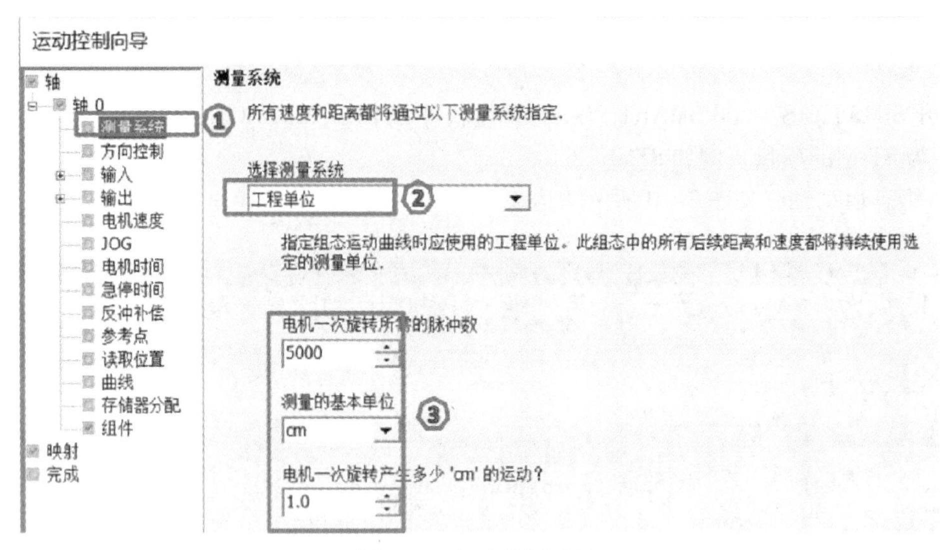

图 2-12　组态测量系统

图 2-12 中，①鼠标单击“测量系统”。

② 选择测量系统为“工程单位”或“相对脉冲”。若选择“工程单位”，则所有组态的速度及位置值都以工程单位来计算；若选择“相对脉冲”，则所有组态的速度及位置值都以相对脉冲来计算，用户程序需要提前算出目标速度和位置的频率及脉冲数。

③ 选择了“工程单位”后，设置相关参数（电动机的基本单位，电动机旋转一圈所运行的距离以及电动机旋转一圈的脉冲数），运动控制器根据设定的目标速度和位置，自动计算出所需的频率及脉冲数。

例如图 2-12 所示测量系统设置，当目标位置设定为 1.5cm 时，则需要的脉冲数为5000 × 1.5 = 7500 个脉冲；当目标速度设定为 5cm/s 时，则需要的脉冲频率为5000 × 5 = 25kHz。

4）组态方向控制，如图 2-13 所示。方向控制用于组态脉冲的输出型式，输出脉冲加方

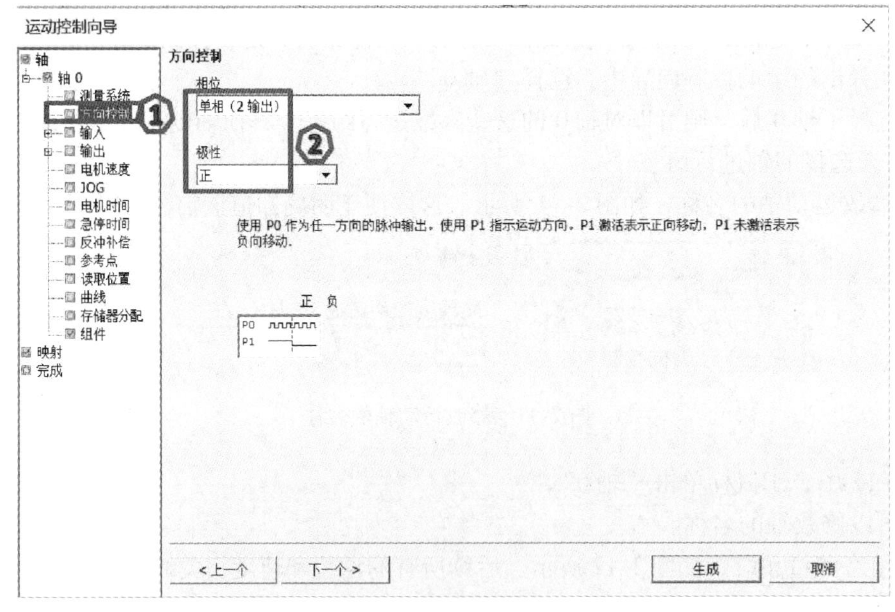

图 2-13　组态方向控制

向信号来控制伺服驱动器的运行速度、运行方向和运行距离；输出双向脉冲，一路脉冲代表正方向的运行速度和运行距离，另一路脉冲代表负方向的运行速度和运行距离；输出正交脉冲，通过相位超前滞后决定运行方向，脉冲频率和数量决定运行速度和运行距离；单相脉冲，仅能提供运行速度和运行距离信号，不能通过脉冲输出判断运行方向。

图 2-13 中，①鼠标单击“方向控制”。

② 组态“相位”和“极性”，不同相位和极性的脉冲形式见表 2-2。

表 2-2 脉冲形式

	正方向	负方向
单相（2 输出）	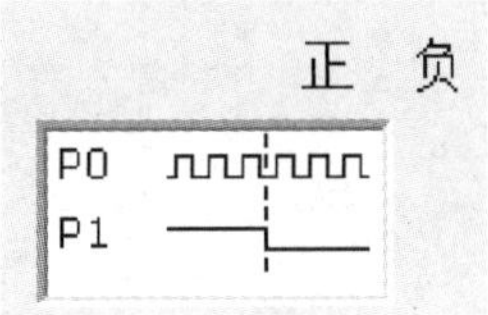 正 负 P0 P1	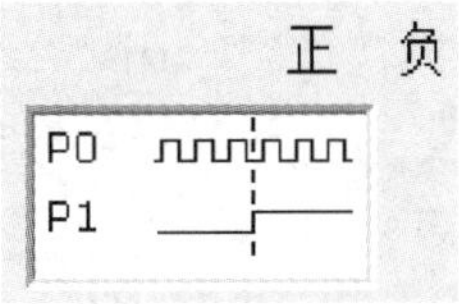 正 负 P0 P1
双相（2 输出）	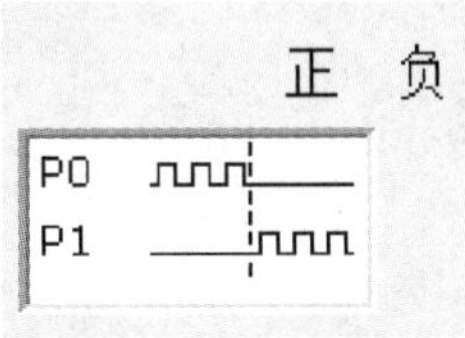 正 负 P0 P1	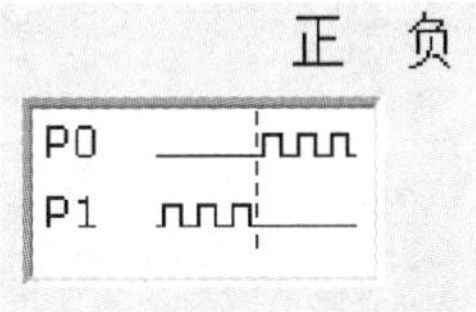 正 负 P0 P1
AB 正交输出	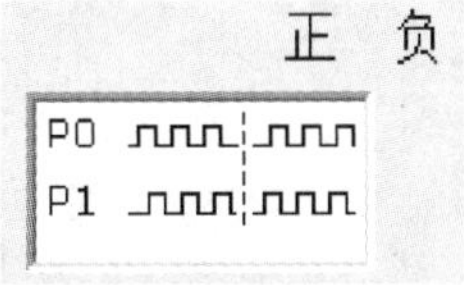 正 负 P0 P1	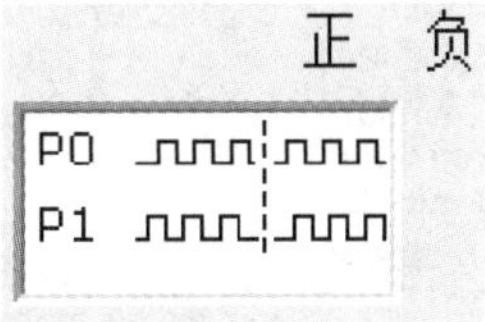 正 负 P0 P1
单相（1 输出）	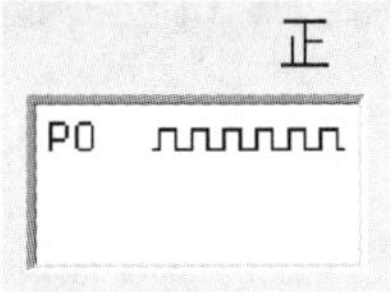 正 P0	只有脉冲输出，无法控制方向

5）组态输入，如图 2-14a、b 所示。组态输入时，应遵循以下基本要求：

• 每个运动轴可以组态 6 个输入，但可供组态的 PLC 输入点仅为 12 个，因此根据实际需要在组态时进行取舍。

• 必须先组态 RPS 输入后，才能组态参考点，否则在后面的组态中不能进行参考点的组态。

• ZP 信号的输入必须是 PLC 的高速输入，可供组态的输入包含高速输入和普通输入，ZP 信号是零脉冲，需要高速输入才能捕捉。

图 2-14a 中，①选择要组态的正硬限位或负硬限位输入。

② 选择该复选框，启用硬限位功能，启用硬限位功能后，当运动轴在实际运动中碰到硬限位后立即执行停止运动。

③ 启用硬限位功能后，选择对应的硬限位输入地址，有效电平可以是上限有效或者下限有效。硬限位开关动作后，可以选择停止方式为减速停止或立即停止。若有效电平选择上限，则当 PLC 接收到该输入点的信号为低电平时，触发硬限位停止。

④ 选择要组态的参考点开关。

⑤ 选择该复选框，启用参考点开关功能。

⑥ 启用参考点开关功能后，选择对应的参考点开关输入地址，有效电平可以是上限有效或者下限有效。若选择上限有效，则当 PLC 接收到该输入点的信号为高电平时，代表运动轴运行到了参考点的开关位置。

⑦ 选择要组态的零脉冲。

⑧ 选择该复选框，启用零脉冲功能。

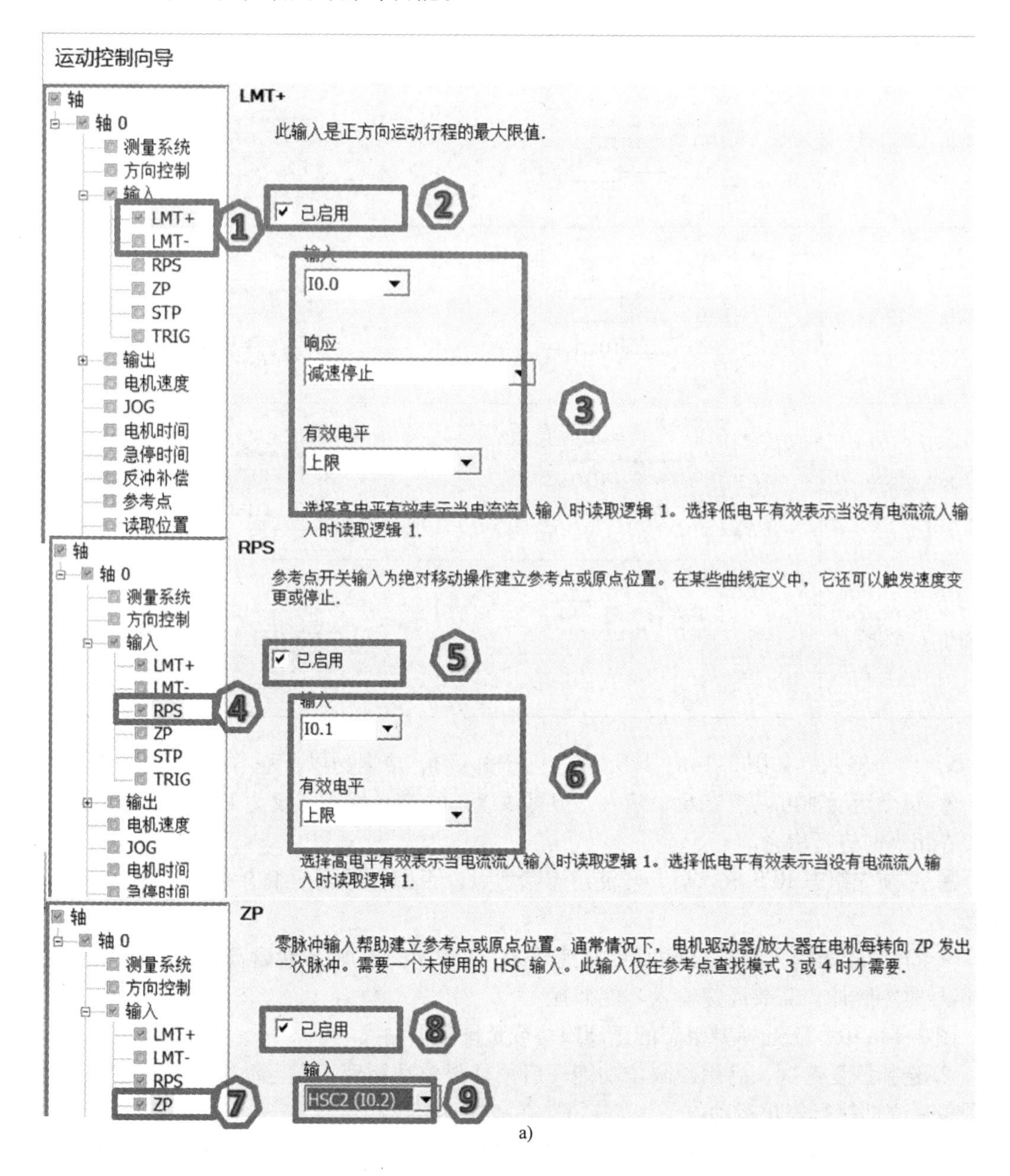

a)

图 2-14 组态输入

a）限位、参考点和零脉冲

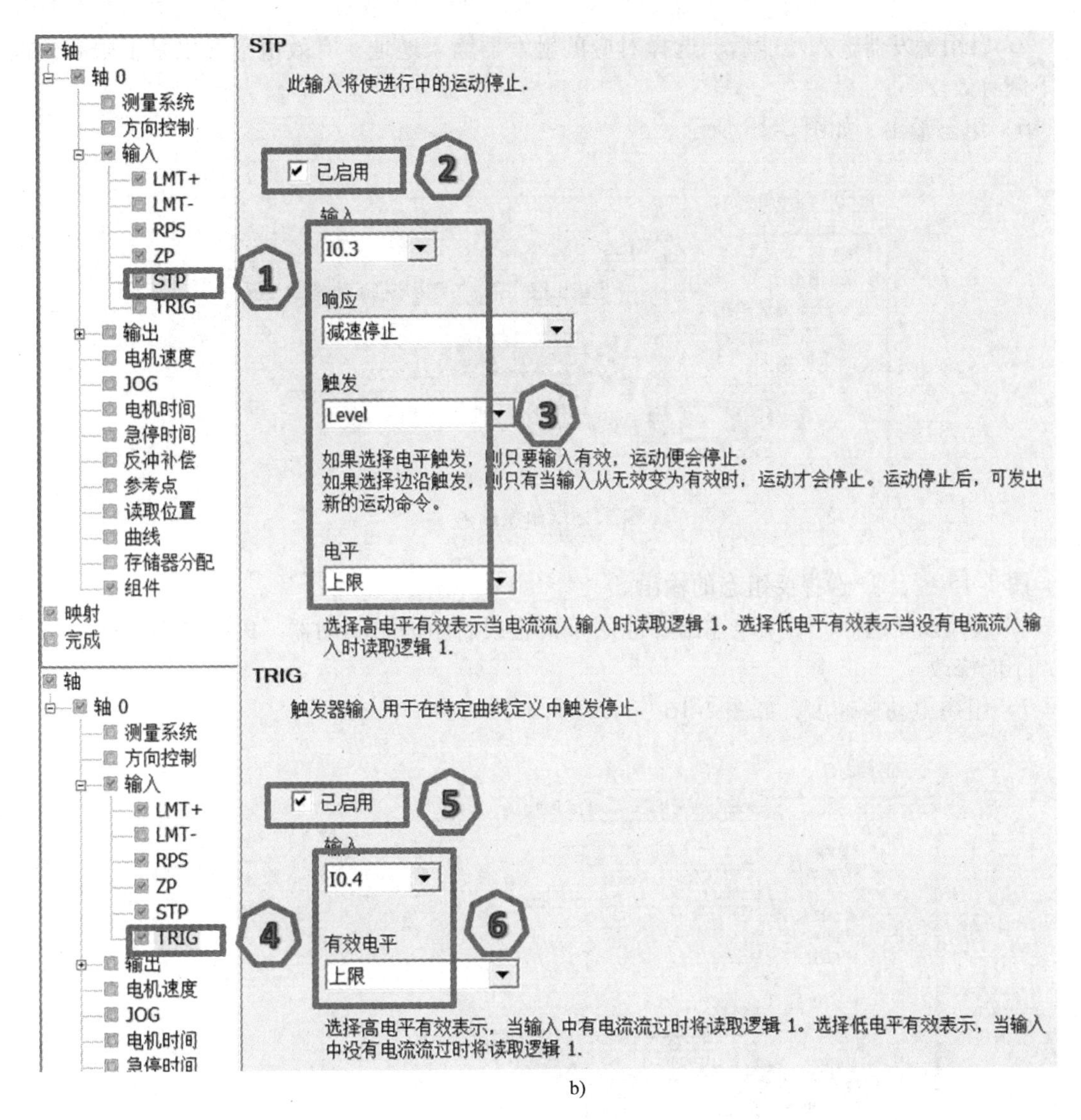

b)

图 2-14 组态输入（续）

b）急停和触发器

⑨ 启用零脉冲功能后，选择对应的零脉冲输入地址，零脉冲信号的输入必须来自高速输入点，且零脉冲仅在特定的回参考点方式中才需要。这就意味着要执行回参考点操作，必须要有 RPS 信号，而不一定需要 ZP 信号。

图 2-14b 中，① 选择要组态的停止开关。

② 选择该复选框，启用停止开关功能。

③ 启用停止开关功能后，选择对应的停止开关输入地址，有效电平可以是上限有效或者下限有效，触发模式可以选择电平触发或边沿触发，停止开关动作后，可以选择停止方式为减速停止或立即停止。

④ 选择要组态的触发器输入。

⑤ 选择该复选框，启用触发器输入功能。

⑥ 启用触发器输入功能后，选择对应的触发器输入地址，有效电平可以是上限有效或者下限有效。

6）组态输出，如图 2-15 所示。

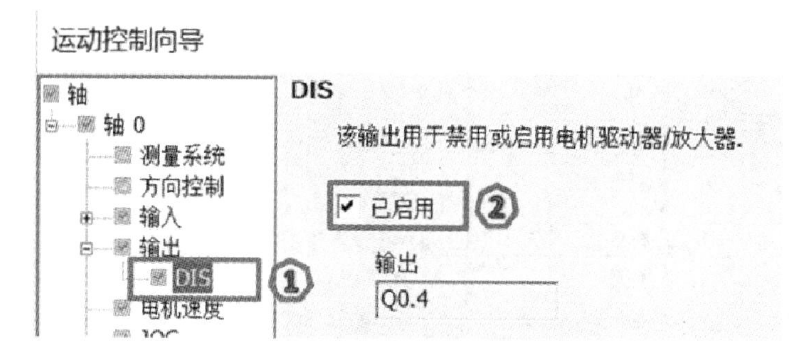

图 2-15 组态输出

图 2-15 中，① 选择要组态的输出。

② 选择该复选框，启用该输出功能用于禁止或启用伺服驱动器。PLC 自动分配输出地址，不能修改。

7）组态电动机速度，如图 2-16 所示。

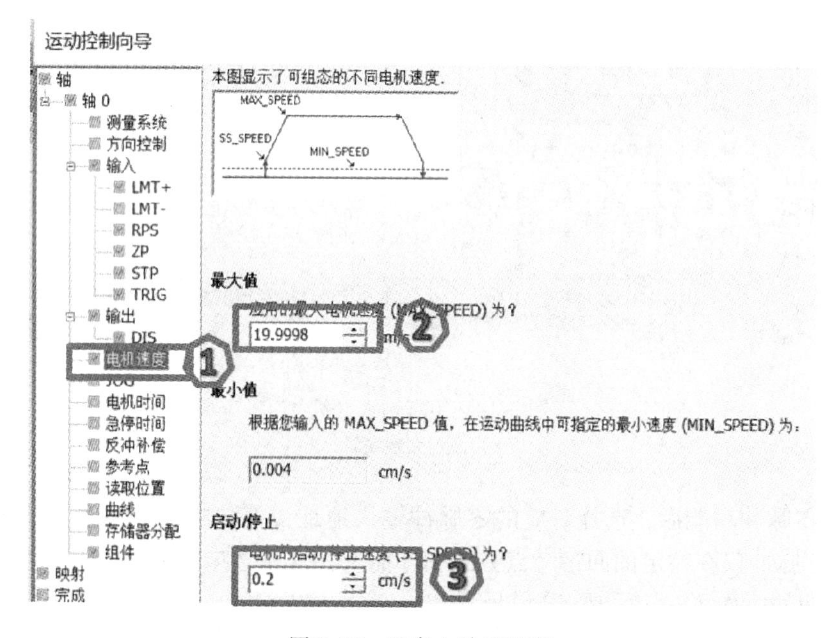

图 2-16 组态电动机速度

图 2-16 中，①选择要组态的“电机速度”。

② 设置电动机速度的最大值，该值受运动控制器的输出频率限制，同时与之前设置的测量系统有关。当运动控制程序中给定的目标速度大于该值时，会产生速度不在范围内报警。

③ 起动/停止速度受最小值影响，其设定值不能小于最小值，也不能大于最大值。当运

动控制程序中给定的目标速度小于该值时，会产生速度不在范围内报警。

8）组态 JOG 速度，如图 2-17 所示。

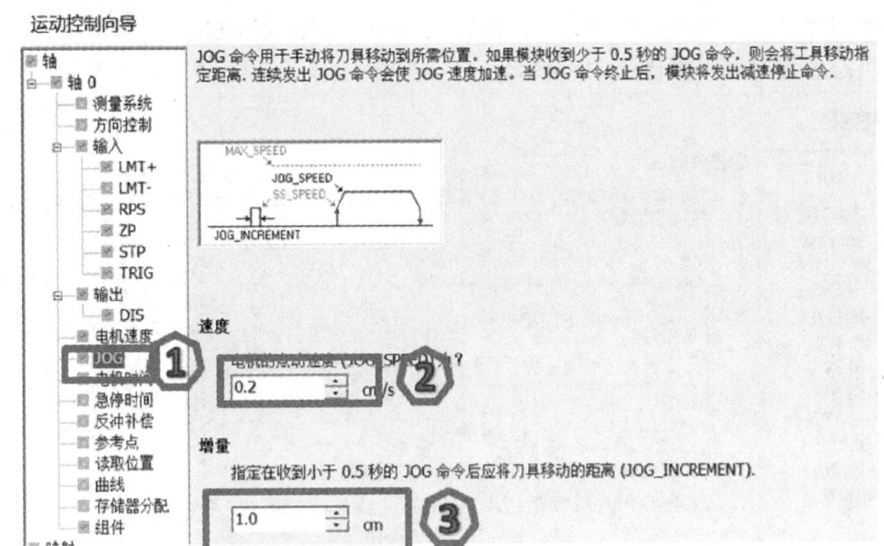

图 2-17　组态 JOG 速度

图 2-17 中，①选择要组态的“JOG”。

② 设置点动速度，当运动控制器接收到 JOG 命令持续时间不少于 0. 5s 时，运动控制器将以该点动速度为目标速度持续运转，直到 JOG 命令消失。

③ 设置点动增量距离，当运动控制器接收到 JOG 命令持续时间少于 0. 5s 时，运动控制器将以该点动增量距离为目标位置进行位置控制，定位完成后停止。

9）组态电机时间，如图 2-18 所示。

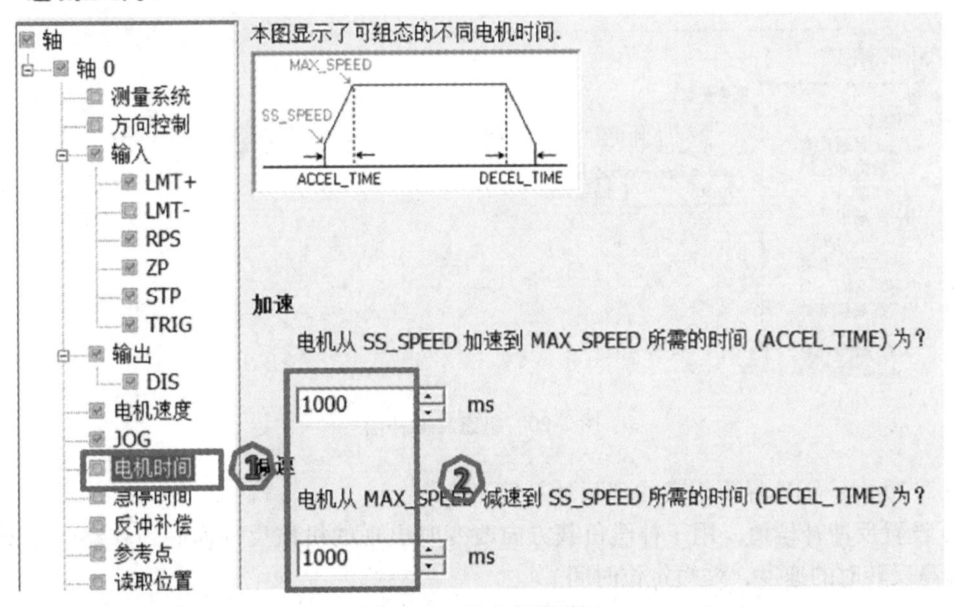

图 2-18　组态电机时间

图 2-18 中，①选择要组态的“电机时间”。

② 设置加速和减速时间，运动控制器根据所设定的最大速度和起动/停止速度进行加速度或减速度的计算。加减速时间越大，加减速度越小，定位时间越长。

10）组态急停时间，如图 2-19 所示。

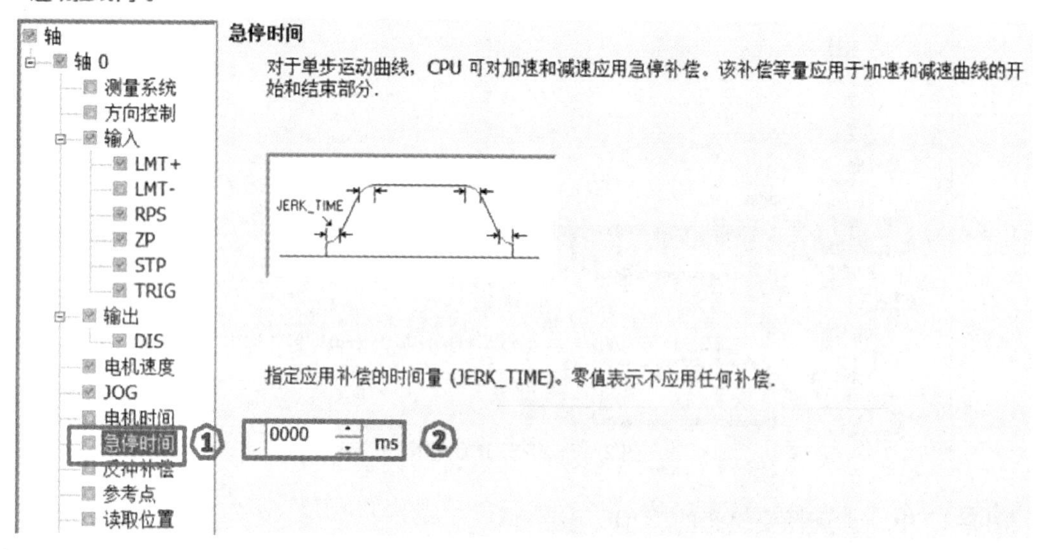

图 2-19　组态急停时间

图 2-19 中，①选择要组态的“急停时间”。

② 设置应用补偿的时间量，该值为 0 时，表示不应用补偿；反之则在加速和减速的开始和结束部分进行补偿，使用补偿必定会延长加速和减速时间。

11）组态反冲补偿，如图 2-20 所示。

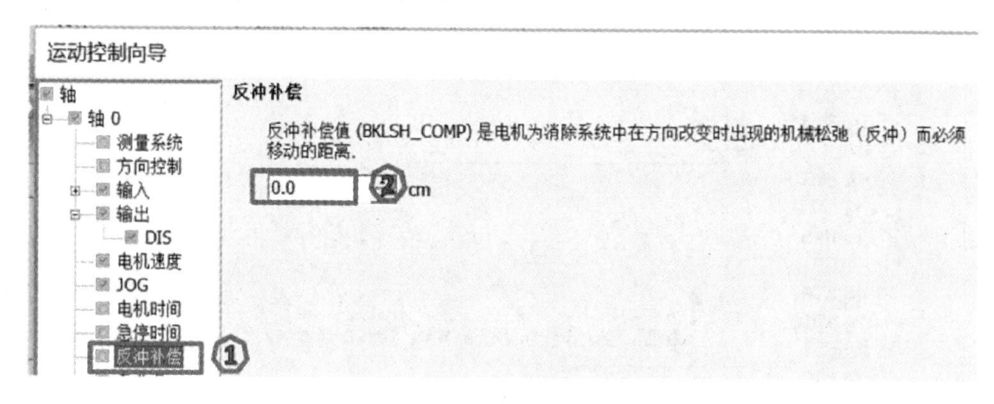

图 2-20　组态反冲补偿

图 2-20 中，①选择要组态的“反冲补偿”。

② 设置反冲补偿值，用于补偿负载方向改变时出现的机械反冲而必须移动的距离，有利于提高反转时的速度，缩短定位时间。

12）组态参考点，如图 2-21a、b 所示。

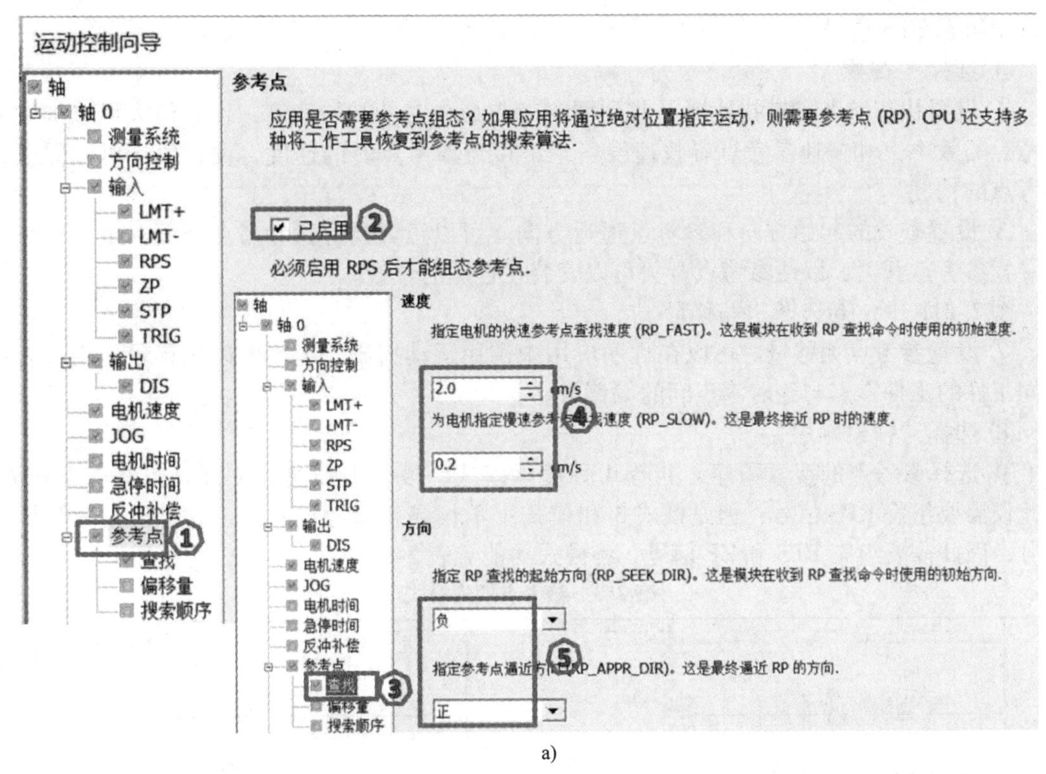

a)

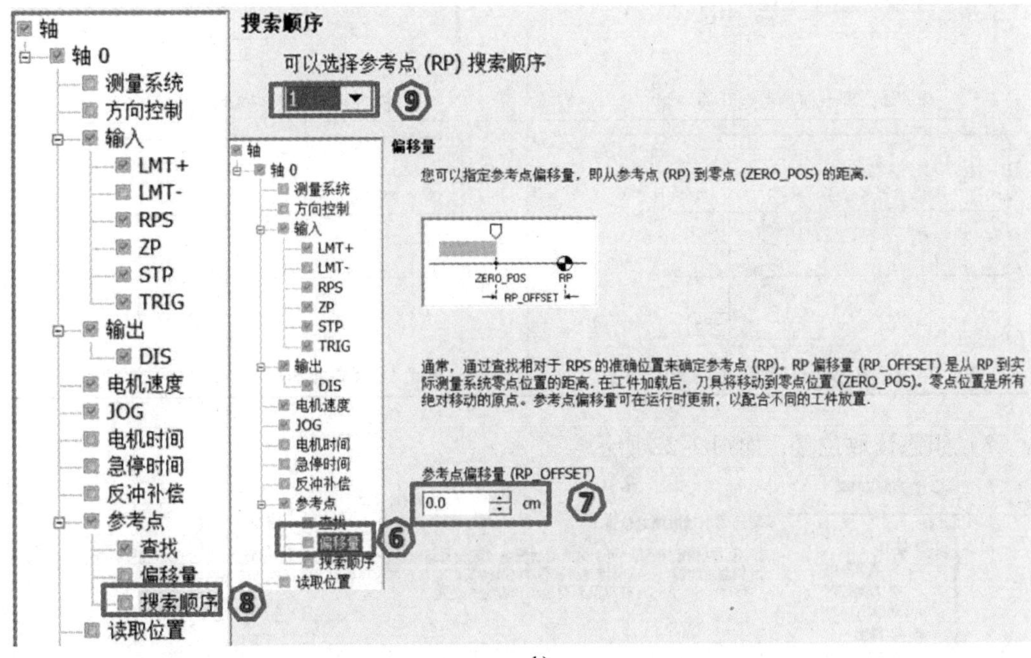

b)

图 2-21　组态参考点

a）组态参考点查找功能　b）组态参考点搜索顺序功能

图 2-21a 中，①选择要组态的“参考点”。

② 选择该复选框，启用参考点组态。启用后才能进行后续的设置，且必须在输入开关

输入中组态 RPS 信号。

③ 选择“查找”。

④ 设置快速参考点查找速度（收到回参考点命令时的初始速度，设置值大可以加快回参考点的效率）和慢速参考点寻找速度（最终接近参考点时的速度，设置值小可以保证回参考点的精度）。

⑤ 设置查找的起始方向和参考点逼近方向。可以正方向寻找参考点开关，也可以负方向寻找参考点开关，以便参考点开关可以安装在合适的位置。

图 2-21b 中，⑥选择“偏移量”。

⑦ 设置参考点偏移量。可以在程序应用中调用运动控制子程序修改偏移量，用来表示不同工件的工件零点与绝对零点间的偏移量。

⑧ 选择“搜索顺序”。

⑨ 选择参考点的搜索顺序，共有 4 种搜索模式，模式 1 和模式 2 仅寻找参考点开关，因此仅需要组态 RPS 信号；但是模式 3 和模式 4 不仅寻找参考点开关，同时还搜索零脉冲信号，因此需要组态 RPS 和 ZP 信号。各模式功能见表 2-3。

表 2-3　参考点搜索模式

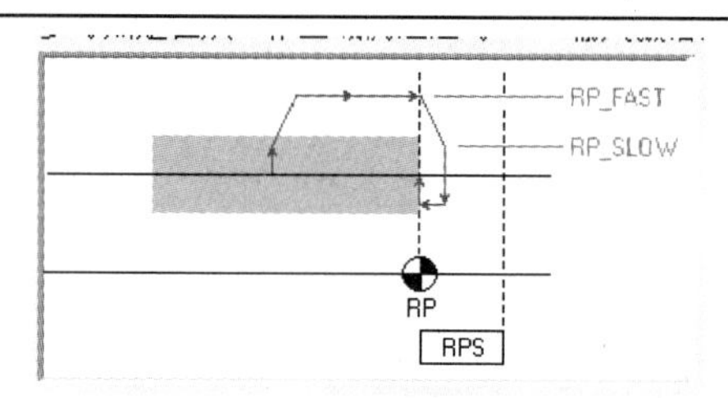

模式 1：零点在参考点开关一侧

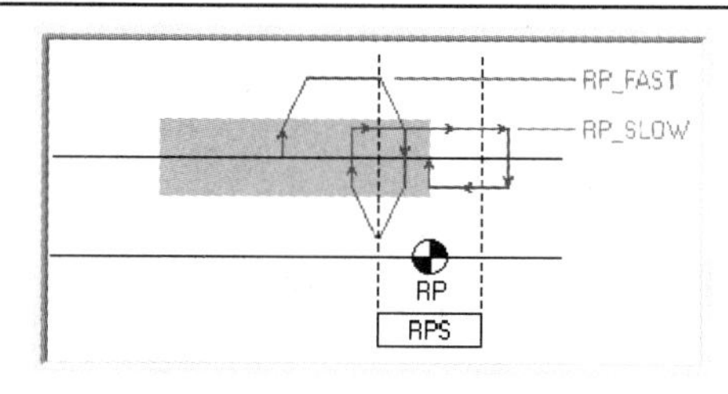

模式 2：零点在参考点开关中间

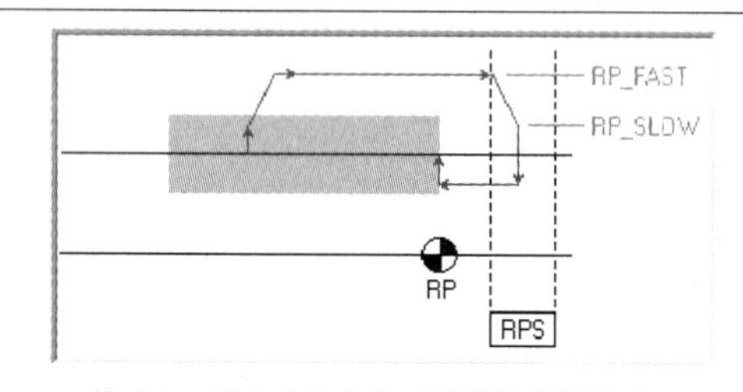

模式 3：零点在参考点开关外的某零脉冲处

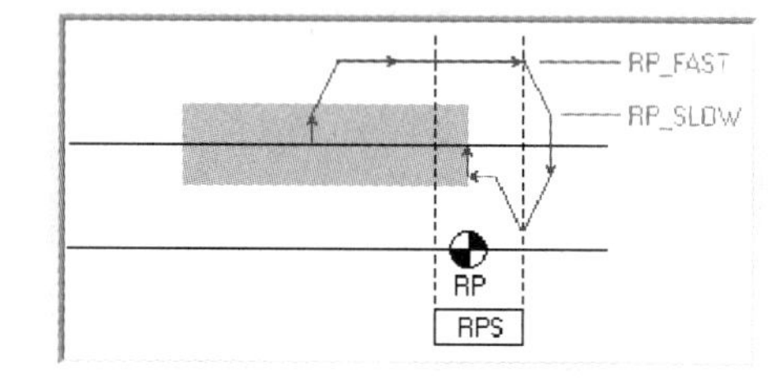

模式 4：零点在参考点开关内的某零脉冲处

13）组态读取位置，如图 2-22 所示。

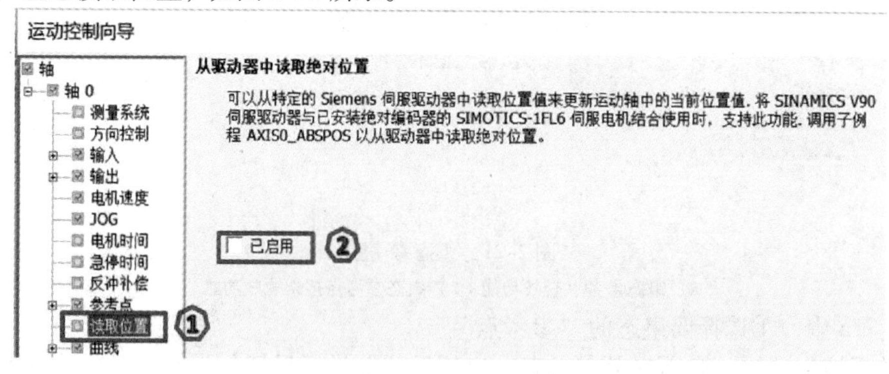

图 2-22　组态读取位置

图 2-22 中，①选择要组态的“读取位置”。

② 选择该复选框，启用绝对位置读取功能。当 SINAMICS V90 伺服驱动器与带绝对值编码器的 SIMOTICS 1FL6 伺服电动机结合使用时才能使用，该功能最后生成一个可用于用户程序的运动控制子程序，用于读取位置。

14）组态曲线，如图 2-23 所示。

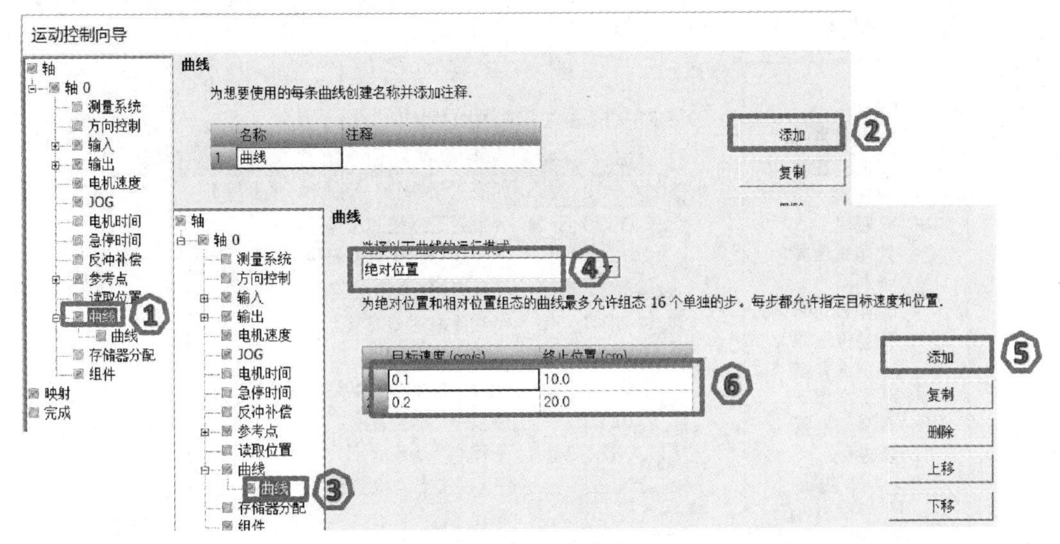

图 2-23 组态曲线

图 2-23 中，①选择要组态的“曲线”。

② 单击“添加”按钮，添加曲线，可以修改曲线的名称并进行注释。

③ 选择添加的“曲线”。

④ 选择控制曲线的控制模式，可以为绝对位置、相对位置和单速连续旋转。同一条运动曲线只能是相同的控制模式。

⑤ 单击“添加”按钮，添加运动步。

⑥ 设定运动步参数。指定不同步的目标速度和目标位置。

15）组态存储器分配，如图 2-24 所示。

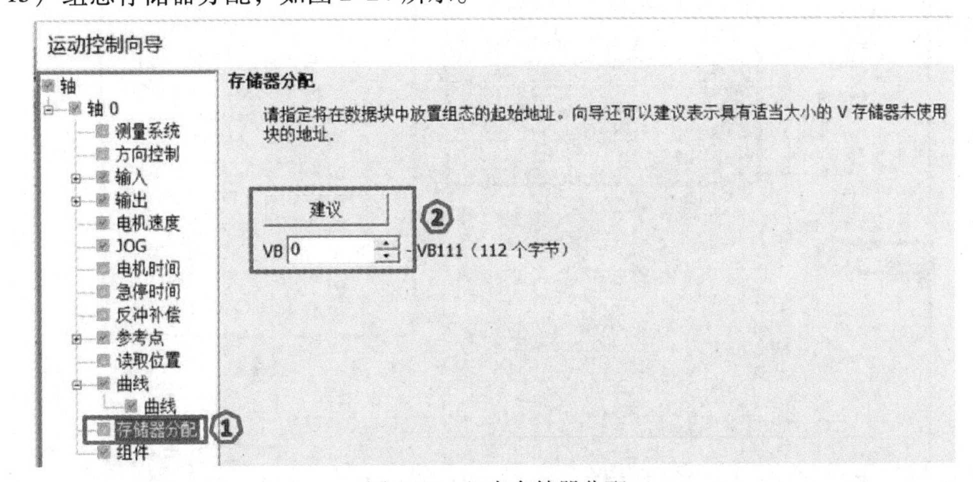

图 2-24 组态存储器分配

图 2-24 中，①选择要组态的“存储器分配”。

② 可以选择“建议”按钮，自动设置运动轴需要的存储器地址范围；也可以手动设置，应注意在用户程序中应谨慎使用该存储区，避免运动控制存储区与用户存储区产生地址冲突，造成运动轴或 PLC 逻辑运行混乱。

16）组态组件，如图 2-25 所示。

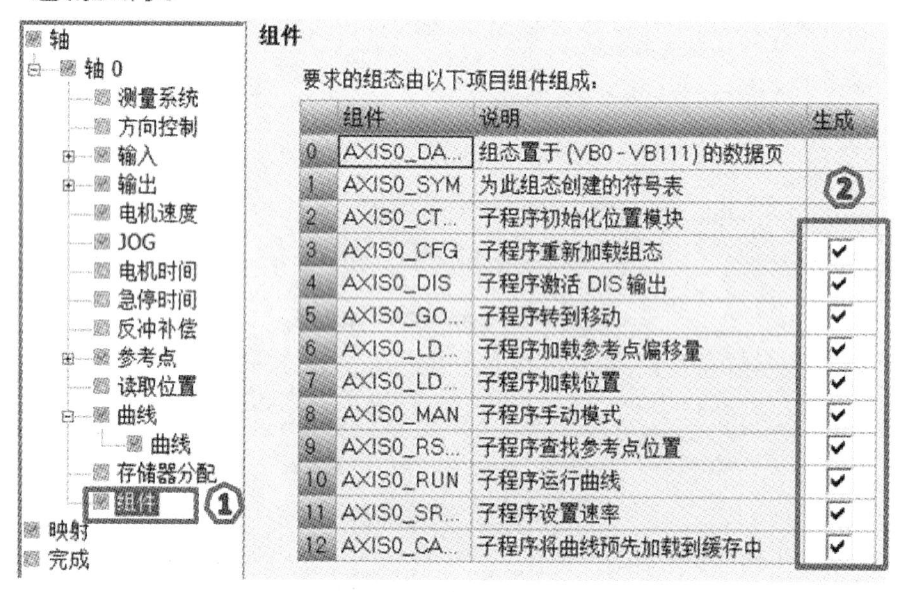

图 2-25　组态组件

图 2-25 中，①选择需要组态的“组件”。

② 在复选框中，选择所需要的运动控制功能，未选功能不能使用。

17）组态映射和生成运动控制子程序，如图 2-26 所示。

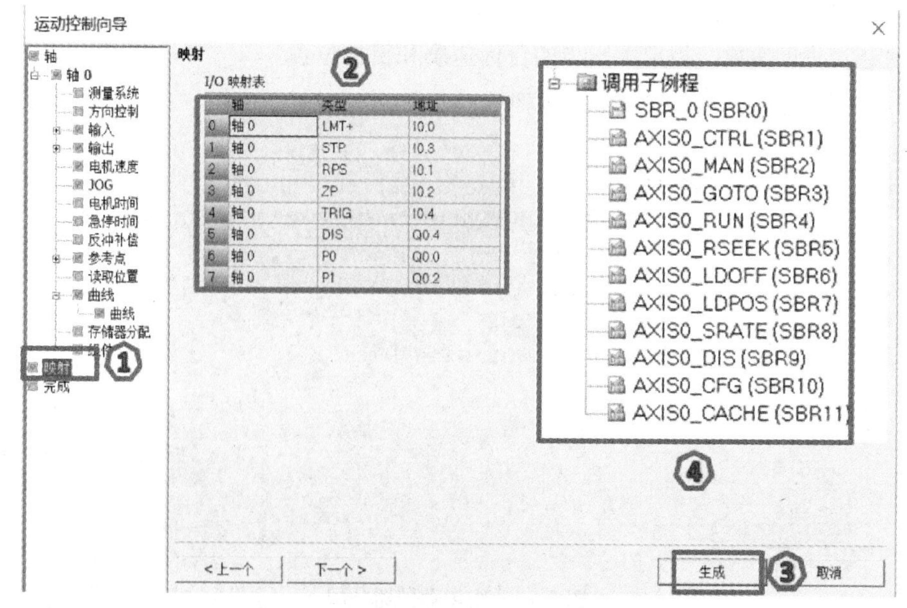

图 2-26　组态映射和生成运动控制子程序

图 2-26 中，①选择“映射”。

② 可以查看该运动轴所组态的 PLC 输入输出地址映射表。根据此映射表进行电气设计和接线。

③ 单击“生成”按钮，自动生成运动控制子程序。

④ 根据运动控制向导组态生成的运动控制子程序，在用户程序中可以调用相应运动轴的运动控制子程序进行控制。

2.2.3 SIMATIC S7-200 SMART PLC 运动控制指令

运动控制指令是在 PLC 程序中用来控制运动轴实现相应功能的指令。在介绍指令的输入输出时，相同的输入输出名称，其功能相同。

1. AXISx _ CTRL 子程序

该子程序用于控制和初始化运动轴，其程序指令结构如图 2-27所示。

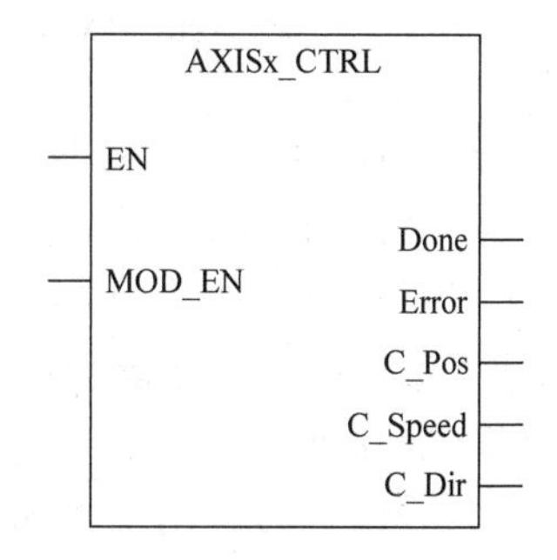

图 2-27 AXISx _ CTRL 子程序

1）MOD _ EN 参数必须闭合，才能启用其他运动控制子程序向运动轴发送命令，如果 MOD _ EN 参数断开，则运动轴将中止进行中的任何指令并执行减速停止。

2）当运动轴完成任何一个运动控制子程序时，Done 参数会闭合。

3）参数 Error 反映了该运动轴的运行状态。

4）C _ Pos 参数表示运动轴的当前位置。根据组态的工程单位不同，该值是双整型或浮点数输出。

5）C _ Speed 参数表示运动轴的当前速度。根据组态的工程单位不同，该值是双整型或浮点数输出。

6）C _ Dir 参数表示电动机的当前方向。状态为 0 表示正向，状态为 1 表示反向。

2. AXISx _ MAN 子程序

该子程序将运动轴置为手动模式，允许电动机按不同的速度运行，或沿正方向或负方向慢行，其程序指令结构如图 2-28 所示。

1）当 RUN 闭合时，将命令运动轴根据指定的速度（Speed 参数）和方向（Dir 参数）运行。在电动机运行时可以更改速度，但不能更改方向。当 RUN 断开后，运动轴减速，直到电动机停止。

2）JOG _ P（点动正向旋转）或 JOG _ N（点动反向旋转）闭合时，运动轴正向或反向点动。若闭合时间小于 0. 5s 时，则运动轴将移动到运动控制向导组态的 JOG _ INCREMENT 参数指定的距离；若闭合时间为 0. 5s 或更长时，则运动轴加速到运动控制向导组态的 JOG _ Speed 参数指定的速度。

3）在同一时刻，仅能启用 RUN、JOG _ P、JOG _ N 中的一个。

3. AXISx _ GOTO 子程序

该子程序命令运动轴转到所需位置，其程序指令结构如图 2-29 所示。

1）确保 EN 一直保持闭合状态，直到 Done 输出指示该子程序已经执行完毕。

2）START 用于向运动轴发 GOTO 指令。对于在运动轴当前不繁忙时执行的每次扫描，该子程序可以向运动轴发送一个 GOTO 指令，因此为了确保仅发送一个 GOTO 指令，一般使用边沿检测来触发 START 参数。

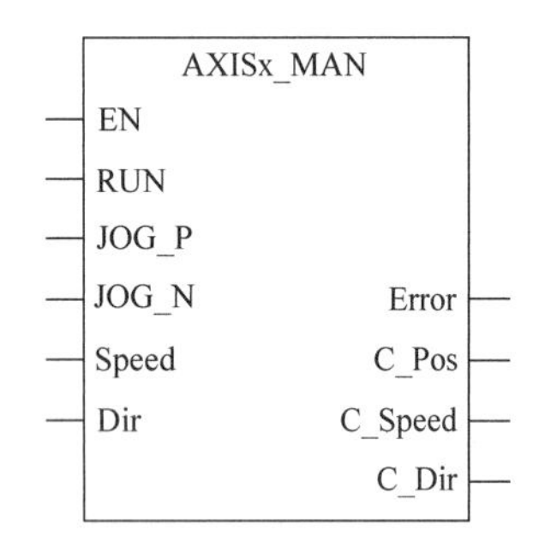

图 2-28 AXISx _ MAN 子程序

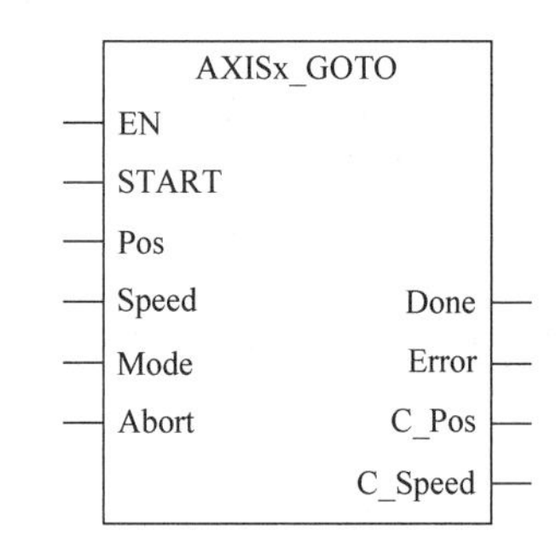

图 2-29 AXISx _ GOTO 子程序

3）Pos 参数为要移动的位置（绝对定位）或者要移动的距离（相对定位）。

4）Speed 参数为该移动的目标速度，若位置或距离设置较小而速度设置较大，或加减速度设置较小，实际速度可能不能达到设定的目标速度。

5）Mode 参数用于选择移动的类型，具体见表 2-4。

表 2-4 Mode 参数的功能

参数值	功能
0	绝对定位
1	相对定位
2	单速连续正向旋转
3	单速连续反向旋转

6）当 Abort 参数闭合时，会命令运动轴停止执行此命令并减速，直到电动机停止。

7）当运动轴完成此子程序时，Done 输出闭合。

4. AXISx _ RUN 子程序

该子程序命令运动轴按照运动控制向导组态的特定曲线执行运动操作，其程序指令结构如图 2-30 所示。

1）确保 EN 一直保持闭合状态，直到 Done 输出指示该子程序已经执行完毕。

2）START 用于向运动轴发 RUN 指令。对于在运动轴当前不繁忙时执行的每次扫描，该子程序可以向运动轴发送一个 RUN 指令，因此为了确保仅发送一个 RUN 指令，一般使用边沿检测触发 START 参数。

3）Profile 参数用于设置运动曲线的编号，其值必须介于 0 ~ 31之间。

4）当 Abort 参数闭合时，将命令运动轴停止执行此命令并减速，直到电动机停止。

AXISx_RUN	
EN	
START	Done
Profile	Error
Abort	C_Profile
	C_Step
	C_Pos
	C_Speed

图 2-30 AXISx _ RUN 子程序

5）C _ Profile 参数指示运动轴当前执行的曲线。

6）C _ Step 参数指示运动轴当前正在执行的曲线步数。

7）当运动轴完成此子程序时，Done 输出闭合。

5. AXISx _ RSEEK 子程序

该子程序用于启动运动控制向导中组态的参考点搜索模式进行参考点搜索，运动轴找到参考点且运动停止后，运动轴将运动控制向导中组态的 RP _ OFFSET 值载入当前位置，其程序指令结构如图 2-31 所示。

1）确保 EN 一直保持闭合状态，直到 Done 输出指示该子程序已经执行完毕。

2）START 用于向运动轴发 RSEEK 指令。对于在运动轴当前不繁忙时执行的每次扫描，该子程序可以向运动轴发送一个 RSEEK 指令，因此为了确保仅发送一个 RSEEK 指令，一般使用边沿检测触发 START 参数。

3）RP _ OFFSET 的默认值为 0，可以使用运动控制向导设置，也可以通过 AXISx _ LD-OFF 子程序更改。

6. AXISx _ LDPOS 子程序

该子程序将运动轴中的当前位置值更改为新的位置值，其程序指令结构如图 2-32 所示。

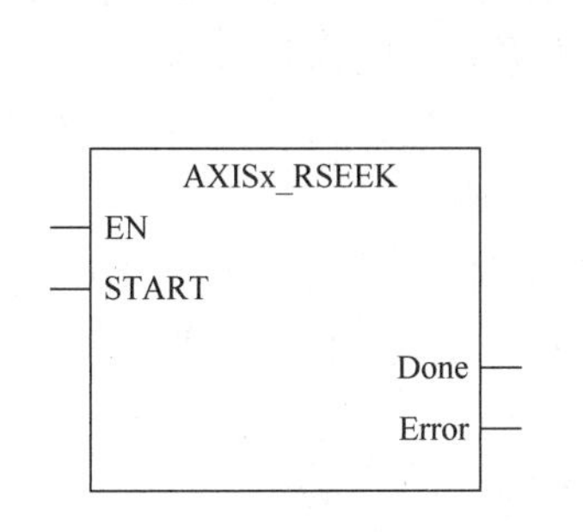

图 2-31　AXISx _ RSEEK 子程序

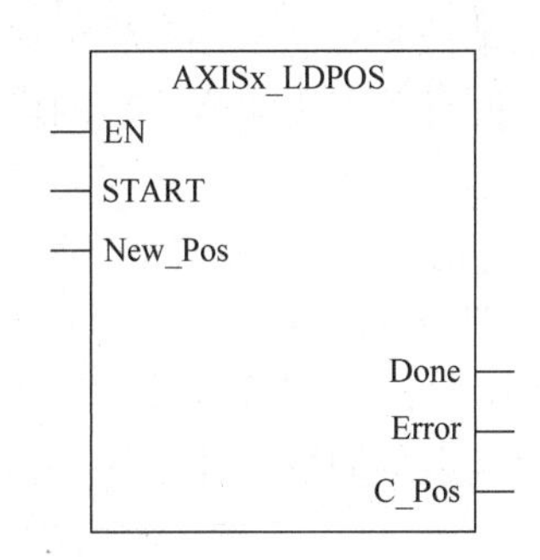

图 2-32　AXISx _ LDPOS 子程序

1）确保 EN 一直保持闭合状态，直到 Done 输出指示该子程序已经执行完毕。

2）START 用于向运动轴发 LDPOS 指令。对于在运动轴当前不繁忙时执行的每次扫描，该子程序可以向运动轴发送一个 LDPOS 指令，因此为了确保仅发送一个 LDPOS 指令，一般使用边沿检测触发 START 参数。

3）New _ Pos 参数提供新的当前位置值。

7. AXISx _ ABSPOS 子程序

该子程序用于读取 SINAMICS V90 伺服驱动器的绝对位置，其程序指令结构如图 2-33 所示。

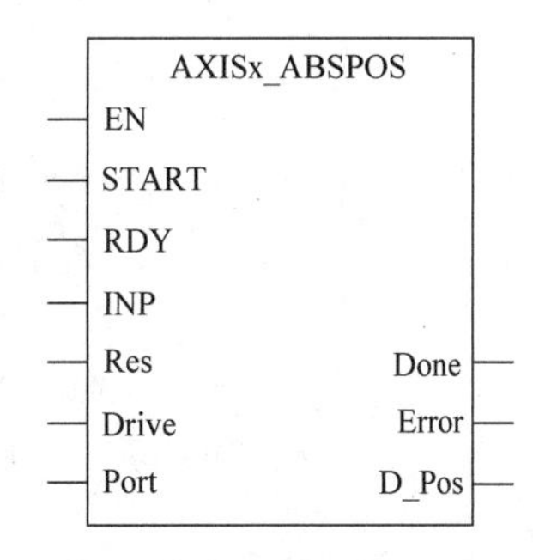

图 2-33　AXISx _ ABSPOS 子程序

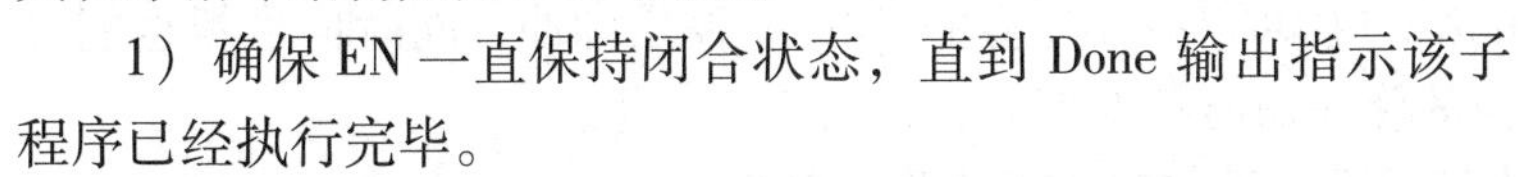

1）确保 EN 一直保持闭合状态，直到 Done 输出指示该子程序已经执行完毕。

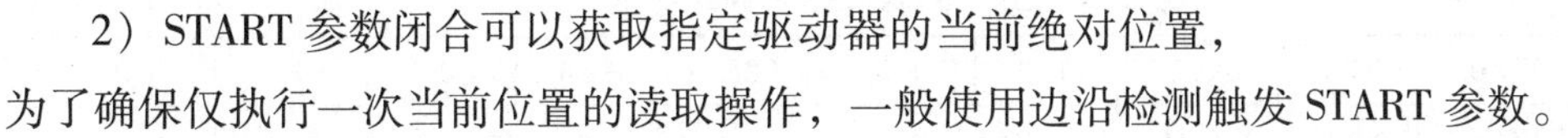

2）START 参数闭合可以获取指定驱动器的当前绝对位置，为了确保仅执行一次当前位置的读取操作，一般使用边沿检测触发 START 参数。

3）RDY 参数用来指示伺服驱动器处于就绪状态，一般通过伺服驱动器的数字量输出反馈到 PLC 的数字量输入，仅当该参数闭合后，该子程序才会通过伺服驱动器读取绝对位置。

4）INP 参数用来指示伺服驱动器处于静止状态，一般通过伺服驱动器的数字量输出反馈到 PLC 的数字量输入，仅当该参数闭合后，该子程序才会通过伺服驱动器读取绝对位置。

5）Res 参数必须设置为伺服电动机上绝对值编码器的分辨率。

6）Drive 参数为伺服驱动器中所设置的 RS485 站地址。

7）Port 参数为与伺服驱动器通信的 CPU 端口。0：CPU 集成的 RS485 端口；1：RS485/RS232 信号板。

2.2.4 SIMATIC S7-1200/1500 PLC

SIMATIC S7-1200 小型 PLC 充分满足中小型自动化系统的需求，充分考虑系统、控制器、人机界面和软件无缝整合、高效协调。其具有高速脉冲输出、PROFINET 通信接口、强大的集成工艺功能和灵活的可扩展性等特点，为各种工艺任务提供简单的通信和有效的解决方案，尤其满足多种应用中完全不同的自动化需求，兼具 PLC 的功能和用于控制驱动器运行的运动控制功能。

SIMATIC S7-1500 PLC 具备高性能、开放性、集成信息安全、高效的工程组态、可靠的诊断、集成运动控制功能、创新型设计等优点，因此可以提升客户生产效率，缩短客户产品的上市时间，并且可以为实现工厂的可持续性发展提供强有力的保障。其运动控制功能支持速度轴、位置轴、同步轴、外部编码器、测量输入、输出凸轮、凸轮轨迹、凸轮和运动系统等工艺对象，在控制中对简单到复杂的运动控制任务进行编程。

SIMATIC S7-1200 PLC 可以通过高速脉冲输出控制脉冲型伺服驱动器，也可以通过 PROFINET 通信控制带有 PROFINET 通信的总线型伺服驱动器，而 SIMATIC S7-1500 PLC 通常用来控制总线型伺服驱动器，如图 2-34 所示。

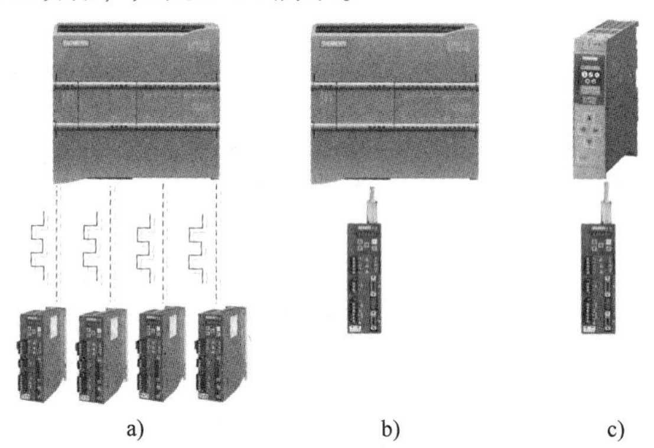

a)　　b)　　c)

图 2-34　SIMATIC S7-1200 PLC 和 SIMATIC S7-1500 PLC 的运动控制模式

a）SIMATIC S7-1200 PLC 控制脉冲型伺服　b）SIMATIC S7-1200 PLC 控制总线型伺服

c）SIMATIC S7-1500 PLC 控制总线型伺服

对于 SIMATIC S7-1200 PLC，仅 DC/DC/DC 型的 CPU 能发出脉冲，同时信号板也能发出脉冲，不同的 CPU 和信号板的脉冲输出频率不同，见表 2-5、表 2-6。

表 2-5　CPU 的脉冲输出频率极限

CPU	Q0.0	Q0.1	Q0.2	Q0.3	Q0.4	Q0.5	Q0.6	Q0.7	Q1.0	Q1.1
1211	100kHz	100kHz	100kHz	100kHz	—	—	—	—	—	—
1212	100kHz	100kHz	100kHz	100kHz	20kHz	20kHz	—	—	—	—
1214	100kHz	100kHz	100kHz	100kHz	20kHz	20kHz	20kHz	20kHz	20kHz	20kHz
1215	100kHz	100kHz	100kHz	100kHz	20kHz	20kHz	20kHz	20kHz	20kHz	20kHz
1217	1MHz	1MHz	1MHz	1MHz	100kHz	100kHz	100kHz	100kHz	100kHz	100kHz

表 2-6 信号板的脉冲输出频率极限

信号板	Qx. 0	Qx. 1	Qx. 2	Qx. 3
DI2/DQ2 x DC24V 20kHz	20kHz	20kHz	—	—
DI2/DQ2 x DC24V 200kHz	200kHz	200kHz	—	—
DQ4 x DC24V 200kHz	200kHz	200kHz	200kHz	200kHz
DI2/DQ2 x DC5V 200kHz	200kHz	200kHz	—	—
DQ4 x DC5V 200kHz	200kHz	200kHz	200kHz	200kHz

SIMATIC S7-1200/1500 CPU 的运动控制功能，可以用来控制步进电动机或伺服电动机。在 TIA Portal 中对运动轴和命令表工艺对象进行组态，CPU 使用这些工艺对象操作控制驱动器的输出。在用户程序中，可以通过运动控制指令控制运动轴。运动控制指令见表 2-7。

表 2-7 运动控制指令

序号	程序名	程序功能	序号	程序名	程序功能
1	MC _ Power	启用或禁用运动轴	7	MC _ MoveVelocity	运动轴连续运动
2	MC _ Reset	复位运动轴	8	MC _ MoveJog	运动轴点动运动
3	MC _ Home	运动轴回参考点	9	MC _ CommandTable	按照运动顺序运行运动轴
4	MC _ Halt	停止运动轴	10	MC _ ChangeDynamic	更改运动轴的动态设置
5	MC _ MoveAbsolute	运动轴绝对定位	11	MC _ ReadParam	连续读取运动轴的运动数据
6	MC _ MoveRelative	运动轴相对定位	12	MC _ WriteParam	写入运动轴工艺对象的变量

2.2.5 SIMATIC S7-1200 PLC 控制脉冲型伺服运动控制向导

SIMATIC S7-1200 PLC 的运动控制与 SIMATIC S7-200 SMART PLC 一样，需要先进行运动控制组态，然后调用相应的运动控制子程序控制伺服驱动器，对于 SIMATIC S7-1200 PLC 控制脉冲型的伺服，其控制方式也是开环控制的模式，运动控制器不接收伺服电动机的位置信号，同时也不接收伺服驱动器输出的位置信号，控制逻辑如图 2-35 所示。PLC 接收伺服驱动器的就绪信号；PLC 可以输出启用信号控制伺服驱动器的使能；运动控制的位置环在 PLC 中，PLC 根据命令输出脉冲信号控制伺服运动，其脉冲的数量代表目标位置，其脉冲的频率代表目标速度。脉冲型伺服通过接收的脉冲信号进行位置控制，形成位置闭环，规划运动速度曲线。

打开 SIMATIC S7-1200 PLC 的编程软件 TIA Portal V15 SP1，新建一个项目。

1）添加 CPU 到项目中，如图 2-36 所示。

图 2-36 中，①鼠标左键双击“添加新设备”。

② 选择“控制器”，还可以在设备名称中修改设备名称。

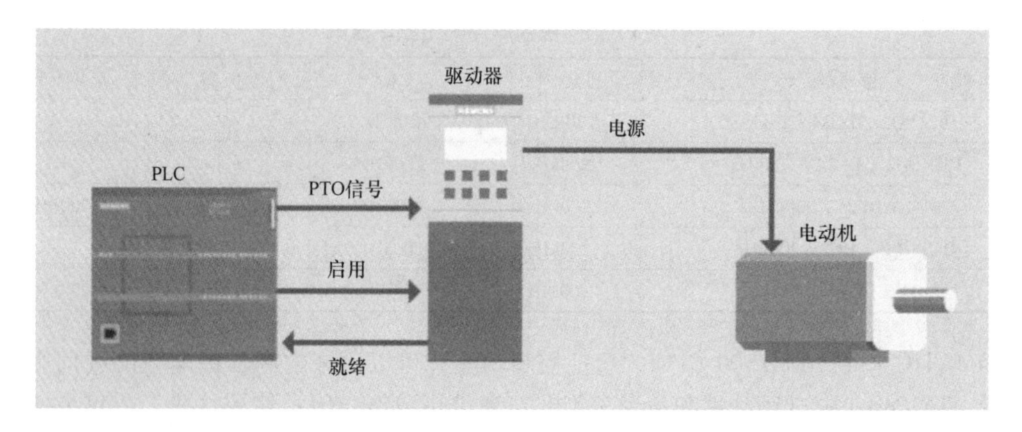

图 2-35　SIMATIC S7-1200 PLC 控制脉冲型伺服逻辑

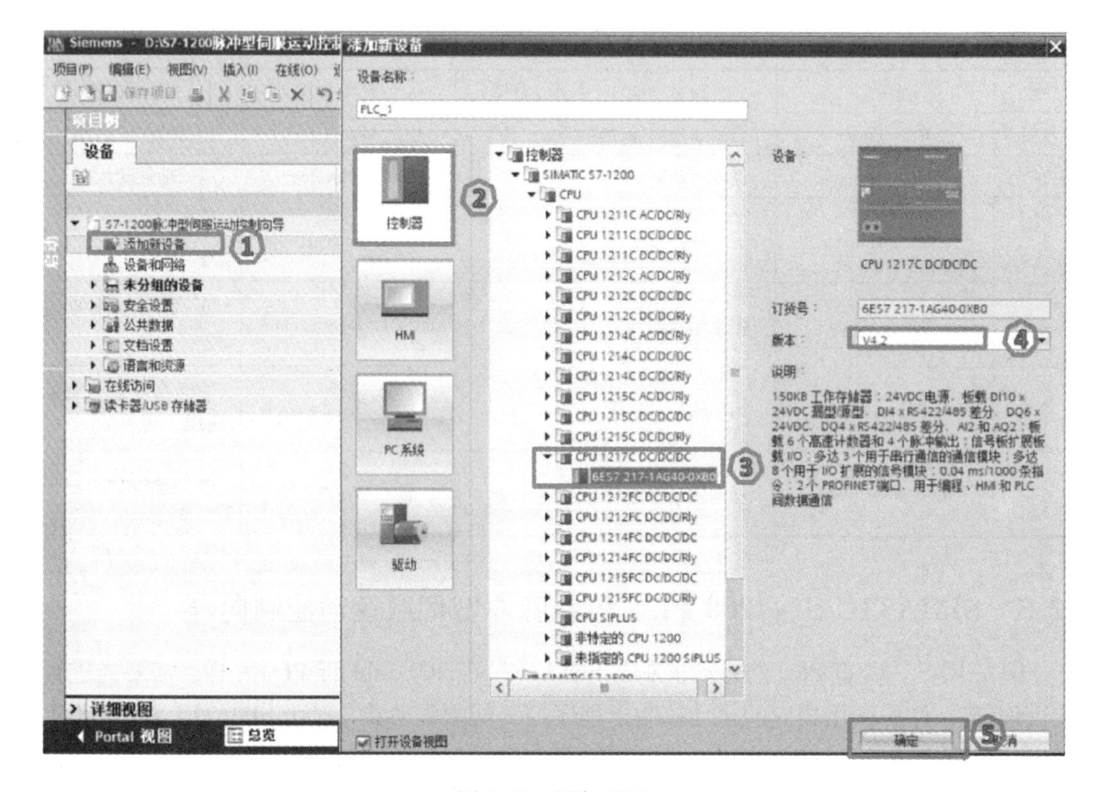

图 2-36　添加 CPU

③ 在控制器列表中，选择正确的 SIMATIC S7-1200 CPU 型号。

④ 选择正确的 CPU 版本号，否则下载组态程序到 CPU 上会报错，提示项目中离线的版本号与在线 CPU 的版本号不一致，同时还会影响向导的版本及指令的版本。

⑤ 单击“确定”，将 CPU 添加到项目中。

2）启用脉冲信号发生器，如图 2-37 所示。

图 2-37 中，①进入“设备视图”。

② 选择 CPU 的“属性”。

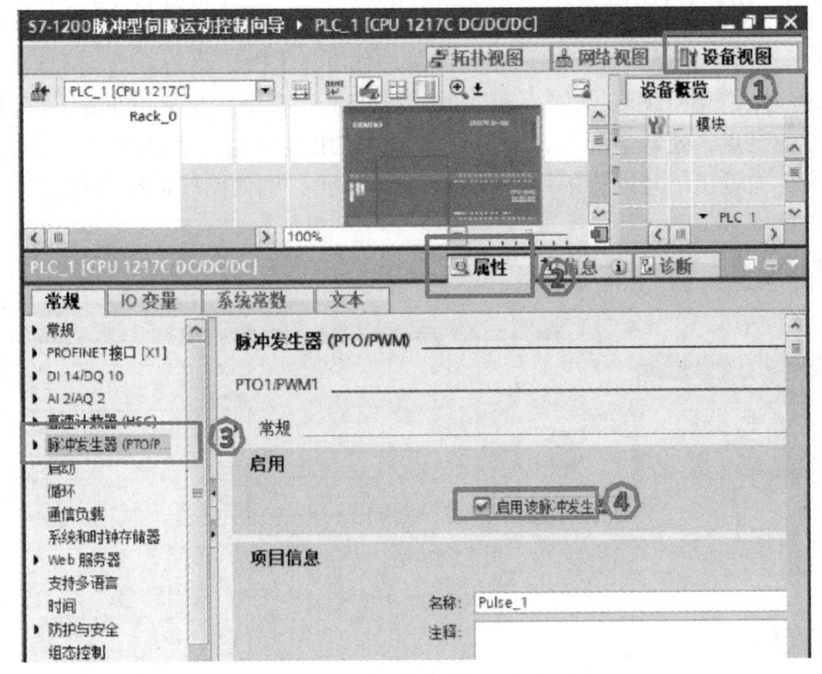

图 2-37　启用脉冲信号发生器

③ 选择“脉冲发生器”。

④ 选择“启用该脉冲发生器”。需要使用哪一路脉冲发生器就启用哪一路。

3）设置脉冲信号发生器的属性，如图 2-38 所示。

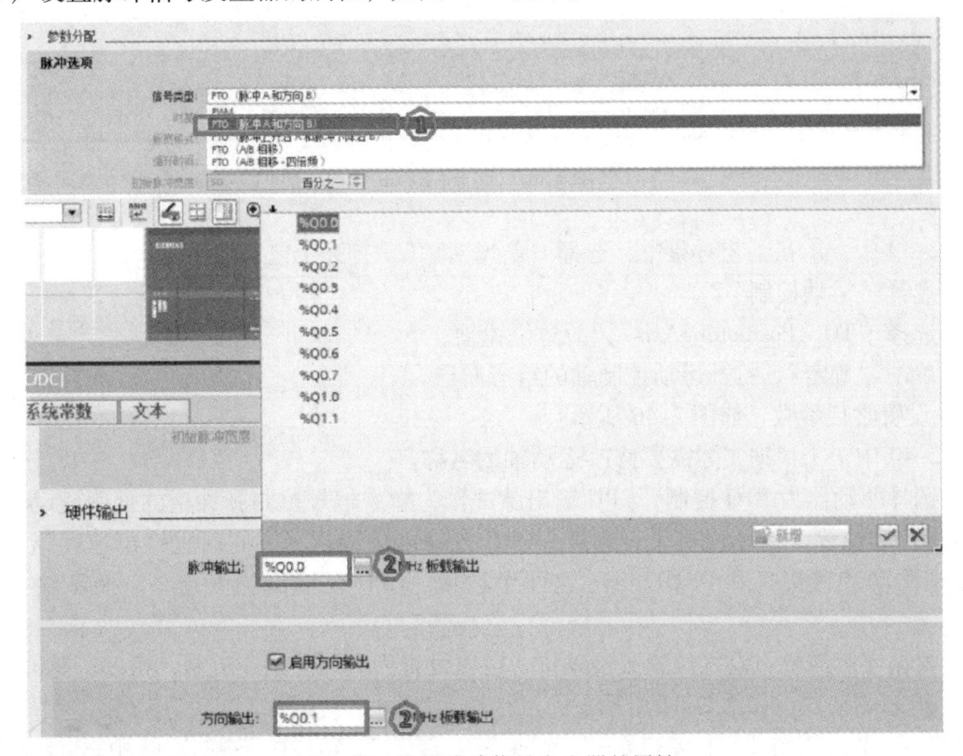

图 2-38　设置脉冲信号发生器的属性

图 2-38 中，①单击该脉冲信号发生器的脉冲选项下拉菜单，选择“PTO（脉冲 A 和方向 B）”选项。也可以组态为正向脉冲和负向脉冲或者 AB 相脉冲。

② 可以指定脉冲输出和方向输出对应的硬件地址。根据输出脉冲的频率要求，选择合适的高速脉冲输出点，通常情况下，输出频率高的输出点指定为脉冲输出，而输出频率低的输出点指定为方向输出。若选择的不是脉冲和方向输出，则两路脉冲输出都需要考虑其输出频率的影响。

4）新建运动轴，如图 2-39 所示。

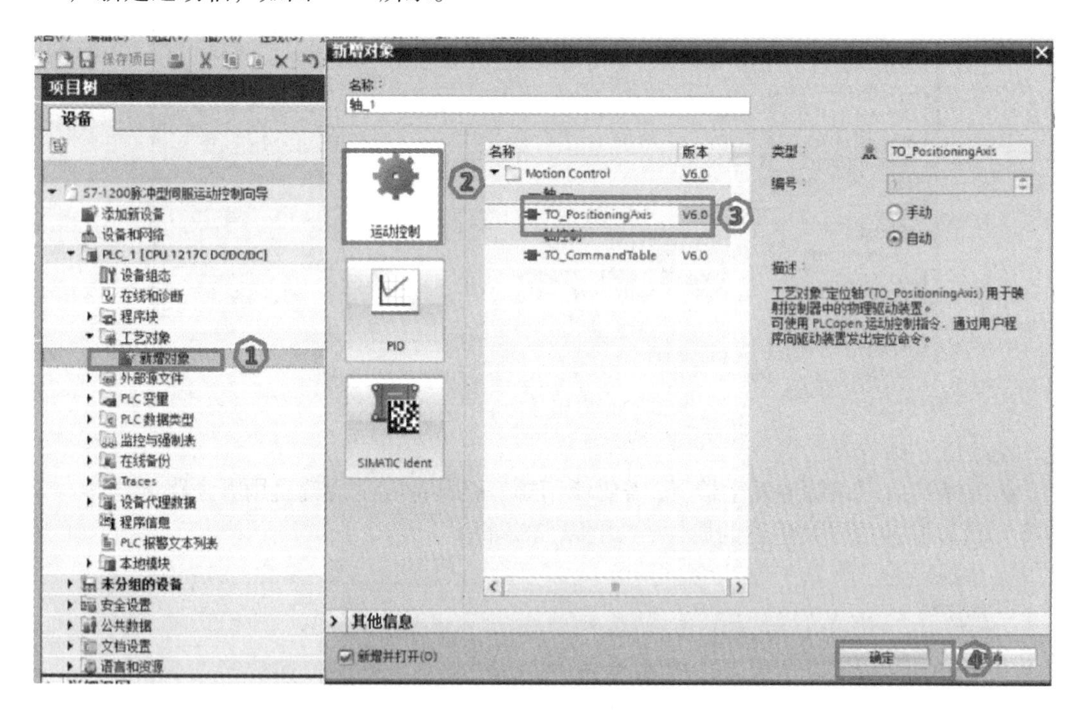

图 2-39　新建运动轴

图 2-39 中，①在工艺对象中，选择“新增对象”，打开工艺对象组态向导。

② 选择“运动控制”。

③ 选择“TO _ PositioningAxis”，新建位置轴。

④ 单击“确定”，打开运动控制轴的组态向导。

5）设置常规参数，如图 2-40 所示。

图 2-40 中，①根据实际需要修改运动轴的名称。

② 选择驱动器为 PTO 控制，CPU 输出脉冲作为指令信号控制脉冲型的伺服驱动器，其脉冲数量代表位置，脉冲频率代表速度，CPU 既输出位置指令，同时也输出速度指令。而对于模拟驱动装置接口和 PROFIdrive 这两个选项，CPU 仅输出速度指令，而不输出位置指令。

③ 根据实际需要，设置位置测量单位，可以设置为直线公制或英制、角度、脉冲数。

6）组态驱动器，如图 2-41 所示。

图 2-41 中，① 在硬件接口的“脉冲发生器”选项，在下拉菜单中选择组态的“Pulse _ 1”，若启用了多个脉冲信号发生器，在组态运动轴时，选择的脉冲发生器需要与实

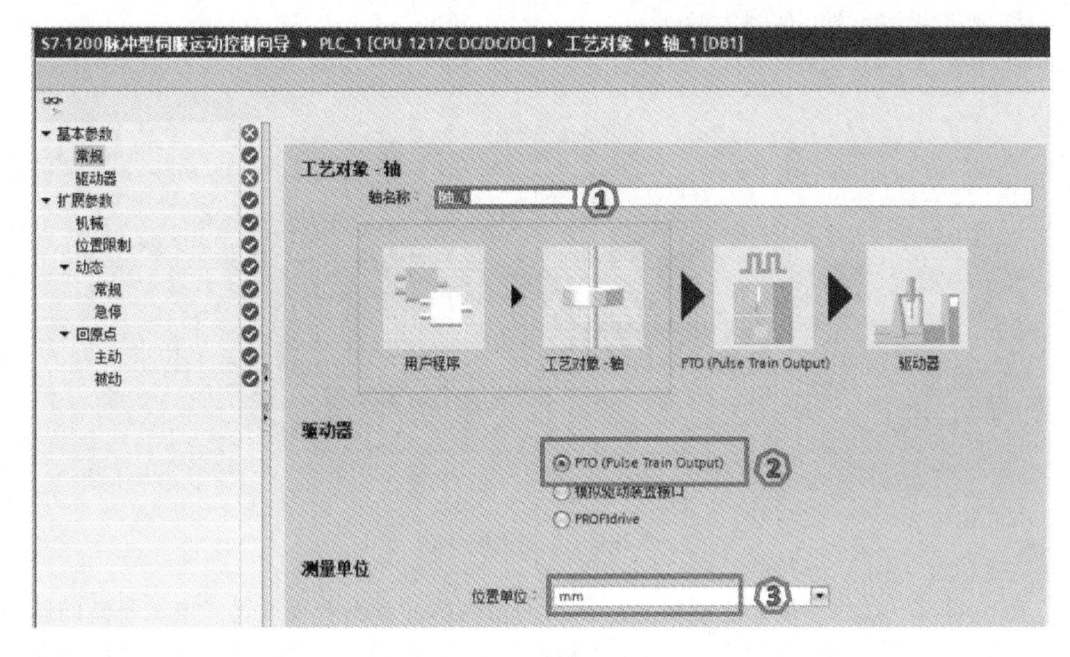

图 2-40　设置常规参数

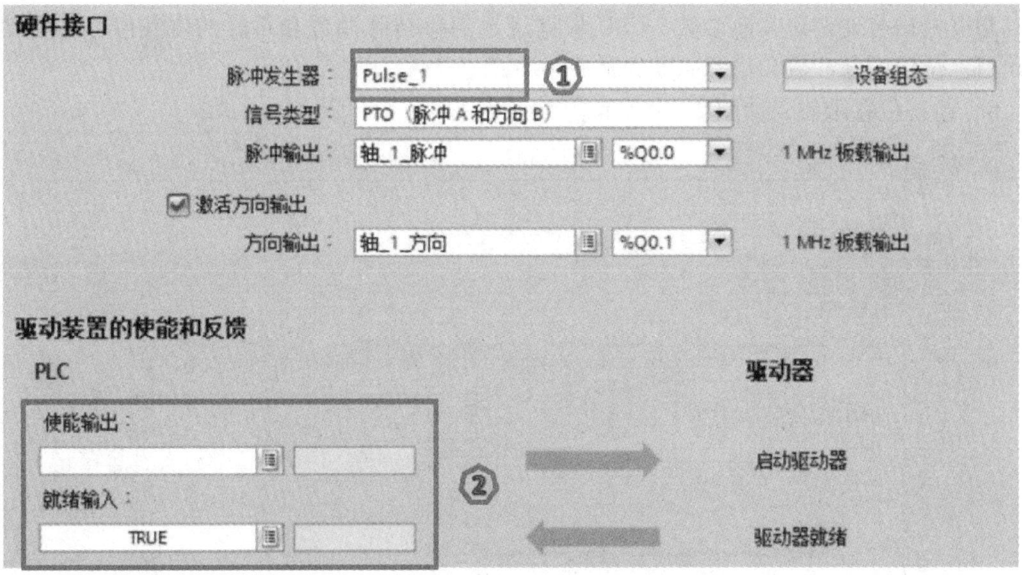

硬件接口

脉冲发生器：Pulse_1 ①　设备组态

信号类型：PTO（脉冲 A 和方向 B）

脉冲输出：轴_1_脉冲　%Q0.0　1 MHz 板载输出

☑ 激活方向输出

方向输出：轴_1_方向　%Q0.1　1 MHz 板载输出

驱动装置的使能和反馈

PLC　驱动器

使能输出：　启动驱动器

②

就绪输入：TRUE　驱动器就绪

图 2-41　组态驱动器

际的电气设计及接线保持一致。此处若在 CPU 属性设置时没有进行脉冲发生器的组态，也可以单击“设备组态”按钮，进行脉冲发生器的属性设置。

② 根据实际情况组态驱动器的使能和反馈。若组态使能输出，则使能后，PLC 输出信号启动驱动器；若组态就绪输入，则 PLC 接收到驱动器就绪信号后才能输出使能信号，即运动轴必须就绪后才能使能。

7）组态机械参数，如图 2-42 所示。

机械
电机每转的脉冲数 1000
电机每转的负载位移 10.0 mm
所允许的旋转方向 双向
反向信号
①

图 2-42　组态机械参数

图 2-42 中，①根据最大速度和 PLC 输出的最大脉冲频率合理设置“电机每转的脉冲数”。例如电动机最大转速为 3000r/min，脉冲最大频率为 1MHz，则每转的脉冲数最大值为

$$\frac{1\text{MHz}}{3000\text{r/min}}=\frac{1000\text{k}\times 60}{3000}=20\text{k}$$

根据机械合理设置其他参数，CPU 根据设定的每转脉冲数和每转的负载位移将自动计算出目标位置的脉冲数和目标速度的脉冲频率。

8）组态位置限制，如图 2-43 所示。

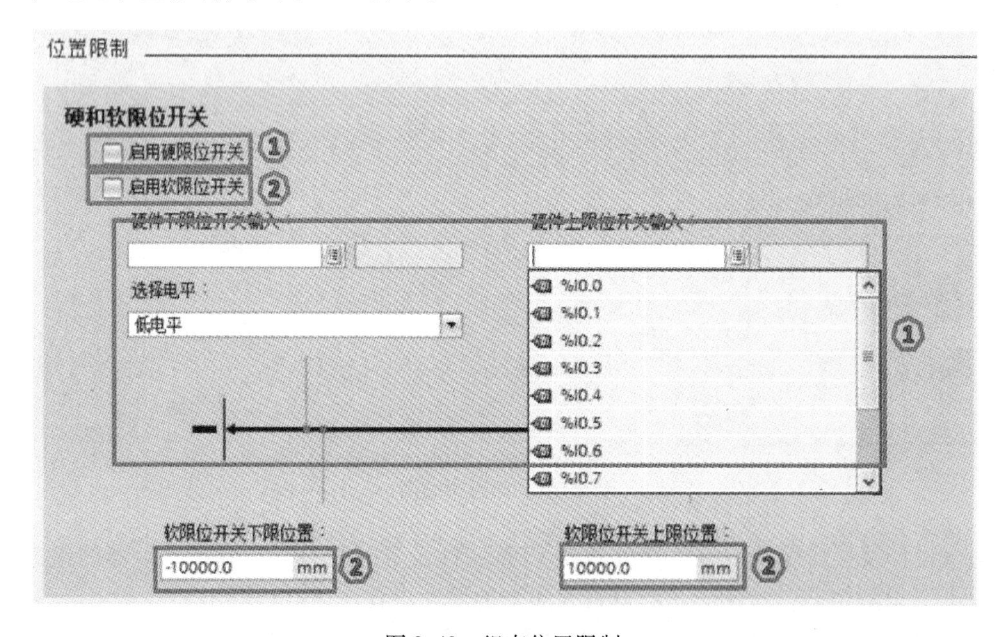

图 2-43　组态位置限制

图 2-43 中，①若选择“启用硬限位开关”，则需要根据实际情况组态硬件，“硬件下限

位开关输入”和“硬件上限位开关输入”的 PLC 输入地址，并可选择其输入为低电平或高电平有效。当 PLC 接收不到硬限位开关的信号时，触发硬限位报警，PLC 控制伺服电动机立即减速停止，且需要复位硬限位报警后才能反方向运行伺服电动机，待报警解除后才能继续原方向运行。

② 若选择“启用软限位开关”，则根据机械实际情况设置“软限位开关下限位置”和“软限位开关上限位置”。当设定的目标位置不在软限位范围内或者伺服电动机运行到超出软限位范围的位置时，触发软限位报警，伺服电动机立即减速停止。

9）组态速度与加速度，如图 2-44 所示。

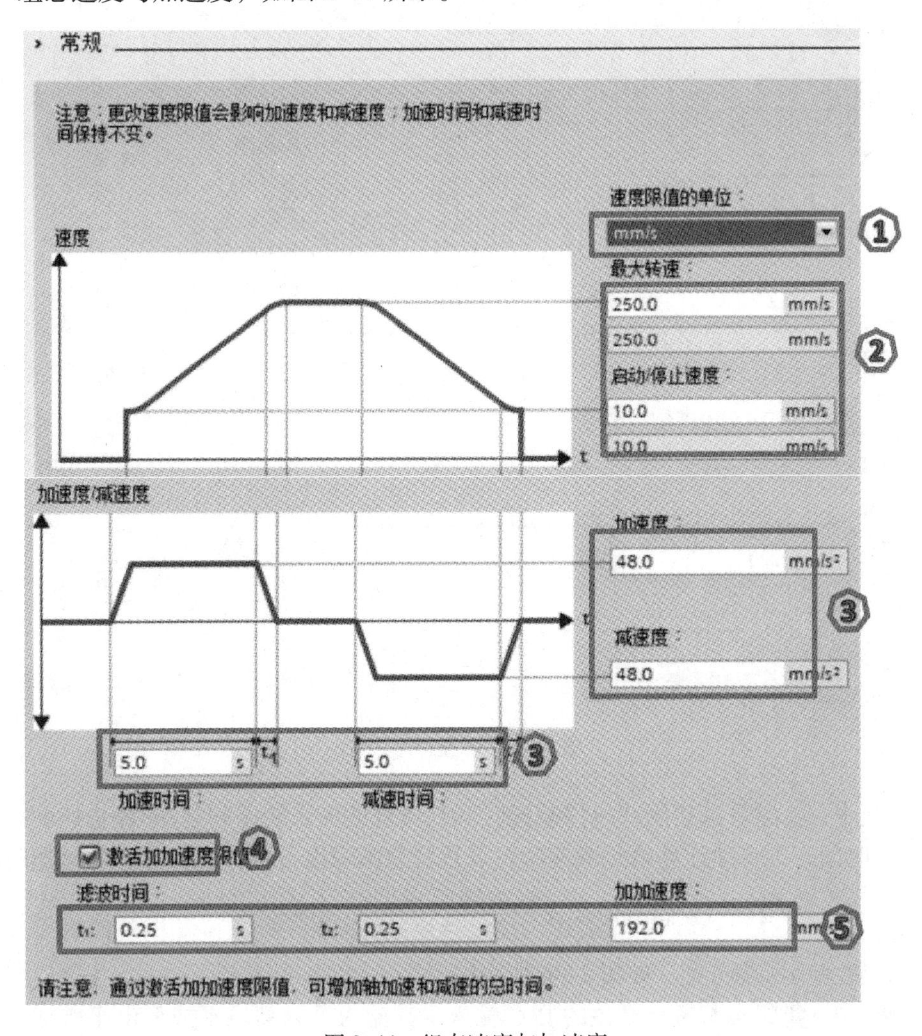

图 2-44　组态速度与加速度

图 2-44 中，①选择“速度限值的单位”。

② 设置最大速度和起动/停止速度，PLC 将根据该参数计算加速度和减速度。

③ 设置加速度，则自动计算加速时间；设置加速时间，则自动计算加速度；设置减速度，则自动计算减速时间；设置减速时间，则自动计算减速度。且

$$加速度 = \frac{最大转速 - 起动/停止速度}{加速时间}$$

$$减速度 = \frac{最大转速 - 起动/停止速度}{减速时间}$$

④ 根据实际需要，可以选择“激活加加速度限值”，但增加加速和减速的总时间，在伺服电动机起动和停止时会比较平滑，冲击较小。

⑤ 设置滤波时间，则自动计算加加速度；设置加加速度，则自动计算滤波时间。

10）设置急停参数，如图 2-45 所示。

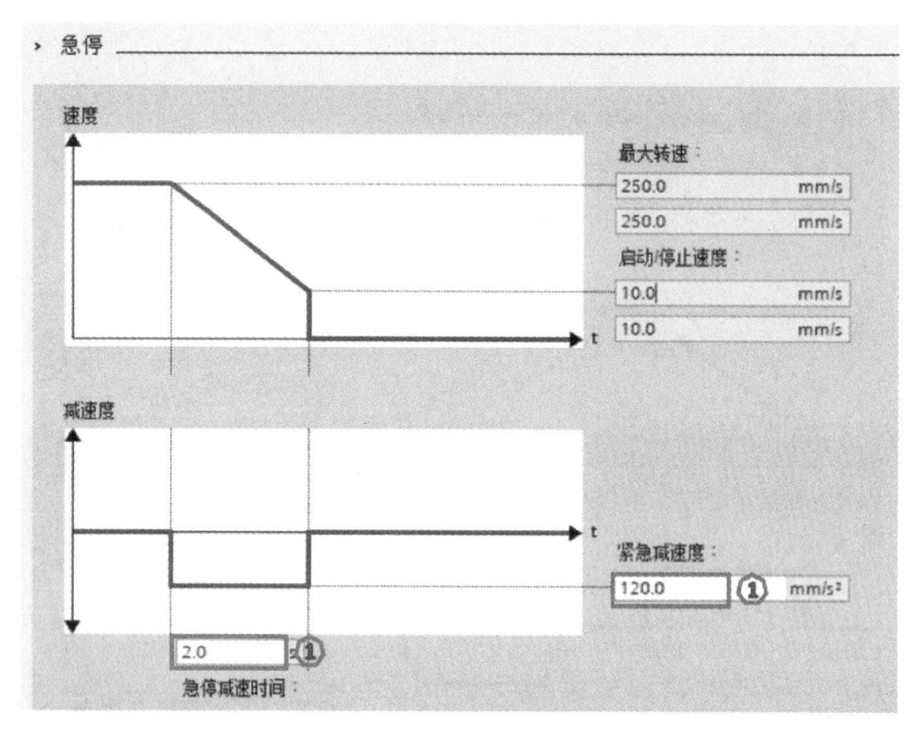

图 2-45　设置急停参数

图 2-45 中，①紧急减速度或急停减速时间与设置的最大转速和起动/停止速度有关，设置急停减速时间，则自动计算紧急减速度；设置紧急减速度，则自动计算急停减速时间。

$$紧急减速度 = \frac{最大转速 - 起动/停止速度}{急停减速时间}$$

11）设置主动回参考点，如图 2-46 所示。

图 2-46 中，①组态参考点开关的 PLC 输入，其输入可以高电平或低电平有效，PLC 接收到信号时代表到达参考点开关的位置。

② 若已组态硬限位开关，可以激活“允许硬限位开关自动反转”功能，则在执行回参考点的过程中碰到硬限位后自动控制伺服电动机反转离开硬限位开关和参考点开关，然后再次执行主动回参考点。

③ 可以选择正方向或负方向逼近参考点开关，这样参考点开关可以安装在正方向或负方向上，即机械合适的位置。

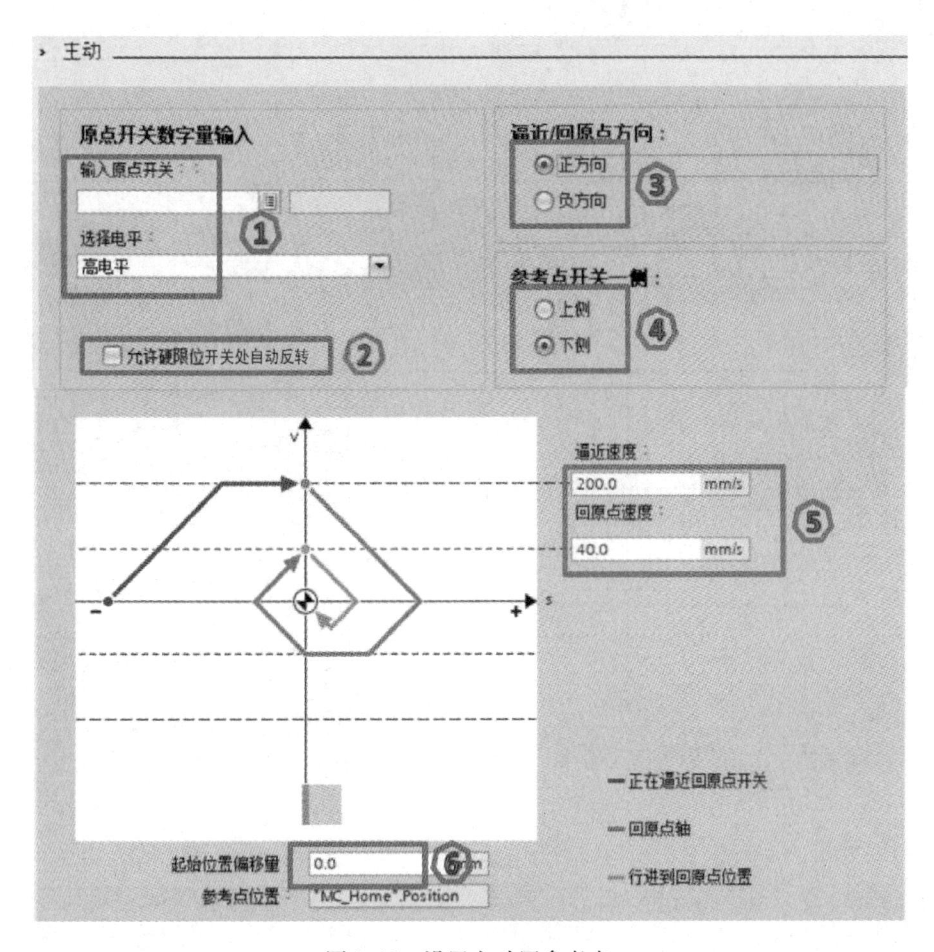

图 2-46　设置主动回参考点

④ 可以组态参考点开关上侧或下侧。

⑤ 设置逼近参考点速度和回原点速度。一般逼近速度设置较大，提高回参考点的效率，回远点速度设置较小，提高回参考点的精度。

12）设置被动回参考点，如图 2-47 所示。

图 2-47 中，①组态参考点开关的 PLC 输入，其输入可以高电平或低电平有效。

② 可以组态参考点开关上侧或下侧。

2.2.6　SIMATIC S7-1500 PLC 控制总线型伺服运动控制向导

SIMATIC S7-1500 PLC 控制总线型伺服与 SIMATIC S7-1200 PLC 控制脉冲型伺服一样，需要先进行运动控制组态，然后调用相应的运动控制子程序来控制伺服驱动器，对于 SIMATIC S7-1500 PLC 控制总线型的伺服，其控制方式是闭环控制的模式，运动控制器不但可以接收伺服电动机的位置信号，同时也接收伺服驱动器的位置信号，控制逻辑如图 2-48 所示。PLC 根据指令，规划运动速度曲线，并通过总线通信方式直接发送给伺服驱动器，伺服驱动器控制伺服电动机跟随接收到的速度曲线运行。

打开 SIMATIC S7-1500 PLC 的编程软件 TIA Portal V15 SP1，新建一个项目。

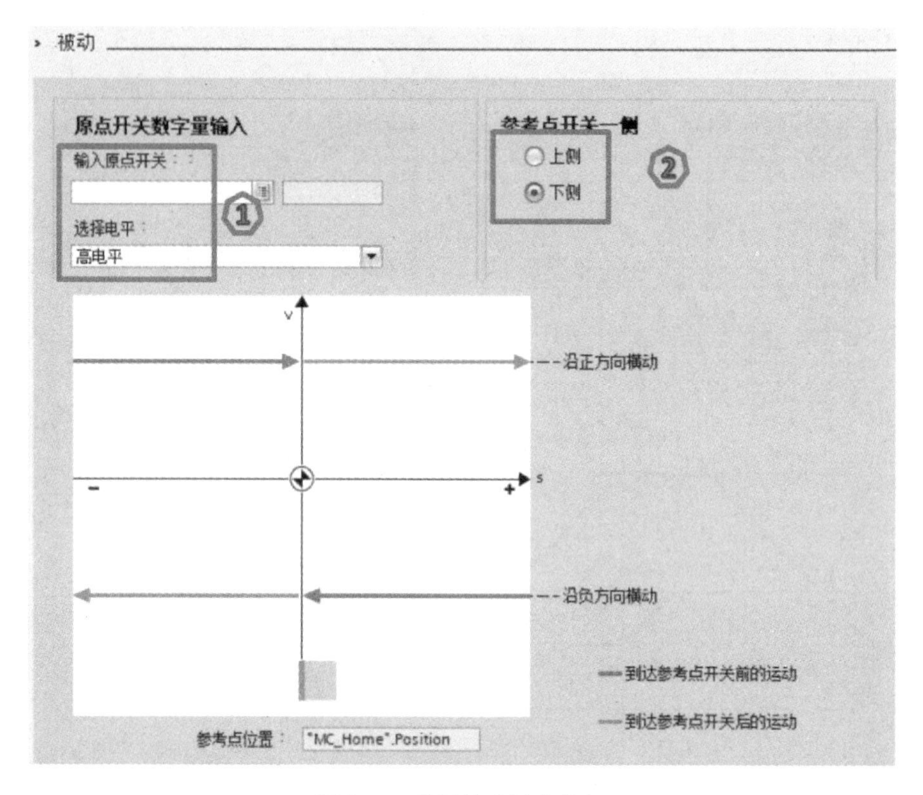

图 2-47　设置被动回参考点

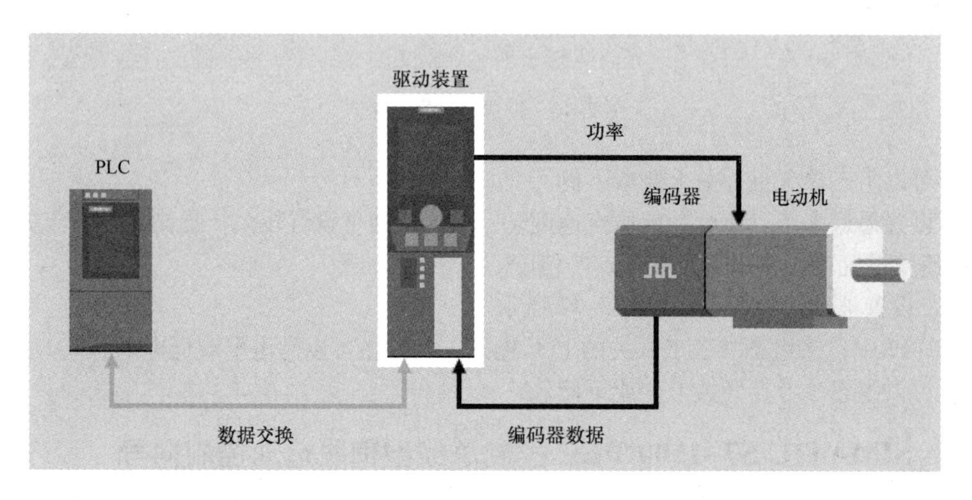

图 2-48　SIMATIC S7-1500 PLC 控制总线型伺服逻辑

1）添加 CPU 到项目中，与 SIMATIC S7-1200 PLC 控制脉冲型伺服相同。

2）添加总线型伺服驱动器，如图 2-49 所示。

图 2-49 中，①切换到“网络视图”。

② 在其他现场设备中，找到需要添加的总线型伺服驱动器路径，即“其他现场设备”→“PROFINET IO”→“Drives”→“SIEMENS AG”→“SINAMICS”。应注意：必须

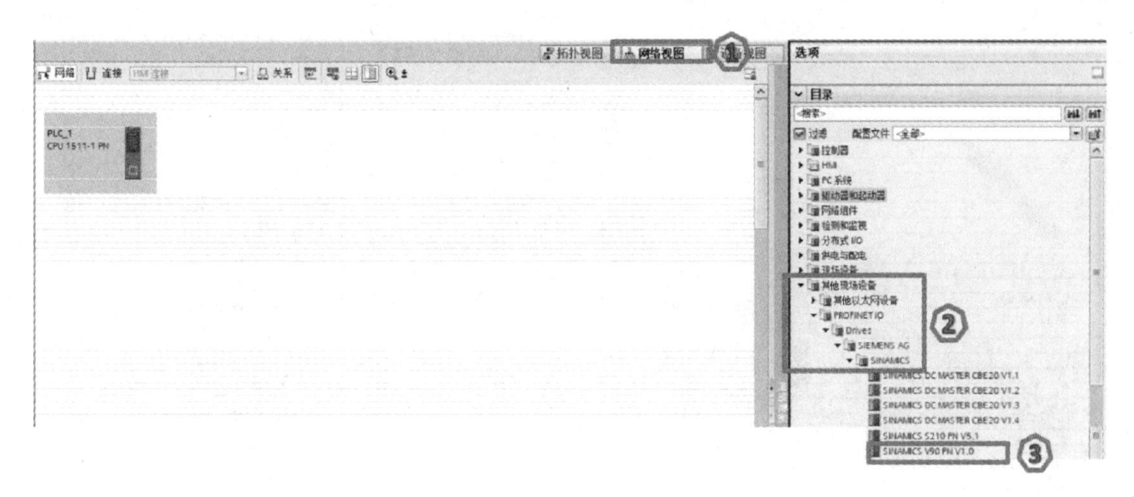

图 2-49　添加总线型伺服驱动器

首先添加 SINAMICS V90 PN 伺服驱动器的 GSD 文件到 TIA Portal 中，否则无法找到该驱动器。

③ 双击目标伺服驱动器并添加到项目中。

3）建立通信连接，如图 2-50 所示。

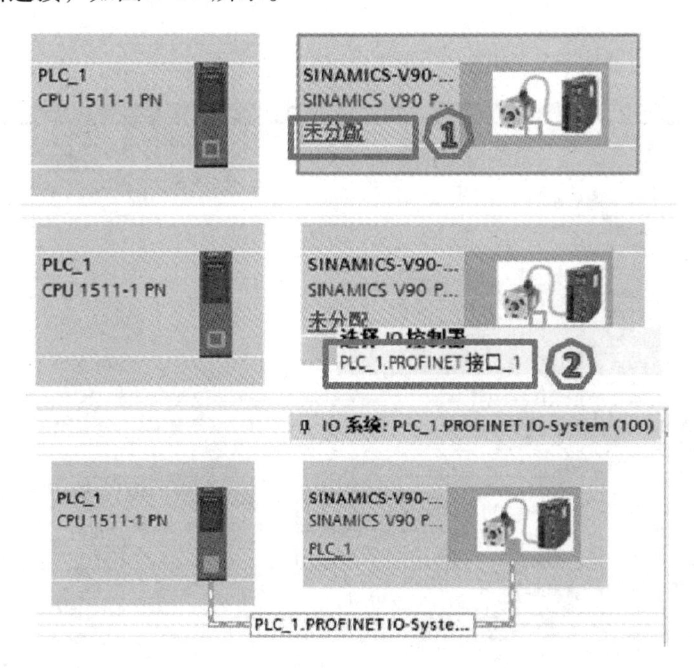

图 2-50　建立通信连接

图 2-50 中，①鼠标单击 SINAMICS V90 伺服驱动器中的“未分配”选项。

② 在弹出的“选择 IO 控制器”选项中，选择“PLC _ 1. PROFINET 接口 _ 1”，建立 PLC 与总线型伺服驱动器之间的 PROFINET 连接。

4）添加通信报文，如图 2-51 所示。

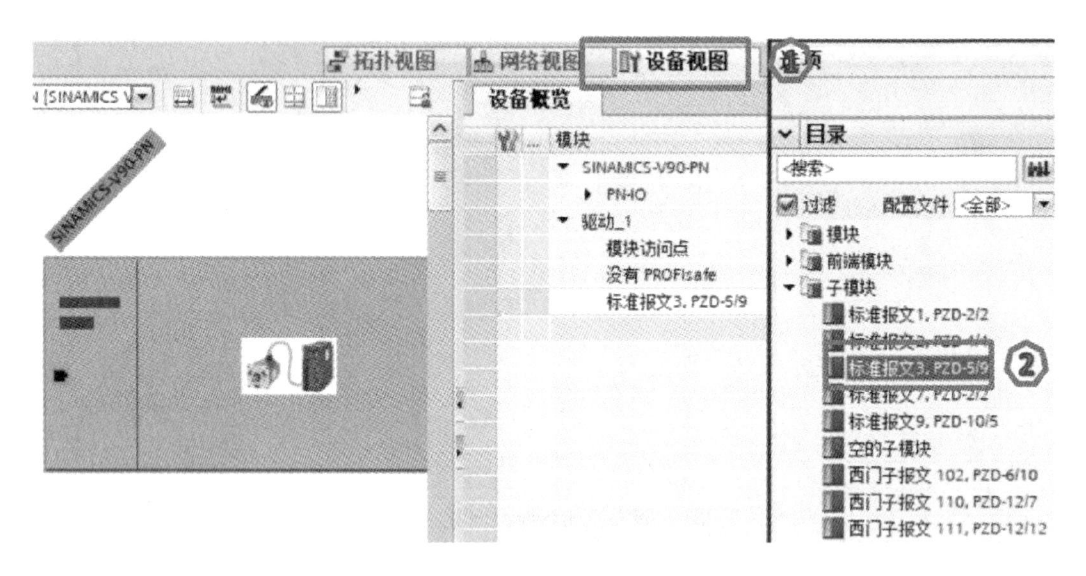

图 2-51　添加通信报文

图 2-51 中，①切换到“设备视图”，在设备视图中找到添加的伺服驱动器。

② 在硬件目录的“子模块”选项上，选择“标准报文 3”，并双击添加到伺服驱动器中。

5）组态伺服驱动器属性，如图 2-52 所示。

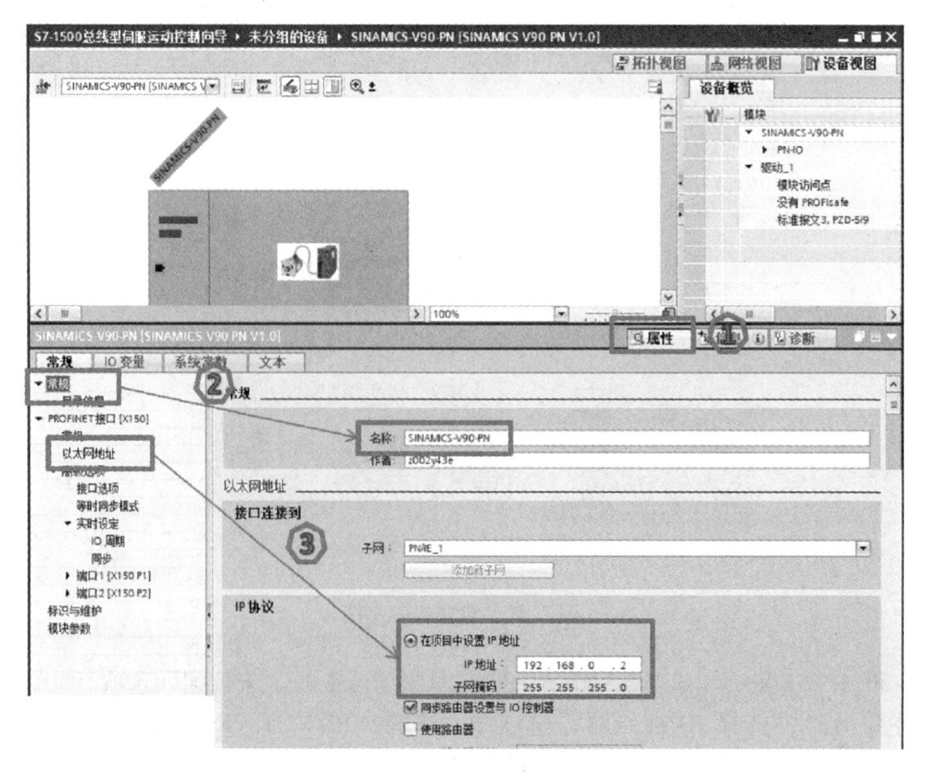

图 2-52　组态伺服驱动器属性

图2-52中，①选择伺服驱动器的“属性”窗口。

② 在“常规”选项中，设置设备名称，需要与伺服驱动器设置的设备名称一致，否则CPU在运行时建立与伺服驱动器之间的通信会出错。

③ 设置IP地址，应与CPU的IP处于同一个网段，并且在该网段中，IP地址唯一，否则也会产生通信错误。

6）新建运动轴，其方法与控制脉冲型伺服相同。

7）设置运动轴的基本参数，如图2-53所示。

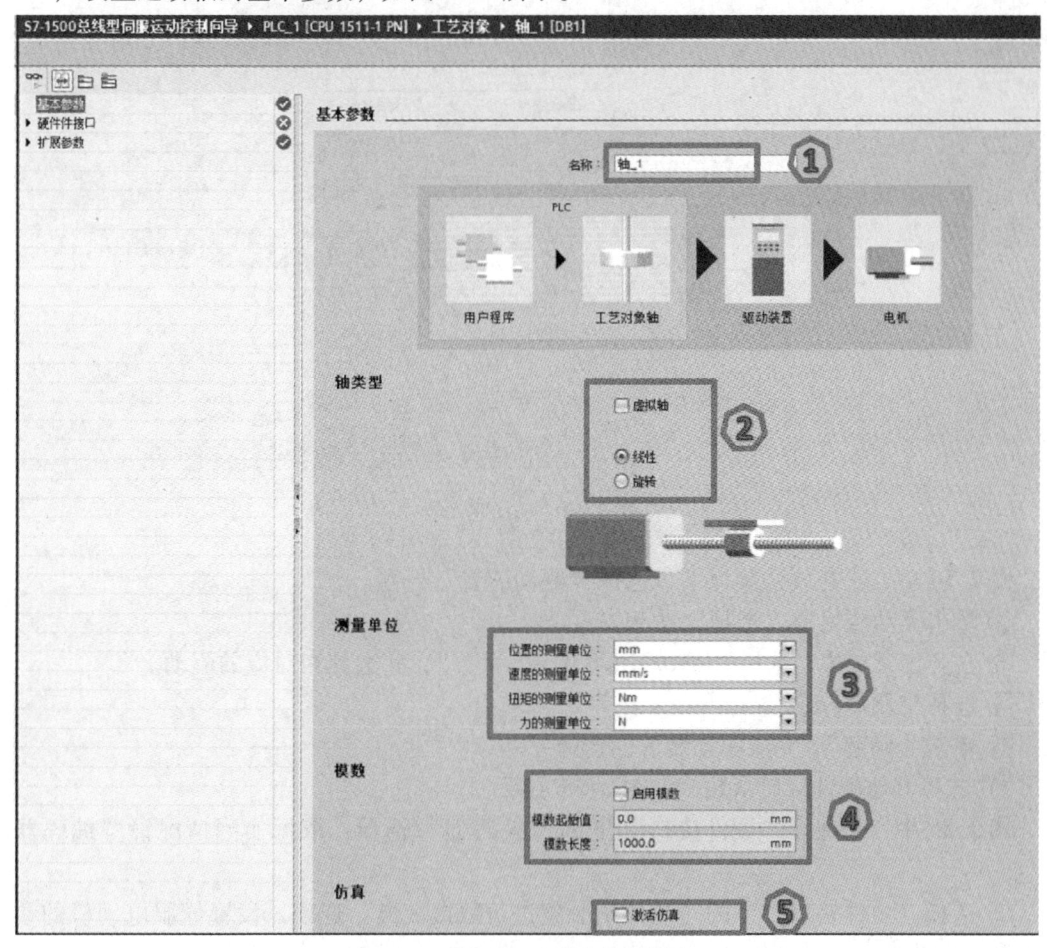

图2-53 设置驱动器的控制模式

图2-53中，①根据实际需要，可以修改运动轴的名称。

② 设置轴的类型，当选择虚拟轴后，则不需要进行硬件接口的组态，即轴的类型可以组态为实际的线性轴、实际的旋转轴、虚拟的线性轴和虚拟的旋转轴。

③ 设置测量单位，根据实际情况选择对应的位置单位，后续组态向导中的位置、速度、转矩和力单位都根据选择的单位进行计算与显示。

④ 设置模数，选择“启用模数”后，可以设置模数的起始值和模数长度。

⑤ 选择该运动轴是否作为仿真轴，由于控制的是总线型的伺服驱动器，因此此处不选仿真轴。

8）选择驱动器，如图 2-54 所示。

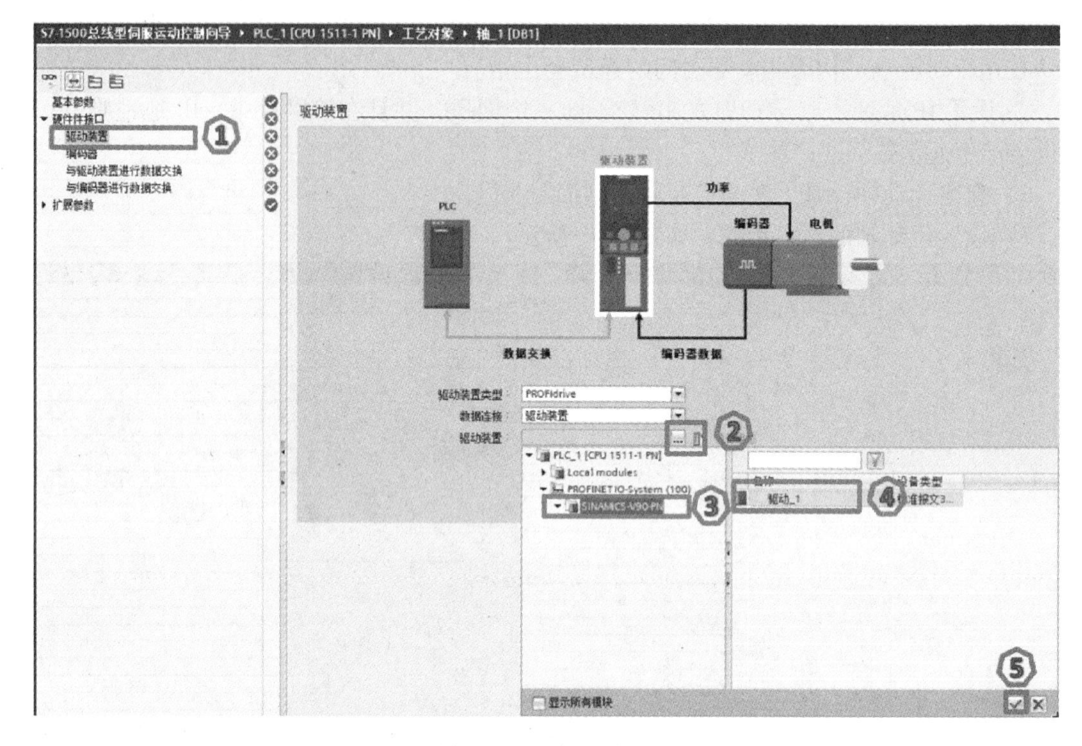

图 2-54　选择驱动器

图 2-54 中，①在硬件接口下，选择“驱动装置”选项。

② 单击驱动器后的“选择”按钮。

③ 在弹出菜单中，选择“PROFINET IO – System”，并选择相对应的驱动。

④ 选择“驱动_1”。

⑤ 单击“确定”，完成驱动装置的选择。

9）选择其他硬件接口参数，如图 2-55 所示。

图 2-55 中，①选择“硬件接口”下的“编码器”选项，依据实际情况设置编码器的信息。

② 选择“硬件接口”下的“与驱动装置进行数据交换”选项，设置伺服电动机的参考速度和最大速度。

③ 选择“硬件接口”下的“与编码器进行数据交换”选项，设置编码器的分辨率。对于 1FL6 增量编码器电动机，其每转增量为 2500，Gx _ XIST1 中的位为 2；对于 1FL6 高惯量绝对值编码器电动机，其每转增量为 2048，转数为 4096，Gx _ XIST1 中的位为 11，Gx _ XIST2 中的位为 9；对于 1FL6 低惯量单圈绝对值电动机，其每转增量为 2048，转数为 1，Gx _XIST1 中的位为 11，Gx _ XIST2 中的位为 9。

10）设置机械参数，如图 2-56 所示。

图 2-56 中，①编码器安装类型选择“在电机轴上”，可以激活“反向编码器的方向”功能，从而保证速度和位置反馈与实际机械保持一致。

② 可以激活“反向驱动装置的方向”功能，从而保证伺服电动机的旋转方向与实际机

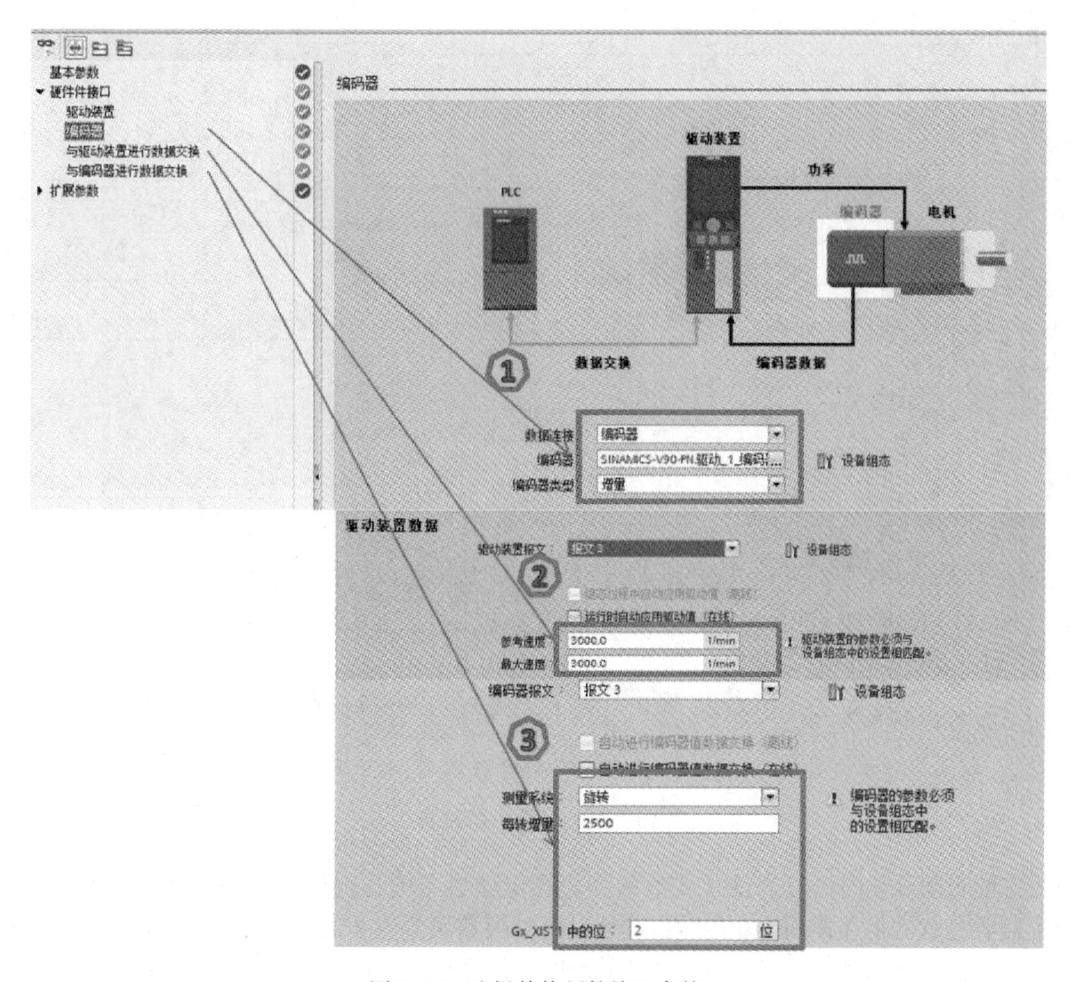

图 2-55 选择其他硬件接口参数

械保持一致。

③ 设置负载齿轮比，根据实际的减速比设置相应参数。

④ 根据机械的实际结构设置位置参数，此处的值为丝杠旋转一圈负载所移动的位移，当负载有齿轮箱，且未设置负载齿轮比时，此处的值需进行计算，为伺服电动机旋转一圈负载所移动的位移。

11）组态动态默认值，与控制脉冲型伺服的组态速度与加速度相同。

12）组态急停参数，与控制脉冲型伺服的急停参数相同。

13）组态位置限制，与控制脉冲型伺服的位置限制相同。

14）组态动态限制，与控制脉冲型伺服的组态速度与加速度相同。与动态默认值不同的是，在运动控制指令中，若速度、加速度、减速度或加加速度的设定小于 0 时，则使用默认的动态设定，否则使用组态的动态限制。

15）组态转矩限制，需要结合西门子标准报文 750 使用。

16）组态固定停止检测，如图 2-57 所示，需要结合西门子标准报文 750 使用。

图 2-57 中，①设置定位容差和跟随误差。当前位置值与位置设定值之间的跟随误差超

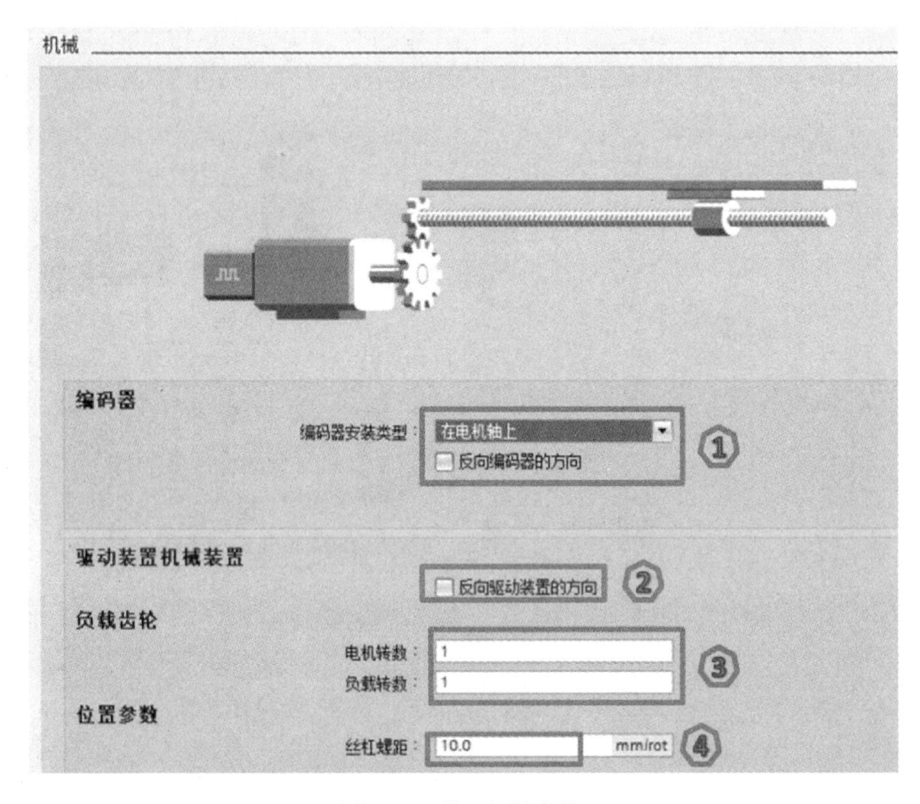

图 2-56　设置机械参数

过设定的跟随误差时，且当前位置值的变化在定位容差内，则认为运动轴运行到了固定挡块。需要注意的是在使用该功能时，此处设置的跟随误差值必须小于跟随误差监控中设置的误差值，否则在运动轴还未运行到固定挡块时，即发生跟随误差报警而停止运行。

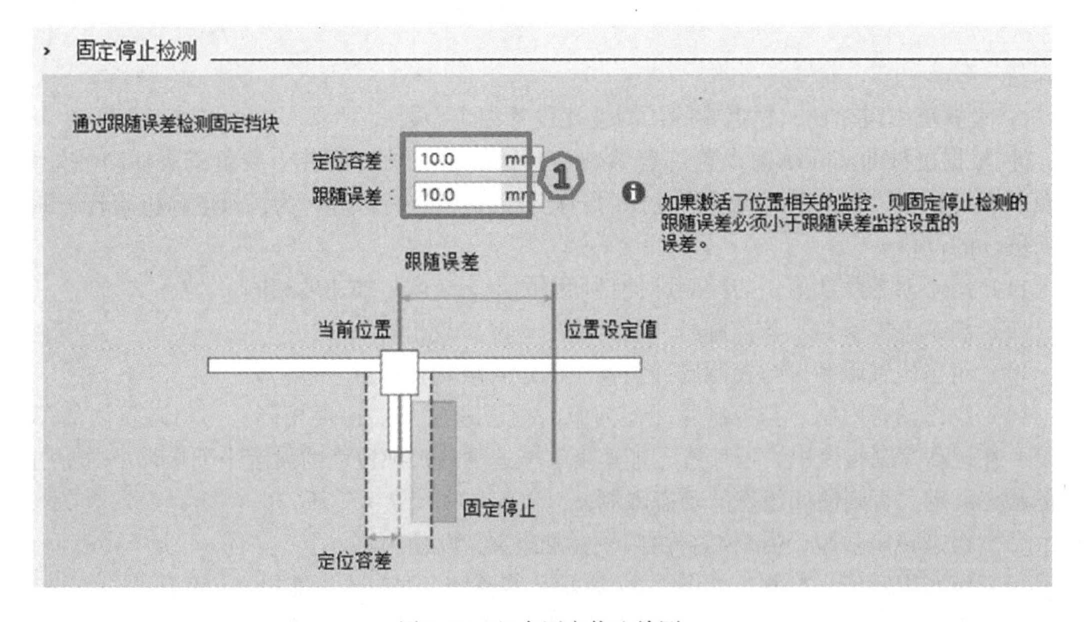

图 2-57　组态固定停止检测

17）组态主动回参考点，如图 2-58 所示。

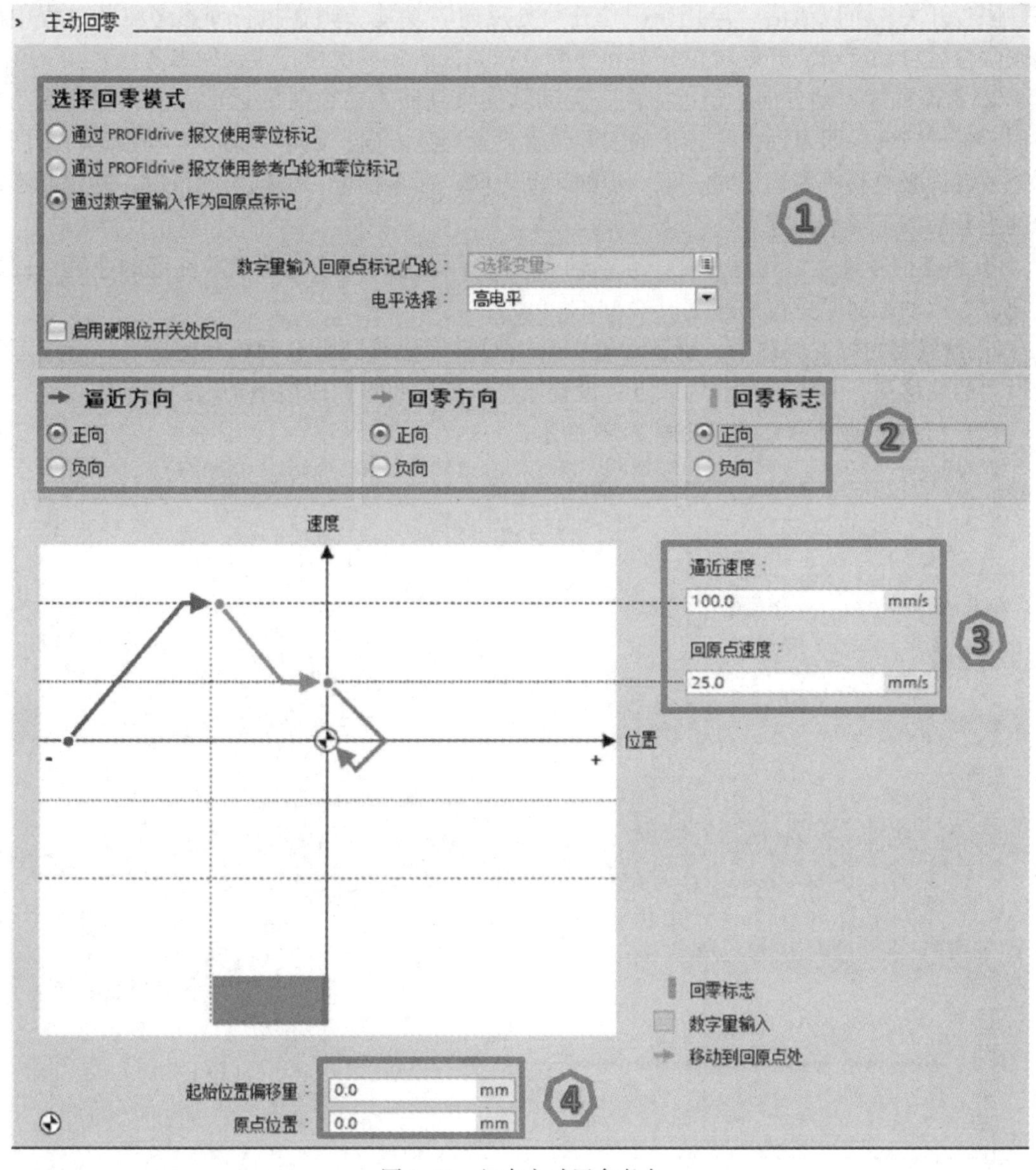

图 2-58　组态主动回参考点

图 2-58 中，①选择回零模式。不同的回零模式，其需要设置的参数不同。“通过 PROFIdrive 报文使用零标记位”这种模式在起动回零时，不需要寻找原点标记，而是直接寻找 PROFINET 通信从驱动器过来的伺服电动机的零标记信号，且只需要设置逼近方向；“通过 PROFIdrive 报文使用参考凸轮和零标记位”这种模式在起动回零时，首先寻找原点开关，然后再寻找伺服电动机的零标记，且零标记是通过 PROFINET 通信从驱动器过来的，且只需要设置逼近方向和回零方向；“通过数字量输入作为回原点标记”这种模式在起动回零时，直接寻找原点开关，而不需要寻找伺服电动机的零标记，且需要设置逼近方向、回零方向和回零标志。当需要原点标记时，需要组态该原点标记的数字量输入地址，并且可以选择有效电平为高电平或低电平，若选择高电平，则数字量输入为高电平时代表运动轴运动到原

点标记位；若选择低电平，则数字量输入为低电平时代表运动轴运动到原点标记位。若已组态硬限位开关，可以激活“启用硬限位开关处反向”功能，则在执行回参考点的过程中碰到硬限位后自动反转离开硬限位开关和参考点开关，然后再次执行主动回参考点。

② 组态回零运动方向。逼近方向，运动轴接收到回零命令时的运动方向，根据运动轴与回零标记或者伺服电动机零标记的实际位置设置逼近方向；回零方向，运动轴运行到回零标记或者伺服电动机零标记时，下一步的运动方向；回零标记，根据实际情况，确定回零标记的上升沿或下降沿为零点。

③ 组态回零速度。逼近速度，运动轴寻找回零标记或伺服电动机零标记的速度；回原点速度，运动轴回原点位的速度。

④ 设置起始位置偏移量，则运动轴在到达回零标记或伺服电动机零标记后，继续运行所设置的偏移量，并且该位置为原点；设置原点位置，回零完成后运动轴的当前位置。

18）组态被动回参考点，如图 2-59 所示。

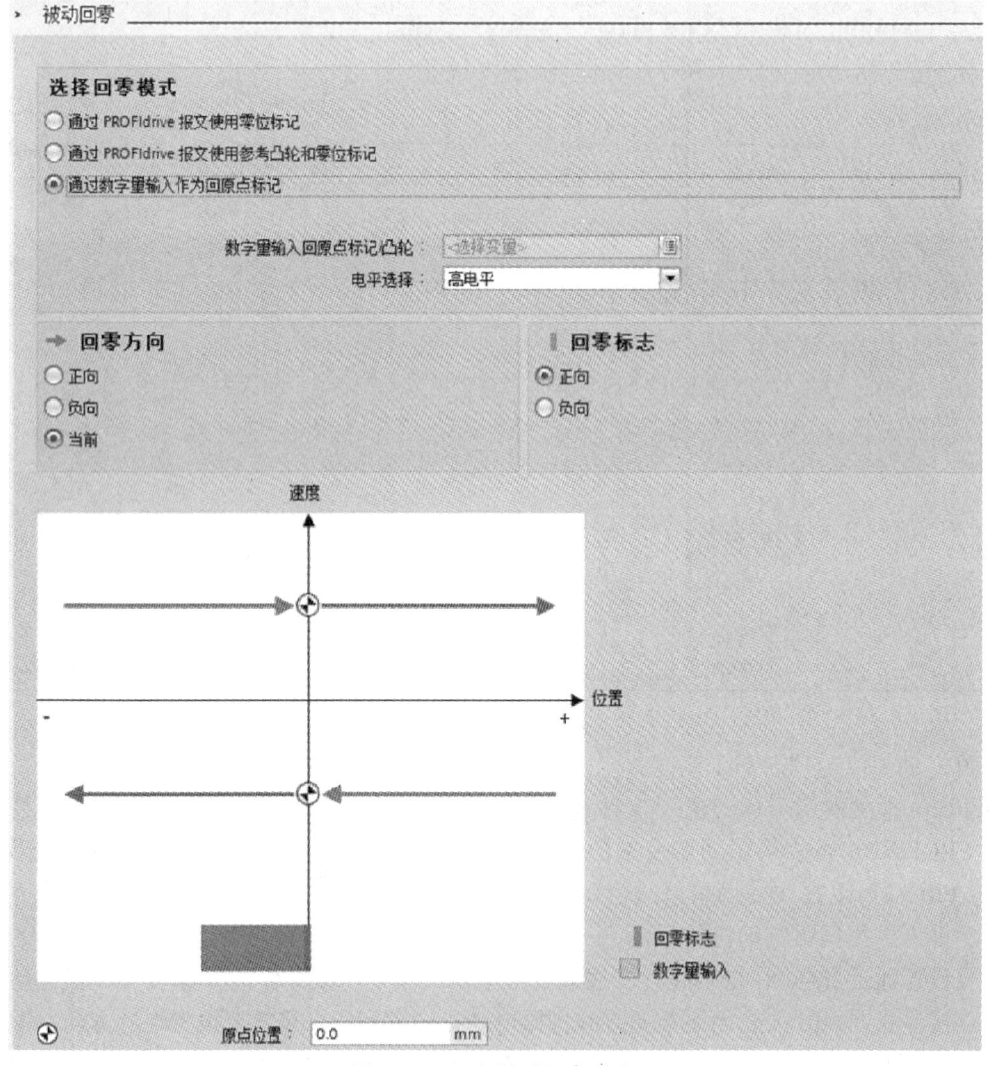

图 2-59　组态被动回参考点

被动回零，运动轴按照选择的回零模式运行到原点标记或伺服电动机零标记位时，将当前位置设置为零点，与主动回零相比，被动回零不需要组态逼近方向、逼近速度、回原点速度和起始位置偏移量，且没有硬限位开关反向功能。

19）组态定位监视，如图 2-60 所示。

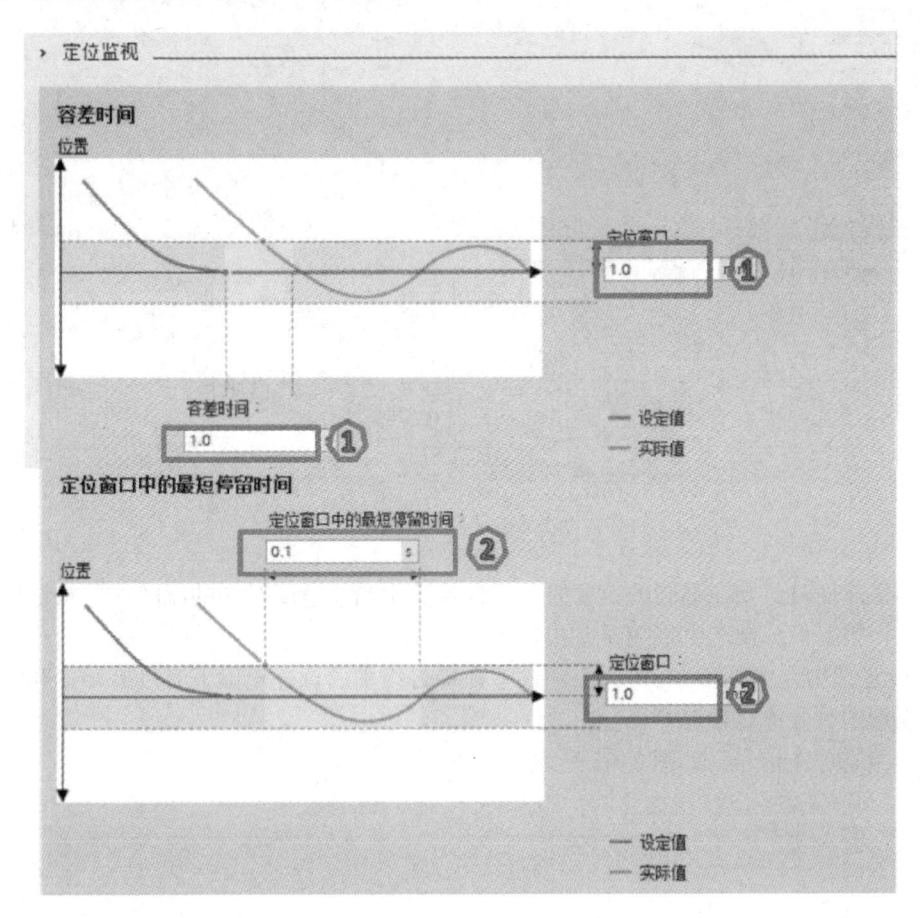

图 2-60　组态定位监视

图 2-60 中，①设置“定位窗口”和“容差时间”。当位置设定值不再改变，且经过容差时间所设定的延迟时间后，若实际位置不在定位窗口以内，则运动控制器会产生该运动轴的定位监视报警。

② 设置“定位窗口中的最短停留时间”和“定位窗口”。当位置设定值不再改变，同时实际位置已经在定位窗口以内，且连续持续时间不小于定位窗口中的最短停留时间，则运动控制器不会产生该运动轴的定位监视报警，反之，则产生定位监视报警。

20）组态跟随误差，如图 2-61 所示。

图 2-61 中，①选择“启用跟随误差监控”功能，运动控制器将根据速度和跟随误差值判断运动轴是否存在跟随误差报警，触发报警后运动轴会停止运动。

② 设置“跟随误差”“最大跟随误差”和“开始进行动态调整”。当速度在开始动态调整速度以下时，若跟随误差超过所设定的跟随误差值，则产生跟随误差报警；当速度超过开

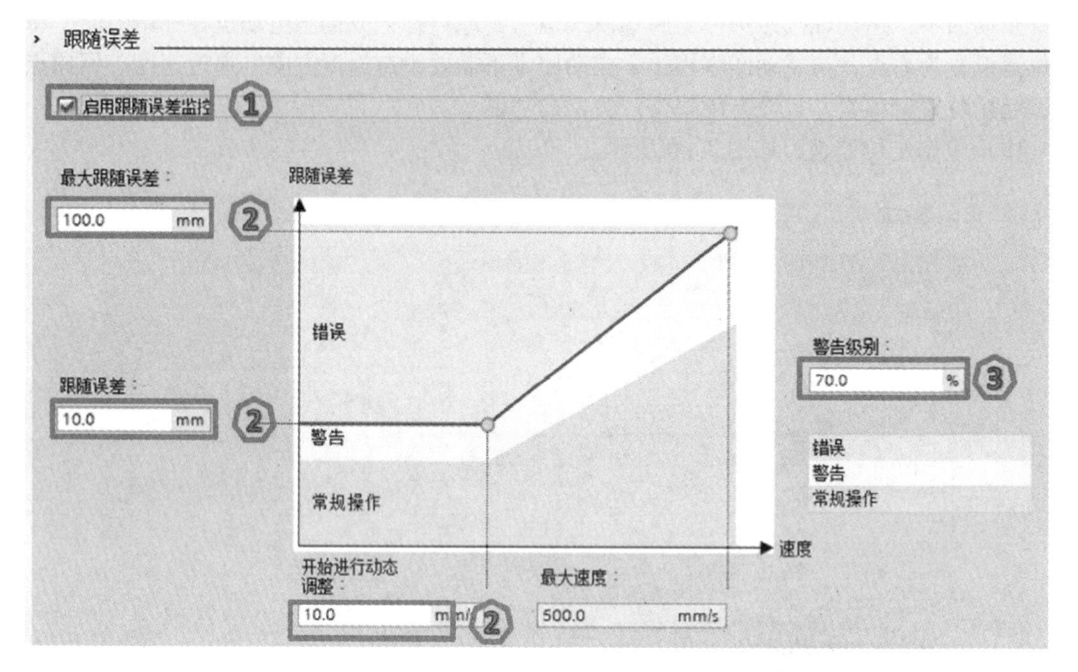

图 2-61　组态跟随误差

始动态调整速度时，则在不同的速度时，线性计算出当前速度对应的跟随误差报警值，跟随误差超过该报警值，则产生跟随误差报警。

③ 设置“警告级别”，当实际跟随误差在警告级别的百分比以下时没有警告和报警，超过警告级别的百分比时触发警告。

21）组态停止信号，如图 2-62 所示。

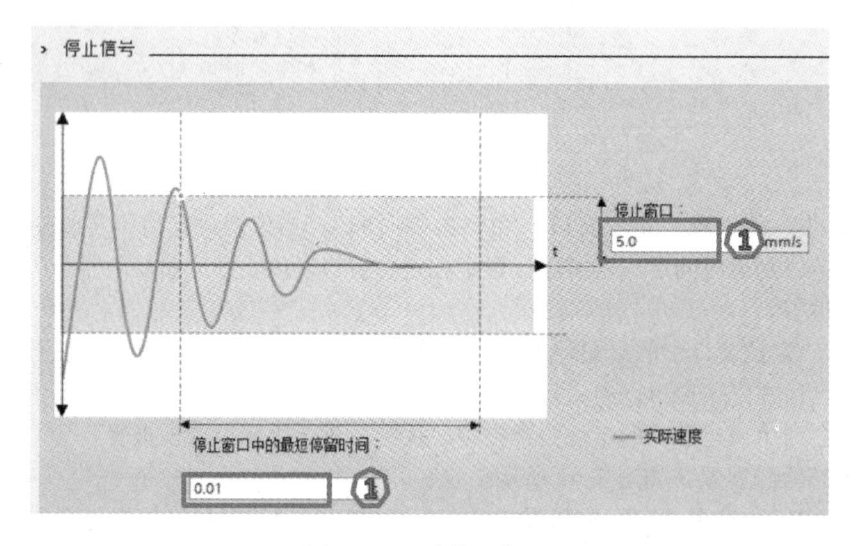

图 2-62　组态停止信号

图 2-62 中，①设置“停止窗口”和“停止窗口中的最短停留时间”。当速度小于停止窗口所设定的速度，且连续持续时间不小于停止窗口中的最短停留时间时，运动控制器则判

断该运动轴停止。

22）组态控制回路，如图 2-63 所示。

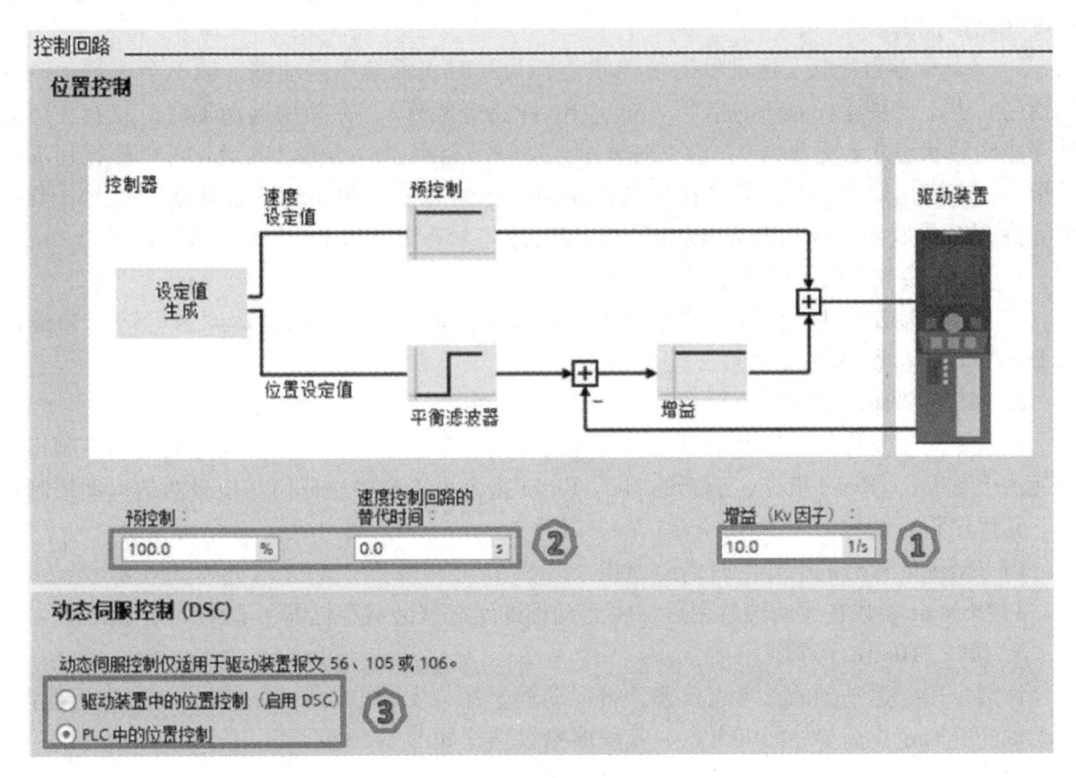

图 2-63　组态控制回路

图 2-63 中，①位置控制器为比例调节器，设置位置环增益 Kv 值，其值越大，系统响应越快，但也越容易超调和振荡。

② 设置预控制的比例和速度控制回路的替代时间，速度设定值将直接叠加到速度控制器的设定值中，加快系统的响应，但容易超调和振荡。

③ 当使用西门子标准报文 5、6、105 或 106 时，可以激活动态伺服控制功能，提高系统的动态响应特性。

2.2.7　SIMATIC S7-1200/1500 PLC 运动控制指令

运动控制指令是在 PLC 程序中用来控制运动轴实现相应功能的指令。在介绍指令的输入输出时，相同的输入输出名称，其功能相同。

1. MC _ Power 子程序

该子程序用于启用或禁用运动轴，其程序指令结构如图 2-64所示。

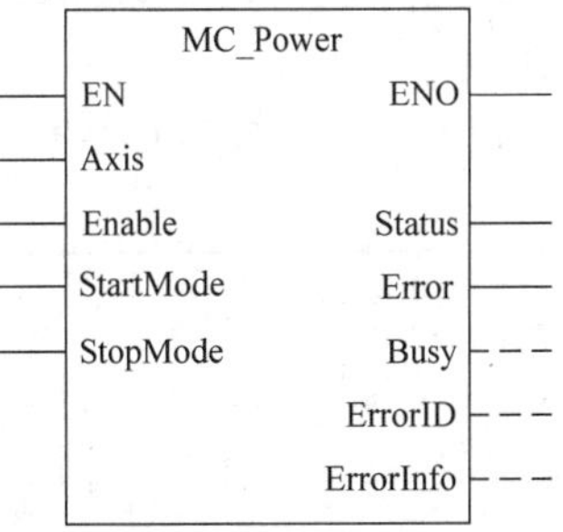

图 2-64　MC _ Power 子程序

1）Axis 参数为运动控制向导组态的轴工艺对象。

2）当 Enable 闭合时，启用轴，其断开时，根据组态的 StopMode 中断当前的所有运动，停止并禁用运动轴。

3）StartMode 参数为 0 时启用位置不受控的运动轴；参

数为1时启用位置受控的运动轴。如果组态的运动轴采用脉冲串控制，则该参数无效。

4）StopMode参数为0时则紧急停止；为1时则立即停止；为2时则紧急停止且带有加速度变化率控制。

5）Status参数反映了运动轴的使能状态，为0时表示禁用运动轴，轴不会执行运动控制指令，也不会接受任何新的指令（MC_Reset指令除外），在禁用运动轴时，只有在运动轴停止之后状态才会更改为0；为1时表示运动轴已启用，运动轴已就绪，可以执行运动控制指令，在启用运动轴时，若已在运动控制向导中组态了“驱动器准备就绪”信号，则必须等待PLC接收到“驱动器准备就绪”信号后才将状态更改为1，否则立即更改为1。

6）Busy参数反映了该指令正处于活动状态。

7）Error参数反映了该指令或相关工艺对象发生错误，错误的具体原因可结合ErrorID和ErrorInfo的参数说明。

2. MC_Reset子程序

该指令用于复位伴随运动轴停止出现的运行错误和组态错误。任何其他的运动控制指令均无法中止MC_Reset指令，而新的MC_Reset指令也不会中止任何其他激活的运动控制指令。其程序指令结构如图2-65所示。

1）Execute参数的上升沿时启动该指令。

2）Restart参数在运动轴禁用后，将运动轴的组态从装载存储器下载到工作存储器。

3. MC_Home子程序

该指令用于运动轴的参考点设置，将运动轴坐标与实际电动机编码器的位置进行匹配。运动轴的绝对定位需要先回参考点。其程序指令结构如图2-66所示。

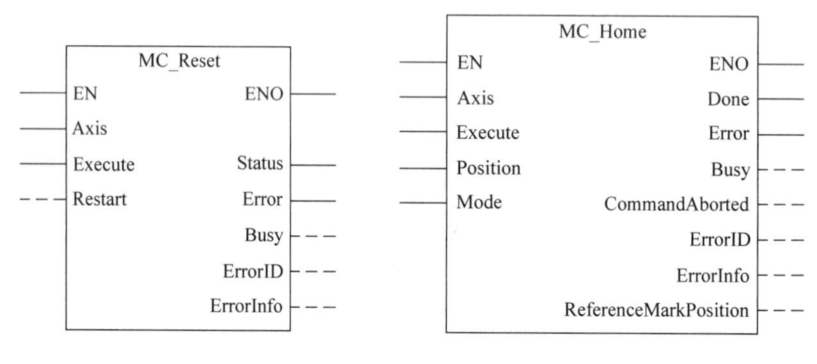

图2-65　MC_Reset子程序　　图2-66　MC_Home子程序

1）Position参数为完成回参考点操作后，运动轴的绝对位置或者对运动轴位置的修正值。

2）Mode参数为回参考点模式，具体内容见表2-8。

表2-8　回参考点模式

Mode参数值	功　能
0	绝对式直接回参考点，新的运动轴位置为参数“Position”的值
1	相对式直接回参考点，新的运动轴位置为当前位置+参数“Position”的值

（续）

Mode 参数值	功　能
2	被动回参考点，根据运动控制向导组态的模式进行回参考点，回参考点完成后，新的运动轴位置为参数“Position”的值
3	主动回参考点，根据运动控制向导组态的模式进行回参考点，回参考点完成后，新的运动轴位置为参数“Position”的值
6	绝对编码器相对调节，将运动轴当前的偏移值设置为参数“Position”的值，计算出的绝对值偏移保持性地保存在 CPU 内
7	绝对编码器绝对调节，将运动轴当前位置设置为参数“Position”的值，计算出的绝对值偏移保持性地保存在 CPU 内

3）CommandAborted 参数反映了指令在执行过程中被另一个指令中止。

4）ReferenceMarkPosition 参数显示工艺对象归位位置。

4. MC _ Halt 子程序

1）MC _ Halt 指令可停止所有运动并以运动控制向导组态的减速度停止运动轴。其程序指令结构如图 2-67 所示。

2）执行该指令，并且速度到达 0 后，Done 参数为 1 。

5. MC _ MoveAbsolute 子程序

该指令起动运动轴的定位运动，将运动轴移动到某个绝对位置，其程序指令结构如图 2-68 所示。

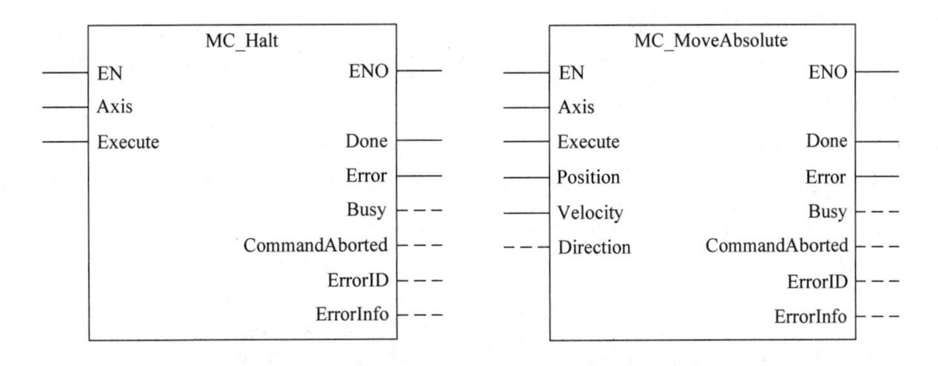

图 2-67　MC _ Halt 子程序　　　图 2-68　MC _ MoveAbsolute 子程序

1）Position 参数为绝对目标位置。

2）Velocity 参数为运动轴的目标速度，由于运动控制向导所组态的加速度、减速度以及待接近的目标位置等原因，因此运动轴不会始终保持这一速度，也有可能达不到这一速度。

3）Direction 参数为运动轴的运动方向，仅在模态运行时起作用，其值为 0 时，Velocity 参数的符号用于确定运动方向；为 1 时从正方向逼近目标位置；为 2 时从负方向逼近目标位置；为 3 时以最短距离逼近目标位置。

4）当到达绝对目标位置后，Done 参数为 1。

6. MC _ MoveRelative 子程序

该指令用于起动相对于当前位置的定位运动。其程序指令结构如图 2-69 所示。

1）Distance 参数为定位操作的移动距离。

2）Velocity 参数为运动轴的目标速度，由于运动控制向导所组态的加速度、减速度以及待接近的目标位置等原因，因此运动轴不会始终保持这一速度，也有可能达不到这一速度。

7. MC _ MoveVelocity 子程序

该指令根据指定的速度连续移动运动轴。其程序指令结构如图 2-70 所示。

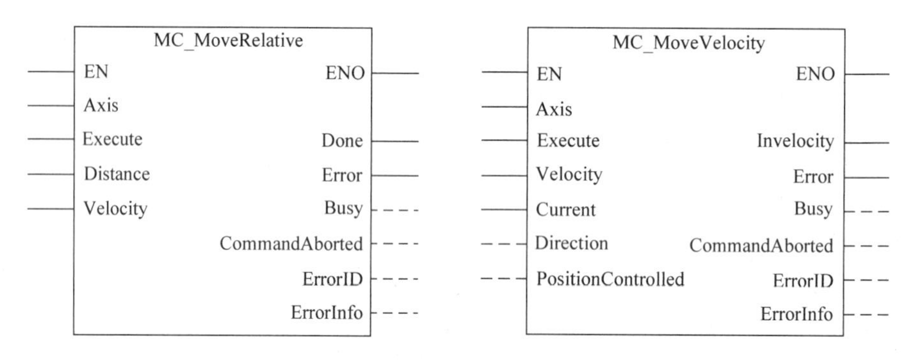

图 2-69　MC _ MoveRelative 子程序

图 2-70　MC _ MoveVelocity 子程序

1）Velocity 参数为运动轴运动的指定速度。

2）Direction 参数为指定的运动方向，为 0 时速度根据参数 Velocity 值的符号确定；为 1 时正方向旋转；为 2 时负方向旋转。

3）Current 参数为 0 时，将根据 Velocity 和 Direction 的值确定运动速度；为 1 时保持当前速度运行，而不参考 Velocity 和 Direction 的值。

4）PositionControlled 参数为 0 时代表非位置控制操作，为 1 时代表位置控制操作。

5）当速度到达 Velocity 指定的值时，Invelocity 输出 1，否则输出 0。

8. MC _ MoveJog 子程序

该指令用于在点动模式下，以指定的速度连续移动运动轴。其程序指令结构如图 2-71 所示。

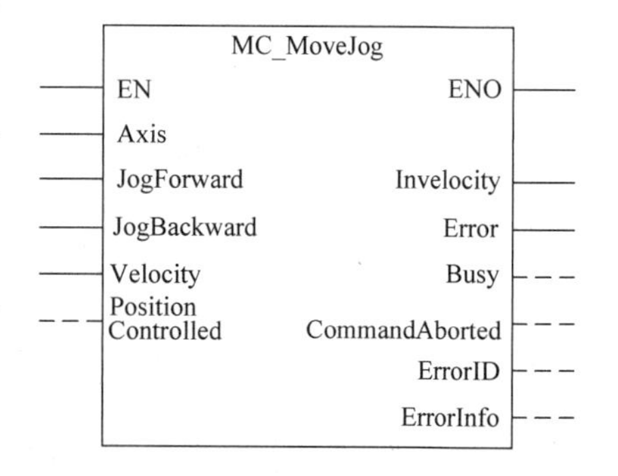

图 2-71　MC _ MoveJog 子程序

1）JogForward 参数为 1 时，正向移动。

2）JogBackward 参数为 1 时，负向移动。

3）Velocity 为点动模式的目标速度。

2.3　低压电器

电器是一种能够根据外界施加的信号或要求，自动或手动地接通和断开电路，从而断续或连续地改变电路参数或状态，以实现对电路或非电路对象的切换、控制、保护、检测、变换和调节的电气元件。低压电器通常指额定电压在直流 1500V 或交流 1200V 及以下的电气元件。电气控制柜中所用的电器多属于低压电器。

低压电器的功能和用途多样，种类繁多，分类方法也有多种。

按动作方式分类，可分为自动切换电器和非自动切换电器。按照信号或某个物理量的变化而自动动作的电器为自动切换电器，如接触器、继电器等。通过外力（人力或机械力）直接操作而动作的电器为非自动电器，如开关、按钮等。

按使用场合分类，可分为一般用途电器、化工用电器、矿用电器、船用电器、航空用电器等。

按动作原理分类，可分为电磁式电器和非电磁式电器。电磁式电器根据电磁铁的原理工作，如接触器、继电器等。非电磁式电器依靠外力或某种非电量的变化而动作，如行程开关、按钮、速度继电器、热继电器等。

按在电气线路中所处的地位和作用分类，可分为配电电器和控制电器。配电电器主要用于配电系统中进行电能分配，要求是分断能力强、限流效果好，动稳定性和热稳定性高。控制电器主要用于生产设备的电气控制系统。

按用途分类，可分为配电电器、控制电器、主令电器、保护电器和执行电器。配电电器主要用于配电系统中，如断路器、熔断器、刀开关。控制电器用来控制电路的通断，如继电器等。主令电器用来控制其他自动电器的动作，以发出控制“指令”，如按钮、转换开关等。保护电器用来保护电源、电路及用电设备，使它们不致在短路过载状态下运行，免遭损坏，如熔断器、热继电器。执行电器用来完成某种动作或传递功率，如电磁铁、电磁离合器。

2.3.1 指示灯

指示灯是工业生产中必不可少的一部分，它起到提示报警、指示的作用。一般应用于配电柜、控制柜等用来指示运行情况。指示灯有金属和塑料两种，最常见的就是 LED 指示灯。指示灯在回路闭合的情况下进行工作，即点亮，指示灯的实物如图 2-72 所示。

常用的指示灯含有 LED 灯泡，电压有交直流 24V、48V、110V、220V 和交流 380V。

2.3.2 开关

开关从操作方式来说分为旋钮式、板动式、按钮式。开关的选择主要根据使用场合、触点数量和所需颜色进行选择。

旋钮式和板动式开关：旋钮式和板动式开关大都可以在操作后保持（锁定）在接通或断开状态，如日常所用的灯开关、风扇调速开关，这类开关大都不用强调是否带自锁，因为都有明显的“操作方向”，其实物如图 2-73 所示。

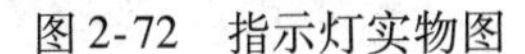

图 2-72 指示灯实物图

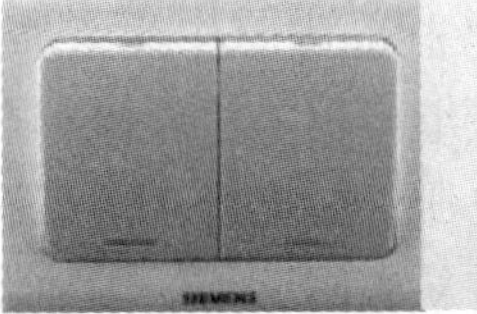

图 2-73 开关实物图

按钮式开关：按钮式开关，使用时是要按动的，大多数按钮开关都用于按下时接通或断开电路，释放后状态即复位。

1. 按钮的结构

按钮是一种常用的手动控制电气元件，常用来接通或断开小电流的控制电路，用来发出信号和接通或断开控制电路，从而达到控制电动机或其他电气设备运行目的的一种开关。

2. 按钮的工作原理

按钮的工作原理：对于常开触点，在按钮未被按下前，电路是断开的；按下按钮后，常开触点被接通，电路也被接通。对于常闭触点，在按钮未被按下前，触点是闭合的，电路接通；按下按钮后，触点被断开，电路也被断开。由于控制电路工作的需要，一只按钮还可以带有多对同时动作的触点。按钮示意图如图 2-74 所示。

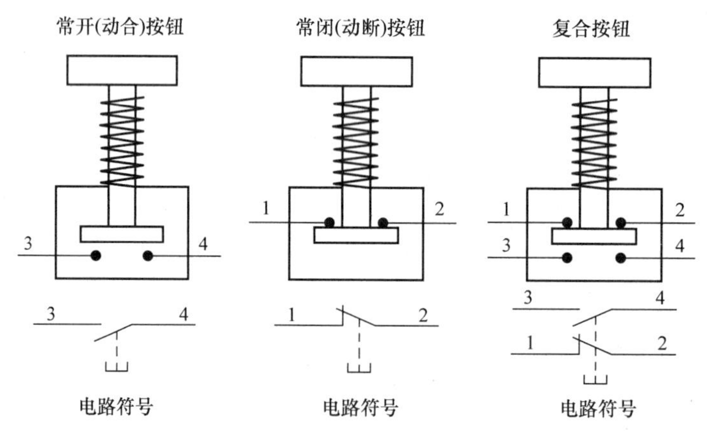

图 2-74　按钮示意图

3. 按钮的种类

按钮按照完成的功能可以分为急停按钮、起动按钮、停止按钮、组合按钮、点动按钮和复位按钮等。按照机械的结构可以分为自复位按钮和自锁按钮。自锁按钮可以分为带灯自锁开关和普通自锁开关，其不同之处仅仅在于带灯开关充分利用了其按钮中的空间安放了一只小型指示灯，其一端接公共端，另一端与开关的常开触点并联，当开关闭合时，设备运转的同时也为指示灯提供了电源。

2.3.3　低压断路器

低压断路器（旧标准称自动空气开关或自动开关），可用作设备低压配电的总电源开关及各主回路的电源开关，能接通、承载和分断正常电路条件下的电流，实现电能的分配，也能在规定的非正常电路条件（短路、严重过载或欠电压等）下分断电路，对电源线路及电动机等实行保护的电器。低压断路器也可用作线路的不频繁转换及电动机的不频繁起动之用。它相当于刀开关、熔断器、热继电器、过电流继电器和欠电压继电器的组合，是一种既有手动开关作用又能自动进行欠电压、失电压、过载和短路保护的电器，在分断故障电流后一般不需要更换零部件，就可以重新合闸工作，因而获得广泛的应用。

断路器按结构形式可分为框架式（万能式）和塑料外壳式（装置式），如图 2-75 所示；按操作机构的不同可分为手动操作、电动操作和液压传动操作；根据触头数目可分为单极、双极和三极。断路器主要由主触头、灭弧装置以及脱扣器与操作机构、自由脱扣机构组成。主触头靠操作机构手动或电动合闸，在正常工作状态下能接通和分断工作电流，当电路发生短路或过电流故障时，过电流脱扣器的衔铁被吸合，自由脱扣机构的钩子脱开，主触头在分断弹簧作用下被拉开。若电网电压过低或零电压时，失电压脱扣器的衔铁被释放，自由脱扣机构动作，断路器触头分离，切断电路。

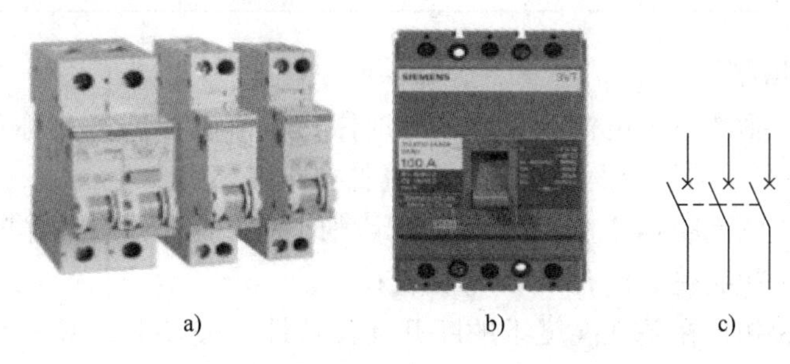

图2-75 断路器实物及电路图
a）框架式 b）塑壳式 c）电路符号

断路器的特性包括断路器的型式（极数、电流种类）、主电路的额定电流和极限值（包括短路特性）、控制电路、辅助电路、脱扣器型式（分励脱扣器、过电流脱扣器、欠电压脱扣器等）、操作过电压等。现就主要特性说明如下：

（1）额定短路接通能力（I_{cm}）

在制造厂规定的额定工作电压、额定频率以及一定的功率因数（对于交流）或时间常数（对于直流）下，断路器的短路接通能力值，用最大预期峰值电流表示。对于交流，断路器的额定短路接通能力应不小于其额定极限短路分断能力乘以表2-9中系数 n 的乘积。

表2-9 （交流断路器的）短路接通和分断能力之间的比值 n

额定极限短路分断能力 I_{cu}/kA	功率因数	系数 n
$4.5 < I_{cu} \leqslant 6$	0.7	1.5
$6 < I_{cu} \leqslant 10$	0.5	1.7
$10 < I_{cu} \leqslant 20$	0.3	2.0
$20 < I_{cu} \leqslant 50$	0.25	2.1
$50 < I_{cu}$	0.2	2.2

（2）额定极限短路分断能力（I_{cu}）

制造厂按相应的额定工作电压规定断路器在规定的条件下应能分断的极限短路分断能力值，用预期分断电流表示（在交流情况下用交流分量有效值表示）。

（3）额定运行短路分断能力（I_{cs}）

制造厂按相应的额定工作电压规定断路器在规定的条件下应能分断的运行短路分断能力值，用预期分断电流表示，相当于额定极限短路分断能力规定的百分数中的一档，并化整到最接近的整数。

（4）额定短时耐受电流（I_{cw}）

制造厂在规定的试验条件下对断路器确定的短时耐受电流值。对于交流，此电流为有效值。预期短路电流的交流分量在短延时时间内认为是恒定的，相应的短延时应不小于

0.05s，其优选值为0.05→0.1→0.2s→0.5→1.0s。额定短时耐受电流最小值见表2-10。

表2-10 额定短时耐受电流最小值

额定电流 I_r	额定短时耐受电流 I_{cw} 的最小值
$I_r \leq 2500A$	$1.2I_r$ 或5kA中取最大者
$I_r > 2500A$	30kA

（5）过电流脱扣器

过电流脱扣器包括瞬时过电流脱扣器、定时限过电流脱扣器（又称短延时过电流脱扣器）、反时限过电流脱扣器（又称长延时过电流脱扣器）。

瞬时或定时限过电流脱扣器在达到电流整定值时应瞬时（固有动作时间）或在规定时间内动作。其电流脱扣器整定值有±10%的准确度。

反时限过电流脱扣器在基准温度下的断开动作特性见表2-11。反时限过电流断开脱扣器在基准温度下，在约定不脱扣电流，即电流整定值的1.05倍时，脱扣器的各相极同时通电，断路器从冷态开始，在小于约定时间内不发生脱扣；在约定时间结束后，立即使电流上升至电流整定值的1.30倍，即达到约定脱扣电流，断路器在小于约定时间内脱扣。

表2-11 反时限过电流脱扣器在基准温度下的断开动作特性

所有相极通电		约定时间
约定不脱扣电流	约定脱扣电流	
1.05倍整定电流	1.30倍整定电流	$I_r \leq 63A$ 时为1h，其余为2h

在选择低压断路器时应遵循以下原则：

1）低压断路器类型的选择：应根据使用场合和保护要求选择。如一般选用塑壳式，短路电流很大选用限流型，额定电流比较大或者有选择性保护要求的选择框架式，控制和保护含有半导体器件的直流电路应选直流快速断路器等。

2）断路器额定电压、额定电流应大于或等于线路、设备的正常工作电压、工作电流。

3）断路器极限通断能力大于或等于电路最大短路电流。

4）欠电压脱扣器额定电压等于线路额定电压。

5）过电流脱扣器的额定电流大于或等于线路的最大负载电流。

例如选用塑壳式低压断路器时，其断路器额定电压等于或大于线路额定电压，额定电流等于或大于线路或设备额定电流，断路器的通断能力等于或大于线路中可能出现的最大短路电流，欠电压脱扣器额定电压等于线路额定电压，分励脱扣器额定电压等于控制电源电压，长延时电流整定值等于电动机额定电流，对保护笼型异步电动机的断路器，瞬时整定电流为8~15倍电动机额定电流；对于保护绕线型异步电动机的断路器，瞬时整定电流为3~6倍电动机额定电流。6倍长延时电流整定值的可返回时间等于或大于电动机实际起动时间。

2.3.4 熔断器

熔断器是当通过熔断体的电流超过规定值达一定时间后，产生的热量使熔断体熔化，从而分断电路的电器，用于低压配电系统和控制系统中作短路和严重过载保护的保护电器。熔断器的种类很多，结构也不同，有插入式熔断器、有/无填料封闭式熔断器及快速熔断器等，使用方便、价格低廉。其文字符号为 FU，图形符号如图 2-76 所示。

在项目应用当中，熔断器串接于被保护电路中，电流通过熔断体时产生的热量与电流二次方和电流通过的时间成正比，电流越大，则熔断体熔断时间越短，这种特性称为熔断体的反时限保护特性或安秒特性，如图 2-77 所示。

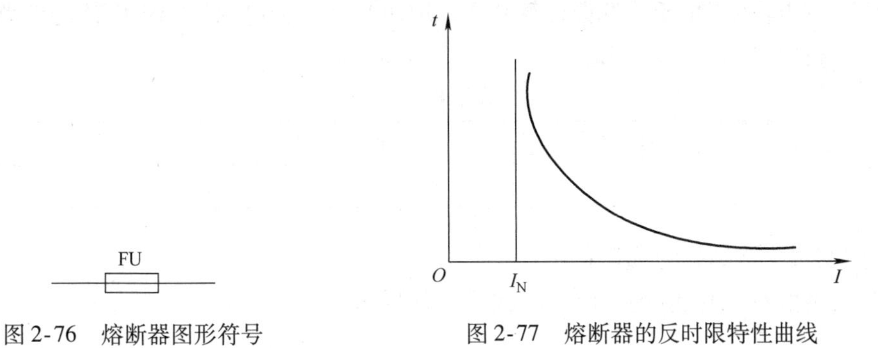

图 2-76 熔断器图形符号　　图 2-77 熔断器的反时限特性曲线

熔断器主要技术参数包括额定电压、熔断体额定电流、熔断器额定电流、极限分断能力等。

1）额定电压：指保证熔断器能长期正常工作的电压。

2）熔断体额定电流：指熔断体长期通过而不会熔断的电流。

3）熔断器额定电流：指保证熔断器能长期正常工作的电流。

4）极限分断能力：指熔断器在额定电压下所能开断的最大短路电流。在电路中出现最大电流一般是指短路电流值。所以极限分断能力也反映了熔断器分断短路电流的能力。

熔断器主要根据其种类、额定电压、熔断器（熔管）额定电流等级和熔断体额定电流等技术参数进行选用。额定电压应大于或等于所保护电路的额定电压。厂家为了减少熔管额定电流的规格，熔管额定电流等级较少，而熔断体的额定电流等级较多，在一种电流规格的熔管内可安装几种电流规格的熔断体，所以熔断体额定电流的选择是熔断器选择的核心。

熔断体额定电流的选择应保证在正常工作电流和用电设备起动时的尖峰电流下不误动作，并且在发生故障（如过载、短路和接地故障）时能在一定时间熔断，以切断故障电路。

（1）按正常工作电流选择应符合式（2-2）的要求

$$I_r \geqslant I_c \tag{2-2}$$

式中　I_r——熔断体额定电流（A）；

I_c——负载正常工作电（A）。

（2）按用电设备起动时的尖峰电流选择

1）单台电动机回路熔断体的选择：对于保护电动机的熔断器，应注意起动电流的影响，熔体电流一般按式（2-3）选择：

$$I_R \geqslant I_m/2.5 \tag{2-3}$$

式中　I_R——熔体额定电流；

I_m——电路中可能出现的最大电流。

2）配电线路熔断体的选择：配电线路熔断体选择应符合式（2-4）的要求

$$I_r \geqslant K_r(I_{rM1} + I_{C(n-1)}) \tag{2-4}$$

式中 I_r——熔断体额定电流（A）;

I_C——线路的计算电流（A）;

I_{rM1}——线路中起动电流最大的一台电动机的额定电流（A）;

$I_{C(n-1)}$——除起动电流最大的一台电动机以外的线路计算电流（A）;

K_r——配电线路熔断体选择计算系数，取决最大一台电动机额定电流与线路计算电流的比值，见表2-12。

表2-12 K_r 值

I_{rM1}/I_C	≤0.25	0.25~0.4	0.4~0.6	0.6~0.8
K_r	1.0	1.0~1.1	1.1~1.2	1.2~1.3

3）照明线路熔断体的选择：

照明线路熔断体的选择应符合式（2-5）的要求

$$I_r \geqslant K_m I_C \tag{2-5}$$

式中 K_m 照明线路熔断体选择计算系数，取决于电光源起动状况和熔断时间－电流特性，其值见表2-13所示。

表2-13 K_m 值

熔断器型号	熔断体额定电流/A	K_m		
		白炽灯、卤钨灯、荧光灯	高压钠灯、金属卤化物灯	荧光高压汞灯
RL7、NT	≤63	1.0	1.2	1.1~1.5
RL6	≤63	1.0	1.5	1.3~1.7

（3）当线路发生故障时，熔断体应保证在规定的时间内熔断，以切断故障电路，因此熔断体电流值不能选得太大。

2.3.5 接触器

接触器是一种可频繁接通和断开交、直流主电路及大容量控制电路的自动切换电器。目前，应用最广泛的是空气电磁式交流接触器，具有低压释放保护功能，可进行频繁操作，实现远距离控制，是电力拖动自动控制电路中使用最广泛的电气元器件之一。

电磁式接触器实物外形如图2-78所示，由电磁系统、触点系统和灭弧装置组成，如图2-79所示，其主触点的动触点装在与衔铁相连的绝缘连杆上，其静触点则固定在壳体上。当线圈得电后，线圈产生磁场，使静铁心产生电磁吸力，将衔铁吸合。衔铁带动动触点动作，使常闭触点断开，常开触点闭合，分断或接通相关电路。当线圈失电时，电磁吸力消失，衔铁在反作用弹簧的作用下释放，各触点随之复位。其文字符号为KM，图形符号如图2-80所示。

接触器按主触点控制的电流种类分为交流接触器和直流接触器；按主触点的数目分为单极、两极、三极、四极和五极；按电磁机构励磁电流种类分为交流励磁、直流励磁两种。需要注意的是，通常所说的交流/直流接触器指的是主触点控制的主回路中的电流种类，而不是线圈电流的种类，并且接触器铭牌上的额定电压、额定电流是指主触点的额定电压和额定电流。接触器的选型主要考虑以下技术数据：

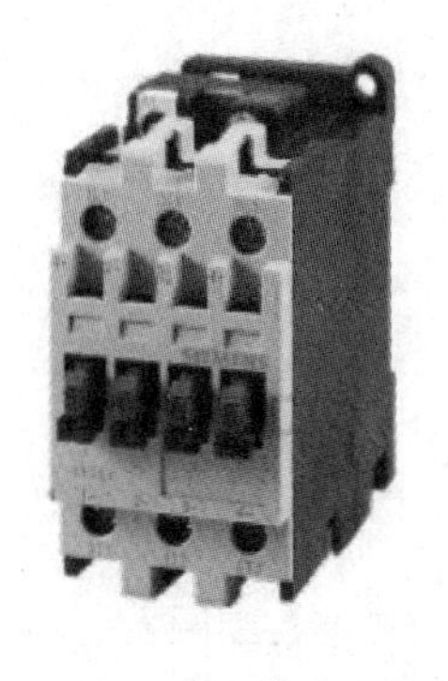

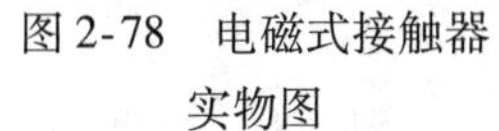

图 2-78 电磁式接触器实物图

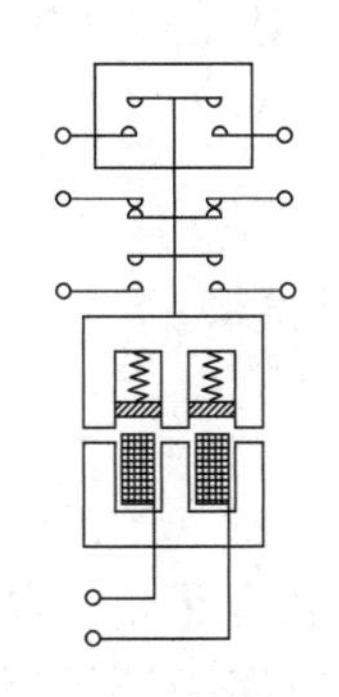

图 2-79 电磁式接触器结构图

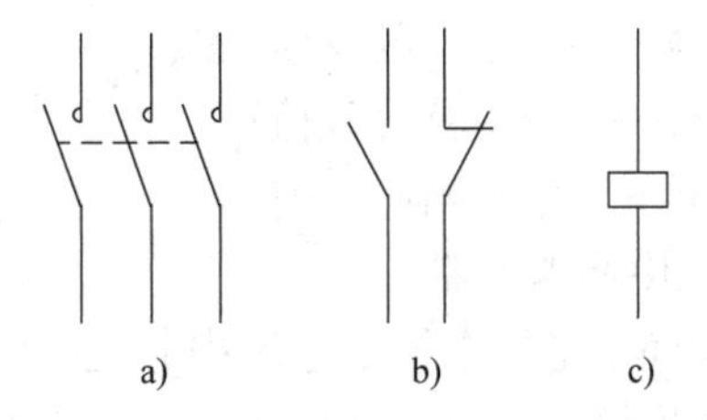

图 2-80 接触器的图形符号
a）主触点 b）辅助触点 c）线圈

1）主触点的极数和主触点电流种类。

2）主触点的额定工作电压、额定工作电流。

3）辅助触点的数量极其额定电流。

4）电磁线圈的电源种类、额定工作电压。

5）额定操作频率。

在进行电路设计时，选择接触器要根据电路中负载电流的种类选择接触器的类型，并且接触器的额定电压应大于或等于负载回路的额定电压，接触器的吸引线圈的额定电压应与所连接的控制电路的额定电压等级相一致，额定电流应大于或等于被控主回路的额定电流。

2.3.6 控制继电器

继电器是一种根据电量（电流/电压）或非电量（时间、速度、温度、压力等）的变化自动接通和断开控制电路，以完成信号的传递、放大、转换、联锁等控制或保护任务的自动控制电器。它与接触器不同，主要用于感应控制信号的变化，其触点通常接在控制电路中。

继电器的种类繁多，根据不同的功能可以进行以下不同的分类：

1）根据输入信号的不同可分为电压继电器、电流继电器、中间继电器、热继电器、时间继电器和速度继电器等。

2）按工作原理可分为电磁式继电器、感应式继电器、电动式继电器、电子式继电器等。

3）按用途可以分为控制继电器、保护继电器等。

4）按动作时间分为快速继电器、延时继电器、一般继电器。

5）按执行环节的作用原理分为有触点继电器、无触点继电器。

电磁式继电器广泛应用于低压控制系统中，常用的电磁式继电器有电流继电器、电压继电器、中间继电器以及各种小型通用继电器。直流电磁式继电器的结构如图 2-81所示。

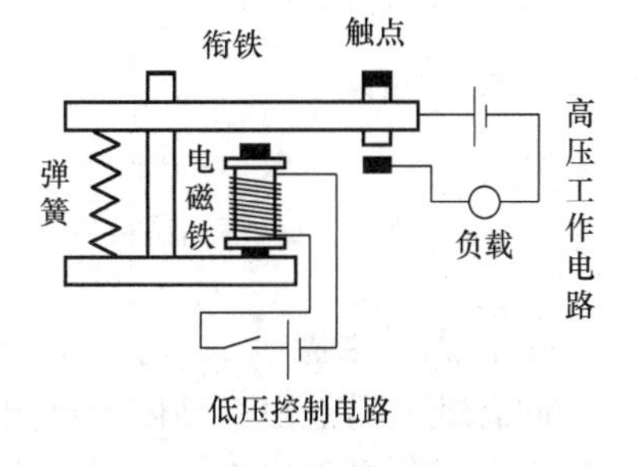

图 2-81 电磁式继电器结构图

在继电器的特性曲线中，继电器的返回系数见式（2-6）。

$$k = \frac{X_1}{X_2} \tag{2-6}$$

式中 k——继电器的返回系数；

X_1——继电器释放值；

X_2——继电器吸合值。

1. 中间继电器

中间继电器在控制电路中起逻辑变换和状态记忆的功能，以及用于扩展接点的容量和数量。另外，在控制电路中还可以调节各继电器、开关之间动作时防止电路误动作的作用。中间继电器的符号如图 2-82 所示。

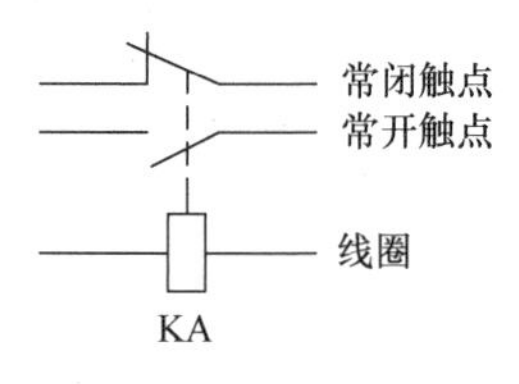

图 2-82　中间继电器符号

2. 电流继电器

电流继电器是根据电流信号而动作的。电流继电器的线圈串入电路中，以反映电路电流的变化，其线圈匝数少、导线粗、阻抗小。例如在直流并激电动机的激磁线圈里串联电流继电器，当激磁电流过小时，它的触点便打开，从而控制接触器，以切除电动机的电源，防止电动机因转速过高或电枢电流过大而损坏，具有这种性质的继电器称为欠电流继电器；反之，为了防止电动机短路或过大的电枢电流（如严重过载）而损坏电动机，就要采用电流继电器。电流继电器的符号如图 2-83 所示。

3. 电压继电器

电压继电器是根据电压信号动作的。如果将上述电流继电器的线圈改用细线绕成，并增加匝数，就成了电压继电器，它的线圈是与电源并联。电压继电器也可分为过电压继电器和欠（零）电压继电器两种。

1）过电压继电器：当控制电路出规超过所允许的正常电压时，继电器动作而控制切换电器（接触带）使电动机等停止工作，以保护电气设备不致因过高的电压而损坏。

2）欠（零）电压继电器：当控制电路电压过低，使控制系统不能正常工作，此时利用欠电压继电器电压过低时动作，使控制系统或电动机脱离不正常的工作状态，这种保护称为零电压保护。

电压继电器的符号如图 2-84 所示。

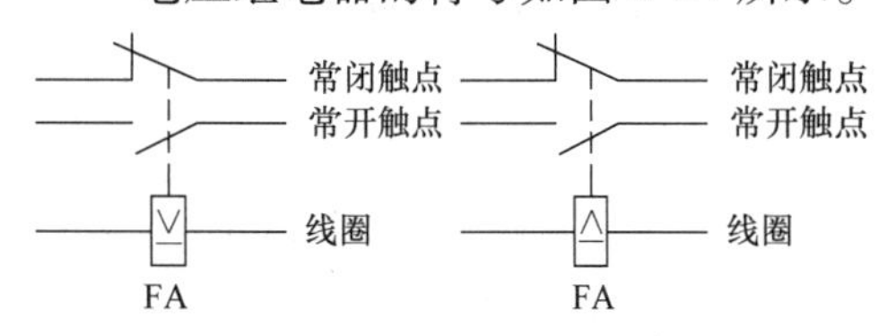

图 2-83　电流继电器符号

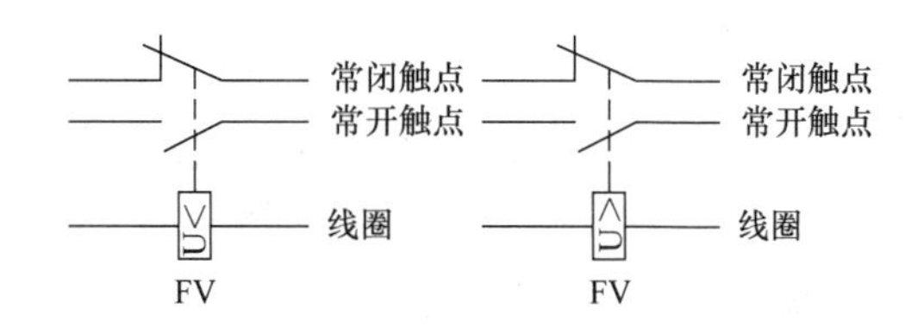

图 2-84　电压继电器符号

4. 固态继电器

固态继电器是由半导体器件组成的无触点开关器件，它较之电磁继电器具有工作可靠、寿命长、对外界干扰小、能与逻辑电路兼容、抗干扰能力强、开关速度快、无火花、无动作噪声和使用方便等一系列优点，因而具有很宽的应用领域。它有逐步取代传统电磁继电器的趋势，并进一步扩展到许多传统电磁继电器无法应用的领域，如计算机的输入输出接口、外围和终端设备等。在一些要求耐振、耐潮湿、耐腐蚀、防爆等特殊工作环境中以及要求高可靠性的工作场合，都较传统电磁继电器有无可比拟的优越性。固态继电器的缺点是过载能力低，易受温度和辐射影响。

固态继电器分为直流固态继电器和交流固态继电器，前者的输出采用晶体管，后者的输出采用晶闸管。固态继电器的主要技术参数有输入电压范围、输入电流、接通电压、关断电压、绝缘电阻、介质耐压、额定输出电流、额定输出电压、最大浪涌电流、输出漏电流、整定范围等。固态继电器的应用范围已超出传统继电器的领域，有些容量较大的固态继电器实际上被当作无触点接触器使用。

5. 浮球液位继电器

浮球液位继电器主要用于对液位的高低进行检测发出开关量信号，以控制电磁阀、液压泵等设备对液位的高低进行控制。

6. 压力继电器

压力继电器主要用于对液体或气体压力的高低进行检测并发出开关信号，以控制电磁阀、空压机等设备对压力的高低进行控制。

2.3.7 热继电器

热继电器是利用电流流过热元件时产生的热量，使双金属片发生弯曲而推动执行机构动作的一种保护电器。主要用于交流电动机的长期过载保护、断相及电流不平衡运行的保护及其他电气设备发热状态的控制。电动机工作时是不允许超过额定温升的，否则会降低电动机的寿命。熔断器和过电流继电器只能保护电动机不超过允许最大电流，不能反映电动机的发热状况，我们知道，电动机短时过载是允许的，但长期过载时电动机就要发热，因此必须采用热继电器进行保护。

图 2-85 所示是热继电器的实物图，图 2-86 所示是其工作原理，它由发热元件、双金属片、动断触点及一套传动和调整机构组成。双金属片由两种不同热膨胀系数的金属片辗压而成，图中所示的双金属片的下层热膨胀系数大，上层小，发热元件串接在被保护电动机的主电路中，当电动机过载时，通过发热元件的电流超过整定电流，双金属片受热向上弯曲脱离扣板，使常闭触点断开，由于常闭触点是接在电动机的控制电路中的，它的断开使得与其相接的接触器线圈断电，从而接触器主触点断开，电动机的主电路断电，实现了过载保护。

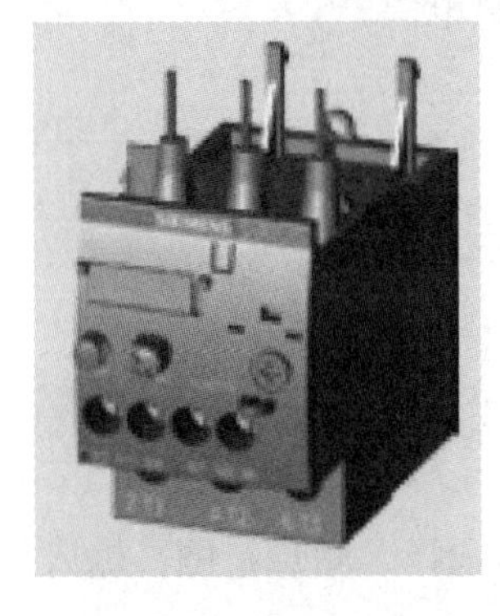

图 2-85　热继电器实物图

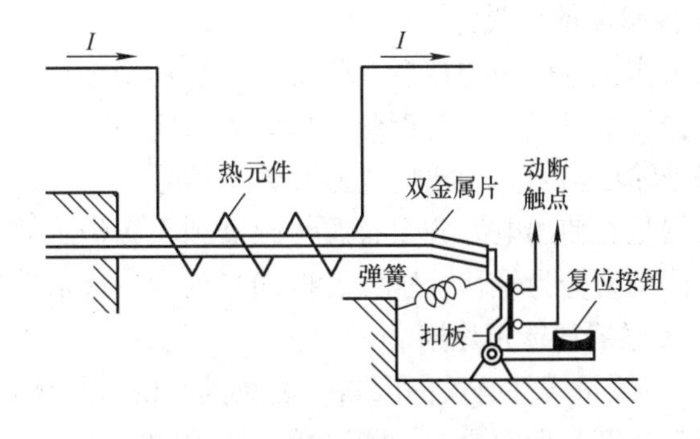

图 2-86　热继电器工作原理图

热继电器的电路符号如图 2-87 所示。

热继电器主要用于电动机的过载保护，使用中应考虑电动机的工作环境、起动情况、负载性质等因素，应按以下几个方面选择。

1）热继电器结构型式：星形接法的电动机可选用两相或三相结构热继电器；三角形接法的电动机应选用带断相保护装置的三相结构热继电器。

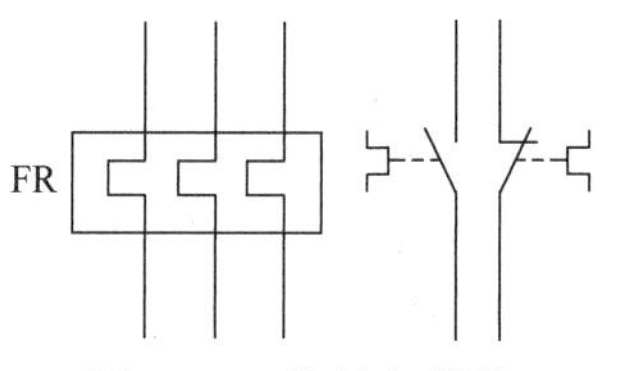

图 2-87　热继电器的电路符号

2）热继电器的动作电流整定值一般为电动机额定电流的 1.05 ~ 1.10 倍。

3）对于重复短时工作的电动机，由于电动机不断重复升温，热继电器双金属片的温升跟不上电动机绕组的温升，电动机将得不到可靠的过载保护，因此不宜选用双金属片的热继电器，而应选用过电流继电器或能反映绕组实际温度的温度继电器来保护。

2.3.8　传感器

传感器是一种能够感受规定的被测量并按照一定规律转换成可用输出信号的器件或装置。在自动化生产系统中，传感器是各种机械和电子设备的感觉器官，能够感知光、色、温度、压力、声音、湿度及振动等。传感器能在较为恶劣的环境下工作，测量范围宽、精度高、可靠性好。

1. 传感器的组成

传感器由敏感元件、转换元件、基本转换电路组成，如图 2-88 所示。

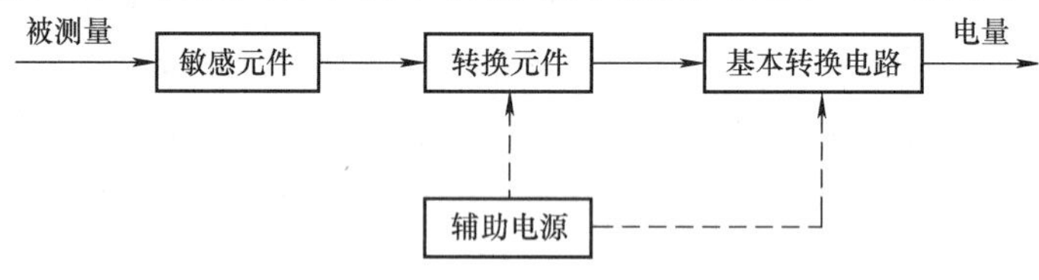

图 2-88　传感器的组成

1）敏感元件：直接感受被测量，并输出与被测量成确定关系的某一物理量的元件。

2）转换元件：敏感元件的输出就是它的输入，将输入转换成电路参量。

3）基本转换电路：转换电路是传感器的主要组成环节，因为不少传感器要在通过转换电路后才能输出电信号，从而决定了转换电路是传感器的组成环节之一。

有些传感器由敏感元件和转换元件组成，没有转换电路。最简单的传感器由一个敏感元件（兼转换元件）组成，感受被测量时直接输出电量，如热电偶。

2. 传感器的分类

按工作机理分为物理型、化学型、生物型等。

根据转换过程可逆与否分为单向和双向。

根据输出信号分为模拟信号和数字信号。

根据是否使用电源分为有源传感器和无源传感器。

按照用途分为位移、压力、振动、温度、流量等传感器。

3. 传感器的选用原则

1）与测量条件有关的因素：测量的目的、被测试量的选择、测量范围、输入信号的幅值和频带宽度、精度要求、测量所需要的时间。

2）与传感器有关的技术指标：精度、稳定度、响应特性、模拟量与数字量、输出幅值、对被测物体产生的负载效应、校正周期、超标准过大的输入信号保护。

3）与使用环境条件有关的因素：安装现场条件及情况、环境条件、信号传输距离、所需现场提供的电源容量。

4. 几种常用的传感器

行程开关又称限位开关或位置开关，它利用生产机械运动部件的碰撞，使其内部触点动作，分断或切换电路，从而控制生产机械行程、位置或改变其运动状态。行程开关的种类很多，按动作方式分为瞬动型和蠕动型；按头部结构分为直动、滚轮直动、杠杆、单轮、双轮、滚轮摆杆可调、弹簧杆等型。

接近开关是非接触式的检测装置，当运动着的物体接近它到一定距离范围内时，它就能发出信号，从而进行相应的操作。按工作原理分为接近开关有高频振荡型、霍尔效应型、电容型、超声波型等，其中以高频振荡型最为常用。接近开关的主要技术参数有动作距离、重复精度、操作频率、复位行程等。

光电开关是另一类非接触式检测装置，它有一对光的发射和接收装置，根据两者的位置和光的接收方式分为对射式和反射式，作用距离从几厘米到几十米不等。

压力开关又称为压力继电器，是一种简单的压力控制装置，当被测压力达到额定值时，压力开关可发出警报或控制信号。压力开关按接触介质分为隔膜式和非隔膜式；按测量要求分为压差压力开关、微压压力开关和电接压力开关。

5. 测温仪表

温度是工程项目中一个比较普遍而重要的操作参数，化工、冶金、锅炉等工业过程都是在一定的温度条件下进行的，温度决定一些反应能否进行和反应发展的方向。温度不能直接测量，温度的测量都是通过温度传递到敏感元件后，该敏感元件的物理性质随温度的变化而变化进行的。

温度采集是一种工业控制中最普及的应用，它可以直接测量各种生产过程中液体、蒸汽、气体介质和固体表面的温度。常用的热电阻、热电偶两种方式，此外还有非接触型的红外测温等。

6. 热电阻与热电偶

选择热电阻和热电偶的型号需要根据使用温度范围、所需精度、使用环境、测定对象的性能、响应时间、结构形式和经济效益等综合考虑。热电阻与热电偶的比较见表 2-14。

表 2-14　热电阻与热电偶的比较

差　异	热电阻	热电偶
测温原理不同	本身电阻随温度变化	基于热电效应两端产生电势差
制造材料不同	对温度变化敏感的单一金属材料	两种不同双金属材料
测温范围不同	中低温：-200～500℃	中高温：400～1800℃
相同温度下输出信号变化大小不同	输出信号较大，易于测量	输出信号较小
感温部分尺寸大小不同	尺寸较大，反应速度稍慢	工作端是很小的焊点，反应速度快
测温电路不同	连接导线不分正负，需电源激励，不能测量瞬时温度的变化，远距离需采用四线制测量	不需要激励，信号需用补偿导线传递，仪表要有冷端补偿电路，热电偶及补偿导线有正负极之分，必须保证连接、配置正确

（续）

差　异	热电阻	热电偶
价格不同	较便宜	较昂贵
热点	测量精度高，性能稳定	测温范围宽，结构简单，动态性好，能远距离传输4～20mA电信号，便于自动控制

热电阻与热电偶安装使用不当，不但会增大测量误差，还可能降低热电偶的使用寿命。因此，应根据被测温度范围和工作环境，正确安装和合理使用热电阻及热电偶。

2.4 人机界面

1. 人机界面的基本概念

人机界面装置是操作人员与PLC之间双向沟通的桥梁，很多工业被控对象要求控制系统具有很强的人机界面功能，用来实现操作人员与计算机控制系统之间的对话和相互作用。人机界面装置用来显示PLC的输入/输出状态和各种信息，接收操作人员发出的各种命令和设置的参数，并将它们传送到PLC。人机界面装置一般安装在控制屏上，必须能够适应恶劣的现场环境，其可靠性应与PLC的可靠性相同。

人机界面是按工业现场环境应用来设计的，正面的防护等级为IP65，背面的防护等级为IP20，坚固耐用，其稳定性和可靠性与PLC相当，能够在恶劣的工业环境中长时间连续运行，因此人机界面是PLC的最佳搭档。

2. 人机界面承担的任务

1）过程可视化：在人机界面上动态显示过程数据。例如，PLC采集的现场数据。

2）操作控制：操作员通过图形界面控制生产过程。例如，操作员可以用人机界面上的输入域修改控制系统的参数，或者用人机界面上的按钮起动电动机。

3）显示报警：过程数据的临界状态会自动触发报警。例如，当变量超出设定的报警值时产生报警并显示。

4）记录归档：顺序记录过程值和报警信息，用户可以检索以前的生产数据和报警信息。

5）输出过程值和报警记录：例如可以在某一班结束时自动打印输出生产报表。

6）过程和设备的参数管理：将过程和设备的参数存储在配方中，可以一次性将这些参数从人机界面下载到PLC，以便改变产品的品种，提高生产线的柔性。

在使用人机界面时，需要解决画面设计和与PLC通信的问题。人机界面生产厂家用组态软件很好地解决了这两个问题。组态软件使用方便、易学易用。使用组态软件可以很容易地生成人机界面的画面，还可以实现某些动画功能。人机界面用文字或图形动态地显示PLC中开关量的状态和数字量的数值。通过各种输入方式，将操作人员的开关量命令和模拟量设定值传送到PLC中。

3. 人机界面的工作原理

人机界面最基本的功能是显示现场设备中开关量的状态和过程量的数值，用监控画面向PLC发出开关量命令，并修改PLC中过程量的数值，分为组态过程和运行过程。

（1）画面组态

人机界面用个人计算机中运行的组态软件生成满足用户要求的监控画面，用画面中的图形对象实现其功能，用项目管理这些画面。

使用组态软件可以很容易地生成人机界面的画面，用文字或图形动态地显示 PLC 中的开关量的状态和过程量的数值。通过各种输入方式，将操作人员的开关量命令和过程量设定值传送到 PLC。画面的生成是可视化的，一般不需要用户编程，组态软件的使用简单方便，很容易掌握。

在画面中生成图形对象后，只需要将图形对象与 PLC 中的存储器地址联系起来，就可以实现控制系统运行时 PLC 与人机界面之间的自动数据交换。画面由背景的静态对象和动态对象组成。静态对象包括静态文字、数字、符号和静态图形，图形可以在组态软件中生成，也可以使用其他绘图软件生成。动态对象用与 PLC 内的变量相连的数字、图形符号、条形图或趋势图等方式显示。在运行人机界面程序时，可以用功能键切换画面，还可以定义人机界面监视 PLC 的报警条件和报警画面，以及报警发生时需要打印的信息。

（2）人机界面的通信功能

人机界面具有很强的通信功能，配备有多个通信接口。使用各种通信接口和通信协议，人机界面能与各主要 PLC 生产厂家的 PLC 通信，还可以与运行组态软件的计算机通信。通信接口的个数和种类与人机界面的型号有关，主要有 RS232C 和 RS422/RS485 串行通信、USB 通信、以太网通信、调制解调器进行远程通信等。

（3）编译和下载项目文件

编译项目文件是指将建立的画面及设置的信息转换成人机界面可以执行的文件。编译成功后，需要将组态计算机中的可执行文件下载到人机界面中，即下载项目文件。为此首先应在组态软件中选择通信协议，设置计算机侧的通信参数，同时还需要在人机界面中设置与运行组态软件的计算机进行通信的通信参数。

（4）运行阶段

在控制系统运行时，人机界面和 PLC 之间通过通信交换信息，从而实现人机界面的各种功能。不用为 PLC 或人机界面的通信进行额外的编程，只需要在组态软件中和人机界面中设置通信参数就可以实现人机界面与 PLC 之间的通信。

第3章 变频调速系统

3.1 变频调速的基本原理

在三相异步电动机调速系统中，调速性能最好、应用最广的调速系统是变压变频调速系统。我们知道，三相交流异步电动机的转速见式（3-1）。

$$n = \frac{(1-s)60f_1}{p} \tag{3-1}$$

式中 f_1——电动机电源的频率（Hz）；

p——电动机定子绕组的磁极对数；

s——转差率。

可见，在转差率 s 变化不大的情况下，可以通过改变电动机的电源频率改变三相异步电动机的转速。电动机的转速基本与电动机的电源频率成正比关系，如果电动机的电源频率均匀地改变，那么就可以使电动机的转速平滑地改变。

3.2 三相异步电动机的基本原理

3.2.1 三相异步电动机的主要用途和分类

三相异步电动机又称为感应电动机，主要用它去拖动各种生产机械。三相异步电动机具有结构简单、容易制造、运行可靠、运行效率高的特点，但是三相异步电动机在运行时，必须从电网里吸收滞后性的无功功率，导致它的功率因数总是小于1。

三相异步电动机种类繁多，应用广泛，通常按照电动机结构尺寸、防护形式、冷却方式、运行工作制、转速类别、机械特性、转子结构形式以及使用环境不同进行分类。

3.2.2 三相异步电动机的基本结构

三相异步电动机由固定的定子和旋转的转子两个基本部分组成，转子装在定子内腔里，借助轴承被支撑在两个端盖上。为了保证转子能在定子内自由转动，定子和转子之间必须有一定的间隙，称为气隙。电动机的气隙是一个非常重要的参数，其大小及对称性等对电动机的性能有很大影响。三相异步电动机的组成部件如图3-1所示。

定子由定子绕组、定子铁心和机座组成。定子绕组是三相异步电动机的电路部分，在三相异步电动机的运行过程中有着很重要的作用，是将电能转换为机械能的关键部件。对于中、小型容量的低压三相异步电动机，通常将定子三相绕组的6个出线头都引出来，根据需要可接成星形或者三角形联结，如图3-2所示星形和三角形联结。

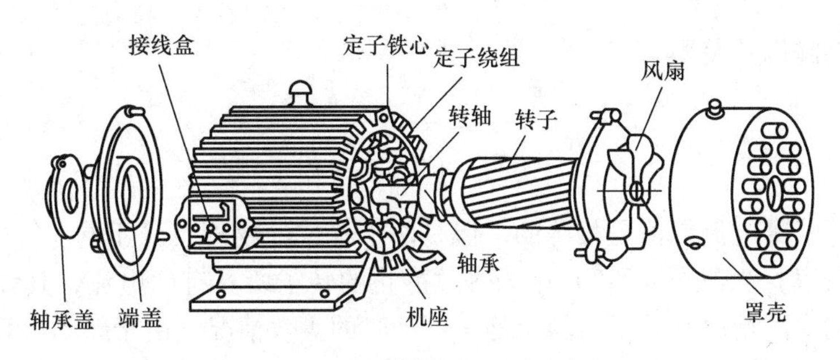

图 3-1 三相异步电动机组成部件

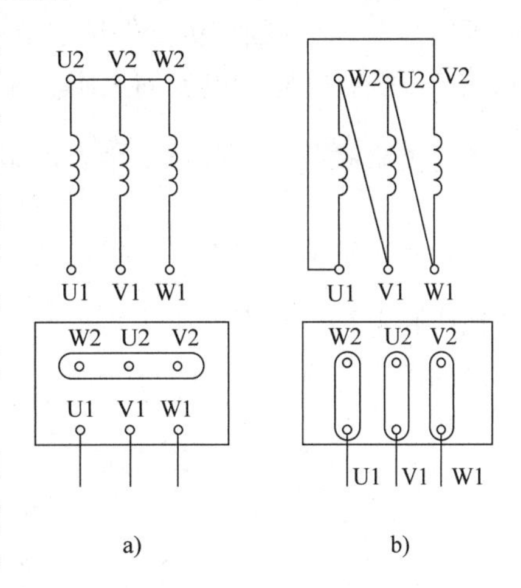

图 3-2 星形和三角形联结
a）星形联结 b）三角形联结

定子铁心是异步电动机磁路的一部分，并起固定定子绕组的作用，装在机座里，一般为了降低定子铁心里的铁损耗，定子铁心用 0.5mm 厚的硅钢片叠压而成，在硅钢片的两面还应涂上绝缘漆以减小铁心的涡流损耗。机座又称机壳，它主要作用是为了固定与支撑定子铁心，如果是端盖轴承电动机，还要支撑电动机的转子部分，同时也需要承受整个电动机负载运行时产生的反作用，因此机座应该有足够的机械强度和刚度。

转子由转子绕组、转子铁心和转轴组成。转子绕组是异步电动机磁路的一部分，其作用是为了切割定子磁场，产生感应电势和电流，并在磁场作用下受力而使转子旋转。转子绕组可根据其结构分为笼型绕组和绕线式绕组。其中笼型绕组转子铁心的每个槽内插入一根裸导条，形成一个多相对称短路绕组，绕线式绕组转子的槽内嵌放有三相对称绕组，转子铁心是异步电动机磁路的另一部分，一般用 0.5mm 厚的硅钢片叠压而成。铁心固定在转轴或者转子支架上，整个转子的外表呈圆柱形。气隙是磁路的一部分，异步电动机的气隙比同容量直流电动机的气隙小很多，在中、小型异步电动机中，气隙一般为 0.2 ~ 1.5mm。

3.2.3 三相异步电动机的等效电路

三相异步电动机定子、转子之间没有电路上的联系，只有磁路上的联系，不便于实际计算，为了能将转子电路与定子电路作直接的电的连接，需要进行电路等效。等效要在不改变定子绕组的物理量（定子的电动势、电流以及功率因数等）和转子对定子的影响的原则下进行，即将转子电路折算到定子侧，同时要保持折算前后的转子频率 f_2 不变，以保证磁动势平衡不变和折算前后各功率不变。为了找到三相异步电动机的等效电路，除了进行转子绕组的折算外，还需要进行转子频率的折算。

将频率为 f_2 的旋转转子电路折算为与定子频率 f_1 相同的等效静止转子电路，称为频率折算，转子静止不动时 $s=1$，$f_2=f_1$。因此，只要将实际上转动的转子电路折算为静止不动时的等效转子电路，就可以达到频率折算的目的。为此实际运行的转子电流见式（3-2）。

$$\dot{I}_{2s}=\frac{\dot{E}_{2s}}{R_2+\mathrm{j}X_{2s}}=\frac{s\dot{E}_2}{R_2+\mathrm{j}sx_2} \tag{3-2}$$

分子分母同除以转差率 s，转子电流见式（3-3）。

$$\dot{I}_2=\frac{\dot{E}_2}{\frac{R_2}{s}+\mathrm{j}X_2}=\frac{\dot{E}_2}{\left(R+\frac{1-s}{s}R_2\right)+\mathrm{j}X_2} \tag{3-3}$$

以上两个等式的电流数值是相等的，但是两个等式的物理意义不同。等式（3-2）中实际转子电流的频率 f_2，等式（3-3）中为等效静止的转子所具有的电流，其频率为 f_1。前者为转子转动时的实际情况，后者为转子静止不动时的等效情况。由于频率折算前后转子电流的数值未变化，所以磁动势的大小不变。同时磁动势的转速是同步转速与转子转速无关，所以等式（3-3）的频率折算保证了电磁效应的不变。由式中可以看出频率折算前后转子的电磁效应不变，即转子电流的大小、相位不变，除了改变与频率有关的参数以外，只要用等效转子的电阻$\frac{R_2}{s}$代替实际转子中的电阻 R_2 即可。$\frac{R_2}{s}$可分解为$\frac{R_2}{s}=R_2+\frac{1-s}{s}R_2$，等式中$\frac{1-s}{s}R_2$为三相异步电动机的等效负载电阻，等效负载电阻上消耗的电功率为$I_2^2R_2\left(\frac{1-s}{s}\right)$，这部分损耗在实际电路中并不存在，实质上式表示了三相异步电动机的输出机械功率。频率折算后的电路如图 3-3 所示。

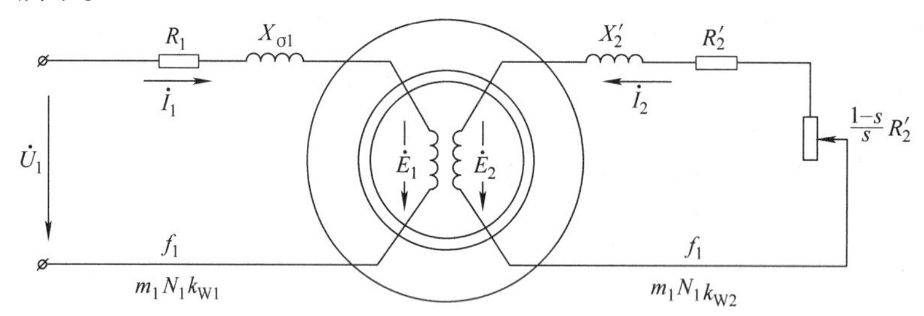

图 3-3　转子绕组频率折算后的三相异步电动机的定、转子电路

进行频率折算以后，虽然已经将旋转的三相异步电动机转子电路转化为等效的静止电路，但是还不能将定、转子电路连接起来，因为两个电路的电动势还不相等。三相异步电动机绕组折算也就是人为地用一个相数、每相串联匝数以及绕组系数和定子绕组一样的绕组代替相数为 m_2，每相串联匝数为 N_2，以及绕组系数为经过频率折算的转子绕组。但仍然要保证折算前后转子对定子的电磁效应不变，即转子的磁动势、转子总的视在功率、铜耗及转子漏磁场储能均保持不变。转子折算值上均加“′”表示。

由保持转子磁动势 $F'_2=F_2$ 不变的原则，见式（3-4）。

$$0.9\frac{m_1}{2p}N_1\,k_{W1}I'_2=0.9\frac{m_2}{2p}N_2k_{W2}I_2 \tag{3-4}$$

折算后转子电流有效值，见式（3-5）

$$I'_2=\frac{m_2N_2\,k_{W2}}{m_1N_1\,k_{W1}}I_2=\frac{1}{k_i}I_2 \tag{3-5}$$

式中，$k_i=\frac{m_1N_1k_{W1}}{m_2N_2k_{W2}}$称为电流比。

由于定、转子磁动势在绕组折算前后都不变，故气隙中的主磁通也不变，绕组折算前后的转子电动势分别见式（3-6），式（3-7）和式（3-8）

$$E_2 = 4.44 f_1 N_2 k_{W2} m \tag{3-6}$$

$$E'_2 = 4.44 f_1 N_1 k_{W1} m \tag{3-7}$$

$$E'_2 = \frac{N_1 k_{W1}}{N_2 k_{W2}} E_2 = k_e E_2 = E_1 \tag{3-8}$$

比较以上两个等式可得等式中 $k_e = \frac{N_1 k_{W1}}{N_2 k_{W2}}$称为电压比。

根据折算前后转子铜耗不变的原则，见式（3-9）。

$$R'_2 = \frac{m_2}{m_1}\left(\frac{I_2}{I'_2}\right)^2 R_2 = \frac{m_2}{m_1}\left(\frac{m_1 N_1 k_{W1}}{m_2 N_2 k_{W2}}\right)^2 R_2 = k_e k_i R_2 \tag{3-9}$$

同理由绕组折算前后转子电路的无功功率不变的原则，见式（3-10）和式（3-11）。

$$X'_2 = k_e k_i X_2 \tag{3-10}$$

$$Z'_2 = k_e k_i Z_2 \tag{3-11}$$

由以上等式可见，转子电路向定子电路进行绕组折算的规律是折算后的电流为原电流除以电流比 k_i，折算后的电压为原电压乘以电压比 k_e，折算后的阻抗为原阻抗乘以电压比 k_e 与电流比 k_i的乘积。

注意：折算只改变相关的值大小，而不改变其相位的大小。

根据折算前后各物理量的关系，可以做出折算后的 T 型等效电路如图 3-4 所示。

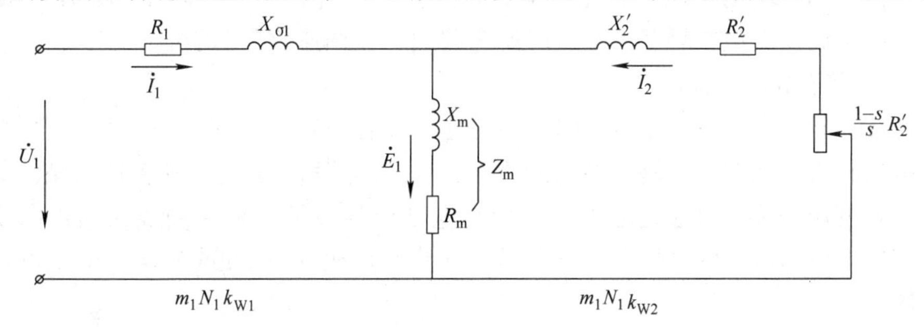

图 3-4 三相异步电动机 T 型等效电路

由 T 型等效电路可得异步电动机负载时的基本方程式见式（3-12）。

$$\begin{gathered}\dot{U}_1 = -\dot{E}_1 + \dot{I}_1(R_1 + jX_{\sigma1}) \\ -\dot{E}_1 = \dot{I}_0(R_m + jX_m) \\ \dot{E}_1 = \dot{E}'_2 \\ \dot{I}_1 + \dot{I}'_2 = \dot{I}_0 \\ \dot{E}'_2 = \dot{I}'_2\left(\frac{R'_2}{s} + jX'_2\right)\end{gathered} \tag{3-12}$$

当空载运行时，转子的转速接近同步转速，转差率 s 很小，这时定子电流就是励磁电流，电动机的功率因数很低。

转子堵转时，$n=0$，$s=1$，$\frac{1-s}{s}R'_2=0$，就相当于短路状态，会使电动机电流很大，这在电动机实验及使用时应多加注意。

3.2.4　三相异步电动机的调速

根据三相异步电动机的转差率 s 和同步转速 n_0 的定义，可导出其转速的表达式见式(3-13)。

$$n = n_0(1-s) = \frac{60f}{p}(1-s) \tag{3-13}$$

对三相异步电动机的调速可分别通过改变转差率 s、定子绕组磁极对数 p 以及电源频率 f 实现。

1. 改变转差率 s 的调速

三相异步电动机运行时，在同步转速以及负载转矩均不变的情况下，当电动机机械特性曲线硬度变化时，其转速也随之变化，因而转差率就不同了。由此可见，改变转差率的调速，其实质就是通过改变电动机机械特性曲线硬度进行调速的，可以通过以下两种方法实现。

（1）转子串电阻调速

这种方法只适用于绕线式三相异步电动机。当转子串入电阻后，电动机的最大转矩不变，而临界转差率增大，因而特性曲线就变软了。由此可见，在同样的负载转矩下，转子电路串入电阻值不同，电动机的转速也不同，由此达到调速的目的。转子串电阻调速方法简单，可实现多级调速；但在轻载或空载时调速范围小，调速效果不明显。

（2）改变定子电压的调速

当改变三相异步电动机定子电压时（从额定电压往下调），可知对于风机、泵性质的负载，调速范围较大；而对于恒转矩性质的负载，变压调速所得到的调速范围很小。如果对恒转矩负载进行变压调速，可通过增加三相异步电动机的转子电阻（绕线式异步电动机串电阻，或采用转子电阻较大的高转差率笼型转子异步电动机），以便改变定子电压可得到较宽的调速范围。

2. 改变磁极对数的调速

正在运行时三相异步电动机转子转速总是略低于旋转磁场的同步转速，由式 $n_0 = \frac{60f}{p}$ 可知，改变磁极对数 p，则同步转速 n_0 改变，电动机的转速也随之变化。磁极对数只能按整数倍增减，所以异步电动机的变极调速属于有极调速。异步电动机运行时其定子、转子绕组的磁极对数必须保持一致，而笼型转子的磁极对数能自动追随定子绕组的磁极对数的变化，因此变极调速一般只适用于笼型异步电动机。

异步电动机定子绕组磁极对数的改变可通过以下两种方法实现。

（1）采用可变极双速绕组

这种绕组每相均有两个“半绕组”组成。图 3-5 所示为其中一相绕组在定子铁心中的分布示意图（分别设为 a_1、x_1 和 a_2、x_2）。当把 a_1、x_1 和 a_2、x_2 两个绕组正向串联时，可得到四级的磁场分布；而两个绕组若为反向串联或反向串联时，则为两极的磁场分布。若将各相的每两个半绕组正向串联的三相绕组再按星形或者三角形联结，分别记为Y和△联结，其磁极对数分别为 $p_{\curlyvee}$ 和 $p_{\triangle}$，则 $p_{\curlyvee} = p_{\triangle} = p$；而每两个半绕组反向并联后再按星形联结，为YY联结（称为双星形），其极对数见式（3-14）。

$$p_{\curlyvee\curlyvee}=\frac{p_{\curlyvee}}{2}=\frac{p_{\triangle}}{2} \tag{3-14}$$

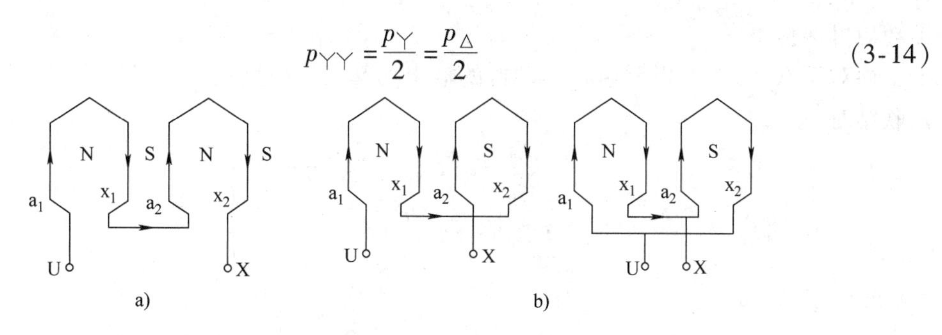

图 3-5 三相异步电动机双速绕组的变极原理

a）四极磁场 b）二极磁场

因此当电动机采用Y－YY换接调速时（即由Y换接成YY），或△－YY换接调速时，则定子绕组磁极对数由 p 变为 $p/2$，因而同步转速提高一倍，即 $n_{0\curlyvee\curlyvee}=2n_{0\curlyvee}=2n_{0\triangle}$，转子转速也近似提高一倍。图 3-6 所示为异步电动机双速绕组的Y、△以及YY的接线原理图。

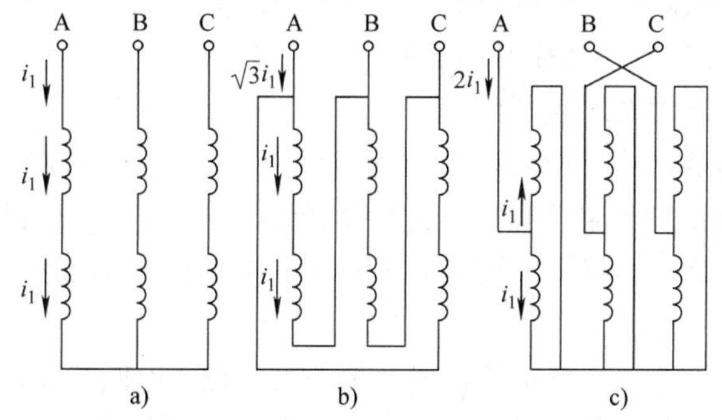

图 3-6 三相异步电动机双速绕组的Y、△以及YY的联结

a）Y联结 b）△联结 c）YY联结

可见，对于双速定子绕组的三相异步电动机，改变其定子绕组的接线方式，即可使定子磁极对数成倍地变化，从而达到调速的目的。三相异步电动机变极调速时，必须考虑电动机在变速前后转矩及功率的允许输出。假定三相异步电动机变极调速前后电动机的功率因数 $\cos\varphi_1$ 及效率 η 均保持不变，且定子每相绕组中允许流过的最大电流均为额定电流 I_{1N}。则对于Y－YY变极调速，电动机的允许输出功率与转矩分别见式（3-15）和式（3-16）。

Y联结时：

$$\left.\begin{aligned}P_{\curlyvee}&=\sqrt{3}U_{N}I_{1N}\eta\cos\varphi_1\\T_{\curlyvee}&=9550\frac{P_{\curlyvee}}{n_{\curlyvee}}\approx9550\frac{P_{\curlyvee}}{n_{0\curlyvee}}\end{aligned}\right\} \tag{3-15}$$

YY联结时：

$$\left.\begin{aligned}P_{\curlyvee\curlyvee}&=\sqrt{3}U_{N}(2I_{1N})\eta\cos\varphi_1=2P_{\curlyvee}\\T_{\curlyvee\curlyvee}&\approx9550\frac{P_{\curlyvee\curlyvee}}{n_{0\curlyvee\curlyvee}}=9550\frac{2P_{\curlyvee}}{2n_{0\curlyvee}}=T_{\curlyvee}\end{aligned}\right\} \tag{3-16}$$

由 $T_{\curlyvee\curlyvee}\approx T_{\curlyvee}$ 可知，电动机的Y－YY变极调速属于恒转矩调速。即当定子绕组由Y变为YY时，尽管电动机转速提高了近一倍，但由于允许输出功率也增加了一倍，故电动机的输出转矩可保持不变。

而对于△-YY变极调速，电动机的输出功率与转矩见式（3-17）和式（3-18）。

△联结时

$$\left.\begin{aligned}P_{YY}&=\sqrt{3}U_{N}(\sqrt{3}I_{1N})\eta\cos\varphi_{1}\\T_{YY}&\approx 9550\frac{P_{\triangle}}{n_{0\triangle}}\end{aligned}\right\}\tag{3-17}$$

YY联结时

$$P_{YY}=\sqrt{3}U_{N}(2I_{1N})\eta\cos\varphi_{1}=\frac{2}{\sqrt{3}}P_{\triangle}=1.155P_{\triangle}\approx P_{\triangle}$$

$$T_{YY}\approx 9550\frac{P_{YY}}{2n_{0\triangle}}=9550\frac{\frac{2}{\sqrt{3}}P_{\triangle}}{2n_{0\triangle}}=\frac{1}{\sqrt{3}}T_{\triangle}=0.577T_{\triangle}\tag{3-18}$$

可见△-YY变极调速前后电动机可输出的功率基本不变，为近似恒功率调速。因此随着定子绕组由△变为YY连接，转速升高的同时，其输出转矩也应相应的减小近一半。

（2）采用多套不同极对数的定子绕组

三相异步电动机的定子铁心槽内嵌放两套（或多套）不同极数的绕组，运行时根据需要，将其中一套与电源相接。这样就可通过两套绕组间的换接，实现两种转速的变极调速。如果这两套绕组本身就是双速绕组，则电动机便可实现四速变极调速。

3. 变频调速

变频调速与变极调速相似，都是通过改变定子旋转磁场的同步转速来实现的。在电源频率可连续，大范围变化的前提下，可以实现对电动机平滑、大范围的调速。

三相异步电动机的定子感应电势见式（3-19）。

$$E_{1}=4.44k_{1}N_{1}f_{1}\Phi\tag{3-19}$$

式中，$k=4.44k_{1}N_{1}$，为一常数。若忽略定子阻抗压降，则定子绕组感应电势与电源电压近似相等，见式（3-20）。

$$U_{1}\approx E_{1}\tag{3-20}$$

由此可知，如果在降低频率调速时保持 U_1 不变，则主磁通 Φ 将增加，从而可能使磁路饱和而导致励磁电流大大增加，铁心过热。因此，通常要求在保持 Φ 不变的情况下进行变频调速，即在降低频率的同时电源电压也按比例下调，其比例关系见式（3-21）。

$$\frac{U_{1}}{f_{1}}=\frac{U'_{1}}{f'_{1}}=\text{常数}\tag{3-21}$$

在额定频率之下，以保持 U/f 恒定进行变频调速。当频率在较高范围时，因主磁通 Φ 基本不变，故电动机的最大转矩 T_{m}不变，为恒转矩的调速方式；但当频率较低时，因定子绕组的阻抗压降的存在，按 U/f 恒定的控制将使电动机的主磁通略有减小，从而导致电动机的电磁转矩有所减小。在额定频率之上进行升频调速时，若要保持主磁通 Φ 基本不变，U_1 应随f_1 上升。由于电源电压的上升将受制于电动机的绝缘强度等诸多因素影响，故一般保持U_1 不变。此时，随着f_1 的升高，Φ 将减弱，电动机的电磁转矩也将减小。升频调速属于恒功率的调速方式，一般只在小范围进行。

3.2.5 三相异步电动机的制动控制

三相异步电动机定子绕组脱离电源后，由于系统惯性作用，转子需经一段时间才能停止转动，这往往不能满足某些机械的工艺要求，影响生产效率，使运动部件停止的位置不准确，隐藏不安全因素，因此应对拖动电动机采取有效的措施使电动机迅速停车，这种措施称为制动。停车制动有两种类型：一是机械制动，二是电气制动。常用的电气制动有反接制动和能耗制动，使电动机产生一个与转子原来转到方向相反的力矩进行制动。与机械制动相比，电气制动具有无机械磨损、制动平稳、容易实现自控制等优点。电气制动可用于拖动系统减速或加速停车、起重机等位能性质的匀速下降等场合。

1. 反接制动

正在旋转中的电动机，如将其三相绕组任意两个端子调换后再接到电源上，或将输入电源线任意两相调换后再接到三相异步电动机绕组上，即可产生与旋转方向相反的旋转磁场，形成与旋转方向相反的电磁制动力矩，这就是反接制动。

由于反接制动时，转子与定子旋转磁场间的速度接近两倍的同步转速，所以定子绕组中流过的反接制动电流相当于全电压直接起动时的两倍，通常只适用于 10kW 以下的小容量电动机。且进行反接制动时，必须在电动机每相定子绕组中串接一定的电阻，以限制反接制动电流，避免绕组过热和机械冲击。

反接制动电阻的接线方法有对称和不对称两种接法，采用对称电阻接法可在限制制动力矩的同时，也限制制动电流；而采用不对称电阻的接法，只限制了制动力矩，而未加制动电阻的那一相，仍具有较大的电流。

2. 能耗制动

能耗制动是在三相异步电动机停车时，切断三相电源，同时将一直流电源接到定子绕组上，在定子空间产生恒定磁场。由于惯性，电动机的转子并不是马上停转，转子上闭合的导体切割恒定磁场的磁力线产生电磁转矩，这个电磁转矩的方向与转子转动的方向相反，与转动方向相反的电磁转矩称为制动转矩，制动转矩使电动机迅速停转，当转子转速接近为零时，切除直流电源。因此这种方法式将转子动能转化为电能，并消耗在转子电路的电阻上，所以称为能耗制动。

能耗制动比反接制动所消耗的能量少，其制动电流比反接制动要小得多，但能耗制动的制动效果不如反接制动，所以能耗制动仅适用于电动机容量较大，要求制动平稳和制动频繁的场合。

3.3 变频器

变频器（Variable－frequency Drive，VFD）是应用变频驱动技术改变交流电动机工作电压的大小和频率平滑控制交流电动机的速度及转矩。变频器输出的波形是模拟正弦波，主要用于三相异步电动机调速，因此其又称为变频调速器。频率能够在电动机的外面调节后再供给电动机，这样电动机的旋转速度就可以被自由地控制。变频器是交流电动机无级调速需求的产物，因此以控制频率为目的的变频器是作为电动机调速设备的优选设备。

3.3.1 变频器的组成

变频器由两大部分组成，主电路和控制电路，如图3-7所示。

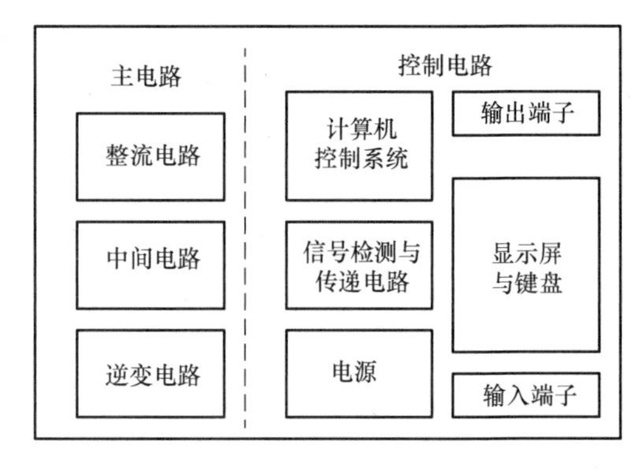

图3-7 通用变频器电路的示意图

主电路包括整流电路、中间电路、逆变电路等功率电路。

整流电路由三相全波整流桥组成，它的作用是对输入的三相交流电进行整流，将交流电整流成直流电。

中间电路主要是大容量的电解电容（电压源）或大容量的电感（电流源）。它的作用是对整流电路输出的直流电源进行滤波，以获得质量较高的直流电源。直流电路中还包括制动单元及其他辅助电路。

逆变电路主要由脉冲宽度调制电路组成，其功能是在控制电路的作用下将中间电路输出的直流电压转换为频率可调的交流电压。逆变器的输出即为变频器的输出，用来实现对异步电动机的调速控制。

控制电路包括计算机控制系统、信号检测与传递电路、键盘与显示电路、电源和外部端子等。1）计算机控制系统：接收从键盘或外部输入的各种控制信号，接收内部输入的采样信号，完成SPWM调制，通过外部端子发出控制信号及显示信号，向变频器的面板发出显示信号。2）信号检测与传递电路：检测外部信号与传递给计算机控制系统进行处理。3）键盘与显示电路：包括操作面板上的键盘和显示屏，键盘主要进行操作和程序预置；显示屏显示主控板提供的各种显示数据。4）电源：为控制电路各部分电路提供电源。5）外部端子：分为主电路端子和控制电路端子。控制电路端子包括输入控制端子、输出控制端子和频率设定端子等。

3.3.2 变频器的工作原理

变频器的工作原理如图3-8所示。

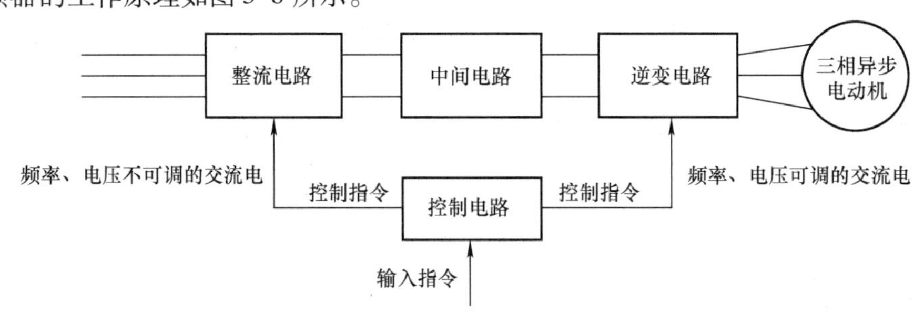

图3-8 变频器工作原理结构图

通过控制电路的输入端子发布命令，控制变频器工作，将频率、电压不可调的交流电转换成频率、电压可调节的三相交流电。在控制电路的交互界面上输入所需要的频率，就可以使接在变频器输出端的电动机得到相应的频率，达到调节电动机转速的目的。

3.3.3 变频器的控制方式

变频器的控制方式可根据电动机的自身特性、负载特性以及运转速度的要求，控制变频器的输出电压（电流）和频率的方法进行分类。一般分为 V/f 控制（电压/频率）、转差频率和矢量控制三种控制方式。也可分为开环控制和闭环控制两种。

1. V/f 控制变频器

按 V/f 关系对变频器的频率和电压进行控制，转速的改变是靠改变频率的设定值实现的。基频以下可以实现恒转矩调速，基频以上为恒功率调速。V/f 控制是一种转速开环控制，控制电路简单，负载为通用标准异步电动机，通用性强，经济性好。但电动机的实际转速要根据负载的大小决定，所以负载变化时，在频率设定值不变的条件下，转子速度将随负载转矩的变化而变化，所以这种控制方式常用于速度精度要求不高的场合。

2. 转差频率控制变频器

V/f 控制模式用于精度要求不高的场合，为了提高调速精度，就需要控制转差率。通过速度传感器检测出速度，求出转差角频率，再将其与速度设定值叠加以得到新的逆变器的频率设定值，实现转差补偿，这种实现转差补偿的闭环方式称为转差频率控制。由于转差补偿的作用，大大提高了调速精度。但是，使用转速传感器求取转差角频率，要针对电动机的机械特性调整控制参数，但这种控制方式通用性较差。

3. 矢量控制变频器

矢量控制是一种新的控制思想和控制技术，是交流异步电动机的一种理想的调速方式。矢量控制属于闭环控制方式，是通过控制变频器输出电流的大小、频率及相位，以维持电动机内部的磁通为设定值，产生所需的转矩的。

矢量控制方式使交流异步电动机具有与直流电动机相同的控制性能，这种控制方式的变频器已广泛用于生产实际中。其调试范围宽，速度响应性高，适合于急加速、急减速运转和连续四象限运转的场合。

3.4 西门子变频调速系统

西门子变频器是知名的品牌变频器，主要用于控制和调节三相交流异步电动机的速度。并以其稳定的性能、丰富的组合功能、高性能的矢量控制技术、低速高转矩输出、良好的动态特性、超强的过载能力、创新的 Bico（内部功能互联）功能以及无可比拟的灵活性，在变频器市场占据着重要的地位。从目前的低压变频器分类来看，主要包括 SINAMICS V 基础性能变频器和常规 SINAMICS G 变频器，其中紧凑型的 SINAMICS V20 变频器是 SINAMICS V 基础性能变频器的代表产品，SINAMICS G120C 变频器是常规 SINAMICS G 变频器的代表产品。

3.4.1 SINAMICS V20 变频器

紧凑型的 SINAMICS V20 变频器是西门子为运动过程简单且要求较低的应用提供的简单经济的驱动解决方案。SINAMICS V20 变频器以调速时间短、操作简单、坚固耐用及价格经济著称。该变频器借助 8 种外形尺寸覆盖从 0.12 ~ 30kW（0.16 ~ 40hp）的功率范围，如图 3-9所示。

SINAMICS V20 变频器分为单相 AC230V，支持 200 ~ 240V 的电网电压，功率范围为 0.12 ~ 3kW；三相 AC400V，支持 380V ~ 480V 的电网电压，功率范围为 0.37 ~ 30kW；灵活

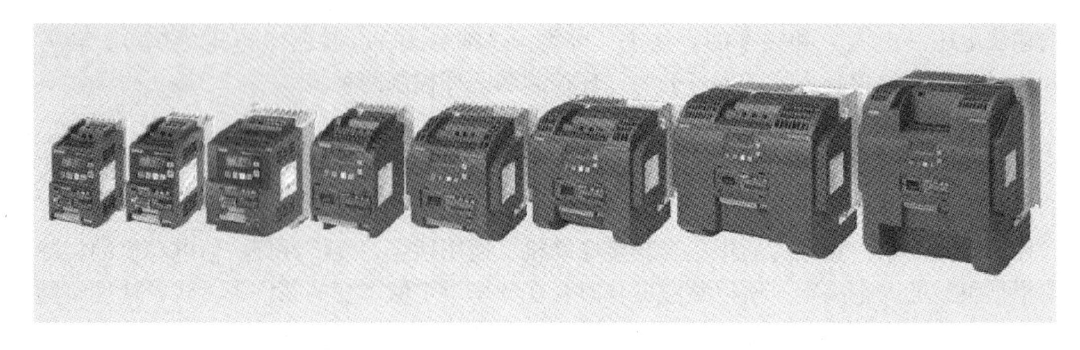

图 3-9　SINAMICS V20 变频器 8 种外形尺寸

的安装方式支持贴壁式和穿墙式安装；内置标准的 Modbus RTU 和 USS 通信协议，可以实现与 PLC 的通信连接；电路板加防护涂层，可以更加适应恶劣的应用环境；高负载应用环境，电流输出能力达 150%，持续时间达 60s；7.5kW 以上内置制动单元，可以直接控制外置制动电阻吸收电动机在制动过程中的再生能源，改善制动和减速效果；针对不同的 EMC 环境要求，可选择使用带进线滤波器和不带进线滤波器的产品；同时本身具有 4 组 DI，2 组 DO，DI 支持 PNP 和 NPN 接法，DO 支持晶体管和继电器输出，在一些特殊应用环境中，如果 SINAMICS V20 变频器本身的 DI/DO 数量不够，可以使用 SINAMICS V20 变频器 I/O 扩展模块进行扩展。

1. SINAMICS V20 变频器 I/O 扩展模块

在一些特殊的应用中，如多泵控制、风机和压缩机应用，SINAMICS V20 变频器现有的 I/O 数量可能不能完成对应的控制要求，于是就需要选装 I/O 扩展模块，如图 3-10 所示。该模块可以分别提供两路附加的数字量输入和数字量输出（继电器输出）。用户通过使用 SINAMICS V20 变频器 I/O 扩展模块，能够以不增加安装、硬件和软件方面花费的方式增强 400V 的 SINAMICS V20 变频器的灵活性，以提供额外的功能。目前，由于该模块尺寸的大小关系，只能安装至 400V 的 SINAMICS V20 变频器上。

图 3-10　SINAMICS V20 变频器 I/O 扩展模块

SINAMICS V20 变频器 I/O 扩展模块数字量输入支持 PNP 和 NPN 的接线方式，数字量输出支持直流 24V 和交流 220V 的继电器输出，接线如图 3-11 所示。

2. SINAMICS V20 变频器智能连接模块

SINAMICS V20 变频器智能连接模块是一款集成了 Wi－Fi 连接功能的 Web 服务器模块，通过它客户可以直接通过智能手机实现无线调试，调试过程中无需下载和安装 App，只需打开网页浏览器输入 IP 地址（http：//192.168.1.1）就可以打开调试界面进行调试，目前该模块支持市场上主流的操作系统的手机和计算机，如图 3-12 所示。

连接 Web 网页后，可以通过如图 3-13 所示功能界面实现变频器的快速调试、变频器参数的设置、电动机的点动/手动操作、变频器运行状态监控、故障/报警显示与诊断、变频器数据的备份和恢复。

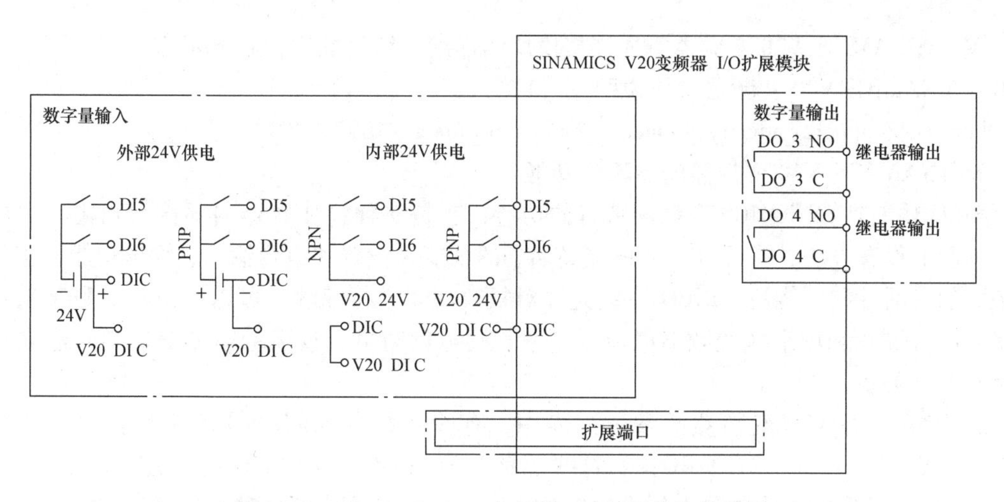

图 3-11 SINAMICS V20 变频器 I/O 扩展模块接线图

图 3-12 SINAMICS V20 变频器智能连接模块

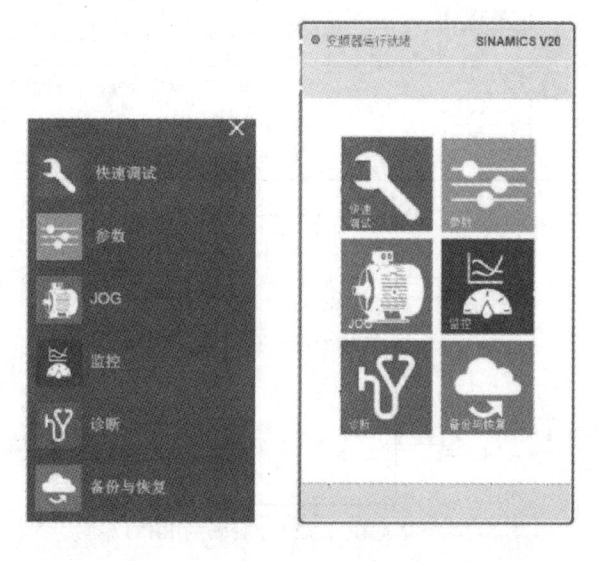

图 3-13 SINAMICS V20 变频器智能连接模块功能界面

关于 SINAMICS V20 变频器智能连接模块的详细介绍与操作，在此不作介绍，用户可以参考《SINAMICS V20 变频器操作说明》，链接：

https：//support. industry. siemens. com/cs/document/109768394

3. SINAMICS V20 变频器的 BICO 功能

BICO 功能是 SINAMICS 变频器特有的功能，它是一种将变频器内部输入和输出功能联系在一起的设置方法，它可以灵活地定义端子的功能来设置和组合输入、输出功能，实现端子最大的灵活性和功能性。BICO 系统允许对复杂功能进行编程。可以在输入（数字量、模拟量、串行等）和输出（变频器电流、频率、模拟量输出、数字量输出等）之间建立布尔逻辑和数学关系。

在 SINAMICS V20 变频器的参数列表中，有些参数名称前面冠有以下字样："BI："“BO：”“CI：”“CO：”“CO/BO：”，这些都是 BICO 参数，这些字样的定义见表 3-1。可以通过 BICO 参数确定功能块输入信号的来源，确定功能块是从哪个模拟量接口或者二进制接口读取输入信号的，于是可以按照要求，互联设备内各种功能块。如图 3-14 所示了 5 种 SINAMICS V20 变频器的 BICO 参数。

表 3-1　SINAMICS V20 变频器 BICO 定义

BI：	=	pxxxx	二进制互联输入：该参数用于选择二进制信号源 每个 BI 参数可作为任何 BO 或 CO/BO 参数的输入进行连接
BO：	=	rxxxx	二进制互联输出：该参数可作为二进制信号进行连接 每个 BO 参数可作为任何 BI 参数的输出进行连接
CI：	=	pxxxx	模拟量互联输入：该参数用于选择模拟量信号源 每个 CI 参数可作为任何 CO 或 CO/BO 参数的输入进行连接
CO：	=	rxxxx	模拟量互联输出：该参数可作为模拟量信号进行连接 每个 CO 参数可作为任何 CI 参数的输出进行连接
CO/BO：	=	rxxxx rxxxx	模拟量/二进制互联输出：该参数可作为模拟量信号和/或二进制信号进行连接 每个 CO/BO 参数可作为任何 BI 或 CI 参数的输出进行连接

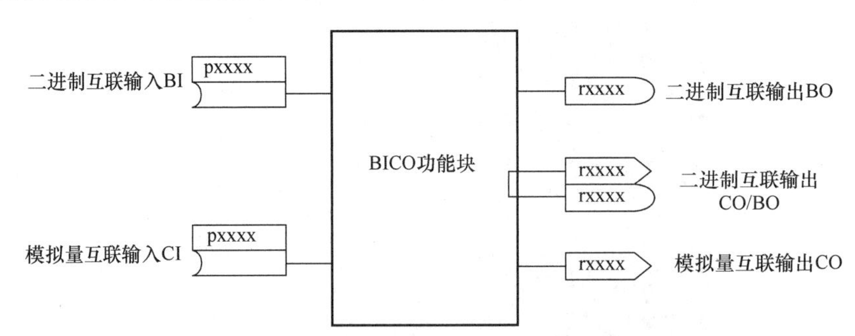

图 3-14　SINAMICS V20 变频器的 BICO 参数

当采用 SINAMICS V20 变频器的数字量输入 1 作为变频器的起动信号，而模拟量输入 1 作为速度给定，其 BICO 功能示例见表 3-2。

表 3-2 SINAMICS V20 变频器 BICO 功能示例

参数号	参数值	功能	说明
p0840	722.0	数字输入 DI1 作为起动信号	p0840：BI 参数，ON/OFF 命令 r722.0：CO/BO 参数，数字输入 DI1 状态
p1070	755.0	模拟量输入 AI1 作为主设定值	p1070：CI 参数，主设定值 r755.0：CO 参数，模拟量输入 AI1 的输入值

4. SINAMICS V20 变频器预定义连接宏

SINAMICS V20 变频器为满足不同的接口定义，提供了多种预定义连接宏，利用预定义的连接宏可以方便地设置变频器的硬件端子从而定义命令源和设定值源。可以通过参数 p0717 修改连接宏。在选用连接宏功能时应该注意以下两点：

1）如果其中一种连接宏定义的接口方式完全符合现场应用，那么按照该连接宏的接线方式设计原理图，并在调试时选择相应的连接宏，即可方便地实现控制要求。

2）如果所有连接宏定义的接口方式都不完全符合现场应用，那么需要选择与实际布线比较接近的连接宏，然后根据需要调整输入/输出的配置。

SINAMICS V20 变频器一起定义了 11 种连接宏，用户可以通过 SINAMICS V20 变频器菜单选择所需要的连接宏来实现标准接线。连接宏默认值为“Cn000”，即连接宏 0。具体的连接宏分类见表 3-3 所示。

表 3-3 SINAMICS V20 变频器预定义连接宏

连接宏	描述	显示示例
Cn000	出厂默认设置。不更改任何参数设置	-Cn000 Cn001 负号表明此应用宏为当前选定的应用宏
Cn001	BOP 为唯一控制源	
Cn002	通过端子控制（PNP/NPN）	
Cn003	固定转速	
Cn004	二进制模式下的固定转速	
Cn005	模拟量输入及固定频率	
Cn006	外部按钮控制	
Cn007	外部按钮与模拟量设定值组合	
Cn008	PID 控制与模拟量输入参考组合	
Cn009	PID 控制与固定值参考组合	
Cn010	USS 控制	
Cn011	Modbus RTU	

SINAMICS V20 变频器所有连接宏 PNP 模式下的通用接线方式，如图 3-15 所示。PNP 和 NPN 型控制均可通过相同的参数实现。用户可将数字量输入公共端子（DIC）接至 24V 以切换到 NPN 控制模式。

除了模拟量输出（AO1），数字量输出 1（DO1）和数字量输出 2（DO2），其他端子在不同连接宏中的信号功能都略有不同。详细的各种连接宏信号功能的区别，见表 3-4。

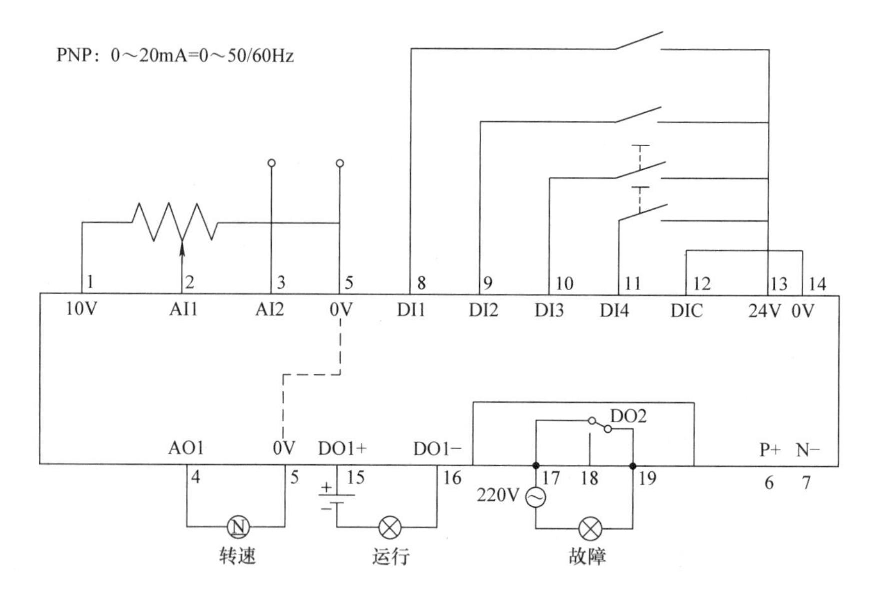

图 3-15　SINAMICS V20 变频器预定义连接宏 PNP 接线

表 3-4　SINAMICS V20 变频器各连接宏信号功能介绍

Cn	AI1	AI2	DI1	DI2	DI3	DI4	P＋ N－
001	—	—	—	—	—	—	—
002	模拟量输入	—	ON/OFF1	反转	故障应答	正向点动	—
003	—	—	ON/OFF1	低速	中速	高速	—
004	—	—	固定速度位 0（ON）	固定速度位 1（ON）	固定速度位 2（ON）	固定速度位 3（ON）	—
005	模拟量输入	—	ON/OFF1	固定速度位 0（ON）	固定速度位 1（ON）	故障应答	—
006	PID 设定值	实际值	OFF1/保持	ON 脉冲	MOP 升速	MOP 降速	—
007	—	实际值	保持命令 OFF	正向脉冲＋ON 命令	反向脉冲＋ON 命令	故障应答	—
008	—	—	ON/OFF1	—	故障应答	—	—
009	—	—	ON/OFF1	固定 PID 设定值 1	固定 PID 设定值 2	固定 PID 设定值 3	
010	—	—	—	—	—	—	RS485 USSON/OFF1，转速
011	—	—	—	—	—	—	Modbus RTU ON/OFF1，转速

5. SINAMICS V20 变频器数据备份与恢复

通常在实际应用中，OEM 厂商会将调试好的设备参数备份给最终客户，以防止在变频器损坏或者数据丢失的情况下能够快速地实现数据的恢复。目前，SINAMICS V20 变频器的数据备份和恢复可以通过两种方法进行，参数下载器和 SINAMICS V20 变频器智能连接模块。

（1）参数下载器

参数下载器可实现变频器与 SD 卡之间的参数上传/下载。此硬件工具仅用作调试工具，在变频器正常运行时须移除。参数下载器为备用选件，如图 3-16 所示。

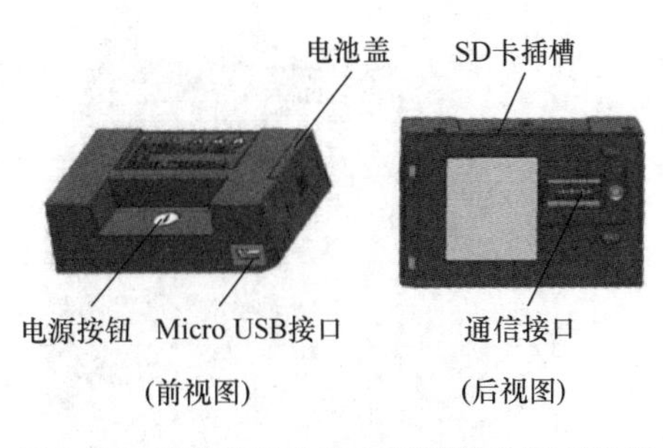

图 3-16 SINAMICS V20 变频器参数下载器

参数下载器包含一个直接连至变频器扩展端口的 SD 卡插槽，并且除内存卡接口外，参数下载器还可装入两节电池，从而可在变频器主电源不可用的情况下，通过参数下载器的电池直接给变频器上电实现参数的上传和下载。

（2）SINAMICS V20 变频器智能连接模块

SINAMICS V20 变频器智能连接模块除了具有调试、诊断功能以外，还可通过它实现变频器参数的备份和恢复功能。用户可以使用智能连接模块的备份页面将变频器的参数进行备份并下载备份的参数文件至本地盘，一个智能连接模块最多可以备份 20 个文件。当遇到变频器损坏或者数据丢失时，用户只需要将智能连接模块连接上变频器并且找到备份的文件进行恢复就可以使得变频器恢复到正常工作模式。

3.4.2 SINAMICS G120C 变频器

SINAMICS G120C 变频器是西门子 SINAMICS 驱动家族成员之一，它是一款将控制单元（CU）和功率模块（PM）集于一体、防护等级为 IP20 并可内置于开关柜中的变频器，同时它具有结构紧凑、功率密度高等优点，能够实现对交流异步电动机的持续转速控制，可以应用于输送带、搅拌机、挤出机、泵、风机、压缩机以及简单的搬运机械设备。SINAMICS G120C 变频器现有 7 种外形尺寸 FSAA 至 FSF，功率范围从 0.55～132kW（0.75～150hp），如图 3-17 所示。

图 3-17 SINAMICS G120C 变频器 7 种外形尺寸

SINAMICS G120C 变频器支持供电为 3 相 AC（380～480V）的电网电压，功率范围：0.55～132kW，其中控制单元（CU）接口端子如图 3-18 所示。

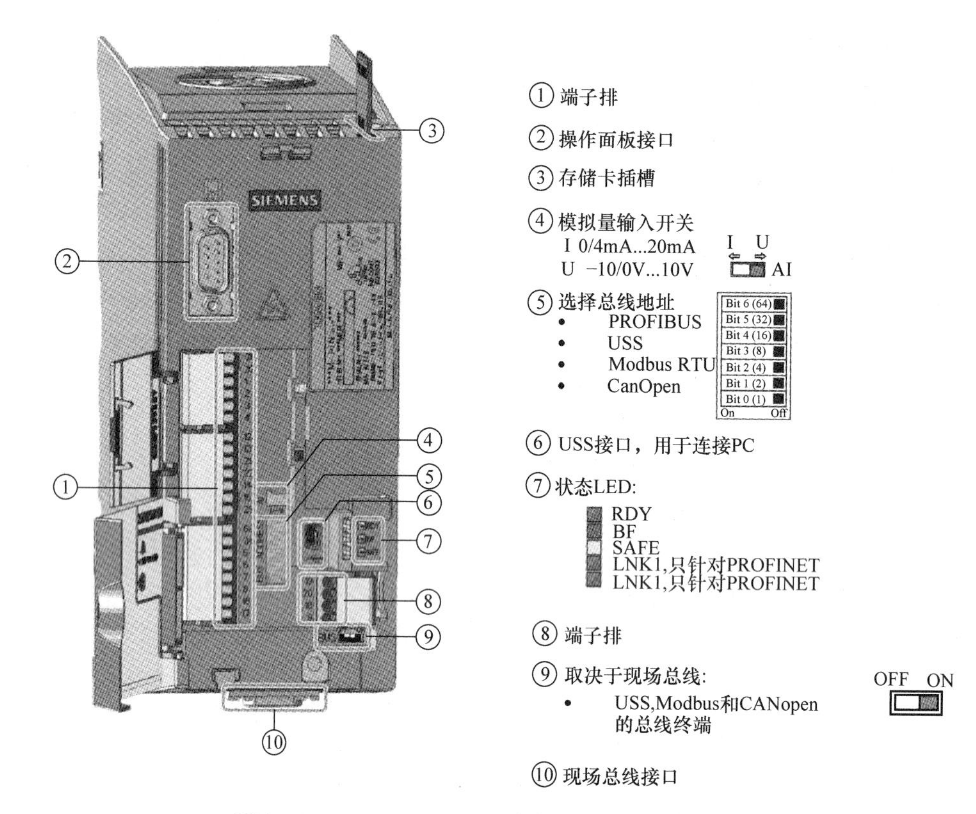

图 3-18 SINAMICS G120C 变频器控制单元接口端子

SINAMICS G120C 变频器具有丰富的通信接口，支持 USS、Modbus RTU、CANopen、PROFIBUS、PROFINET 和 EtherNet/IP 通信协议，客户可根据实际需求选择对应的 SINAMICS G120C 变频器，其中集成了 PROFIBUS 和 PROFINET 接口的 SINAMICS G120C 变频器可以完全集成至西门子 TIA 博图体系，从而充分发挥无缝式 TIA 产品系列的优势。具体的技术数据见表 3-5。

表 3-5 SINAMICS G120C 变频器技术特性

属　性	规　格
电压/频率	3AC（380~480V） -20%~10%，47/63Hz +/-5%
防护等级	IP20
环境温度	-10~40℃无降容，40~60℃可降容使用
环境条件	有害化学物质防护能力符合 EN60721-3-3：1995 环境等级 3C2
配备 A 级滤波器时 EMC 等级	设备符合 EN61800-3 C3 类的要求（工业低压电源） 在电缆传导的干扰和辐射干扰方面，设备符合 EN61800-3 C2 类要求（公共低压电网）
输入/输出信号	6DI/2DO/1AI/1AO
安全功能数字量输入	使用标准数字量输入时安全功能：安全扭矩关断（STO）
通信接口	G120C USS/MB（USS 和 Modbus） G120C DP（PROFIBUS） G120C PN（PROFINET 和 EtherNet/IP） G120C CANopen
PTC/KTY 接口	1 个电动机温度传感器输入，可连接 PTC、PTC1000、KTY 和双金属传感器

1. SINAMICS G120 变频器智能连接模块介绍

SINAMICS G120 变频器智能连接模块是一款基于 Wi－Fi 的网络服务器模块和工程工具，如图 3-19 所示。可用于对所支持的 SINAMICS G120 变频器和 SINAMICS G120C 变频器进行快速调试、参数设置和诊断。SINAMICS G120 变频器智能连接模块通过一个 RS232 接口连接到 SIANMICS G120C 变频器，可允许从所连设备（装有无线网卡的 PC、平板计算机、手提计算机或智能手机）对变频器进行基于网络的访问。

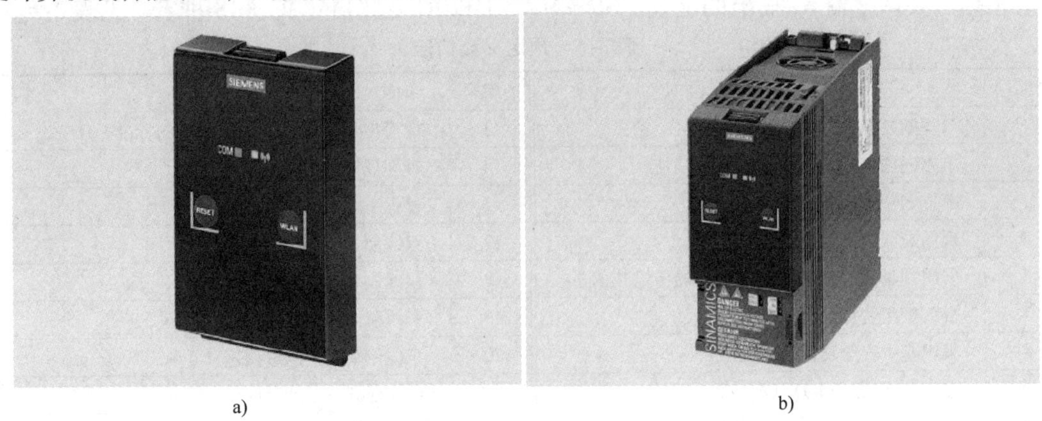

图 3-19　SINAMICS G120 变频器智能连接模块

a）SINAMICS G120 变频器智能连接模块　b）SINAMCIS G120C 变频器安装后示意图

SINAMICS G120 变频器智能连接模块提供调试、诊断、监控和参数修改界面，用户可以通过这些界面实现对 SINAMICS G120C 变频器的调试，具体功能如图 3-20 所示。

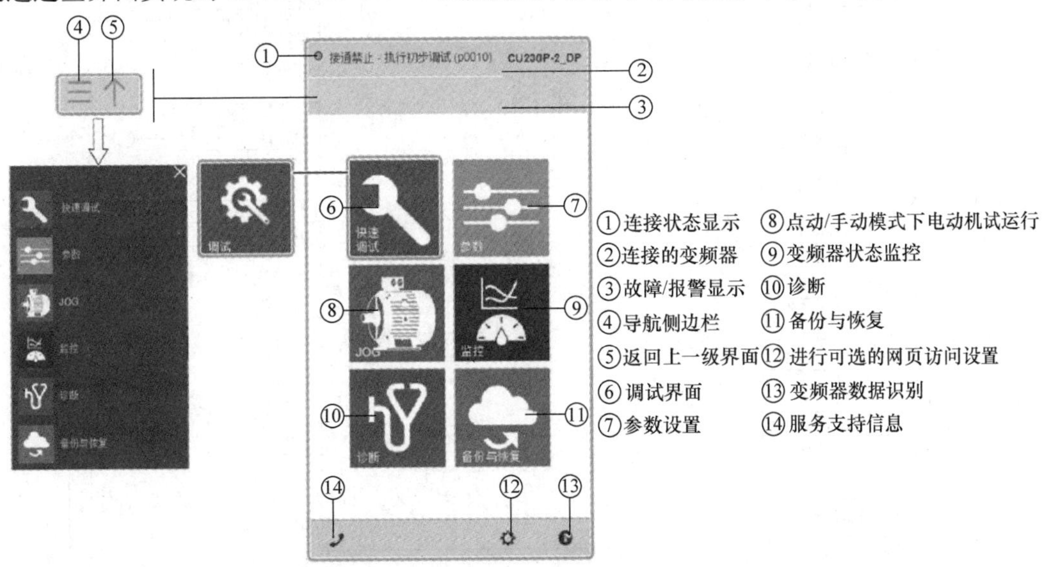

图 3-20　SINAMICS G120 变频器智能连接模块界面

用户可以根据上述功能界面，根据实际应用需求设置 SINAMICS G120C 变频器。关于 SINAMICS G120 变频器智能连接模块的详细介绍与操作，在此不作介绍，用户可以参考

《SINAMICS G120 变频器智能连接模块操作说明》，其链接如下：

https：//support. industry. siemens. com/cs/document/109771299

2. SINAMICS G120C 变频器预定义接口宏介绍

SINAMICS G120C 变频器为满足不同的接口定义避免逐一地修改端子，提供了多种预定义接口宏，利用预定义接口宏可以方便地设置变频器的命令源和设定值源。可以通过参数 p0015 修改宏。如果默认宏不符合现场应用，那么需要选择与实际布线比较接近的接口宏，然后根据需要调整输入/输出的配置。SINAMICS G120C 变频器定义了 18 种宏，见表 3-6。

表 3-6　预定义接口宏

宏编号	宏功能	宏编号	宏功能
1	双线制控制，有两个固定转速	13	带模拟量设定值和安全功能的标准 I/O
2	单方向两个固定转速，带安全功能	14	带现场总线的过程工业
3	单方向 4 个固定转速	15	过程工业
4	现场总线	17	双线制 1，模拟量调速
5	采用现场总线和基本安全功能的传输技术	18	双线制 2，模拟量调速
7	带数据组转换的现场总线	19	三线制 1，模拟量调速
8	采用基本安全功能的 MOP	20	三线制 2，模拟量调速
9	带 MOP 的标准 I/O	21	USS 现场总线通信
12	带模拟量设定值得标准 I/O	22	CAN 现场总线

SINAMICS G120C 变频器出厂设置宏 12 如图 3-21 所示，用户可以根据宏定义的接口分配以及现场应用需求接线。

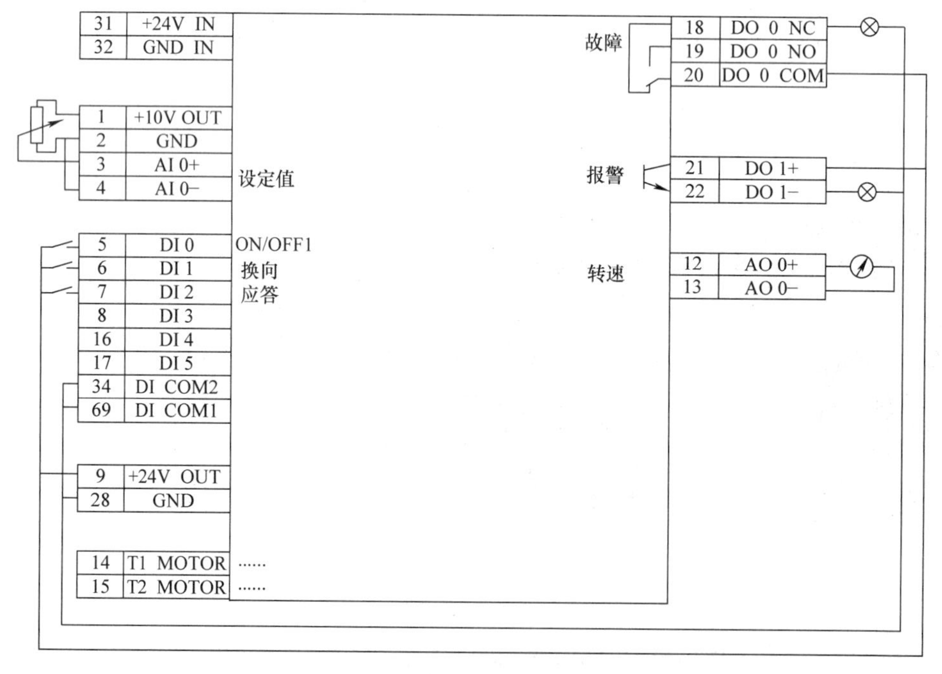

图 3-21　SINAMICS G120C 变频器宏 12 接口定义

3. SINAMICS G120C 变频器数据备份与恢复

SINAMICS G120C 变频器在通电的状态下，除了可以通过 BOP－2、IOP－2 进行变频器参数的备份和恢复外，还可以使用 SINAMCIS G120 变频器智能连接模块进行参数的备份和恢复。设备商在设备调试结束后，可以将 SINAMICS G120 变频器智能连接模块插上变频器，然后通过智能连接模块的备份界面将 SINAMICS G120C 变频器的参数备份，并且下载备份文件至本地盘（推荐在 PC 上操作），SINAMICS G120 变频器智能连接模块最多可以备份 20 个文件。当遇到变频器损坏或者数据丢失，用户只需要将 SINAMICS G120 变频器智能连接模块连接 SINAMICS G120C 变频器，并且找到备份的文件进行恢复就可以使得变频器恢复到正常工作模式。这里应注意的是当用户完成数据恢复后，需要进行验收测试，检查机器或设备中与安全相关的功能是否可以正常运行，以保证设备的安全性。

3.4.3 SINAMICS V20 变频器和 SINAMICS G120C 变频器通信

SINAMICS V20 变频器和 SINAMICS G120C 变频器支持基于 RS485 接口的 USS 协议（Universal Serial Interface Protocol，通用串行接口协议）和 Modbus 通信协议，用户可以通过该协议与 PLC 实现对变频器的给定和状态监控。为了保证通信的稳定性，建议使用屏蔽双绞线作为 RS485 通信电缆。

USS 协议它是一种基于串行总线进行数据通信，主 - 从结构的协议。USS 协议为一个主站和一个或多个从站之间的串行数据连接，从站只有先经主站发起后才能发送数据，因此各个从站之间不能直接进行信息传送。主站可以是一台 PLC（例如：SIMATIC S7 - 200 SMART）或者一台 PC，从站始终是变频器，从站变频器数量最多可以达到 31 个。如图3-22 所示，变频器与 PLC 通过 USS 通信进行数据交换的方式。

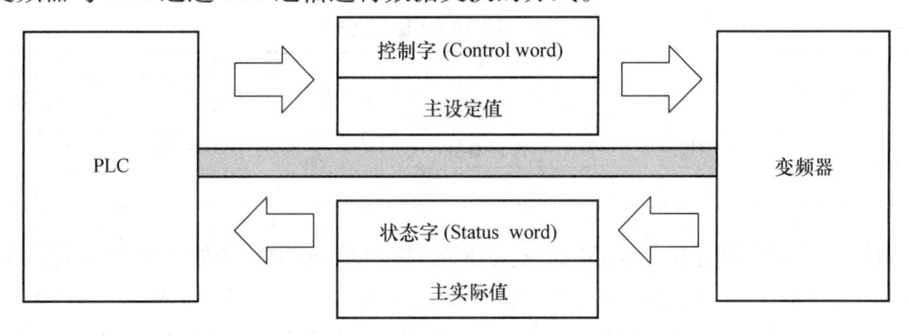

图 3-22 USS 数据交换方式

Modbus 协议是一种基于主/从模式，采用请求/应答机制的通信协议。Modbus 协议包括 RTU、ASCII 和 TCP 三种传输模式，SINAMICS V20 变频器和 SINAMCIS G120C 变频器支持 Modbus RTU 模式。Modbus RTU 是一个单主站系统，只有主站可以发起通信，从站应答。主站可使用两种方式向从站发送消息。一种是单播模式（地址为 1 ~ 247），此模式下主站直接寻址一个从站；另一种是广播模式（地址为 0），此模式下主站寻址所有从站。当从站被寻址并收到消息后，可以通过功能代码得知要执行的任务。从站接收的某些数据对应由功能代码定义的任务。Modbus RTU 采用循环冗余校验（CRC）保证报文的正确性。两条报文之间至少有 3.5 个字符传输时间的空闲间隔。

Modbus RTU 的通信报文格式如图 3-23 所示，其中每一个字符包含 1 个起始位，8 个数据位，1 个校验位，1 个停止位。

SINAMICS V20 变频器和 SINAMICS G120C 变频器目前支持的功能码为 FC03（读单个

<table>
<tr><td>开始暂停</td><td colspan="5">应用数据单元</td><td>结束暂停</td></tr>
<tr><td rowspan="3">≥3.5
字符运行时间</td><td rowspan="2">从站地址</td><td colspan="2">协议数据单元</td><td colspan="2">CRC</td><td rowspan="3">≥3.5
字符运行时间</td></tr>
<tr><td>功能代码</td><td>数据</td><td colspan="2">2字节</td></tr>
<tr><td>1字节</td><td>1字节</td><td>0...252字节</td><td>CRC低位</td><td>CRC高位</td></tr>
</table>

图 3-23　Modbus RTU 的通信报文格式

或多个寄存器)，FC06（写单个寄存器）和 FC16（写多个寄存器）。

FC03 的报文格式见表 3-7。

表 3-7　FC03 的报文格式

字节 1	字节 2	字节 3	字节 4	字节 5	字节 6	字节 7	字节 8
地址	FC (0x03)	起始地址		寄存器数		CRC	
		高	低	高	低	高	低

FC06 的报文格式见表 3-8。

表 3-8　FC06 的报文格式

字节 1	字节 2	字节 3	字节 4	字节 5	字节 6	字节 7	字节 8
地址	FC（0x06）	起始地址		新寄存器数		CRC	
		高	低	高	低	高	低

FC16 的报文格式见表 3-9。

表 3-9　FC16 的报文格式

字节 1	字节 2	字节 3	字节 4	字节 5	字节 6	字节 7	…	字节 N-1	字节 N	字节 N+1	字节 N+2
地址	FC（0x10）	起始地址		寄存器数		字节数	…	寄存器 N 的值		CRC	
		高	低	高	低			高	低	高	低

SINAMICS V20 变频器和 SINAMICS G120C 变频器可访问的主要寄存器及其对应的参数见表 3-10，该表只列出了大部分寄存器，详细的寄存器参数可以参考产品手册。其中 “Modbus 访问” 列中的 “R” “W” “R/W” 分别表示 “只读” “可写” “可读/可写”。“定标系数” 为读取或写入寄存器值与实际值的比例关系，例如读取寄存器 400345 的值为 1120，那么实际的扭矩为 1120 ÷ 100 = 11.2A。HSW（转速设定值）、HIW（实际转速）、STW（控制字）、ZSW（状态字）为控制数据。

表 3-10　SINAMICS V20 变频器和 SINAMICS G120C 变频器 Modbus 主要寄存器和对应的参数

Modbus 寄存器	描　述	读写属性	单　位	数据/参数
40100	控制字	R/W	—	过程数据 1
40101	主设定值	R/W	—	过程数据 2
40110	状态字	R	—	过程数据 1
40111	主实际值	R	—	过程数据 2
40200	DO0	R/W	—	p0730①，p0731②，r747.0

（续）

Modbus 寄存器	描　述	读写属性	单　位	数据/参数
40201	DO1	R/W	—	P0731[1]，p0732[2]，r747.1
40220	AO0	R	%	r0774.0
40240	DI0	R	—	r0722.0
40241	DI1	R	—	r0722.1
40242	DI2	R	—	r0722.2
40243	DI3	R	—	r0722.3
40260	AI0	R	%	r0755 [0][1]，r0754 [0][2]
40261	AI1	R	%	r0755 [1][1]，r0754 [1][2]
40300	变频器型号	R	—	r0200[1]，r0201[2]
40301	变频器固件	R	—	r0018
40320	额定功率	R	kW	r0206
40321	电流极限	R/W	%	p0640
40322	加速时间	R/W	s	p1120
40323	减速时间	R/W	S	p1121
40324[1]	基准转速	R/W	RPM	p2000
40324[2]	基准频率	R/W	Hz	p2000
40340[1]	转速设定值	R	RPM	r0020
40340[2]	频率设定值	R	Hz	r0020
40341	转速实际值	R	RPM	r0022
40342	输出频率	R	Hz	r0024
40343	输出电压	R	V	r0025
40344	直流母线电压	R	V	r0026
40345	电流实际值	R	A	r0027
40346	转矩实际值	R	Nm	r0031
40347	有功功率实际值	R	kW	r0032
40348	能耗	R	kWh	r0039
40349	控制权	R	—	r0807
40400 ~ 40407	故障号，下标 0 ~ 7	R	—	r0947 [0] ~ [7]
40408	报警号	R	—	r2110 [0]
40499	参数错误代码	R	—	—
40500	PID 使能	R/W	—	p2200，r2349.0[1]，r0055.8[2]
40501	PID 设定值参考	R/W	%	p2240
40510	PID 的实际值滤波器时间常数	R/W	—	p2265
40511	PID 实际值的比例系数	R/W	%	p2269

（续）

Modbus 寄存器	描　　述	读写属性	单　　位	数据/参数
40512	PID 比例增益	R/W	—	p2280
40513	PID 积分作用时间	R/W	s	p2285
40514	PID 微分时间常数	R/W	—	p2274
40515	PID 最大极限值	R/W	%	p2291
40516	PID 最小极限值	R/W	%	p2292
40520	PID 设定值输出	R	%	r2250
40521	PID 反馈	R	%	r2266
40522	PID 输出	R	%	r2294

① 表示 SINAMICS G120C 变频器的寄存器对应的参数号。

② 表示 SINAMICS V20 变频器的寄存器对应的参数号。

第4章 伺服控制系统

伺服驱动器位于运动控制系统的中间环节，接收上位机控制器的指令（位置、速度或扭矩），然后输出相应的电压和电流到伺服电动机实现上位机所需要的运动指令。伺服电动机上的编码器将实时地反馈当前电动机的状态信息给伺服驱动器，伺服驱动器实时地比较电动机的实际状态与控制指令的偏差值，通过闭环控制的方式实时地调整输出给电动机的电压和电流值，从而使被控电动机运动轨迹能够完全跟随上位机控制器发出的指令，实现高精度和高动态的系统定位功能。

随着计算机技术和电力电子技术的发展，现在市面上的伺服驱动器基本上都是全数字式伺服驱动器。伺服驱动器主要由控制单元模块和功率单元模块组成。

控制单元模块是整个伺服控制系统的核心，包含位置、速度和电流数字控制器。现代伺服驱动器采用微处理器进行全数字化控制，常用的微处理器主要是 MCU（Microcontroller Unit，微控制单元）和 DSP（Digital Signal Processor，数字信号处理器）。三个环路的控制算法和电动机矢量控制算法均在微处理器中以软件方式实现，提高了控制器功能和控制算法的灵活性，为复杂控制算法的运用奠定了基础，使得伺服驱动器功能更加丰富，性能进一步提高。伺服驱动器的环路控制算法和伺服电动机控制算法决定了整个伺服控制系统的控制性能。目前，伺服驱动器正向着数字化、网络化和智能化的方向发展。

功率单元模块是由电力电子半导体器件构成的功率变换装置，是伺服驱动器的主电路，主要作用是对供电电源进行各种变换（整流和逆变），输出可控的电压和电流到伺服电动机绕组中，以驱动电动机转子按照控制指令运转。目前，中小功率的伺服驱动器主要采用的电力电子半导体器件有 IGBT（Insulate - Gate Bipolar Transistor，绝缘栅双极性晶体管）和 IPM（Intelligent Power Module，智能功率模块）。IPM 不仅将功率开关器件和驱动电路集成在一起，而且内部还集成有过电压、过电流和过热等故障检测电路。功率半导体器件主要采用 PWM（Pulse Width Modulation，脉冲宽度调制）控制技术。PWM 控制技术是利用功率半导体器件的导通和关断将直流电压变成电压脉冲序列，并通过控制电压脉冲宽度和周期以达到变压和变频，并有效地控制和消除谐波的目的。目前，主流的电压源伺服驱动器采用的 PWM 控制技术有 SPWM（Sine Pulse Width Modulation，正弦波调制算法）和 SVPWM（Space Vector Pulse Width Modulation，空间矢量脉宽调制算法）。SPWM 的原理就是用一固定载波频率三角波与正弦波参考电压进行比较，得到当前调制周期的开关状态，从而输出不同宽度的脉冲信号到功率半导体器件，得到相应的输出脉冲电压，脉冲电压的面积与所希望输出的正弦波参考电压在相应区间内的面积相等。SVPWM 的原理就是利用三相全桥的 6 个功率器件的 8 个开关状态通过合适的方法拟合出所需要的控制电压矢量。SVPWM 在 6 个小区间虽有多次开关切换，但每次开关切换只涉及一个器件，所以开关损耗小。利用电压空间矢量直接生成三相 PWM 波，计算简单。逆变器输出线电压最大值比一般的 SPWM 逆变器的输出电压高 15%。因此，SVPWM 已经成为伺服驱动器功率半导体的主要控制技术。

4.1 伺服驱动器原理概述

对于全数字式伺服驱动器，伺服环路控制器、电动机控制算法、编码器信号处理算法和智能控制功能都是通过软件的方式实现的，对驱动器功能的扩展升级和控制算法的改进提供了非常方便的技术手段。在实际的中小功率运动控制领域，PMSM（Permanent Magnet Synchronous Motor，交流永磁同步电动机）应用范围最广。为了能够达到更高的电动机控制性能，伺服驱动器通常采用矢量控制算法。伺服驱动器与伺服电动机构成一个完整的反馈控制系统，伺服驱动器可以完成对电动机的电流、速度和位置的闭环控制。伺服驱动器系统主要功能如图 4-1 所示，目前主流的伺服驱动器通常是采用三环级联的控制器结构。

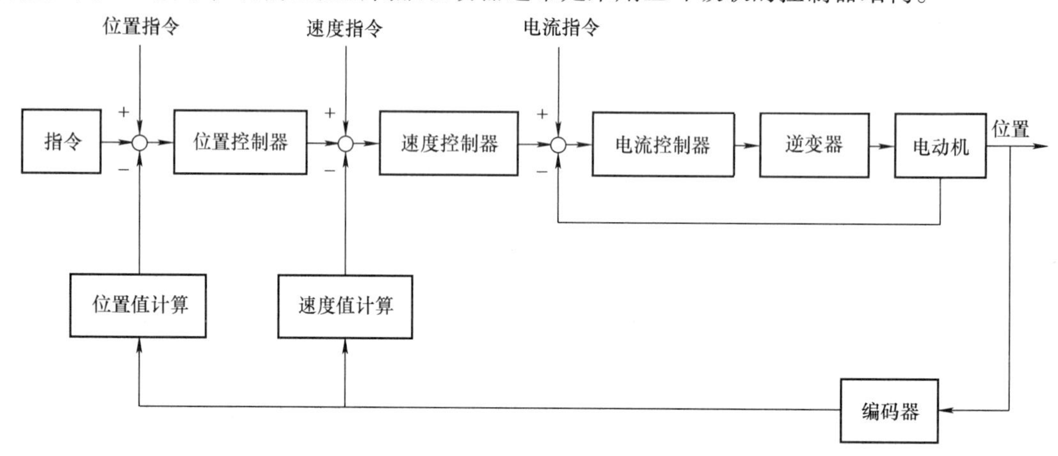

图 4-1　伺服驱动器系统功能框图

4.1.1 伺服电动机矢量控制原理

正弦波永磁同步电动机主要有定子和转子两大部分组成。定子是由三相对称的绕组构成，相邻两相在空间上相差 120°电角度，当三相绕组中通入三相相位差 120°的正弦波电流时，就会在定转子气隙之间形成旋转的定子电磁场。产生转子磁场的永磁体固定在转子铁心上。定子磁场如果与转子磁场的方向不同，就会产生一定的转矩带动转子旋转。通过改变定子电流的幅值、频率和相位就可以改变转子的旋转速度和位置。借鉴直流电动机电枢电流和励磁电流相互垂直、没有耦合以及可以独立控制的思路，以坐标变换理论为基础，通过将电动机定子电流从三相静止坐标系变换到同步旋转 *DQ* 坐标系中，达到直轴和交轴分量的解耦目的，从而实现定子电流和转矩的解耦控制，使交流电动机具有直流电动机的控制性能。对于正弦波永磁同步电动机，通常采用基于转子磁场定向的矢量控制策略。使得定子电流产生的磁场与转子磁场在空间上垂直，这样定子中的电流可以产生最大的扭矩。通常情况下，为了能够更好地控制电动机，需要建立 PMSM 在 *DQ* 坐标系下的数学模型。

定子电压方程，见式（4-1）和（4-2）：

$$u_{\mathrm{d}} = R_{\mathrm{s}} i_{\mathrm{d}} + L_{\mathrm{d}} \frac{\mathrm{d}}{\mathrm{d}t} i_{\mathrm{d}} - \omega_{\mathrm{re}} L_{\mathrm{q}} i_{\mathrm{q}} \tag{4-1}$$

$$u_q = R_s i_q + L_q \frac{d}{dt} i_q + \omega_{re} L_d i_d + \omega_{re} \Phi_r \tag{4-2}$$

式中　u_d、u_q——分别是定子电压的 DQ 轴分量；

i_d、i_q——分别是定子电流的 DQ 轴分量；

L_d、L_q——分别是定子电感的 DQ 轴分量；

R_s——定子相电阻；

ω_{re}——转子旋转电角速度；

Φ_r——转子永磁体磁链。

电磁转矩方程，见式（4-3）：

$$T_{el} = \frac{3}{2} p_n i_q [(L_d - L_q) i_d + \Phi_r] \tag{4-3}$$

式中　T_{el}——定子电流产生的电磁转矩；

p_n——电动机转子磁极对数。

从转矩方程式（4-3）可以看出，假设 D 轴的电流等于零，电动机在 DQ 轴坐标系下的扭矩与电动机绕组 Q 轴的电流成正比关系。对于正弦波永磁同步电动机通常采用 D 轴电流等于零的控制策略，通过调整 Q 轴电流的大小调整电动机输出扭矩的大小。为了能够实现伺服电动机精准调速的目的，矢量控制算法主要包括转速控制器、电流控制器、坐标变换、转子位置检测和 SVPWM 控制算法 5 个主要部分，如图 4-2 所示。

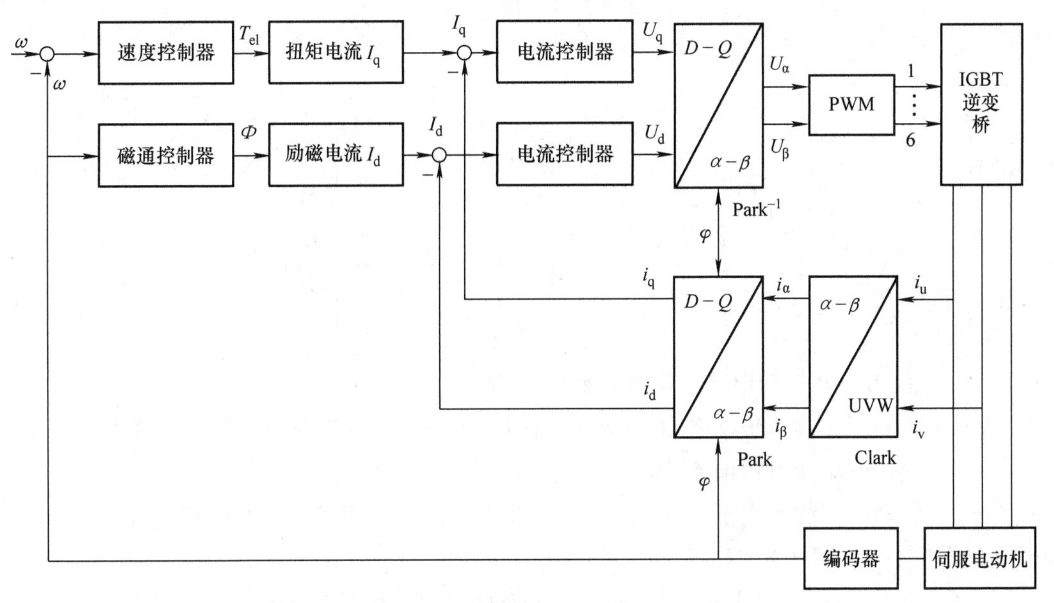

图 4-2　伺服电动机矢量控制原理

- 转速控制器：调节和稳定电动机转速；
- 电流控制器：调节电动机绕组中的实际电流能够快速跟随转速控制器输出的扭矩指令；
- 坐标变换：实现三相静止坐标系和两相旋转 DQ 坐标系状态量的变换运算；
- 转子位置检测：通过编码器检测转子磁场的位置；

● SVPWM 控制算法：调节功率器件的输出电压能够快速跟随电流控制器输出的电压指令。

4.1.2 坐标变换原理

矢量控制算法需要得到 DQ 轴坐标系下的三相 PMSM 数学模型，因此坐标系变换方法是必需的。通常包括静止坐标系变换（Clark 变换）和同步旋转坐标系变换（Park 变换），如图 4-3 所示。其中 UVW 为三相静止坐标系，三个坐标轴在空间上间隔 120°，$\alpha-\beta$ 为两相静止坐标系，α 轴与 U 轴重合。DQ 为同步旋转坐标系，DQ 坐标系的旋转角频率为 ω，D 轴与 α 轴的角度为 θ_e。为了更便于直接控制电动机的电流瞬时值，通常采用基于变换前后各电动机变量幅值不变的原则。

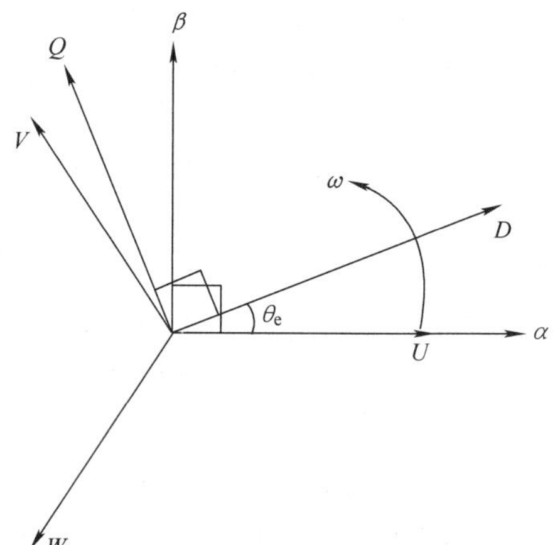

图 4-3　空间矢量坐标系分布

Clark 变换公式见式（4-4）和（4-5）：

$$\begin{bmatrix} f_\alpha \\ f_\beta \\ 0 \end{bmatrix} = T_{3s/2s}\begin{bmatrix} f_U \\ f_V \\ f_w \end{bmatrix} = \frac{2}{3}\begin{bmatrix} 1 & -\frac{1}{2} & -\frac{1}{2} \\ 0 & \frac{\sqrt{3}}{2} & -\frac{\sqrt{3}}{2} \\ \frac{\sqrt{2}}{2} & \frac{\sqrt{2}}{2} & \frac{\sqrt{2}}{2} \end{bmatrix}\begin{bmatrix} f_U \\ f_V \\ f_w \end{bmatrix} \tag{4-4}$$

$$\begin{bmatrix} f_U \\ f_V \\ f_w \end{bmatrix} = T_{3s/2s}^{-1}\begin{bmatrix} f_\alpha \\ f_\beta \\ 0 \end{bmatrix} = \begin{bmatrix} 1 & 0 & \frac{\sqrt{2}}{2} \\ -\frac{1}{2} & \frac{\sqrt{3}}{2} & \frac{\sqrt{2}}{2} \\ -\frac{1}{2} & -\frac{\sqrt{3}}{2} & \frac{\sqrt{2}}{2} \end{bmatrix}\begin{bmatrix} f_\alpha \\ f_\beta \\ 0 \end{bmatrix} \tag{4-5}$$

式中　f——代表电动机的电压、电流或磁链等变量；

$T_{3s/2s}$——代表三相静止坐标系 UVW 到两相静止坐标系 $\alpha-\beta$ 的变换矩阵，系数 2/3 保持变换前后变量幅值不变；

$T_{3s/2s}^{-1}$——代表两相静止坐标系 $\alpha-\beta$ 到三相静止坐标系 UVW 的坐标变换矩阵。

Park 变换公式见式（4-6）和（4-7）：

$$\begin{bmatrix} f_d \\ f_q \end{bmatrix} = T_{2s/2r}\begin{bmatrix} f_\alpha \\ f_\beta \end{bmatrix} = \begin{bmatrix} \cos\theta_e & \sin\theta_e \\ -\sin\theta_e & \cos\theta_e \end{bmatrix}\begin{bmatrix} f_\alpha \\ f_\beta \end{bmatrix} \tag{4-6}$$

$$\begin{bmatrix} f_\alpha \\ f_\beta \end{bmatrix} = T_{2s/2r}^{-1}\begin{bmatrix} f_d \\ f_q \end{bmatrix} = \begin{bmatrix} \cos\theta_e & -\sin\theta_e \\ \sin\theta_e & \cos\theta_e \end{bmatrix}\begin{bmatrix} f_d \\ f_q \end{bmatrix} \tag{4-7}$$

式中　$T_{2s/2r}$——代表两相静止坐标系 $\alpha-\beta$ 到两相旋转坐标系 DQ 变换矩阵；

$T_{2s/2r}^{-1}$——代表两相旋转坐标系 DQ 到两相静止坐标系 $\alpha-\beta$ 变换矩阵；

θ_e——D 轴与 α 轴的电角度。

4.1.3 PWM 控制方法

对于典型的电压源型伺服驱动器，功率电路主要有三部分组成，整流电路、直流母线电路和逆变电路，如图 4-4 所示。整流电路实现从三相交流输入电压转换为直流母线电压，三相输入电路上的电感主要是为了保证电流的稳定。直流母线上的电容器是为了对直流母线电压进行滤波，稳定母线电压值，同时减小由于输出给电动机电流的大小引起的母线电压波动。为了能够达到准确动态控制电动机的目的，伺服驱动器通过逆变电路输出幅值和频率都可调的电动机电压。逆变电路主要采用由功率半导体器件组成的三相桥式逆变电路。驱动器根据特定的软件控制算法对逆变电路功率开关器件的通断进行控制，使得输出端得到一系列幅值相等但是宽度不等的脉冲电压，用这些脉冲电压代替电动机运行所需要的理想正弦波电压。驱动器按照一定的规则对各相的脉冲宽度进行调制，既可以改变逆变电路输出等效正弦波电压的大小，同时可以改变输出电压的频率。PWM 控制技术是非常高效的调压调频逆变电路控制方法，目前最常见的 PWM 控制技术有正弦波 SPWM 算法和空间矢量 SVPWM 算法。

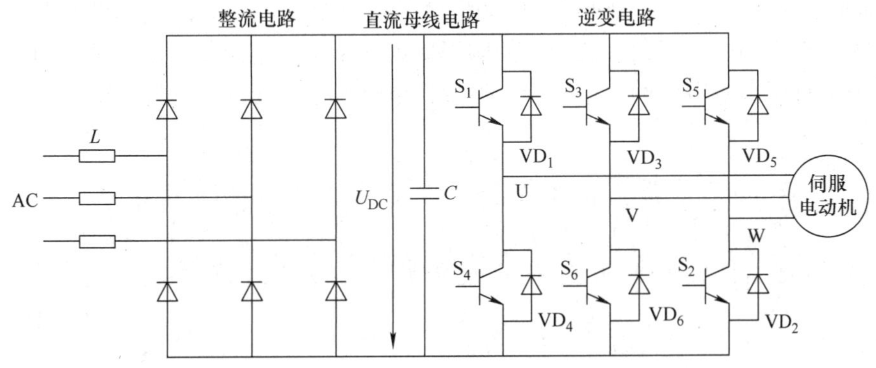

图 4-4 基本电压源型逆变电路

在 PWM 控制技术中经常会用到占空比这个概念，它是在一个 PWM 脉宽调整周期里功率器件打开的时间与整个周期时间的百分比，见式（4-8）和（4-9）：

$$D = \frac{T_{on}}{T_p} \times 100 \tag{4-8}$$

$$V_{out} = DV_H + (1 - D)V_L \tag{4-9}$$

式中 D——占空比；

T_{on}——功率器件打开时间；

T_p——脉宽调制周期时间；

V_{out}——调制周期内输出平均电压；

V_H——直流母线高侧电压；

V_L——直流母线低侧电压。

常规的 SPWM 算法是将三角载波和三相正弦调制波作比较，然后生成 PWM 开关控制信号。在伺服驱动器里，三相正弦波调制信号就是三相相电压参考指令信号，相电压参考指令信号是由电流控制器输出的 DQ 坐标系下的电压矢量通过坐标变换得到三相 UVW 坐标系下的参考相电压信号。

三相相电压的计算表达式见式（4-10）：

$$\begin{cases} V_u = V_m\sin(\omega_e t) \\ V_v = V_m\sin(\omega_e t - \dfrac{2}{3}\pi) \\ V_w = V_m\sin(\omega_e t + \dfrac{2}{3}\pi) \end{cases} \tag{4-10}$$

式中　V_u、V_v、V_w——三相相电压；

V_m——相电压的基波幅值；

ω_e——相电压的角频率。

三角载波信号的幅值为 $V_{DC}/2$，频率为f_c。通常情况下载波频率要远大于三相调制波信号的频率。理论上，当相电压的基波幅值 V_m小于直流母线电压的一半时，则逆变器可以线性地输出三相 PWM 调制信号。三相参考电压信号（reference）与三角载波信号（carrier wave）的关系如图 4-5 所示。对于三相桥式电压源逆变电路，以 U 相为例，当 U 相的参考电压大于三角载波信号幅值时，上桥臂功率开关器件打开，下桥臂关断。逆变桥三相输出电压 PWM 波形如图 4-6 所示。相邻两相的差值就是线电压，UV 相线电压 PWM 波形如图 4-7 所示。实际工程应用中，三角载波信号的频率要远大于参考电压信号的频率，同时参考电压的幅值要小于直流母线电压的一半，于是逆变桥电路输出电压几乎是线性的。

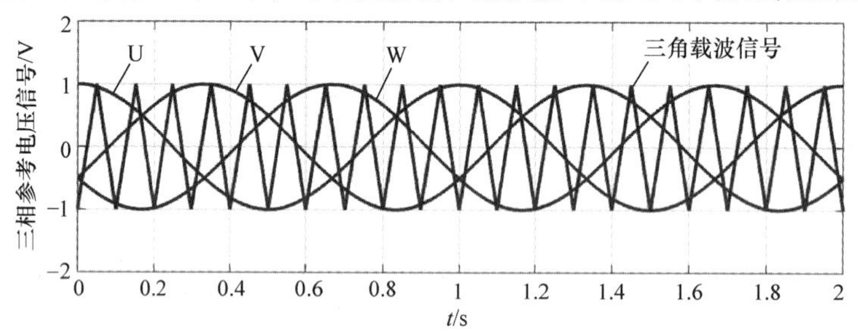

图 4-5　三相参考电压信号和三角载波信号的关系

因为常规的 SPWM 的直流母线电压利用率比较低，为了能够提高直流母线电压的利用率，可以考虑在三相调制波信号中注入三次谐波分量的方法。具体的算法原理可以查找相关的书籍或者网上的相关资料。

与 SPWM 完全不同，SVPWM 是依据逆变器空间电压矢量切换来控制功率器件开断的新颖思路和控制策略。SVPWM 控制策略是基于矢量合成的平均值原理，在一个 PWM 调制周期内通过相邻的基本电压矢量合成出等效的参考电压矢量。SVPWM 现在已被广泛应用于电动机控制领域。参照电动机的矢量控制原理，电流控制器的输出是 DQ 坐标系下的电压值，通过坐标变换就能直接得到 $\alpha-\beta$ 坐标系下的空间电压调制矢量，然后就可以按照一定的开关触发顺序和脉宽调制的组合给定子绕组中注入相应的电压和电流，实现电动机的高动态、高精度的伺服控制。实践和理论证明，与直接的 SPWM 技术相比，SVPWM 的主要优点有：

1）SVPWM 优化谐波程度比较高，相比 SPWM 可以显著消除谐波分量，实现算法更容易。

2）SVPWM 算法提高了逆变器直流母线电压利用率和电动机的动态响应速度，提高了控制性能。

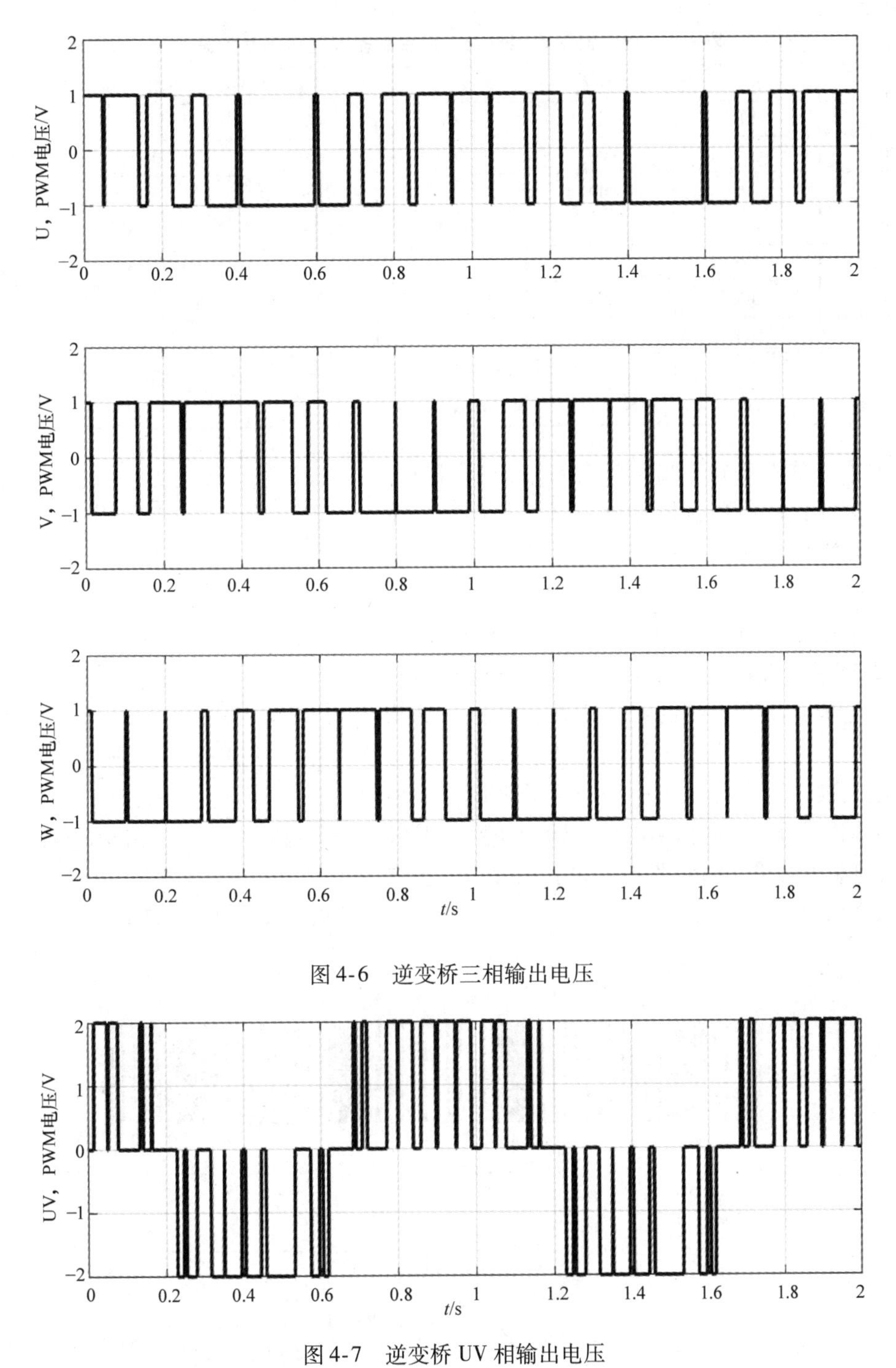

图 4-6　逆变桥三相输出电压

图 4-7　逆变桥 UV 相输出电压

3）SVPWM 算法非常适合基于高性能芯片的数字控制系统。

逆变器功率器件开关组合和基本电压矢量的关系见表 4-1，对于三相逆变桥电路一共有 8 个基本电压空间矢量组合。单向的上下臂器件的开关状态应该相反，避免出现功率器件的电流直通，导致功率器件的损坏。各组合状态对应的基本电压空间矢量在 $\alpha-\beta$ 坐标系下的空间分布如图 4-8 所示，在空间上被基本电压矢量均分成了 6 个基本空间区域。在实现 SVPWM

表 4-1　逆变器功率器件开关组合和基本电压矢量的关系

开关状态	开关器件			α-β 坐标系下输出的基本电压矢量		
	S1	S3	S5	U_α	U_β	$\lvert U \rvert$
000	OFF	OFF	OFF	0	0	0
100	ON	OFF	OFF	$2U_{DC}/3$	0	$2U_{DC}/3$
110	ON	ON	OFF	$U_{DC}/3$	$U_{DC}/\sqrt{3}$	$2U_{DC}/3$
010	OFF	ON	OFF	$-U_{DC}/3$	$U_{DC}/\sqrt{3}$	$2U_{DC}/3$
011	OFF	ON	ON	$-2U_{DC}/3$	0	$2U_{DC}/3$
001	OFF	OFF	ON	$-U_{DC}/3$	$-U_{DC}/\sqrt{3}$	$2U_{DC}/3$
101	ON	OFF	ON	$U_{DC}/3$	$-U_{DC}/\sqrt{3}$	$2U_{DC}/3$
111	ON	ON	ON	0	0	0

算法过程中，首先要确定当前的参考电压矢量是坐落在哪一区间，然后通过调整当前区间的相邻基本电压矢量和零序电压矢量在空间上合成出所需要的参考电压矢量。所以，需要计算出所需基本电压矢量和零序电压矢量的作用时间，并在一个 PWM 周期内合理地分配开关时间，达到既能合成电压矢量，又能最小化减小功率器件的开关次数，降低开关损耗的目的。

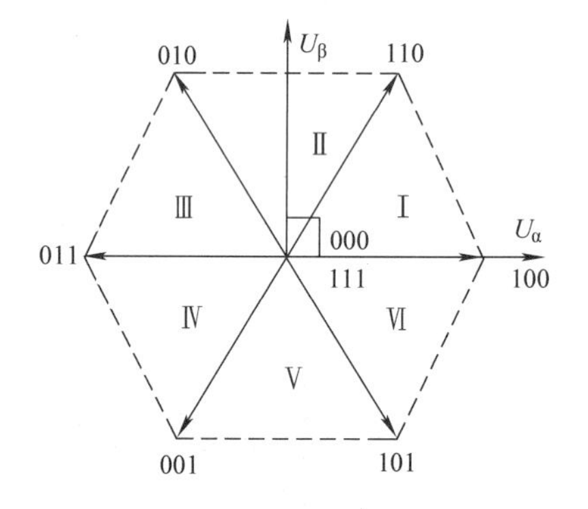

图 4-8　基本电压空间矢量

这里假设直流母线电压为 2V，需要调制出幅值为 1V，频率为 1Hz 的三相相电压。通过仿真来验证 SVPWM 的输出结果。参照图 4-4 的电压源型逆变电路，逆变桥 U 相输出等电压如图 4-9 所示，逆变桥 UV 相的输出等电压如图 4-10 所示。

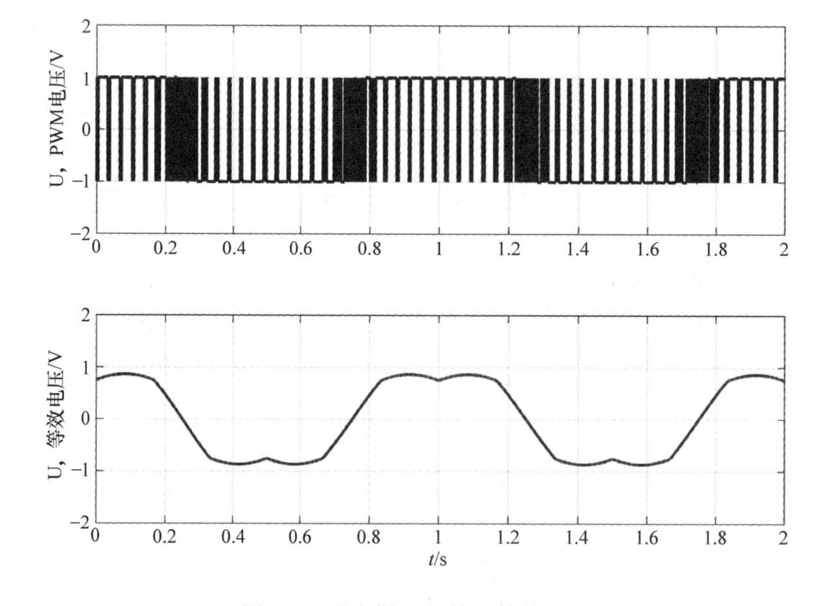

图 4-9　逆变桥 U 相输出等效电压

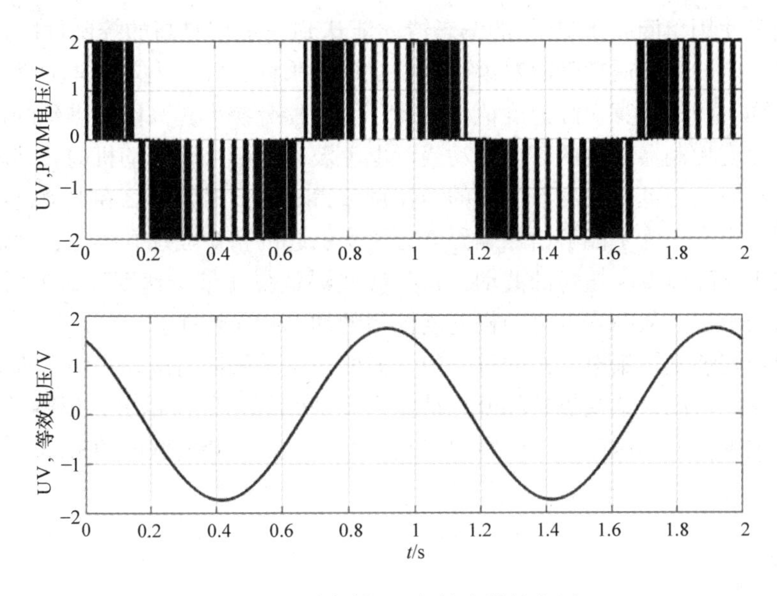

图 4-10 逆变桥 UV 相输出等效电压

4.2 编码器

在现代运动控制系统中，电动机位置反馈传感器在很大程度上决定了运动控制系统的性能，传感器的性能限制了位置和速度的控制精度。电动机位置传感器通常称为编码器，编码器可以是基于光电变换器，也可以是基于磁感应变换器。安装在旋转电动机里的是旋转编码器，测量直线距离的是直线编码器。在伺服控制系统中，主要使用的就是光电编码器和旋转变压器。光电编码器可以做到很高的精度和分辨率。但是旋转变压器可靠性比较高，通常应用在比较恶劣的环境中。编码器又分为增量式编码器和绝对值编码器。伺服电动机里安装的旋转编码器主要用来计算电动机矢量控制算法的磁场换向角度、电动机转子实际速度和实际位置。同时，由于电动机的温度比较高，电动机里的编码器应能承受高温的工作环境，同时又不会有精度的损失。

编码器影响控制系统性能的主要因素有精度、分辨率和响应速度。编码器作为一种基本的传感器，它反馈真实测量值的速度决定了编码器在控制系统中引入的相位滞后。在大多数应用中，光电增量编码器反馈速度快，可以看作理想的传感器。而旋转变压器和正余弦编码器需要仔细考虑信号处理算法来减小信号的延迟。现在有些编码器采用数字通信的方式来传输位置等信息，对于通信传输的波特率和传输协议有更高更严苛的要求。

在实际应用中，经常提到编码器的分辨率和精度的专业术语。它们是完全不同的两个概念。编码器的精度是指编码器输出信号对测量的真实位置角度的准确程度，常用的单位是角分和角秒。电动机实际的位置控制精度不会比编码器的精度高，因此要想得到更高的控制精度就需要更高精度的编码器。现在伺服电动机中常用的光电编码器精度通常在 20″到 100″。旋转变压器的精度要相对差一些，通常在 200″到 1000″。编码器的分辨率是指编码器输出信号或输出位置的最小角度，常用每转线数或每转脉冲数等。典型的有 2500 线 TTL 编码器，2048 线正余弦编码器。对于绝对值编码器，通常称单圈能分辨的位数和多圈的分辨位数，伺服电动机通常使用单圈高于20位的编码器才能达到一个相对高的控制性能。在数字控制器中，通常以固定的采样周期间隔对编码器位置进行采样，并用当前采样的值减去上一个采样的值除以采样时间来计算实际速度值。因此，编码器分辨率越高能够得到的最小速度变化量越小，经过速度控制器调节的转矩波动或者电流波动就越小，电动机的转动就更平稳。如果编码器的分辨率比较低，速度控制器的增益调整得比较高时，那么在电动机静止状态下可能会出现高频的噪声。为了能够消除编码器分辨率引起的扭矩波动和噪声，就需要采用相应的滤波器来减小实际速度和扭矩的波动，这时滤波器就会在整个速度环路中引入相位滞后，降低速度环路的带宽，从而降低电动机速度控制的动态响应性能。

在将编码器安装到伺服电动机的过程中，需要注意编码器与电动机轴的机械安装精度和编码器的固有频率。因为这些机械部分也是作为反馈编码器的一部分，影响编码器的寿命、反馈实际转子位置精度和速度反馈回路的控制带宽。通常安装伺服电动机编码器需要特定机械工装和校正装置。

4.3 网络通信

在运动控制系统中，伺服驱动器通常需要接收上位机的控制指令，并及时反馈上位控制器所需要的数据。在数字控制器中集成有 MCU 芯片，因此可以实现各种各样的通信系统以满足上位控制器的通信需求。但是基于驱动器的硬件能力，单个驱动器可能只能支持单一的或者少数几个常用的通信协议。驱动器适用的通信系统需要完成以下三个主要工作：

1）传输所需要的报文数据。针对特定的应用类型通常有特定的通信报文结构，例如包含电动机运动控制的设定值和实际值，为了实现特定工艺功能的报文信息。

2）通信数据的实时性。针对运动控制的应用，通常对过程数据的实时性要求比较高，特别是针对多轴同步控制的场合，每个轴的通信数据都是基于相同时间间隔的频率来刷新的。因此，通信系统的时间同步精度直接决定了多轴同步的控制性能。

3）数据诊断通信服务。伺服驱动器包含了各种各样参数，为了便于驱动器的调试和故障诊断，通信系统可以帮助用户方便地修改和读取控制器参数。现在基于网络的通信系统，甚至可以通过远程的方式去访问驱动器数据。

现在的运动控制系统通常会采用基于现场总线或基于网络的通信系统。现场总线是近年来迅速发展起来的一种工业数据总线，它主要解决工业现场的智能化仪器仪表、控制器、执行机构等现场设备间的数字通信以及这些现场控制设备和高级控制系统之间的信息传递问题。由于现场总线简单、可靠、经济等一系列突出的优点，因而受到各控制器、伺服驱动器和智能仪表设备生产厂家的支持。现场总线就是数字通信代替了传统的 4～20mA 模拟信号及普通开关量信号的传输，是连接智能现场设备和自动化系统的全数字、双向、多站的通信系统。随着信息技术的发展，以太网进入了控制领域，形成了新型的以太网控制网络技术。这主要是由于工业自动化系统向分布化、智能化控制方面发展。开放的、透明的通信协议是必然的要求。以太网技术的引入为控制系统智能化的发展提供了更广泛的发展前景。工业以太网具有通信速率高、软硬件产品丰富、应用广泛以及支持技术成熟等特点，正成为最受欢迎的通信网络之一。目前，市场上常用的网络通信标准有 PROFINET、EtherNet IP、EtherCAT、Powerlink 和 Modbus TCP/IP 等。工业以太网技术对网络数据的实时性和确定性提出了很高的要求。工业以太网的兼容性、安全技术和稳定性是现在所有通信网络标准研究的热点，也是客户选择网络控制系统时主要考虑的因素。

4.4 西门子伺服控制系统

SINAMICS V90 伺服驱动器和 SIMOTICS 1FL6 伺服电动机组成了性能优异，易于使用的伺服驱动系统，功率范围从 0.05 ~ 7.0kW 以及单相和三相的供电系统使其可以广泛用于各行各业，如：定位、传送和收卷等设备中，同时该伺服控制系统可以与 SIMATIC S7-1500T/SIMATIC S7-1500/SIMATIC S7-1200/SIMATIC S7-200 SMART 进行完美配合，实现丰富的运动控制功能。

SINAMICS V90 伺服驱动器根据不同的应用分为两个版本：

1）脉冲序列版本（集成了脉冲、模拟量、USS/Modbus），具有内部位置控制、外部脉冲位置控制、速度控制和转矩控制。

2）PROFINET 通信总线版本，可以通过 PROFIdrive 协议连接到上位自动化控制系统。通过集成的实时自动优化和机器共振自动抑制功能，系统可以自动优化为一个兼顾高动态性能和平稳运行的系统。

4.4.1 SINAMICS V90 PTI 伺服驱动器脉冲型的组成及功能

1. 与 PLC 通信

SINAMICS V90 PTI 伺服驱动器可通过 RS485 接口的 USS 协议与 PLC 进行通信。您可以通过参数设置为 RS485 接口，选择 USS 或者 Modbus RTU 协议。USS 为默认总线设置。建议使用屏蔽双绞线作为 RS485 通信电缆。

USS 通信：SINAMICS V90 PTI 伺服驱动器可以通过 RS485 电缆与 PLC 使用标准 USS 通信协议进行通信。通信建立之后，可以通过 USS 通信协议改变位置设定值和速度设定值。通过 USS 通信协议，伺服驱动也可以与 PLC 进行实际速度，扭矩以及报警的传输。

Modbus 通信：SINAMICS V90 PTI 伺服驱动器通过 RS485 电缆可与 PLC 使用标准Modbus 通信协议进行通信。主站可使用两种方式向从站发送消息。

- 单播模式（地址 1 ~ 31）：主站直接寻址一个从站。
- 广播模式（地址 0）：主站同时寻址所有从站。

广播模式不能用于故障请求，因为所有从站均不能立即对故障请求作出响应。

V90 支持 Modbus RTU 数据格式，不支持 Modbus ASCII 数据格式。伺服驱动的寄存器可以通过 Modbus 的 FC3 功能代码读取，并通过 FC6 功能代码（单一寄存器）或 FC16 功能代码（多寄存器）写入。

2. 外部脉冲位置控制

外部脉冲位置控制的接线如图 4-11 所示。

1）PTI 和 PTI_ D 参考地，连接至上位机的参考地。

2）数字量输入，支持 PNP 和 NPN 类型。

3）数字量输入，支持 PNP 和 NPN 接线类型。

连接图中的 24V 电源如下：

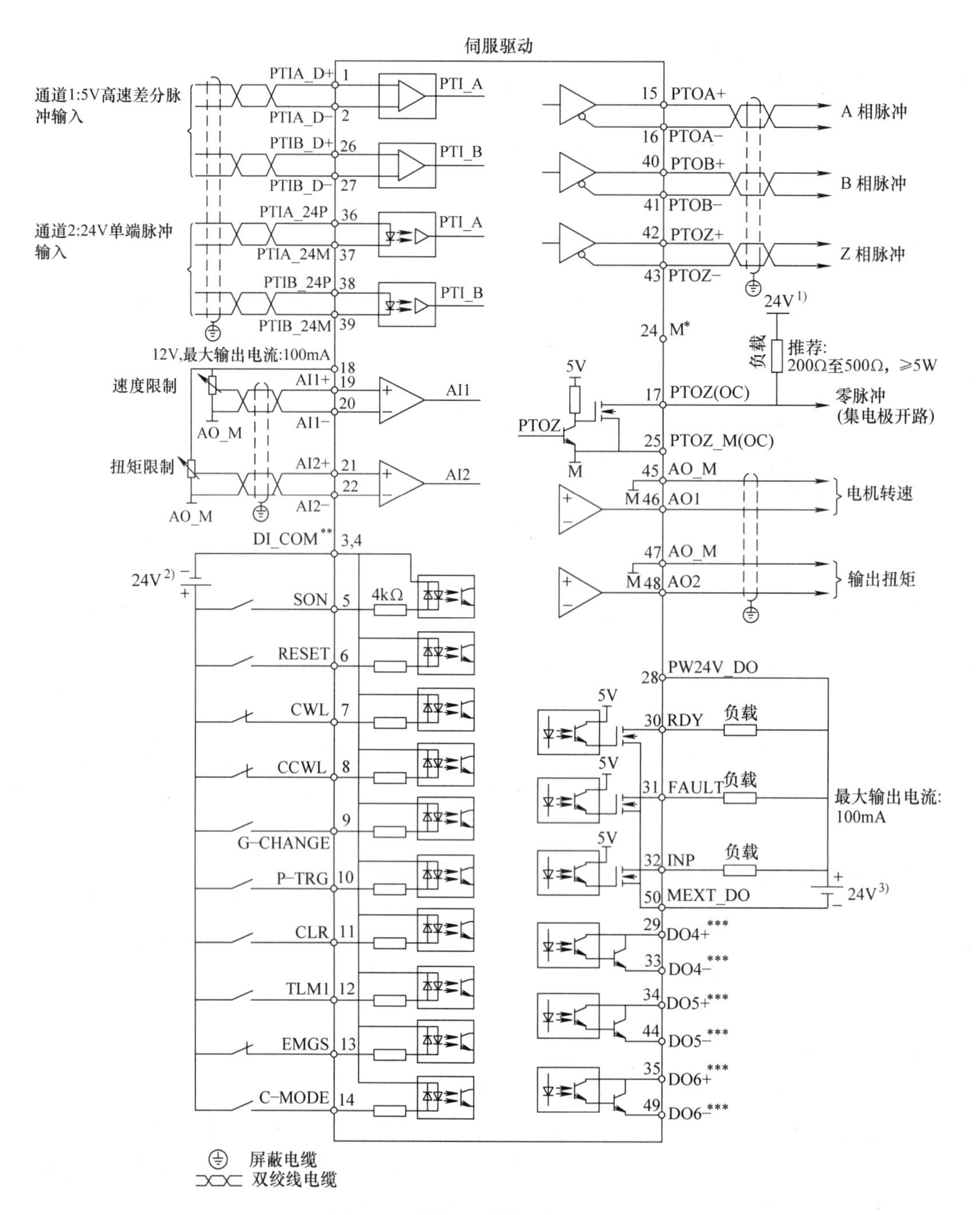

图 4-11 外部脉冲位置控制的接线

1）为 SINAMICS V90 PTI 伺服驱动器供电的 24V 电源。所有连接到控制器上的 PTO 信号必须与 SINAMICS V90 PTI 伺服驱动器使用同一个 24V 电源。

2）隔离的数字输入电源。它可以是控制器的供电电源。

3）隔离的数字输出电源。它可以是控制器的供电电源。

3. 设定值脉冲输入

SINAMICS V90 PTI 伺服驱动器支持两种设定值脉冲输入通道：

1）24V 单端脉冲输入接线方式如图 4-12 所示。

2）5V 高速差分脉冲输入接线方式如图 4-13 所示。

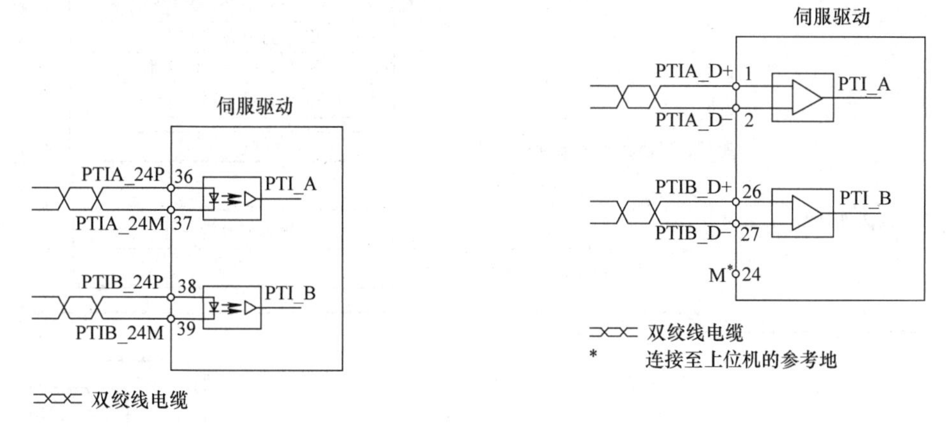

图 4-12　24V 单端脉冲输入接线方式　　　图 4-13　5V 高速差分脉冲输入接线方式

支持 AB 相脉冲和脉冲 + 方向两种脉冲输入方式，通过参数可分别设置 V90 PTI 脉冲输入的通道和形式，两种形式都支持正逻辑和负逻辑，见表 4-2。

表 4-2　脉冲设定输入逻辑

脉冲输入形式	正逻辑 =0		负逻辑 =1	
	正转指令（CW）	反转指令（CCW）	正转指令（CW）	反转指令（CCW）
AB 相脉冲	A B		A B	
脉冲 + 方向	脉冲 方向		脉冲 方向	

4. 电子齿轮比

可通过电子齿轮功能根据设定值脉冲数定义电动机转数，从而定义机械运动的距离。在一个设定值脉冲内，负载部件移动的最小运行距离称为脉冲当量（LU）；例如，一个脉冲可导致 1μm 的运动。电子齿轮比的设置如图 4-14 所示。

电子齿轮比是用于脉冲设定值倍乘系数。电子齿轮比的分子和分母均可以通过参数设置。SINAMICS V90 PTI 伺服驱动器具有 4 个电子齿轮分子和 1 个电子齿轮分母可以设置，通过两个组合数字输入量 EGEAR1 和 EGEAR2 进行选择。电子齿轮比优点示例见表 4-3。

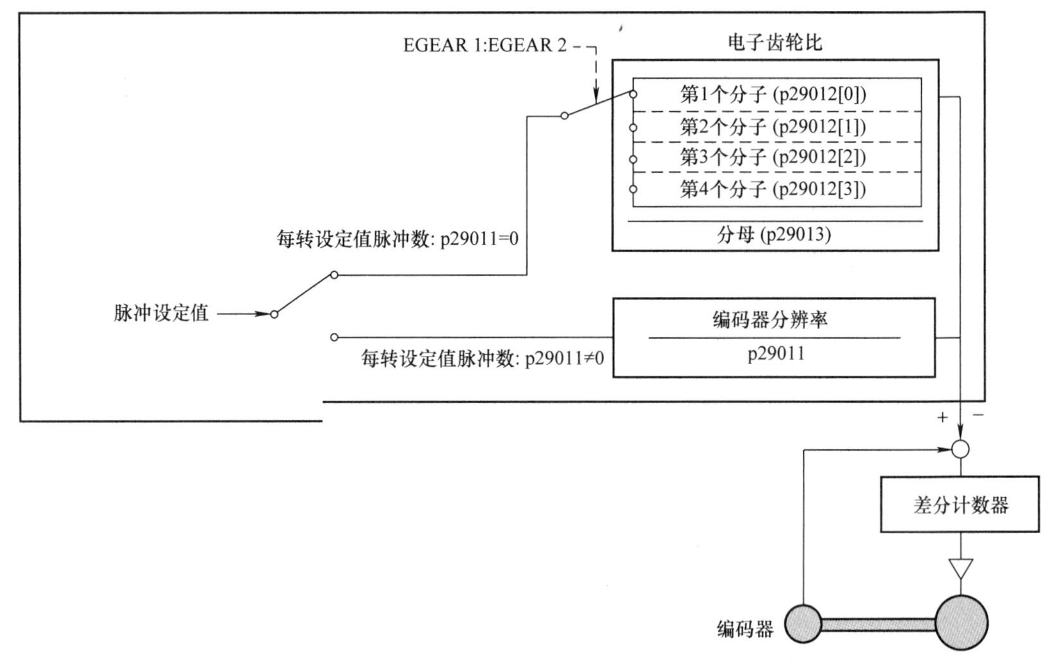

图 4-14　电子齿轮比设置原理

表 4-3　电子齿轮比优点

对于如下所示的机械结构，移动工件 10mm

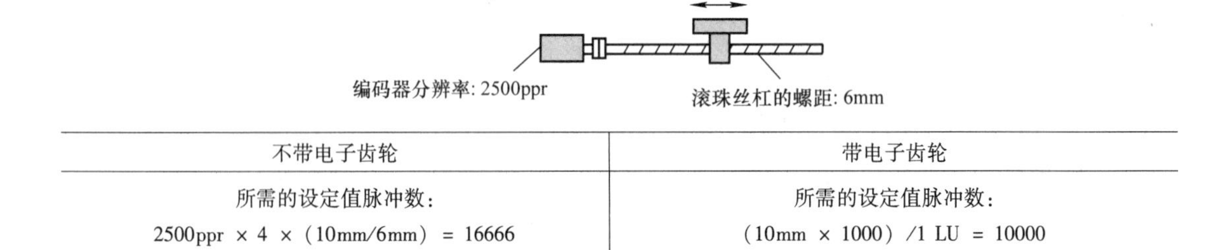

不带电子齿轮	带电子齿轮
所需的设定值脉冲数： 2500ppr × 4 ×（10mm/6mm）= 16666	所需的设定值脉冲数： （10mm × 1000）/1 LU = 10000

电子齿轮比计算公式如图 4-15 所示。

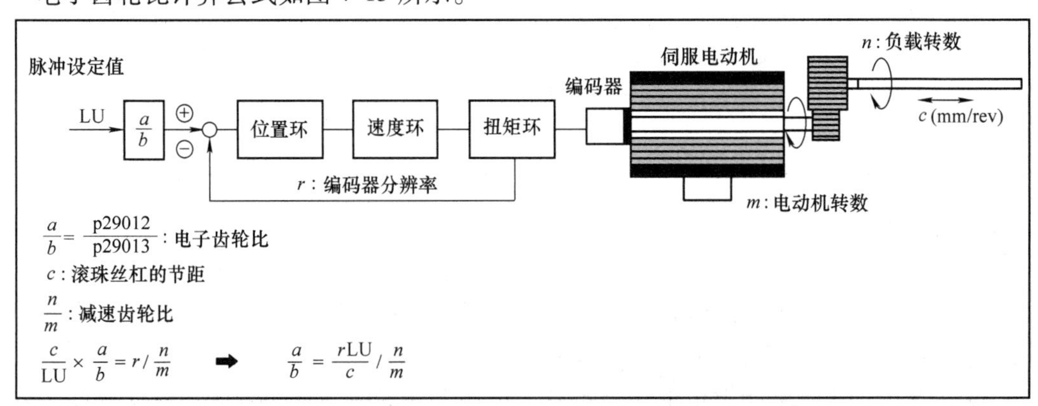

图 4-15　电子齿轮比计算公式

对于滚珠丝杆型负载和圆盘形负载，表 4-4 分别给出了电子齿轮比的计算示例及计算步骤。

表 4-4　电子齿轮比计算示例

步骤	描述	机械结构	
		滚珠丝杠	圆　盘
		LU: 1μm 负载轴 工件 编码器分辨率: 2500ppr 滚珠丝杠的螺距: 6mm	LU: 0.01° 负载轴 电机 编码器分辨率: 2500ppr
1	识别机械结构	• 滚珠丝杠的节距：6mm • 减速齿轮比：1∶1	• 旋转角度：360° • 减速齿轮比：1∶3
2	识别编码器分辨率	10000	10000
3	定义 LU	1LU = 1m	1LU = 0.01°
4	计算负载轴每转的运行距离	6/0.001 = 6000LU	360°/0.01° = 36000LU
5	计算电子齿轮比	(1/6000)/(1/1) ×10000 = 10000/6000	(1/36000)/(1/3) ×10000 = 10000/12000
6	设置电子齿轮比参数	10000/6000 = 5/3	10000/12000 = 5/6

5. 平滑功能

平滑功能可使脉冲输入设定值的位置曲线转换成指定的时间常数的 S 曲线轮廓。在位置设定值发生突变时对参数进行平滑。通过位置设定值滤波器时间常数来调整，有效位置环增益随滤波器降低。通过优化噪声/干扰的公差可以对其进行软控制。可应用于降低前馈动态响应和加加速度限制的场合。位置设定值平滑时间工作原理如图 4-16 所示。

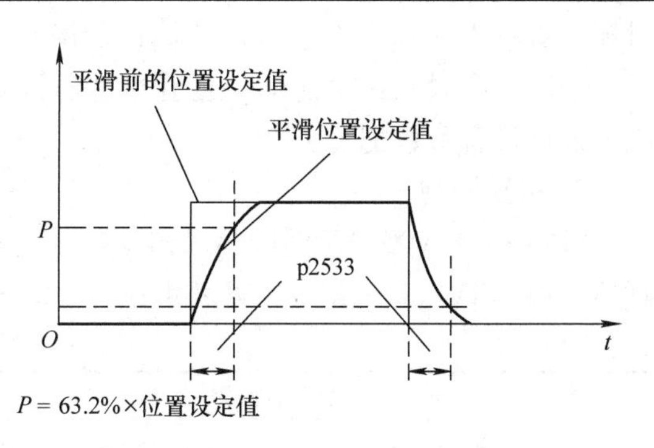

图 4-16　位置设定值平滑设定

6. 速度限制

SINAMICS V90 PTI 伺服驱动器支持 4 个信号源用于速度限制，可通过数字输入量组合 SLIM1 和 SLIM2 选择其一，见表 4-5。

表 4-5　速度限制选择

数字输入量		速度限制
SLIM1	SLIM2	
0	0	内部速度限制 1
0	1	外部速度限制（模拟量输入 1）
1	0	内部速度限制 2
1	1	内部速度限制 3

这4个信号源在所有控制模式下均有效。伺服驱动运行时可在上述模式间切换。因此其他控制模式的速度限制功能不再赘述。

SINAMICS V90 PTI伺服驱动器所支持的速度限制功能如图4-17所示。

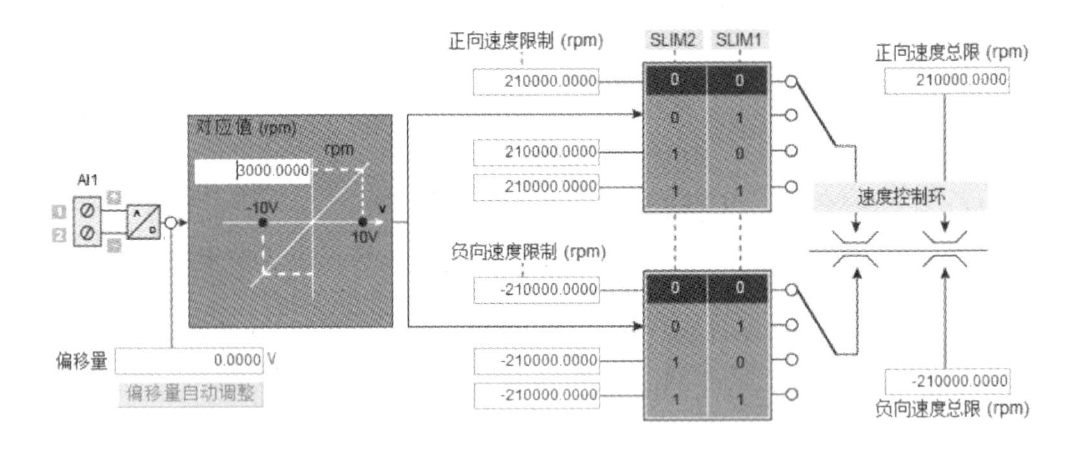

图4-17 速度限制功能框图

内部速度限制：SINAMICS V90 PTI伺服驱动器支持3组正向和反向内部速度限制。可通过参数配置，数字输入量进行选择。

外部速度限制：需要对模拟量速度设定值进行定标（对应10V的最大速度设定值）及对模拟量输入（速度设定值）的偏移量调整。

全局速度限制：除这4个通道外，全局速度限制在所有控制模式下都可用。全局速度限制可通过设置参数配置。

7. 扭矩限制

SINAMICS V90 PTI伺服驱动器支持4个信号源用于扭矩限制，可通过数字输入量组合TLIM1和TLIM2选择其一，见表4-6。

表4-6 扭矩限制选择

数字输入量		速度限制
TLIM1	TLIM2	
0	0	内部扭矩限制1
0	1	外部扭矩限制（模拟量输入1）
1	0	内部扭矩限制2
1	1	内部扭矩限制3

这4个信号源在PTI模式，IPos模式和S模式下可用。伺服驱动运行时可在上述模式间切换。因此IPos模式和S模式的扭矩限制功能不再赘述。

SINAMICS V90 PTI伺服驱动器所支持的扭矩限制功能如图4-18所示。

1）内部扭矩限制：SINAMICS V90 PTI伺服驱动器支持3组正向和反向内部扭矩限制。可通过参数配置，数字输入量进行选择。内部扭矩限制工作原理如图4-19所示。

2）外部扭矩限制：需要对模拟量扭矩限制设定值进行定标（对应10V的最大扭矩限制设定值）及对模拟量输入（扭矩限制设定值）的偏移量调整。外部扭矩设定最大可为

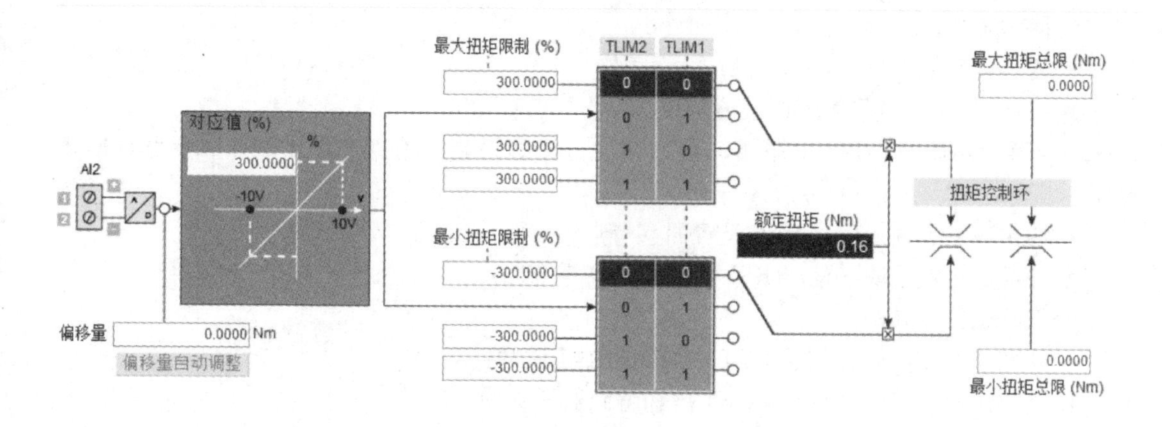

图 4-18　扭矩限制功能框图

300%，例如，当设定为 100% 时，扭矩限制值和模拟量输入之间达到关系如图 4-20 所示，在此情况下，5V 的模拟量输入对应额定扭矩的 50%，10V 对应额定扭矩的 100%。

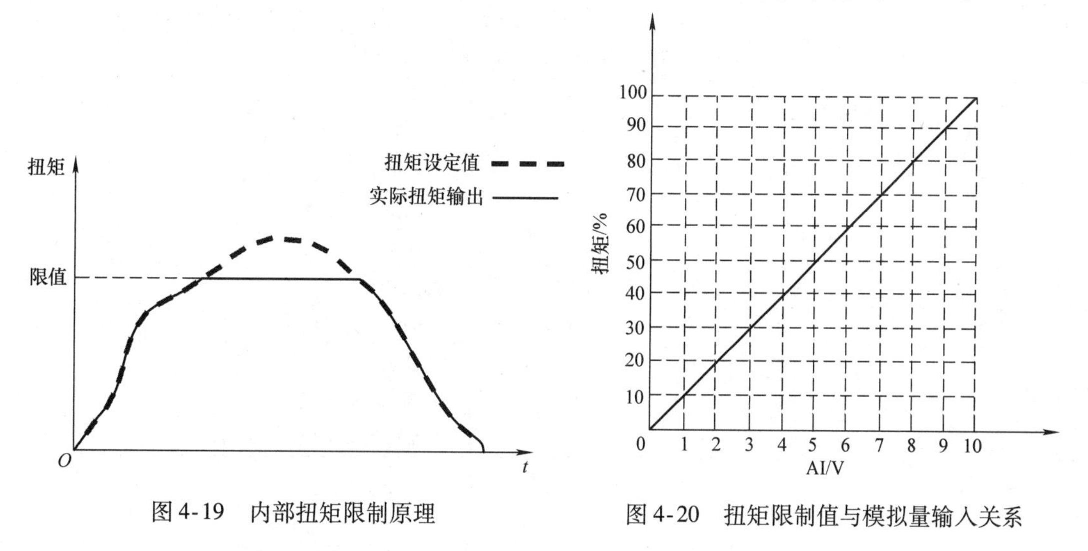

图 4-19　内部扭矩限制原理

图 4-20　扭矩限制值与模拟量输入关系

3）全局扭矩限制：除这 4 个通道外，全局扭矩限制在所有控制模式下都可用。全局扭矩限制可通过设置参数配置。

4）扭矩限制抵达：当产生的扭矩已几乎（内部磁滞）达到正向扭矩限制、负向扭矩限制或模拟量扭矩限制的扭矩值时，数字量信号 TLR 输出。

8. 内部设定值位置控制

1）SINAMICS V90 PTI 伺服驱动器集成的内部设定值位置控制具有以下功能：

- 绝对定位和相对定位；
- 线性轴/模态轴功能；
- 支持 8 组位置，速度及加速度设定值；
- 监控位置，停机，跟随误差，硬限位/软限位。

2）操作模式：

- 回参考点；
- 内部设定值定位；
- 通过 Modbus 直接输入设定值定位。

3）SINAMICS V90 PTI 伺服驱动器如带增量式编码器电动机，共计 5 种回参考点模式可用：

- 通过数字量输入信号 REF 设置回参考点；
- 外部参考点挡块（信号 REF）和编码器零脉冲；
- 仅编码器零脉冲；
- 外部参考点挡块（信号 CWL）和编码器零脉冲；
- 外部参考点挡块（信号 CCWL）和编码器零脉冲。

如伺服驱动带绝对值编码器电动机，可以通过 V-ASSISTANT 软件或 BOP 调整绝对值编码器（将当前位置设为零位）。

9. 速度控制

SINAMICS V90 PTI 伺服驱动器工作在速度模式下时，共有 8 个源可用于速度设定。可通过数字量输入信号组合 SPD1、SPD2 和 SPD3 选择其一，见表 4-7 和如图 4-21 所示。

表 4-7　数字量输入选择速度设定值输入

数字量信号			对应速度设定
SPD3	SPD2	SPD1	
0	0	0	外部模拟量速度设定值
0	0	1	内部速度设定值 1
0	1	0	内部速度设定值 2
0	1	1	内部速度设定值 3
1	0	0	内部速度设定值 4
1	0	1	内部速度设定值 5
1	1	0	内部速度设定值 6
1	1	1	内部速度设定值 7

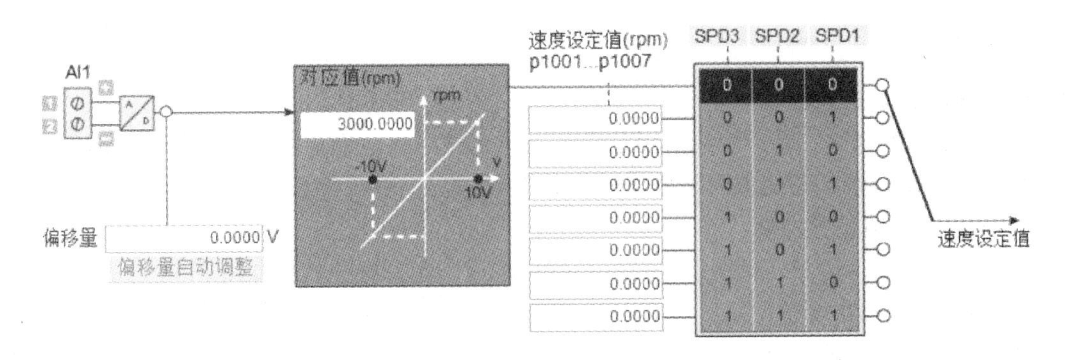

图 4-21　速度设定值设定功能图

带外部模拟量速度设定值得速度控制：当 SPD1、SPD2、SPD3 处于低电位时，外部模拟量用作速度模式下的速度设定值。模拟量电压与速度为线性关系，最大支持的模拟量电压10V 对应最大速度设定值，如图 4-22 所示。

由于输入电压存在偏移量，偏移电压也可通过伺服驱动进行手动或自动调整，如图 4-23 所示。

带内部速度设定值的内部速度控制：当 SPD1、SPD2、SPD3 中至少有一个出现高电位时，对应的速度设定值将被选择。

速度/扭矩限制：详细信息可参见脉冲控制模式下速度/扭矩限制。

零速钳位功能可在电动机速度设定值低于已设定的阈值时用来停止电动机和锁住电动机轴。在 SINAMICS V90 PTI 伺服驱动器中，该功能通过数字量输入信号（ZSCLAMP）激活。电动机速度设定值和电动机实际速度都低于已设定阈值且信号 ZSCLAMP 为逻辑“1”时，电动机锁定。电动机速度设定值高于阈值等级或信号 ZSCLAMP 为逻辑“0”时，驱动退出钳位状态。零速钳位功能时序如图 4-24 所示。

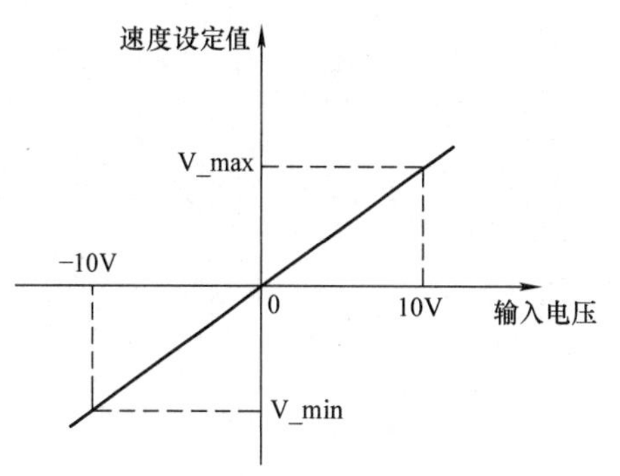

图 4-22 输入电压与速度设定值关系

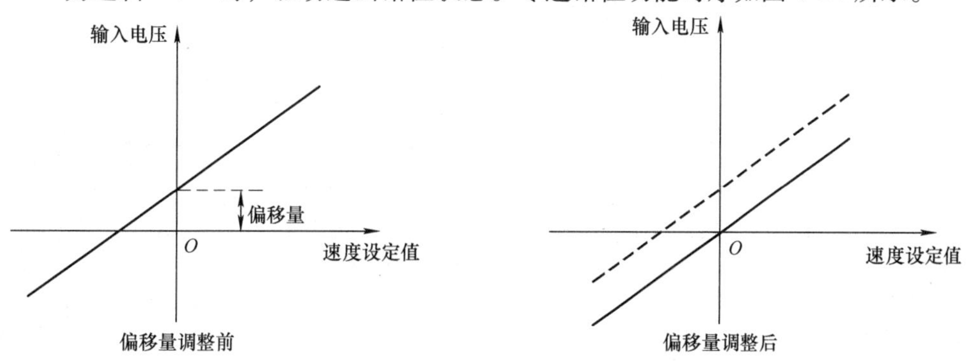

图 4-23 模拟量电压偏移量调整

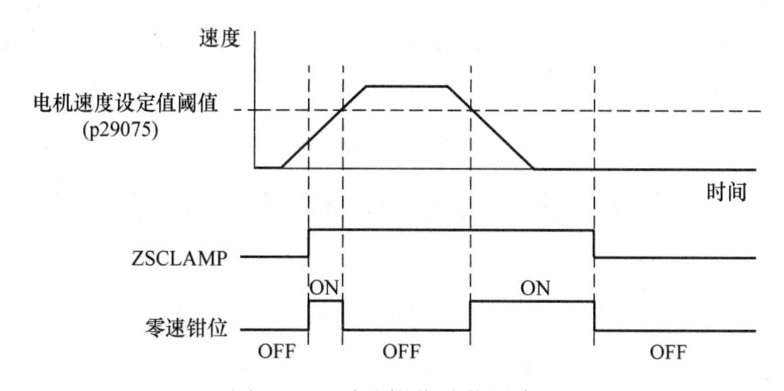

图 4-24 零速钳位功能时序图

可在设定值突然改变时用来限制加速度从而防止驱动运行时发生过载。斜坡上升时间和斜坡下降时间可分别用于设置加速度和减速度斜坡。设定值改变时允许平滑过渡。最大速度用作计算斜坡上升和斜坡下降时间的参考值。斜坡函数发生器的特性如图 4-25 所示。

SINAMICS V90 PTI 伺服驱动器的斜坡函数发生器也可通过参数设置成 S 曲线斜坡函数

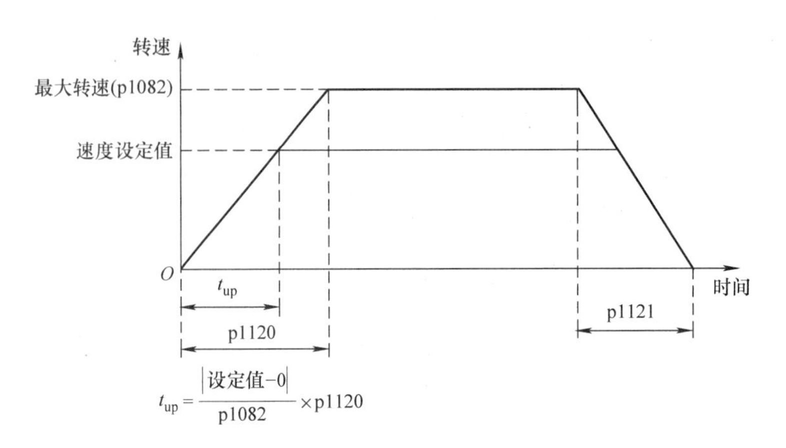

图 4-25　斜坡函数发生器的特性

发生器，如图 4-26 所示。可设置加速度和减速度斜坡、初始圆弧段时间和结束圆弧段时间。

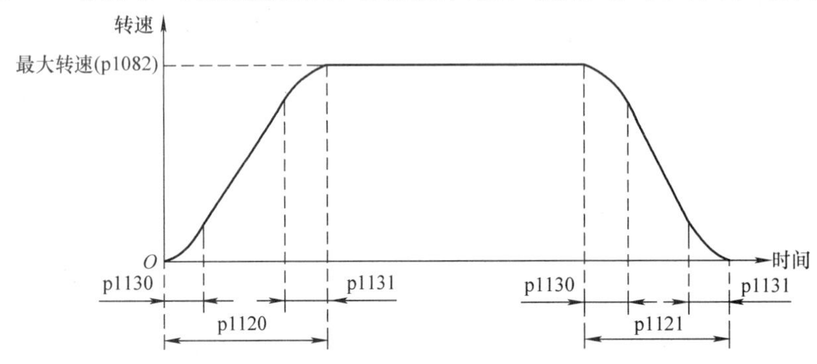

图 4-26　S 曲线的斜坡函数发生器功能图

10. 扭矩控制

SINAMICS V90 PTI 伺服驱动器工作在扭矩模式下，其扭矩输入既可以通过模拟量给定，也可以通过内部扭矩设定值给定。扭矩输入的形式可以通过数字量输入信号进行选择。当扭矩输入通过模拟量给定时，输入电压的偏移量可以通过 BOP 面板自动调整或者手动调整偏移量。此方法与速度模式下的模拟量输入电压偏移量调整一致。内部扭矩设定值是通过输入额定扭矩的百分比给定扭矩设定值，其范围可设定从 -100% ~ +100%。

4.4.2　SINAMICS V90 伺服驱动器 PROFINET 通信总线型的组成及功能

SINAMICS V90 PN 伺服驱动器版本集成了 PROFINET 接口，可以通过 PROFIdrive 协议与上位控制器进行通信，只需一根电缆即可实时传输用户/过程数据以及诊断数据。具有基本定位器控制模式（EPos）和速度控制模式（S）。

1. PROFINET 通信

PROFINET IO 是一种基于以太网的实时协议，在工业自动化应用中作为高级网络使用。它提供两种实时通信，PROFINET IO RT（实时）和 PROFINET IO IRT（等时实时）。实时通道用于 IO 数据和报警的传输。西门子 SIMATICS 系列的 PLC 可以通过 PROFINET RT 或 IRT 通信控制 V90 PN，当使用 IRT 时最短通信循环周期为 2 ms。

V90 PN 通信控制常用报文 1、3、5、7、9、102、105、110、111 及附加报文 750。

速度控制模式（S）下，可选报文为 1、2、3、5、102、105。其中 5 和 105 报文支持 PROFINET IO IRT 等时实时通信。对应的报文结构如图 4-27 所示，其含义见表 4-8。

报文	1		2		3		5		102		105	
应用等级	1		1		1,4		4		1,4		4	
PZD1	STW1	ZSW1	STW1	ZSW1	STW1	ZSW1	STW1	ZSW1	STW1	ZSW1	STW1	ZSW1
PZD2	NSOLL_A	NIST_A	NSOLL_B	NIST_B	NSOLL_B	NIST_B	NSOLL_B	NIST_B	NSOLL_B	NIST_B	NSOLL_B	NIST_B
PZD3	来自PROFINET的接收报文	发送报文至PROFINET										
PZD4			STW2	ZSW2	STW2	ZSW2	STW2	ZSW2	STW2	ZSW2	STW2	ZSW2
PZD5					G1_STW	G1_ZSW	G1_STW	G1_ZSW	MOMRED	MELDW	MOMRED	MELDW
PZD6						G1_XIST1	XERR	G1_XIST1	G1_STW	G1_ZSW	G1_STW	G1_ZSW
PZD7										G1_XIST1	XERR	G1_XIST1
PZD8						G1_XIST2	KPC	G1_XIST2				
PZD9										G1_XIST2	KPC	G1_XIST2
PZD10												

图 4-27　速度控制模式下报文结构图

表 4-8　速度控制模式下通信报文具体含义

控制字		状态字	
STW1	控制字 1	ZSW1	状态字 1
NSOLL_A	转速设定值 A	NIST_A	转速实际值 A
NSOLL_B	转速设定值 B	NIST_B	转速实际值 B
STW2	控制字 2	ZSW2	状态字 2
MOMRED	扭矩减速	MELDW	消息字
G1_STW	编码器控制字	G1_ZSW	编码器状态字
XERR	位置偏移	G1_XIST1	编码器 1 实际位置 1
KPC	位置控制器增益因子	G1_XIST2	编码器 2 实际位置 2

基本定位器控制模式（EPos）下，可选报文为 7、9、110、111。对应的报文结构如图 4-28所示，其含义见表 4-9。

报文	7		9		110		111	
应用等级	3		3		3		3	
PZD1	STW1	ZSW1	STW1	ZSW1	STW1	ZSW1	STW1	ZSW1
PZD2	SATZANW	AKTSATZ	SATZANW	AKTSATZ	SATZANW	AKTSATZ	POS_STW1	POS_ZSW1
PZD3	user2[2]		STW2	ZSW2	POS_STW	POS_ZSW	POS_STW2	POS_ZSW2
PZD4			MDI_TARPOS	XIST_A	STW2	ZSW2	STW2	ZSW2
PZD5	来自PROFINET的接收报文	发送报文至PROFINET			OVERRIDE	MELDW	OVERRIDE	MELDW
PZD6			MDI_VELOCITY		MDI_TARPOS	XIST_A	MDI_TARPOS	XIST_A
PZD7								
PZD8			MDI_ACC		MDI_VELOCITY		MDI_VELOCITY	NIST_B
PZD9			MDI_DEC					
PZD10			MDI_MOD		MDI_ACC		MDI_ACC	FAULT_CODE
PZD11			user2[2]		MDI_DEC		MDI_DEC	WARN_CODE
PZD12					MDI_MOD		user[1]	user[1]
PZD13					user2[2]		user2[2]	
PZD14								

[1]报文111的PZD12用于配置用户自定义功能。
[2]仅当p8864=999且p29152=1时PZD user2可用。

图 4-28　基本定位器控制模式下报文结构图

表 4-9　基本定位器控制模式下通信报文具体含义

控制字		状态字	
STW1	控制字 1	ZSW1	状态字 1
SATZANW	运行程序段控制字	AKTSATZ	位置选择程序段
POS_STW1	位置控制字 1	POS_ZSW1	位置状态字 1
POS_STW2	位置控制字 2	POS_ZSW2	位置状态字 2
STW2	控制字 2	ZSW2	状态字 2
MDI_TARPOS	MDI 位置	XIST_A	位置实际值 A
MDI_VELOCITY	MDI 速度	NIST_B	转速实际值 B
MDI_ACC	MDI 加速倍率	FAULT_CODE	故障代码
MDI_DEC	MDI 减速倍率	WARN_CODE	报警代码
MDI_MOD	位置 MDI 模式		—
OVERRIDE	位置速度倍率		—
user1	用户自定义接收字 1	user1	用户自定义发送字 1
user2	用户自定义接收字 2		

2. 基本定位器控制（EPos）

SINAMICS V90 PN 伺服驱动器集成了基本定位器控制功能，可计算出轴的运行特性，使轴以时间最佳的方式移动到目标位置。在基本定位器控制模式下，SINAMICS V90 PN 伺服驱动器支持主报文 7、9、110、111。

1）运行程序段功能：SINAMICS V90 PN 伺服驱动器最多可以支持 16 个不同的运行任务。程序段切换时所有描述一个运动任务的功能都生效。外部控制器选择运行程序段使轴定位。每一个程序段都可以设定对应的位置设定值、速度、加减速、绝对定位和相对定位的选择等更多任务。运行程序段基本参数设定如图 4-29 所示。

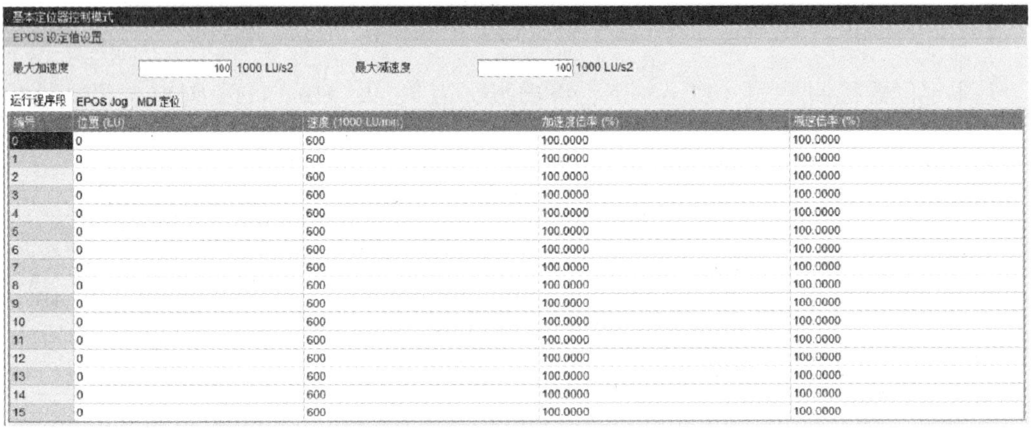

基本定位器控制模式

EPOS 设定值设置

最大加速度 100 1000 LU/s2　最大减速度 100 1000 LU/s2

运行程序段　EPOS Jog　MDI 定位

编号	位置 (LU)	速度 (1000 LU/min)	加速度倍率 (%)	减速倍率 (%)
0	0	600	100.0000	100.0000
1	0	600	100.0000	100.0000
2	0	600	100.0000	100.0000
3	0	600	100.0000	100.0000
4	0	600	100.0000	100.0000
5	0	600	100.0000	100.0000
6	0	600	100.0000	100.0000
7	0	600	100.0000	100.0000
8	0	600	100.0000	100.0000
9	0	600	100.0000	100.0000
10	0	600	100.0000	100.0000
11	0	600	100.0000	100.0000
12	0	600	100.0000	100.0000
13	0	600	100.0000	100.0000
14	0	600	100.0000	100.0000
15	0	600	100.0000	100.0000

图 4-29　运行程序段基本参数设定

2）设定值直接给定功能：外部控制器可直接给 SINAMICS V90 PN 伺服驱动器发送轴的位置设定值进行定位。使用“设定值直接给定”功能，可以通过直接给定设定值（例如：通过 PLC 过程数据）进行绝对或相对定位，或在位置环中调整。此外，还可以在运行期间控制运动参数，即迅速传输设定值，并可以在“定位”和“调整”模式之间迅速切换。即使轴没有回参考点，也可以在“调整”和“相对定位”模式中进行“设定值直接给定”（MDI）。直接给定值参数设置如图 4-30 所示。

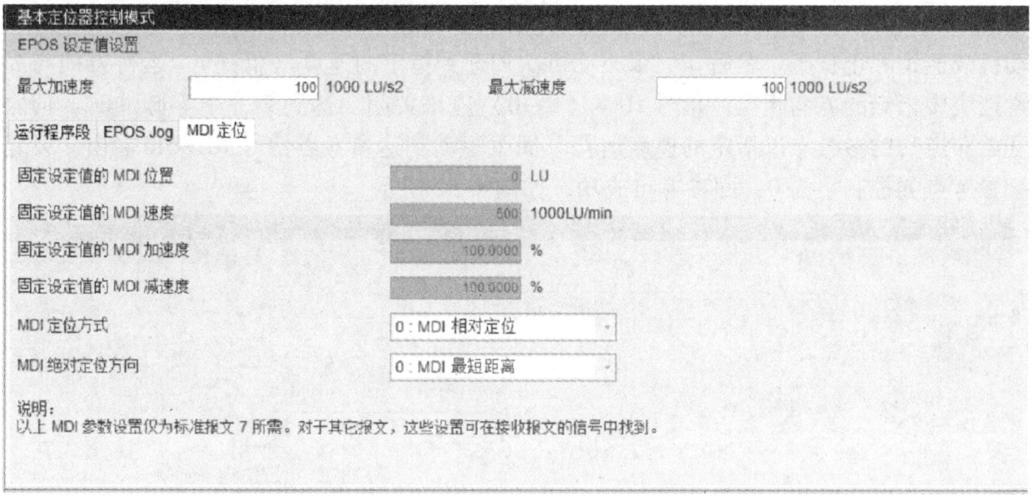

基本定位器控制模式
EPOS 设定值设置
最大加速度
100 1000 LU/s2
最大减速度
100 1000 LU/s2
运行程序段
EPOS Jog
MDI 定位
固定设定值的 MDI 位置
0 LU
固定设定值的 MDI 速度
500 1000LU/min
固定设定值的 MDI 加速度
100.0000 %
固定设定值的 MDI 减速度
100.0000 %
MDI 定位方式
0：MDI 相对定位
MDI 绝对定位方向
0：MDI 最短距离
说明：
以上 MDI 参数设置仅为标准报文 7 所需。对于其它报文，这些设置可在接收报文的信号中找到。

图 4-30　设定值直接给定参数设定

3）回参考点功能：SINAMICS V90 PN 伺服驱动器带增量式编码器，伺服驱动内可支持三种回参考点的方式，以此建立伺服驱动内的位置和机械位置之间的关联。

（1）通过数字量输入信号 REF 设置回参考点

在信号 REF 上升沿时，当前位置设为零，伺服驱动回参考点。当选择 110 或者 111 号报文时，数字量输入信号 REF 可以通过 PROFINET 控制字传输；当选择 7 或者 9 号报文时，数字量输入信号 REF 可以通过数字量输入设置，如图 4-31 所示。

基本定位器控制模式
设置回参考点 - 当前报文：111
回参考点方式
0：信号 REF
[V]
0 LU
参考点坐标值
[S]
REF (POS_STW2.1)
注意：当通过数字量输入信号REF设置回参考点时，需确保控制字STW1.11 = 0。

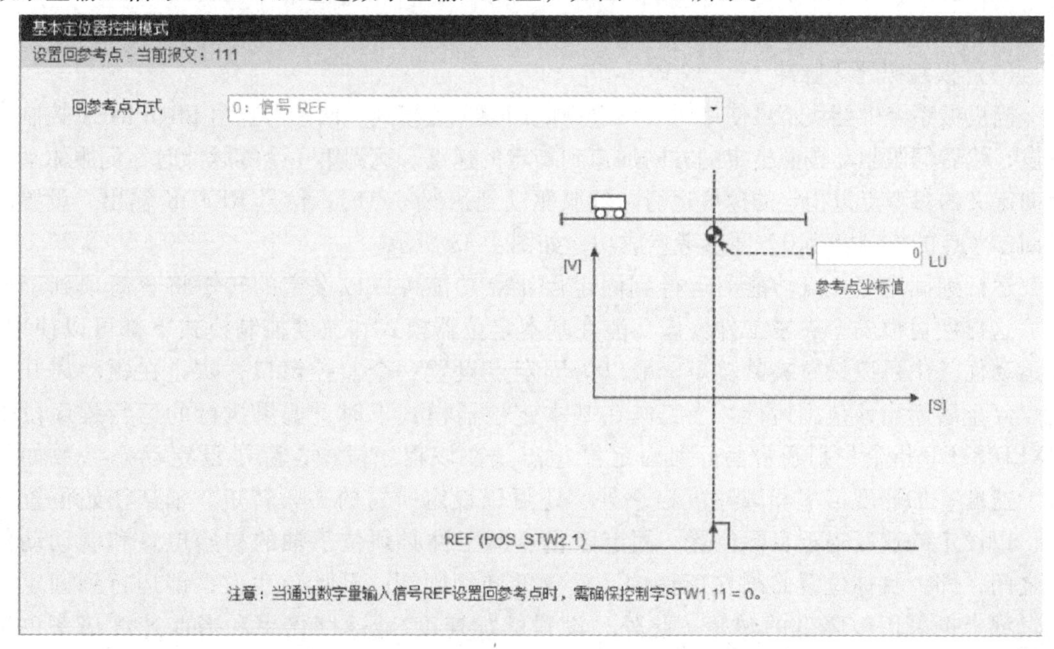

图 4-31　通过数字量输入信号 REF 设置回参考点

（2）外部参考点挡块（信号 REF）和编码器零脉冲

该回参考点方式由 PROFINET 报文中的控制字触发，然后伺服驱动加速到指定的速度和搜索参考点的方向找到参考点挡块。当参考点挡块到达参考点时（信号 REF：0→1），伺服电动机减速到静止状态。然后，伺服驱动再次加速到指定的速度（低速），运行方向与高速搜索挡块中指定的方向相反。信号 REF（1→0）应该关闭。达到第一个零脉冲时，伺服驱动开始向定义的参考点以指定的速度运行。伺服驱动到达参考点信号 REFOK 输出。设置触发会参考点的控制字为 0，回参考点成功，如图 4-32 所示。

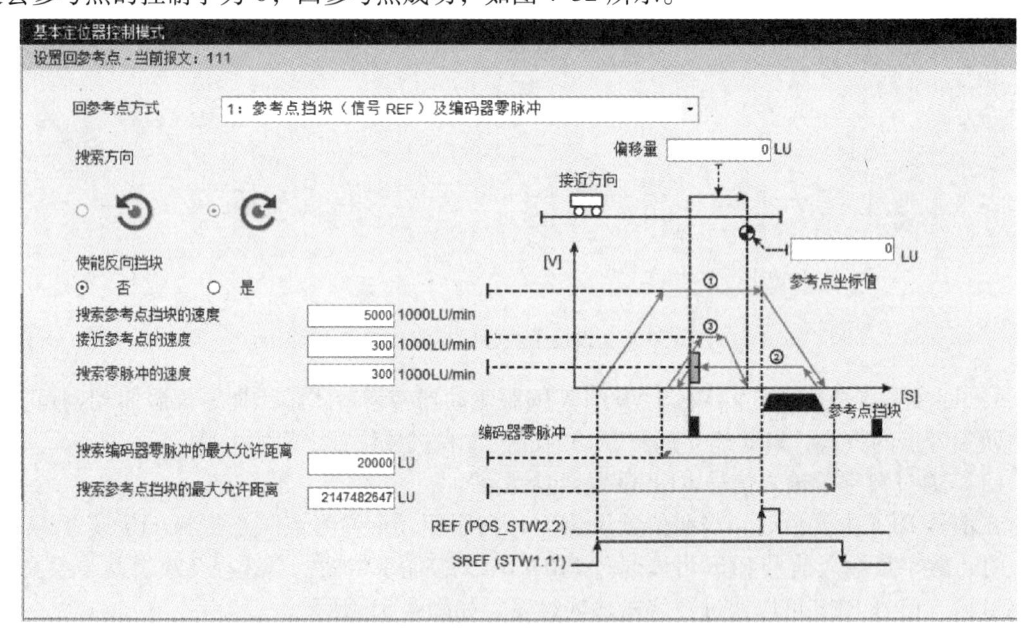

图 4-32 外部参考点挡块（信号 REF）和编码器零脉冲

（3）仅编码器零脉冲

当机械系统中挡块不可使用时，可选择此回参考点模式。回参考点由 PROFINET 控制字触发，然后伺服驱动按照指定的方向加速到指定的速度。达到第一个零脉冲时，伺服驱动开始向定义的参考点以指定的速度运行。伺服驱动到达参考点时，信号 REFOK 输出。设置触发回参考点的控制字为 0，回参考点成功，如图 4-33 所示。

运行到固定停止点功能：运行到固定停止点功能可以以设定的转矩将套筒顶到工件上，这样便可以安全夹紧工件。该功能在基本定位器模式和速度控制模式下都可以使用，在运动任务中可以设置夹紧转矩。可以为固定点设置一个监控窗口，防止在驱动离开固定点停止后超出该范围运行。当工作在基本定位器模式下时，如果执行的运行程序段带 FIXED STOP 指令，则开始运行到固定停止点。在该程序段中，除了设定动态参数如位置、速度、加速度倍率和减速度倍率外，还可以设定所需的夹紧转矩。轴从初始位置出发，以设定的速度逼近目标位置。固定停止点即工件必须位于轴的初始位置和制动动作点之间，即：目标位置必须在工件中。设置的转矩限制一开始就生效，即运行到固定点的过程中也采用被降低的转矩。此外，设置的加速度/减速度倍率和当前速度倍率也生效。一旦轴压住机械固定停止点，驱动中的闭环控制将增加转矩值继续移动此轴。该值将一直增加到极限值，然后保持不变。当实际位置跟随误差超出了固定停止点的最大跟

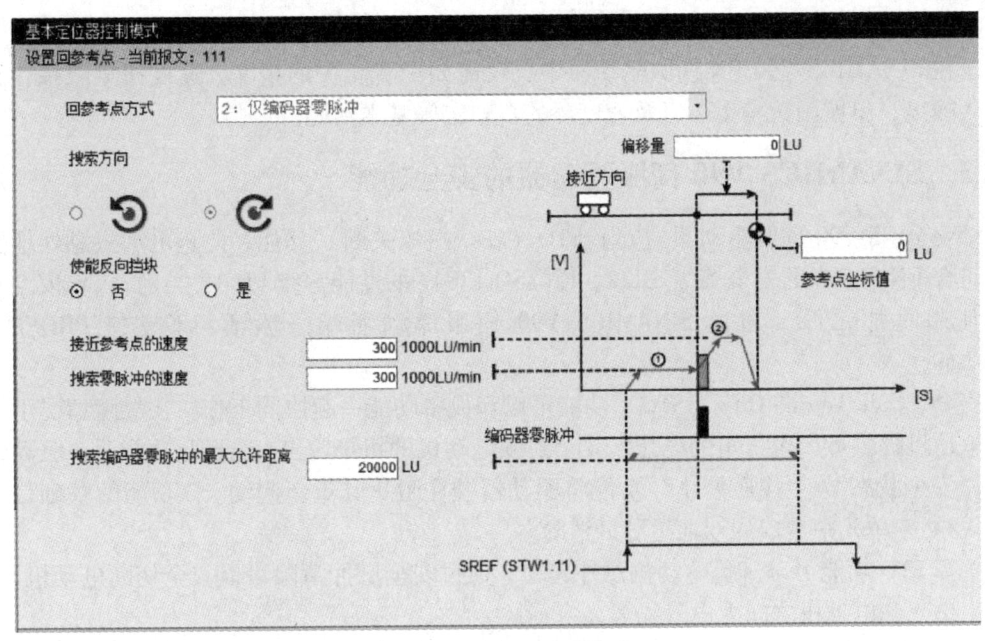

图 4-33　仅编码器零脉冲

随误差中设置的值，则已到达固定停止点。如果直到制动动作点都没有检测到“已到达固定停止点”，则输出故障信息“未到达固定停止点”，故障响应为 OFF1，并取消转矩限制，驱动中断程序段执行。执行逻辑如图4-34所示。

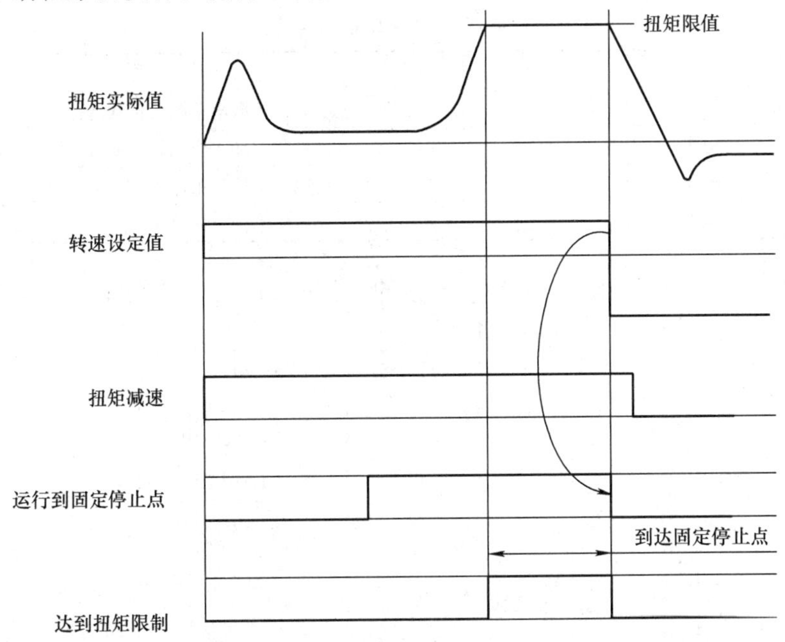

图 4-34　运行到固定停止点时序原理图

3. 速度控制

SINAMICS V90 PN 伺服驱动器可以通过 PROFINET 与 SIMATIC S7-1500 系列 PLC 搭配进行速度控制。与基本定位器控制（EPos）不同，SINAMICS V90 PN 伺服驱动器工作在速度模式下，轴的运行特征，即位置环由 PLC 控制。通过标准报文，在 PLC 中组态速度轴工艺对象。这种方式伺服动态响应更高，但由于位置环在 PLC 中处理，也占用的更多的 PLC 资源。在 SINAMICS V90 PN 伺服驱动器中，仅需要配置相关的报文，速度扭矩限幅，数字量输入输出，斜坡函数发生器以及速度环的自整定等基本功能。

4.4.3 SINAMICS V90 伺服驱动器的安全功能

SINAMICS V90 伺服驱动器集成了 STO（安全扭矩关断）功能，防止电动机意外地转动并且符合 EN 61508 的安全等级 SIL 2，EN ISO 13849 的性能等级 PL d，类别 3。该安全功能无需使用附加元件（通过 SINAMICS V90 伺服驱动器端子激活，不支持 PROFINET/PROFIsafe）。

安全“Safe Torque Off”（STO）功能可以和设备功能一起协同工作。在故障情况下，组织向电动机提供可产生扭矩的电能，安全封锁电动机的扭矩输出。选择此功能后，驱动器便处于“安全状态”。“接通禁止”功能将驱动器锁住阻止其重新起动。该功能的基础是电动机模块/功率单元中集成的双通道脉冲清除。

选择 STO 功能可以避免电动机意外起动，通过安全脉冲清除可以安全切断电动机扭矩，在功率单元和电动机之间无电气隔离。

STO 功能可以用在以下两种场景：驱动需要通过负载扭矩或摩擦力在很短时间内到达静止状态，驱动自由停车不安全。每个监控通道（STO1 和 STO2）都可以通过各自的电信号通道触发安全脉冲抑制。如果电动机连接并配置了抱闸，那么已连接的抱闸是不安全的，因为没有用于抱闸的安全功能，例如安全抱闸，其功能特性见表 4-10。

表 4-10 STO 功能特性

STO1	STO2	状 态	动 作
高电平	高电平	安全	伺服驱动上电后，伺服电动机可正常运行
低电平	低电平	安全	伺服驱动可以正常起动，但伺服电动机不能正常运行
高电平	低电平	不安全	产生报警，伺服电动机自由停车
低电平	高电平	不安全	产生报警，伺服电动机自由停车

STO1、STO + 和 STO2 在出厂时是默认短接的。当需要使用 STO 功能时，连接 STO 接口前必须拔下接口上的短接片，如图 4-35 所示。

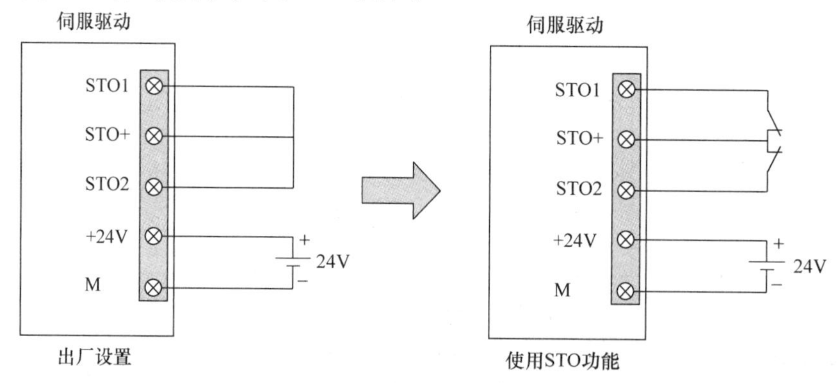

图 4-35 STO 功能使用接线

图 4-35 中，STO1 为安全功能通道输入 1，STO2 为安全功能通道输入 2，STO + 为安全通

道输入的直流电源。

在用户按下紧急停止按钮后，SINAMICS V90 伺服驱动器的 STO 功能被激活，功率单元的脉冲会被立即封锁，输出转矩为 0。如果电动机处于静止，那么可以防止静止的电动机意外起动；如果电动机在运行中，电动机会依靠惯性继续旋转之停止；如果电动机带有抱闸功能，抱闸关闭信号（低电平）在 STO 触发后输出，抱闸闭合，如图 4-36 所示。

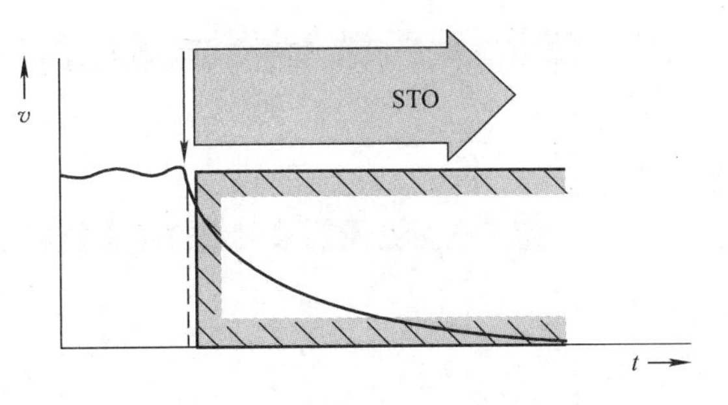

图 4-36　STO 功能原理

4.4.4　SINAMICS V90 伺服驱动器的调试工具

SINAMICS V-ASSISTANT 是一款专门针对 SINAMICS V90 系列伺服控制系统开发的调试和诊断工具。支持带有 PROFINET 接口的 SINAMICS V90 伺服驱动器驱动和带有脉冲，USS/Modbus 接口的 SINAMICS V90 伺服驱动器驱动。该软件可装在 Windows 操作系统的个人计算机上运行，利用图形用户界面与用户交互，通过 USB 电缆与 SINAMICS V90 伺服驱动器通信。SINAMICS V-ASSISTANT 是基于伺服调试流程开发的调试工具，用户可按照界面顺序依次进行伺服的调试和诊断，方便快捷。

该软件包含的调试诊断功能如下：

- 选择驱动；
- 设置 PROFINET（仅用于 SINAMICS V90 PN 伺服驱动器版本）；
- 参数设置；
- 调试；
- 诊断。

选择驱动包含在线选择和离线选择，当驱动处于在线工作模式时，V-ASSISTANT 会显示所连接驱动信号。此时所选择的在线驱动的所有参数设置将会被 V-ASSISTANT 读取并将驱动信息显示在界面上，如图 4-37 所示。同时用户也可以不与驱动通信，在离线模式下选择驱动类型并配置，如图 4-38 所示。

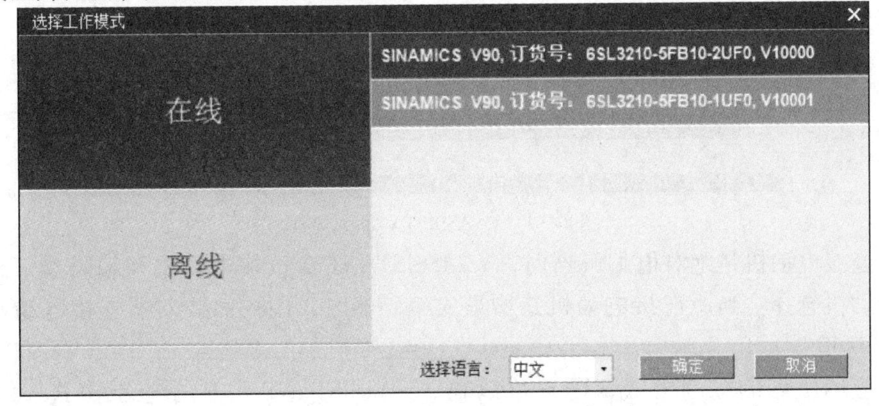

图 4-37　V-ASSISTANT 在线识别驱动

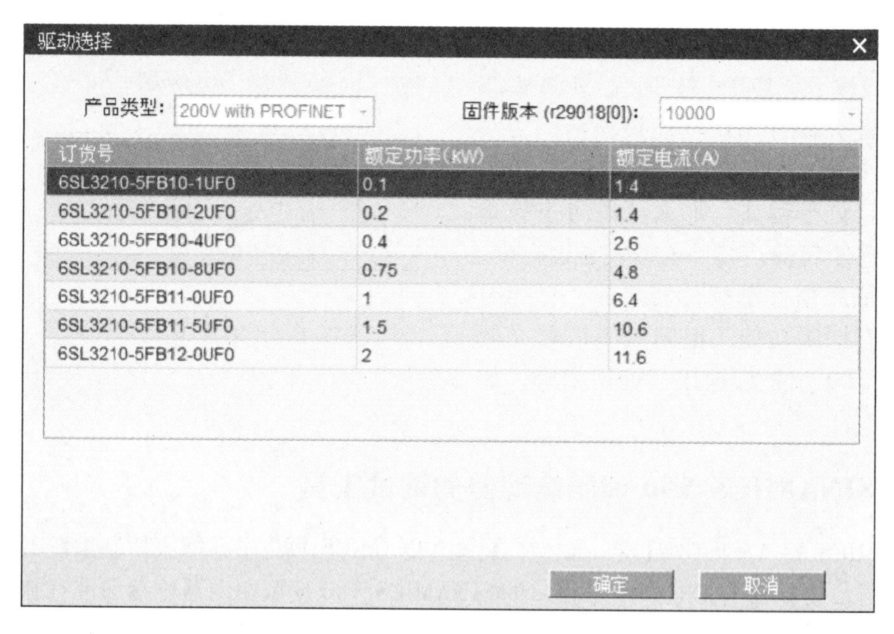

图 4-38　V-ASSISTANT 离线选择驱动

1）选择驱动：以 SINAMICS V90 PN 伺服驱动器为例说明 V-ASSISTANT 的功能，其主界面如图 4-39 所示。

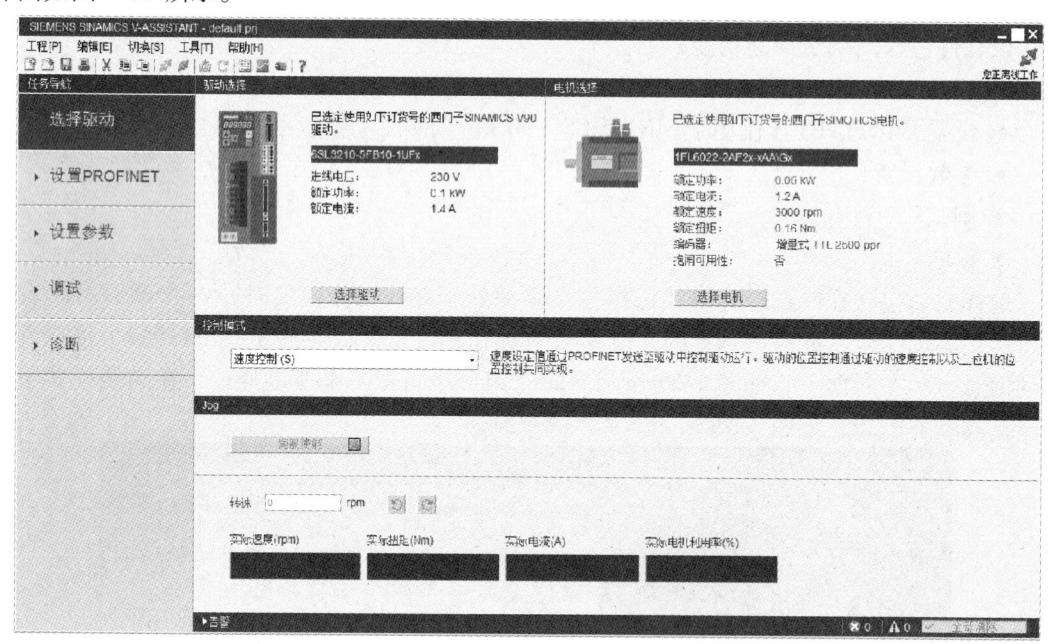

图 4-39　V-ASSISTANT 主界面

当所连接电动机是绝对值编码器时，V-ASSISTANT 会读取电动机和编码器信息，不需要进行电动机选择。当所连接电动机是增量式编码器时，用户需要对所连接电动机进行选择，如图 4-40 所示。

根据应用所需的控制模式，用户可以在 V-ASSISTANT 中选择控制模式。例如，SINAMICS V90 PN 伺服驱动器可选择基本定位器控制模式或者速度控制模式。

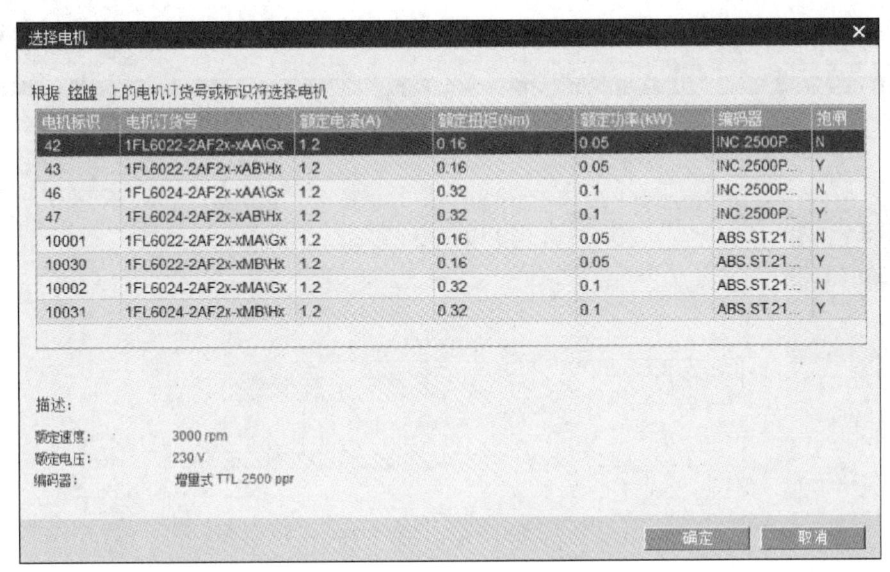

图 4-40 V-ASSISTANT 选择电动机型号

JOG 功能仅用于在线模式，启用 JOG 功能后，输入 JOG 速度，单击伺服使能，单击正转、反转按钮使电动机按照设定速度进行顺时针、逆时针运行。JOG 速度设置不应过快，否则可能因为通信延迟导致轴时空。

2）设置 PROFINET：在报文选择功能区，用户可以根据控制模式选择一个主报文和一个辅报文。辅助报文仅可以和主报文一起使用，不能单独使用。选择报文后，所显示的过程数据会根据报文发生变化，如图 4-41 所示。在配置网络功能区，用户可以自行配置 PN 站名和 IP 地址并保存激活。

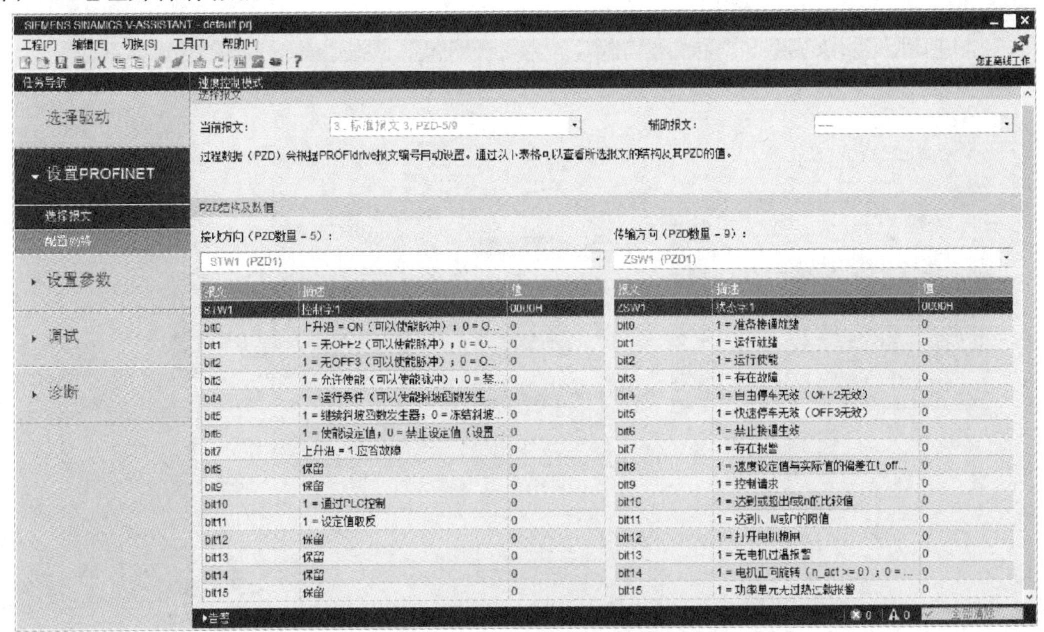

图 4-41 V-ASSISTANT 设定报文

3）参数设定：此时的参数设定包括配置斜坡功能，设置极限值以及配置输入/输出，如图 4-42 所示。

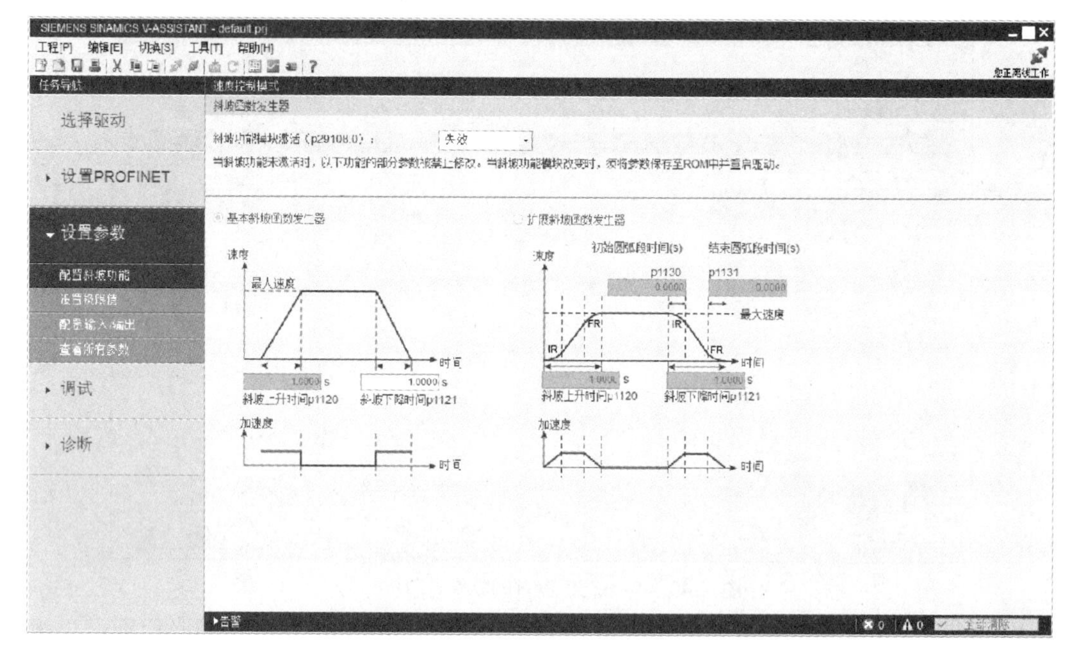

图 4-42　V-ASSISTANT 参数设定

调试功能包括监控驱动状态，测试电动机和优化驱动。在监控驱动状态功能里，用户可以进行 I/O 仿真，DI 信号监控和 DO 信号监控，如图 4-43 所示。在测试电动机功能里，用户可进行 JOG 操作和位置试运行。在优化驱动里，用户可以对伺服驱动进行一键优化，实时优化以及手动优化。

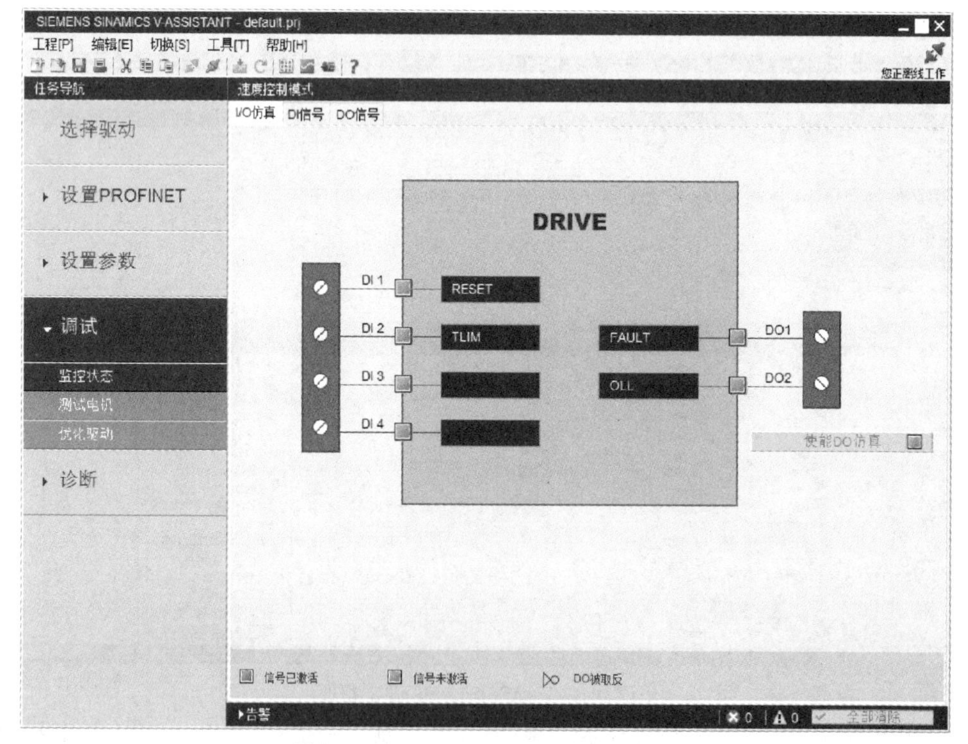

图 4-43　V-ASSISTANT 驱动状态监控

诊断功能包括监控状态，录波信号以及测量机械性能。监控功能仅用于在线模式。可监控运动相关参数的实时值，运动数据和产品信息显示如图4-44所示。

运动数据

参数号	描述	当前值	单位
r29018[0]	OA版本：固件版本	10000	N.A.
r29018[1]	OA版本：编译版本	11	N.A.
r29400	内部控制信号状态指示	268435468	N.A.
r29942	DO状态字	138	N.A.
r18	中央控制单元固件版本	4703555	N.A.
r20	已滤波的速度设定值	0.0000	rpm
r21	已滤波的速度实际值	0.0000	rpm
r26	经过滤波的直流母线电压	1.0000	V
r27	已滤波的电流实际值	0.0000	Arms
r29	已滤波的磁通电流实际值	0.0000	Arms
r30	已滤波的扭矩电流实际值	0.0000	Arms
r31	已滤波的扭矩实际值	0.0000	Nm
r33	已滤波的扭矩利用率	0.0000	%
r37[0]	功率单元温度：逆变器最大值	30.5000	°C
r61[0]	未滤波的速度实际值：编码器1	0.0000	rpm
r79[0]	总扭矩设定值：未滤波的	0.0000	Nm
r296	直流母线欠电压阈值	150	V
r297	直流母线过电压阈值	410	V
r311	电机额定速度	0.0000	rpm
r333	电机额定扭矩	0.0000	Nm
r482[0]	编码器位置实际值 Gn_XIST1：编码器1	0	N.A.
r482[1]	编码器位置实际值 Gn_XIST1：编码器2	0	N.A.
r632	电机温度模型定子绕组温度	20.0000	°C

产品信息

驱动：
6SL3210-5FB10-2UF0
进线电压： 230 V
额定电流： 1.4 A
固件版本： v10000
序列号： ST-YMXXYZZZZZZZ

电机：
编码器：
额定扭矩：
额定功率：
额定速度：

图4-44 V-ASSISTANT 驱动状态监控功能

录波信号功能在以下面板上录波所连驱动在当前模式下的性能，让用户可以针对当前所录波形进行时域和频域的分析，如图4-45所示。

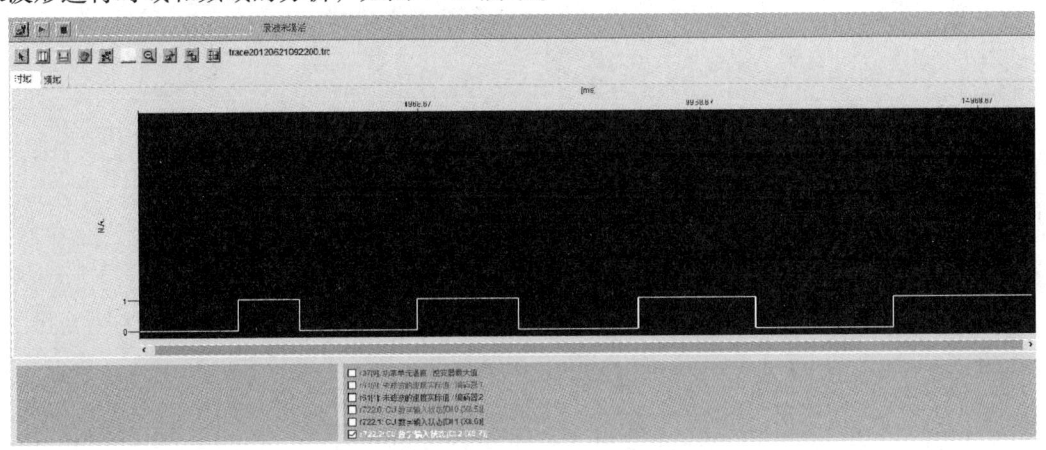

图4-45 V-ASSISTANT 录波信号功能

4.4.5 SIMOTICS 1FL6 伺服电动机

SIMOTICS-1FL6 伺服电动机为自然冷却的永磁同步电动机，运转时无需外部冷却。热量通过电动机表面耗散。

这些电动机具有 300% 过载能力，可与 SINAMICS V90 伺服驱动器结合使用以形成一个功能强大的伺服控制系统。根据具体应用，可选用增量式编码器或绝对值编码器，具有动态性能高，转速控制范围宽，且轴端和法兰精度较高的特点。

根据不同应用场合的惯量需求，SIMOTICS 1FL6 伺服电动机分为低惯量电动机和高惯量电动机两类，概述见表 4-11。

表 4-11　SIMOTICS 1FL6 伺服电动机概览

特　征	低惯量	高惯量
轴高	20、30、40 和 50	45、65 和 90
额定扭矩/Nm	0.16 ~ 6.37	1.27 ~ 33.4
额定转速/(r/min)	3000	2000/3000
最大转速/(r/min)	5000	4000
编码器	增量式编码器 2500S/R 绝对值编码器 21 位单圈 绝对值编码器 20 位 + 12 位多圈	增量式编码器 2500S/R 绝对值编码器 20 位 + 12 位多圈
其他特点	高动态性能：转动惯量极低，加速更快 高转速：最高转速高达 5000r/min，高效生产的强大保障 结构小巧紧凑：更加小巧，配合同样紧凑的驱动器，可以满足安装空间狭小的应用的需求	运行平稳：转动惯量高，因此转矩精度高，速度波动小 设计坚固耐用：凭借高品质金属连接器和标配的油封，可用于恶劣环境 强劲的转矩输出：额定转矩范围宽泛，可高达 33.4 Nm

关于电动机的选型，参照 6.1 章节。

第5章 伺服控制系统的优化

随着科学技术的发展，越来越多的高智能化功能被集成到伺服控制系统中，为提升OEM机械生产设备的性能和功能提供了多种选择。但是对于伺服控制系统来说，这种由机械系统和电气系统组成的机电一体化运动控制系统本质并没有发生太大的改变，因此如何使电气系统和机械系统良好地匹配，并能够充分发挥当前系统配置下的最佳性能，提高机械设备的生产效率、质量和可靠性，就需要对伺服控制系统进行准确的优化。同时，对伺服驱动器的性能和优化功能的要求越来越高，对伺服控制系统设计人员和调试人员技术能力的要求也越来越高。

虽然控制学科出现了很多更复杂、更先进的控制理论和方法，但是经典控制理论仍然在伺服控制系统中发挥着很重要的作用，经典PID（比例积分微分）控制算法经过多年的实践，仍然被认为是伺服控制系统中最可靠和稳定的调节器设计方案。对于从事伺服控制系统设计的工程技术人员，非常有必要了解经典控制理论；而对于学习过控制理论课程的人员，虽然对控制系统的数学模型和分析方法有一定的了解，但是在面对工程实际问题时，往往找不到理论和实际的切入点，不知道如何使用控制原理解决实际问题。因此，在本章第一节中将结合实际的电动机控制案例介绍经典控制理论基本概念在伺服控制系统中的应用。通过比较系统时域阶跃响应和频域响应曲线，以及系统对正弦波输入信号的响应结果，可以直观地了解控制系统的专业术语和参数变化对系统响应的影响。在控制系统的优化分析过程中经常要用到Bode（频域响应曲线）图，因此从事伺服控制系统控制领域的工程技术人员有必要掌握Bode图的分析设计方法。

为了提高从事伺服控制系统设计、调试和服务的工程技术人员掌握伺服控制系统优化的基本技能，在本章第二节中将借助实际的伺服控制系统案例说明伺服控制系统优化的基本步骤和方法，以及如何使用滤波器抑制机械传动系统的谐振；详细介绍了伺服控制系统的三环级联控制结构并详细分析了各个环路的主要作用和功能；介绍了机械传动系统中的弹性连接环节特性和惯量比对伺服控制系统性能的影响；详细阐述了伺服控制环路优化的步骤和方法，对于伺服控制系统的优化不仅仅需要控制理论的基本知识还需要大量的理论实践和实际调试的优化经验；在位置环优化章节中，简单介绍了常用的位置定位指令轮廓发生器，以及如何使用前馈控制策略提高位置响应能力和减小位置跟随误差。

在本章的最后一节中，详细介绍了SINAMICS V90伺服驱动器的优化方法，如何使用驱动器调试软件V-ASSISTANT来测量伺服控制系统频域响应Bode图；详细介绍了一键自动优化功能和实时优化功能，针对不同的实际应用情况，给出了建议的自动优化策略；针对测试系统案例，采用不同的前馈优化控制方法，对比了实际的位置定位和跟随性能；对低频振动抑制功能做了详细的介绍，对比了不同抑制策略下的负载振动效果，对使用低频振动抑制功能有一定的指导意义。

5.1 伺服控制系统的基本控制理论

伺服控制系统通常被近似认为是线性控制系统，假定输入为 $u(t)$ 时，系统 G 的输出为 $v(t)$，那么输入为 $k*u(t)$ 时，系统 G 的输出为 $k*v(t)$，时域系统如图 5-1 所示。

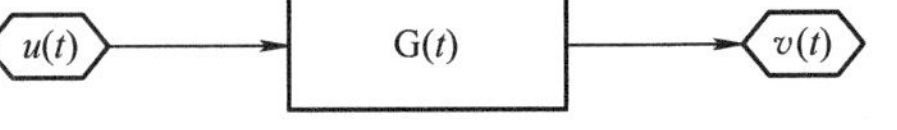

图 5-1 时域系统基本框图

分析线性控制系统用到最多的是经典控制理论，拉普拉斯变换是经典控制理论的基础。通常设计、分析和优化伺服控制系统是从数学模型开始的，基于基本的物理原理建立系统的微分方程模型。但是微分方程在时域的求解非常的不方便，对于定性的分析，精确的数学求解也是没有必要的。因此，在对控制系统模型进行分析时，需要用到数学工具拉普拉斯变换，它可以将微积分运算变为乘法运算，从而大大方便了数学模型的求解，具体的变换规则参照常用的拉普拉斯变换表。经过拉普拉斯变换后，数学模型时间域变量 t 变为复变量域 $s=\mathrm{j}\omega$。基于复变量 s 域函数模型，非常方便地分析控制系统在频域的响应特性，而且控制系统的性能指标通常是在频域提出的，例如带宽。系统 s 域模型通常用传递函数 $G(s)$ 表示，频域系统如图 5-2所示。

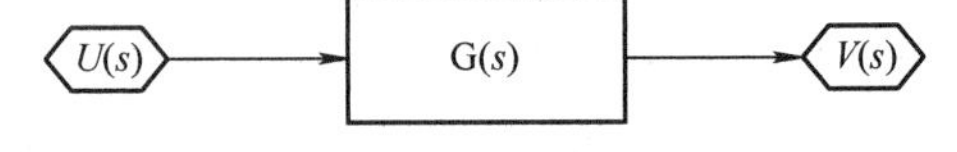

图 5-2 频域系统基本框图

对于复杂的系统，多个子模块用框图组合起来，系统输入输出之间的关系用框图的图形化表示。系统组合框图的计算规则可以参照经典控制理论的描述。如图 5-3 所示，对伺服反馈系统的开环和闭环计算规则做了简单介绍，系统指令输入 $U(s)$，干扰量输入 $Z(s)$，系统输出 $V(s)$。

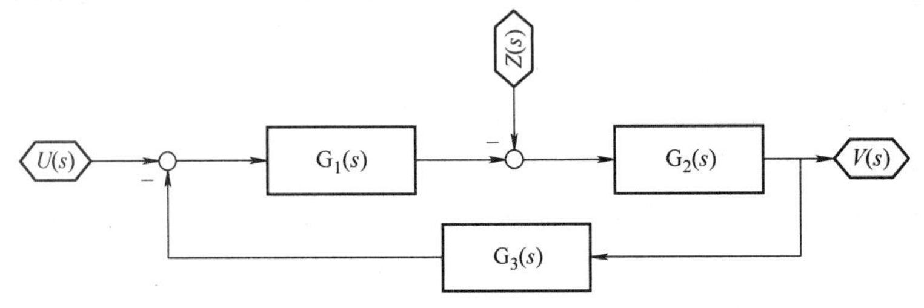

图 5-3 反馈系统基本框图

系统开环响应传递函数（在 G_3 负反馈回路断开），见式（5-1）：

$$G_o = G_1 G_2 G_3 \tag{5-1}$$

系统闭环响应传递函数，见式（5-2）：

$$G_w(s) = \frac{V(s)}{U(s)} = \frac{G_1\ G_2}{1+G_o}(Z(s)=0) \tag{5-2}$$

系统干扰响应传递函数，见式（5-3）：

$$G_z(s) = \frac{V(s)}{Z(s)} = \frac{G_2}{1+G_o}(U(s)=0) \tag{5-3}$$

5.1.1 信号的描述方法

在伺服控制系统分析的过程中，经常需要处理采集到的各种各样的信号，如模拟信号或数字信号。传感器采集到的信号基本都是以时间作为参照，分析信号的幅值随时间的变化是比较直观的，也是大多数人能够理解的。对于更专业的技术人员，在实际的信号处理分析过程中，通常需要了解信号细微的变化量，信号中到底包含了什么关键信息，具有什么样的共性规律。因此就需要信号的频域描述方式，描述信号以频率作为参照，分析信号在不同频率的幅值和相位变化情况。信号在频域的分析理论基础是傅里叶变换，它的直观解释就是任何连续的时域信号，都可以用若干个不同频率和幅值的正弦波信号无限叠加组合而成。时域描述和频域描述是对同一信号的不同数学描述方式。根据傅里叶级数理论，任何周期信号都可以用它的傅里叶级数展开式来无限逼近。实际系统采集到的一段时间的非周期信号时域波形可以采用傅里叶变换得到信号的频域波形。

假设 $f(t)$ 为周期 T 的信号，那么它的傅里叶级数展开公式，见式（5-4）、式（5-5）和式（5-6）：

$$f(t) = \frac{a_0}{2} + \sum_{n=1}^{\infty}\left(a_n\cos\frac{2\pi nt}{T} + b_n\sin\frac{2\pi nt}{T}\right) \tag{5-4}$$

$$a_n = \frac{2}{T}\int_{-\frac{T}{2}}^{\frac{T}{2}} f(t)\cdot\cos\frac{2\pi nt}{T}\mathrm{d}t, (n \geqslant 0) \tag{5-5}$$

$$b_n = \frac{2}{T}\int_{-\frac{T}{2}}^{\frac{T}{2}} f(t)\cdot\sin\frac{2\pi nt}{T}\mathrm{d}t, (n \geqslant 1) \tag{5-6}$$

周期为 T 的方波信号公式，见式（5-7）：

$$f(t) = \begin{cases} -1, & (-\frac{T}{2} < t < 0) \\ 1, & (0 < t < \frac{T}{2}) \end{cases} \tag{5-7}$$

方波周期信号的傅里叶级数公式，见式（5-8）和式（5-9）：

$$a_n = 0, (n \geqslant 0), b_n = \begin{cases} 0, & (n = 2,4,6,\cdots) \\ \frac{4}{n^{\pi}} & (n = 1,3,5,\cdots) \end{cases} \tag{5-8}$$

$$f(t) = \sum_{n=1}^{\infty}\left(\frac{4}{(2n-1)\pi}\cdot\sin\frac{2\pi(2n-1)t}{T}\right) \tag{5-9}$$

下面比较傅里叶级数 n 取不同数值时，对周期为 1Hz，幅值为 1 的方波信号进行傅里叶级数展开，得到的曲线结果如图 5-4 所示，横坐标 time 为时间变量。从时域的对比图可以看出，如果不同频率的正弦波信号数量足够多，那么这些正弦信号叠加起来就与原始方波信号一样。因此，利用傅里叶级数展开公式可以计算出任意周期信号的正弦波信号分量。

对于线性时不变系统，输入一个正弦波信号，系统的输出还是一个正弦波，信号的频率保持不变，只有信号的幅值和相位会发生改变。因此，正弦信号相当于任何信号的最小基本分量。在分析控制系统的响应特性时，经常用正弦波信号作为输入指令，通过计算或测试系统输出正弦波信号的幅值和相位分析系统的性能。工程上经常需要同时分析时域信号和频域信号，对时域信号做 FFT（快速傅里叶变换），分析信号不同频率分量的幅值和相位是非常有意义的。对于正弦波信号，主要有频率、幅值和相位三个变量。而控制系统的频率域设计分析中，绘制系统 Bode 图就能够得到系统的幅值频域响应和相位频域响应。因此，对于控制系统的设计、分析和调试人员来说，非常有必要了解系统的频率域响应。目前，伺服驱动

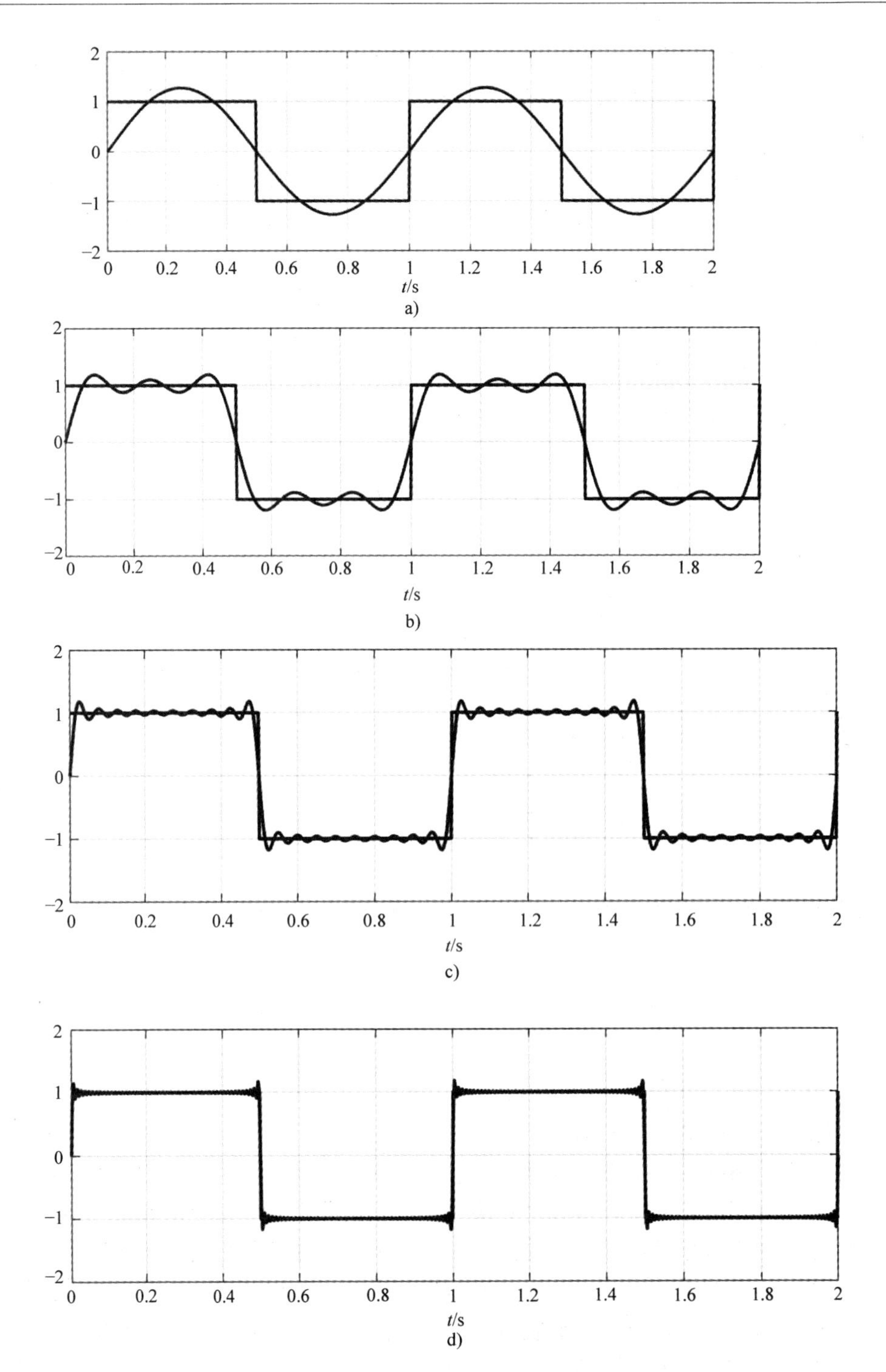

图 5-4　周期为 1Hz，幅值为 1 的方波信号傅里叶级数展开图

a）傅里叶级数 $n=1$　b）傅里叶级数 $n=3$　c）傅里叶级数 $n=10$　d）傅里叶级数 $n=50$

器相关的调试软件中一般都提供了 FFT 和 Bode 图绘制功能。对采集的数据做分析时也可以借助其他的信号分析工具，例如常用的 MATLAB 软件。

5.1.2 系统阶跃响应特性

在对伺服控制系统响应特性进行分析时，经常需要用到阶跃输入信号指令。系统的阶跃响应特性就是系统的输出量在阶跃指令输入时随时间的变化过程。伺服控制系统的调试过程中经常需要查看电动机速度的阶跃响应是否满足系统的要求。

伺服控制系统的阶跃响应特性曲线通常应关注以下几个主要特性指标，如图 5-5 所示，纵坐标 Amplitude 为阶跃响应的幅值。

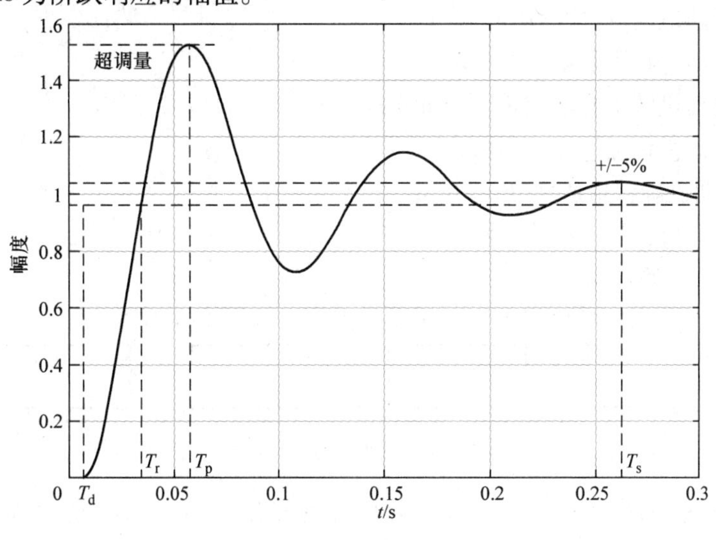

图 5-5 阶跃响应

1. 死区时间 T_d

由于控制器采样时间的影响，系统输出实际会延时一段时间，这段死区时间通常为采样周期的整数倍。

2. 上升时间 T_r

上升时间通常采用从阶跃指令的边沿开始到系统实际的输出量第一次达到系统容许的偏差范围内的时间，对于伺服控制系统此偏差通常为 5%。

3. 峰值时间 T_p

峰值时间通常采用从阶跃指令的边沿开始到系统实际的输出量第一次达到峰值的时间。

4. 超调量 Overshoot

系统输出第一次超出容许的偏差后与系统稳定值的最大偏差值，通常采用相对于稳定值的百分比表示。

5. 稳态建立时间 T_s

系统的输出量达到系统容许偏差范围内的时间为系统的稳态建立时间。

在控制理论领域内分析系统的响应，频域描述法相对于时域响应更为直观，但是对于非控制专业的人员会比较抽象。系统的频域响应可以量化，稳定性可以准确地评估。因此，非常有必要掌握伺服控制系统在频域的分析方法。下面以伺服电动机的速度响应为例，介绍系统频域响应特性的分析方法和主要概念。伺服电动机作为伺服驱动器的控制对象，驱动器提供电流给电动机，电动机产生力矩驱动电动机旋转，基于牛顿第二定律，电动机的基本动力学模型见式（5-10）、式（5-11）和式（5-12）。

$$T = I \times k_{\mathrm{T}} = J_{\mathrm{m}} \times \alpha \tag{5-10}$$

$$\alpha = \frac{\mathrm{d}v(t)}{\mathrm{d}t} = v(s) * s \tag{5-11}$$

$$v = \frac{\mathrm{d}\phi(t)}{\mathrm{d}t} = \phi(s) * s \tag{5-12}$$

式中 T—— 电动机转矩（Nm）;

I—— 电动机电流（A）;

k_{T}—— 电动机转矩系数（Nm/A）;

J_{m}—— 电动机转子旋转惯量（kgm^2）;

α—— 电动机角加速度（$\mathrm{rad/s}^2$）;

$v(t)$——电动机旋转角速度（rad/s）;

$\phi(t)$—— 电动机转过的角度（rad）。

s——复变量参数。

参照数学模型建立电动机动力学系统模型框图，如图 5-6 所示。

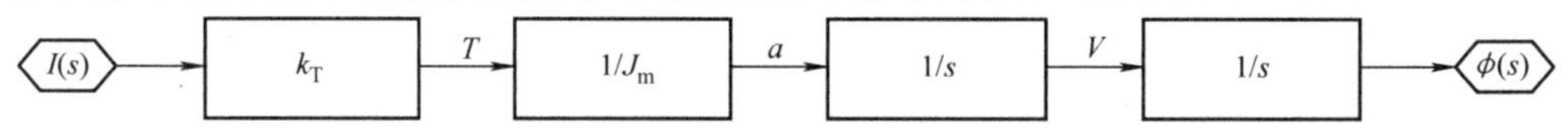

图 5-6 电动机动力学模型

假定电流作为系统的输入，转速作为系统的输出，则电动机动力学系统传递函数，见式（5-13）:

$$\mathrm{G}_{\mathrm{IV}}(s) = \frac{V(s)}{I(s)} = \frac{k_{\mathrm{T}}}{J_{\mathrm{m}}} \times \frac{1}{s} \tag{5-13}$$

为了能够精确分析系统的行为，工程上通常需要得到系统在频域的幅值响应特性和相位响应特性。绘制系统传递函数 Bode 图是最直接有效的分析方法，Bode 图上面为系统幅值响应特性曲线，下面为相位响应特性曲线。工程上通常用 Hz 代替角频率来描述系统的频域响应，Hz 和角频率的转换关系，见式（5-14）。

$$s = \mathrm{j}\omega = \mathrm{j}2\pi f \tag{5-14}$$

式中 ω—— 角频率（rad/s）;

f——频率（Hz）。

$$\mathrm{G}_{\mathrm{IV}}(\mathrm{j}\omega) = \frac{V(\mathrm{j}\omega)}{I(\mathrm{j}\omega)} = \frac{k_{\mathrm{T}}}{J_{\mathrm{m}}} \times \frac{1}{\mathrm{j}\omega} = \frac{k_{\mathrm{T}}}{J_{\mathrm{m}}} \times \frac{1}{\mathrm{j}2\pi f} \tag{5-15}$$

系统的幅值增益为输出信号与输入信号比值的模，见式（5-16）。

$$\mathrm{Gain} = |\mathrm{G}_{\mathrm{IV}}(\mathrm{j}\omega)| = \frac{k_{\mathrm{T}}}{J_{\mathrm{m}}2\pi f} \tag{5-16}$$

系统的相位为输出信号与输入信号的相位差，见式（5-17）。

$$\mathrm{Phi} = \tan^{-1}\left(\frac{\mathrm{Im}[\mathrm{G}_{\mathrm{IV}}(\mathrm{j}\omega)]}{\mathrm{Re}[\mathrm{G}_{\mathrm{IV}}(\mathrm{j}\omega)]}\right) = -\frac{\pi}{2} \tag{5-17}$$

在 Bode 图上，系统的幅值增益通常用 dB 表示，见式（5-18）。

$$\mathrm{dB} = 20 * \log(\mathrm{Gain}) \tag{5-18}$$

伺服控制系统常用的频率范围为 1～4000Hz，假定 $k_T=1$（Nm/A），$J_m=0.001$（kg m^2），G_{IV}包含一个积分环节，借助 MATLAB 绘制的频域响应曲线如图 5-7 所示，横坐标频率（Frequency）的单位为 Hz，上图幅值响应（Magnitude）的单位为 dB，下图相位响应（Phase）的单位为角度。工程上通常也需要在时域上分析系统的性能。最常用的是分析系统的阶跃响应，尤其是电动机作为速度控制时。通过系统的 Bode 图可以看出，G_{IV}实际上是一个开环积分系统，电动机的转速会因为积分环节的存在而持续增大，显然这样的系统在工程上是不允许的。这就需要伺服驱动器能够实时调节电动机转速，给G_{IV}系统增加一个 PI 调节器构成转速负反馈，如图 5-8 所示。调节器通常是集成在伺服驱动器中通过软件的形式按照固定的时间间隔调节当前的速度偏差。因此，数字调节器需要考虑调节器的计算周期，计算周期越短越接近于实时调节系统，但是需要 CPU 的计算能力就越强，可能花费的成本也越高。对于一个成熟的伺服控制系统，需要综合评价计算周期对各方面功能的影响。

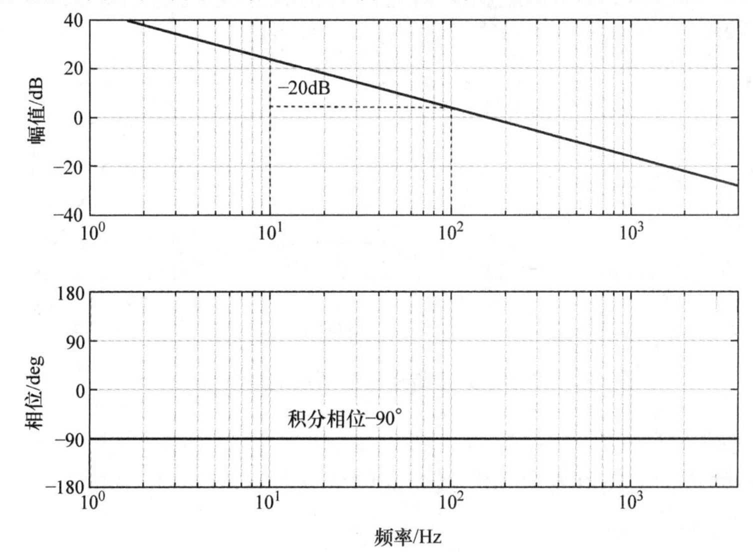

图 5-7 G_{IV}系统频域响应

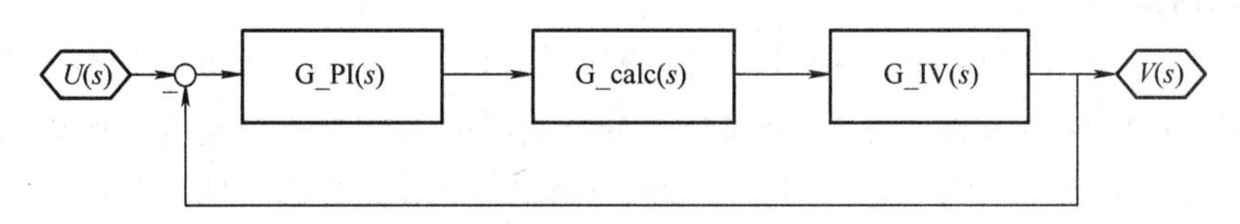

图 5-8 转速反馈系统

PI 调节器的传递函数，见式（5-19）。

$$G_{PI}=k_p\left(1+\frac{1}{T_i s}\right) \tag{5-19}$$

数字调节器的计算周期考虑为近似纯延时系统，见式（5-20）：

$$G_{calc}=e^{-T_c s} \tag{5-20}$$

速度反馈系统的开环传递函数，见式（5-21）：

$$G_O=G_{PI}G_{calc}G_{IV} \tag{5-21}$$

速度反馈系统的闭环传递函数为，见式（5-22）：

$$G_W = \frac{G_O}{1 + G_O} \tag{5-22}$$

5.1.3 系统开环频域响应特性

假定 $k_p = 1$，$T_i = 10\text{ms}$，$T_c = 0.5\text{ms}$ 时，系统G_O的开环传递函数频域响应特性如图 5-9 所示。通过系统的开环 Bode 图可以得到系统响应的 3 个关键参数：

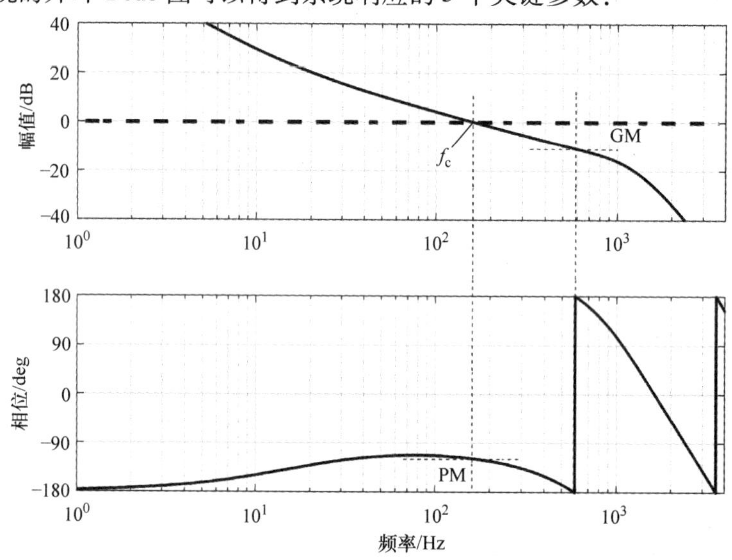

图 5-9 开环传递函数频域响应特性

1. 增益穿越频率 f_c

在系统增益幅值曲线正好穿过 0dB 线时的频率点，$|G_O(f_c)| = 0\text{dB}$。

2. 相位裕量 PM

在系统幅值增益穿越频率点f_c时，系统的实际相位与 $-180°$的差。

3. 增益裕量 GM

在系统的实际相位$Phi_O(f_\pi) = -180°$ 的频率点f_π时，0dB 线与系统实际幅值的差。

参照闭环系统传递函数，见式（5-22），分母为零时系统是不稳定的，所以闭环系统的不稳定点为开环系统$G_O = 0\text{dB}$（$-180°$）。为了保证闭环系统的稳定性，开环系统的相位响应特性曲线必须在增益穿越频率点大于 $-180°$，幅值响应特性曲线必须在相位达到 $-180°$的频率点远离 0dB 线，也就是说开环系统要有一定的相位裕量和增益裕量。系统稳定性裕量的判断需要根据实际伺服控制系统的应用需求而变化，同时考虑控制器的类型和闭环系统中滤波器的使用情况。对于伺服控制系统，相位裕量和增益裕量的优化经验值，见表 5-1。

表 5-1 相位裕量和增益裕量优化经验值

	闭环基准频域响应优化	干扰频域响应优化
相位裕量 PM	40 ~ 60	20 ~ 50
增益裕量 GM	12 ~ 20	3.5 ~ 10

5.1.4 系统闭环频域响应特性

速度反馈系统的闭环传递函数的频域响应曲线如图5-10所示，闭环系统的阶跃指令响应特性曲线如图5-11所示。参考闭环频域响应曲线，工程上经常将幅值响应减小到-3dB，约等于输出幅值衰减到70.7%时的频率定义为闭环频域响应的带宽bandwidth。针对不同品牌的伺服驱动系统，所选择的频率单位或者基准选择点的不同，带宽可能会有显著的差异。另一方面，在实际应用中，工程技术人员不仅要关注-3dB的带宽，而且同时要关注相位的衰减幅度。针对不同的应用需求同时对幅值频域响应和相位频域响应做优化。

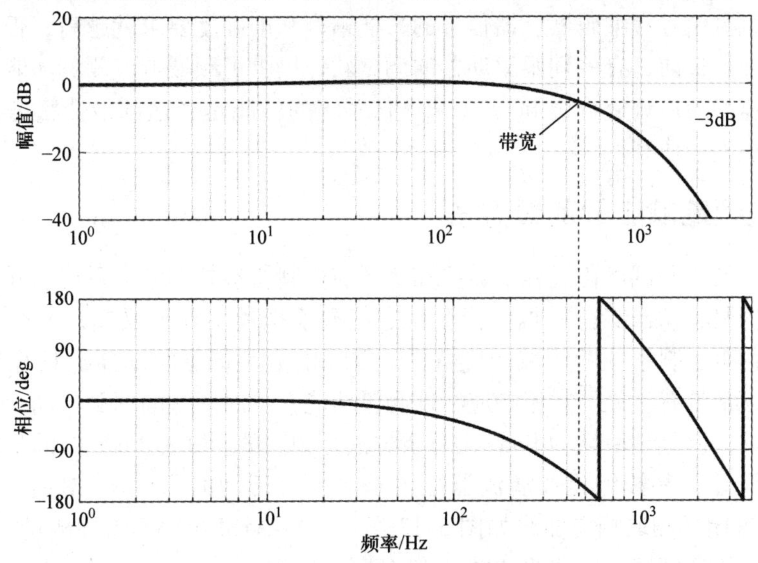

图5-10 系统闭环频域响应

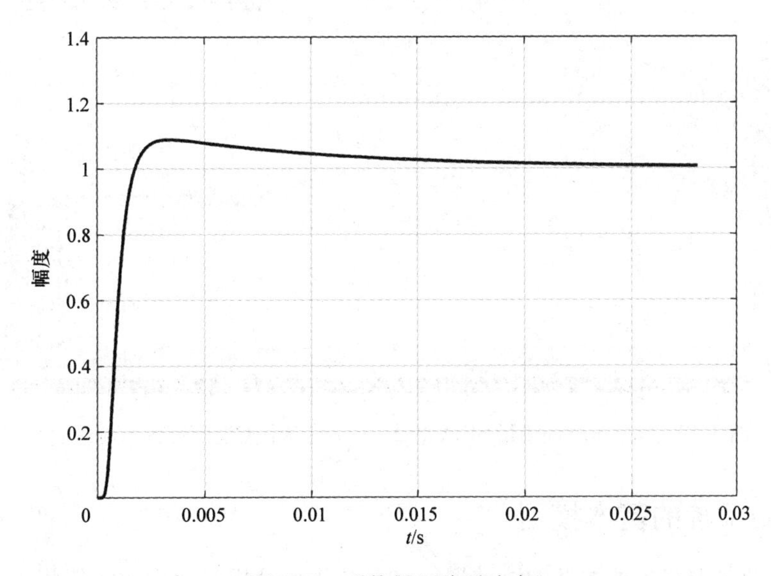

图5-11 系统闭环阶跃响应

在保证系统稳定的前提下，伺服回路的增益越高，幅值频域响应特性曲线的带宽会越宽，因此增加控制器的增益直接增大了闭环频域响应的带宽，而系统的相位基本不会有大的影响。系统频域响应带宽与阶跃响应特性的上升时间是直接相关的。带宽越宽上升时间越短，反之亦然。

伺服控制器中经常用到各种滤波器，滤波器的引入会导致相位的丢失，尤其是多个滤波器同时起作用时，这时就需要仔细检查相位频域响应曲线是否满足应用要求。

由于现在市场上的伺服控制器都是基于 CPU（中央处理器）的数字控制器，因此在设计调试伺服控制系统时需要综合考虑控制器采样时间的选择。原则上来讲采样时间越短，伺服回路中引入的延时越小，但是对 CPU 的计算性能要求也就越高，这就意味着成本也越高。同时对电动机电流信号和编码器反馈信号的采样精度和准确度要求就越高，否则信号的噪声会影响控制精度。目前，有些伺服驱动器的调试软件提供了频域响应测量功能，用户可以测量当前系统的速度闭环频域响应 Bode 图来评估系统的性能是否达到最佳状态，对系统的优化工作提供了很大的便利。

5.1.5 系统频域响应的测量方法

工程技术人员在调试优化过程中需要知道当前控制器参数下整个系统的开环或者闭环频域响应。如果伺服驱动器支持模拟量指令设定值和模拟量实际值反馈，那么可以采用 FFT 分析仪来测量伺服控制系统的频域响应特性。现在的数字伺服驱动器都具有相关的调试软件，调试软件通常带有相关的频域响应特性测量功能，不同厂家的伺服驱动器采用的测量方式可能会有差异，但是频率域的 Bode 图分析方法是相同的。掌握 Bode 图的分析方法，对伺服控制系统的设计、参数优化和滤波器配置是非常有帮助的。Starter 软件测量 SINAMICS S120 变频器速度闭环频域响应曲线如图 5-12 所示，V-ASSISTANT 软件测量 SINAMICS V90 伺服驱动器速度闭环频域响应曲线如图 5-13 所示。

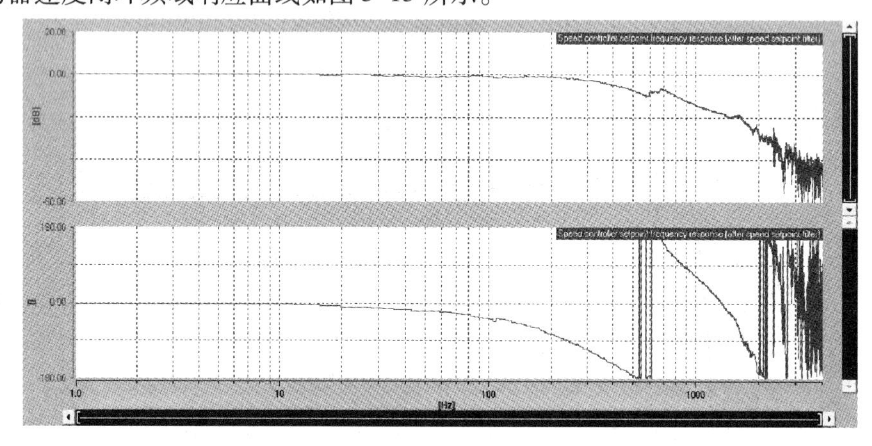

图 5-12 Starter 软件测量 SINAMICS S120 变频器速度闭环频域响应曲线

5.1.6 控制系统的基本模型

在伺服驱动器中有各种类型的滤波器，在系统优化分析时通常也需要将子系统近似为简单的标准传递函数模型。因此，有必要了解常见的传递函数模型的特性。

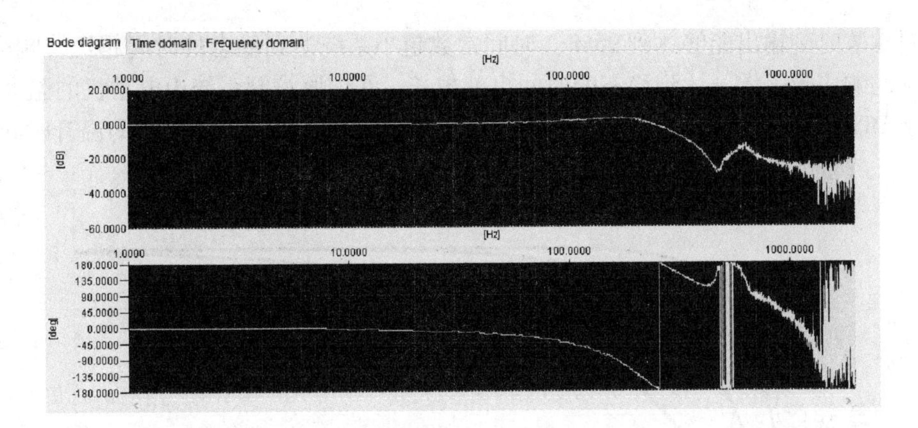

图 5-13 V-ASSISTANT 软件测量 SINAMICS V90 速度伺服驱动器闭环频域响应

1. 一阶比例延时系统 PT1

一阶比例延时系统的微分方程，见式（5-23）。

$$T\frac{\mathrm{d}v}{\mathrm{d}t}+v=u \tag{5-23}$$

式中 T——时间常数；

$u(t)$——输入变量；

$v(t)$——输出变量。

系统的时域输出，见式（5-24）。

$$v(t)=u(1-\mathrm{e}^{-\frac{t}{T}}) \tag{5-24}$$

对微分方程进行拉普拉斯变换，见式（5-25）和式（5-26）。

$$T_{\mathrm{s}}V(s)+V(s)=U(s) \tag{5-25}$$

$$\mathrm{G}(s)=\frac{V(s)}{U(s)}=\frac{1}{1+T_{\mathrm{s}}} \tag{5-26}$$

$\omega_0=1/T=2\pi f_0$ 为系统的特征角频率，系统延迟时间常数 T 的倒数，见式（5-27）。

$$\mathrm{G}(\mathrm{j}\omega)=\frac{V(\mathrm{j}\omega)}{U(\mathrm{j}\omega)}=\frac{\omega_0}{\omega_0+\mathrm{j}\omega} \tag{5-27}$$

注：ω_0单位为 rad/s，f_0单位为 Hz

PT1 系统的幅值增益，见式（5-28）。

$$\mathrm{Gain}=|\mathrm{G}(\mathrm{j}\omega)|=\frac{1}{\sqrt{1+(\omega_0T)^2}}=\frac{1}{\sqrt{1+\left(\frac{\omega}{\omega_0}\right)^2}} \tag{5-28}$$

PT1 系统的相位在频域的值，见式（5-29）：

$$\phi(\mathrm{j}\omega)=\tan^{-1}\left(\frac{I_{\mathrm{m}}(\mathrm{G}(\mathrm{j}\omega))}{R_{\mathrm{e}}(\mathrm{G}(\mathrm{j}\omega))}\right)=\tan^{-1}\frac{-\omega}{\omega_0} \tag{5-29}$$

为了能够更直观地了解 PT1 系统的特性，下面分别比较延迟时间常数 $T=1$、2、4ms 的阶跃响应特性曲线，如图 5-14 所示。从一阶比例延时系统的阶跃响应可以看出，PT1 系统是不会产生超调的，随着时间的累积，系统的输出最终趋向于 1。PT1 在 1 倍的时间常数时刻输出能够达到终值的 63.2%，在 2 倍的时间常数时刻输出能够达到终值的 86.5%，在 3

倍的时间常数时刻输出能够达到95%。时间常数越小系统达到稳态的时间越短，响应越快。反之系统的响应越平缓，达到稳态的时间也就越长。在伺服控制系统中电动机的温度上升曲线接近于PT1系统的阶跃响应特性，因此可以测量温升曲线来估计电动机的温升时间常数。

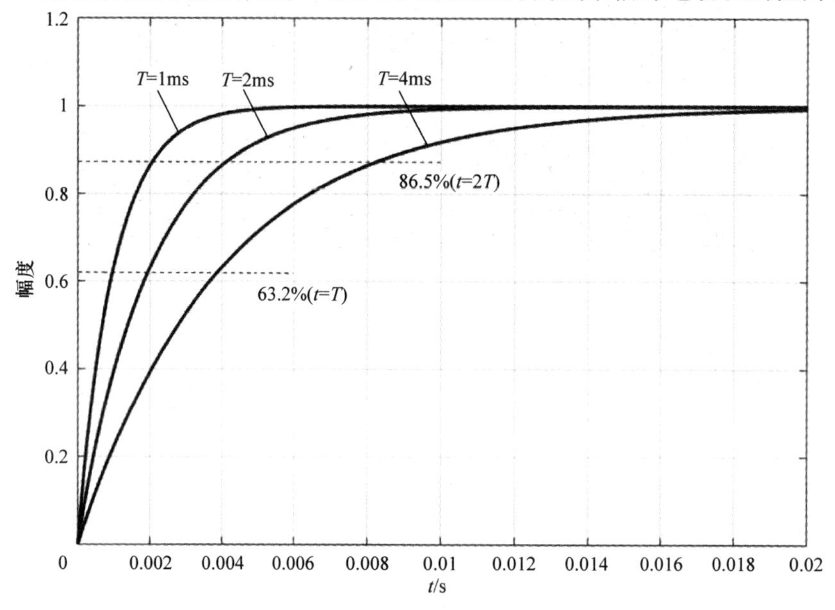

图5-14　PT1系统阶跃响应

PT1系统的频域响应特性曲线如图5-15所示。

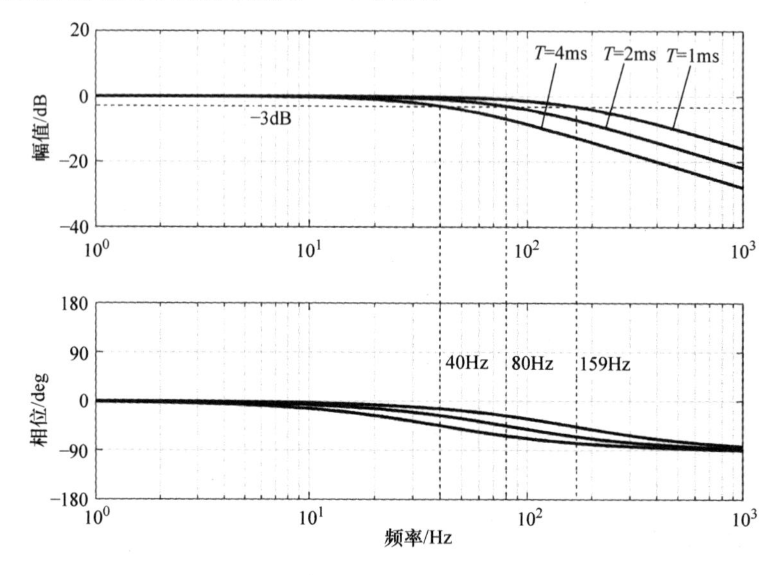

图5-15　PT1系统频域响应

（1）幅值频域响应

PT1系统在低频段的幅值输出为0dB，也就是说系统的输出等于系统的输入。系统在高频段的幅值是沿斜率-20dB每10倍频程衰减的，频率越高幅值越小，系统的输出在高频段被抑制住了。

（2）相位频域响应

PT1 系统在低频段的相位为 0，系统的输出相对于输入没有相位滞后。系统在高频段相位为 -90°，系统的输出相对于输入有 90°的相位滞后。

（3）系统带宽

PT1 系统在特征频率f_0处的幅值为 -3dB，系统的特征频率就是系统的带宽频率，系统在f_0出的相位为 -45°。

PT1 系统是伺服控制系统中最常用的低通滤波器，因为它只需要设置一个时间常数。充分了解 PT1 系统的频域响应特性，才能够合理的设置滤波器的时间常数来满足应用的需求。在伺服控制系统的分析过程中，有时为了简化方便，通常将复杂的系统环节近似为一个 PT1 低通滤波器的形式。通过比较近似前后频域响应特性曲线的结果来调整时间常数的大小，以满足近似准确度的要求。

为了能够更直观地了解 PT1 系统的响应特性，下面分析时间常数为 1ms 的 PT1 系统对频率为 159Hz 正弦信号的响应能力，如图 5-16 所示。

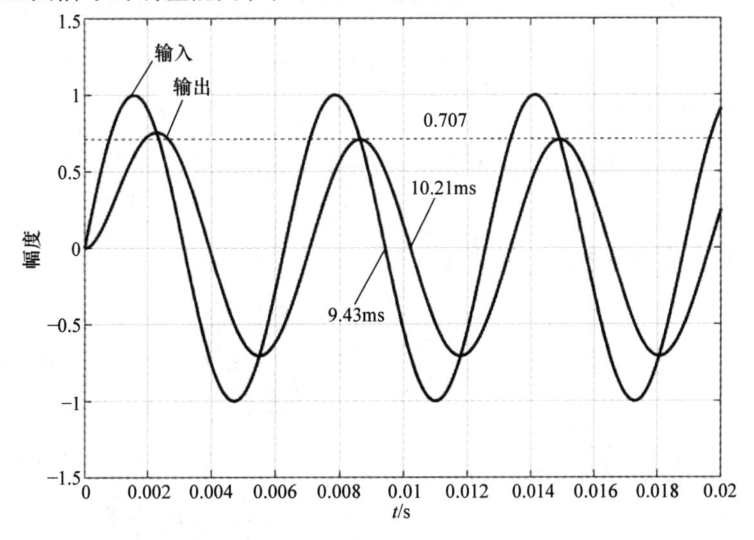

图 5-16　PT1 = 1ms 系统对 159Hz 正弦信号响应

当 PT1 系统的时间常数等于 1ms 时，PT1 的特征频率$f_0 = 1/(0.001 * 2 * \pi) \cong 159$Hz。通过测试 PT1 系统对 159Hz 的正弦波信号输入的响应，输出信号输出幅值衰减到 70.7%，根据输出信号的延迟时间估算系统相位滞后角度，见式（5-30）。

$$\Delta\phi(159\text{Hz}) = -\frac{10.21 - 9.43}{9.43} \times (360° + 180°) \approx -45° \tag{5-30}$$

PT1 系统在f_0频率的频域幅值为 -3dB = 0.707，频率域上相位角为 -45°。对于频率为f_0的输入信号，系统的输出信号比输入信号滞后 45°，对比图 5-16 的测试结果，因此系统的时域响应与频域响应 Bode 图结果是一致的。

在数控伺服控制系统中，经常需要测试评估两个轴加工圆形零件的精度，此时电动机的转速运动曲线就是正弦波信号指令，为了得到高精度的圆形轨迹必须要仔细调整两个插补轴的动态响应特性，理论上两个轴的幅值和相位响应特性要保持一致，此时就需要分析测量两个轴的频域响应 Bode 图。

2. 二阶比例延时系统 PT2

二阶比例延时系统的微分方程，见式（5-31）。

$$T^2\frac{\mathrm{d}^2v}{\mathrm{d}t^2}+2DT\frac{\mathrm{d}v}{\mathrm{d}t}+v=u \tag{5-31}$$

式中　$u(t)$——输入变量；

$v(t)$——输出变量。

D——二阶系统的相对阻尼系数。

对式（5-31）进行拉普拉斯变换，见式（5-32）和式（5-33）。

$$T^2s^2V(s)+2DTsV(s)+V(s)=U(s) \tag{5-32}$$

$$\mathrm{G}(s)=\frac{V(s)}{U(s)}=\frac{\omega_0^2}{\omega_0^2+2D\omega_0 s+s^2} \tag{5-33}$$

系统的特征角频率 $\omega_0=1/T=2\pi f_0$ 为系统延迟时间常数 T 的倒数，D 为二阶系统的相对阻尼系数，二阶系统的复数形式，见式（5-34）。

$$\mathrm{G}(\mathrm{j}\omega)=\frac{V(\mathrm{j}\omega)}{U(\mathrm{j}\omega)}=\frac{\omega_0^2}{\omega_0^2+2D\omega_0\mathrm{j}\omega+(\mathrm{j}\omega)^2} \tag{5-34}$$

PT2 系统的幅值增益，见式（5-35）。

$$\mathrm{Gain}=|\mathrm{G}(\mathrm{j}\omega)|=\frac{1}{\sqrt{\left[1-\left(\frac{\omega}{\omega_0}\right)^2\right]^2+\left(2D\frac{\omega}{\omega_0}\right)^2}} \tag{5-35}$$

PT2 系统的相位在频域的值，见式（5-36）。

$$\phi(\mathrm{j}\omega)=\tan^{-1}\left(\frac{I_{\mathrm{m}}(\mathrm{G}(\mathrm{j}\omega))}{R_{\mathrm{e}}(\mathrm{G}(\mathrm{j}\omega))}\right)=\begin{cases}\tan^{-1}\left[\dfrac{-2D\dfrac{\omega}{\omega_0}}{1-\left(\dfrac{\omega}{\omega_0}\right)^2}\right], & (\omega<\omega_0)\\ -90^\circ, & (\omega=\omega_0)\\ -180^\circ+\tan^{-1}\left[\dfrac{-2D\dfrac{\omega}{\omega_0}}{1-\left(\dfrac{\omega}{\omega_0}\right)^2}\right], & (\omega<\omega_0)\end{cases} \tag{5-36}$$

特征频率为 159Hz 的 PT2 系统阶跃响应特性曲线如图 5-17 所示。与 PT1 相比较，PT2 系统增加了一个阻尼系数 D。从系统的阶跃响应曲线可以看出，阻尼系数的大小会直接影响系统输出的结果。从图 5-17 可以看出，当 $D=0.2$ 时系统的输出呈现出在稳态值附近明显的振荡特性，所以 PT2 系统又经常称为振荡系统。

在伺服电动机与机械负载的传动系统中，由于机械的阻尼系数比较小，所以机械的位置或速度经常出现这种振荡特性的曲线。系统的阻尼系数越小振荡越明显，系统的超调量也就越大。在二阶系统的阶跃响应曲线图上有以下主要参数：

峰值时间，见式（5-37）。

$$T_{\mathrm{p}}=\frac{\pi}{\omega_0\sqrt{1-D^2}} \tag{5-37}$$

超调量，见式（5-38）。

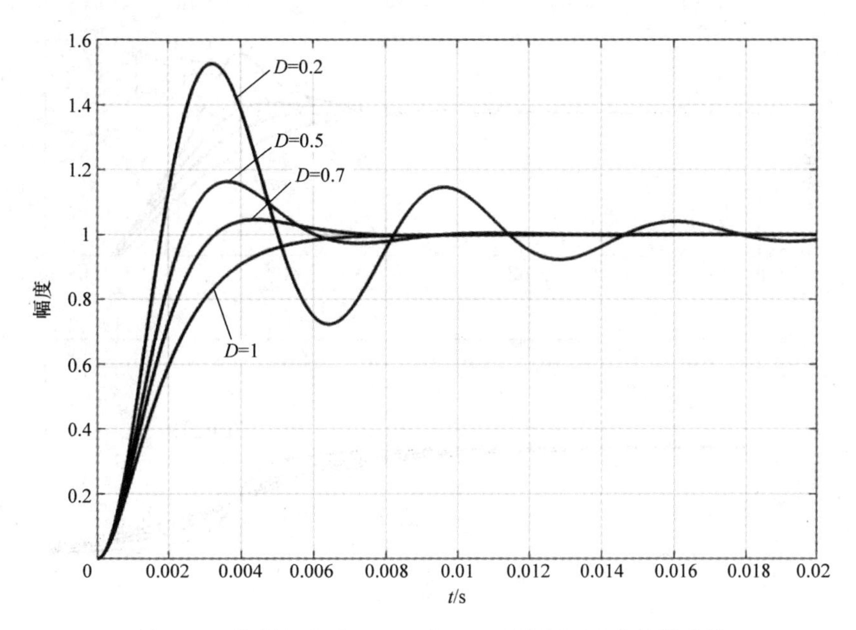

图 5-17 特征频率为 159Hz 的 PT2 系统阶跃响应特性曲线

$$\text{Overshoot} = e^{\frac{-\pi D}{\sqrt{1-D^2}}} * 100\% \tag{5-38}$$

固有振荡频率，见式（5-39）。

$$\omega_d = \omega_0 \sqrt{1-D^2} \tag{5-39}$$

参见表 5-2，PT2 的阶跃响应主要指标与阻尼系数的关系。

表 5-2 PT2 的阶跃响应主要指标与阻尼系数的关系

D	0.2	0.5	0.7	1
峰值时间	3.21	3.63	4.4	—
超调量	52.7%	16.3%	4.6%	—
固有振荡频率	155.8	137.7	113.5	—

特征频率为 159Hz 的 PT2 系统的频域响应特性曲线如图 5-18 所示。与 PT1 系统相比，PT2 系统因为阻尼系数 D 的不同，幅值响应曲线会出现超调，D 越小超调量越大。理论上来讲，当 $D=0.707$ 时在幅值频域响应特性曲线是没有超调的，但是在阶跃响应上有小于 5% 的超调量。在幅值曲线上会出现峰值最高的点称为谐振峰值，这一点的频率通常称为谐振频率。

在实际的伺服控制系统频域响应 Bode 图中，如果能测量到谐振频率和谐振幅值，或者测量的实际系统输出的阶跃振荡曲线，就可以按照 PT2 系统的数学公式估算实际系统的阻尼系数和特征角频率。

PT2 系统的 -3dB 带宽随着阻尼系数的减小而增大，但是超调也会随之增大。应注意的是，当阻尼系数比较小时，PT2 系统的谐振频率、固有振荡频率和特征频率几乎相等。

谐振频率，见式（5-40）。

$$\omega_r = \omega_0 \sqrt{1-2D^2} \tag{5-40}$$

谐振峰值，见式（5-41）。

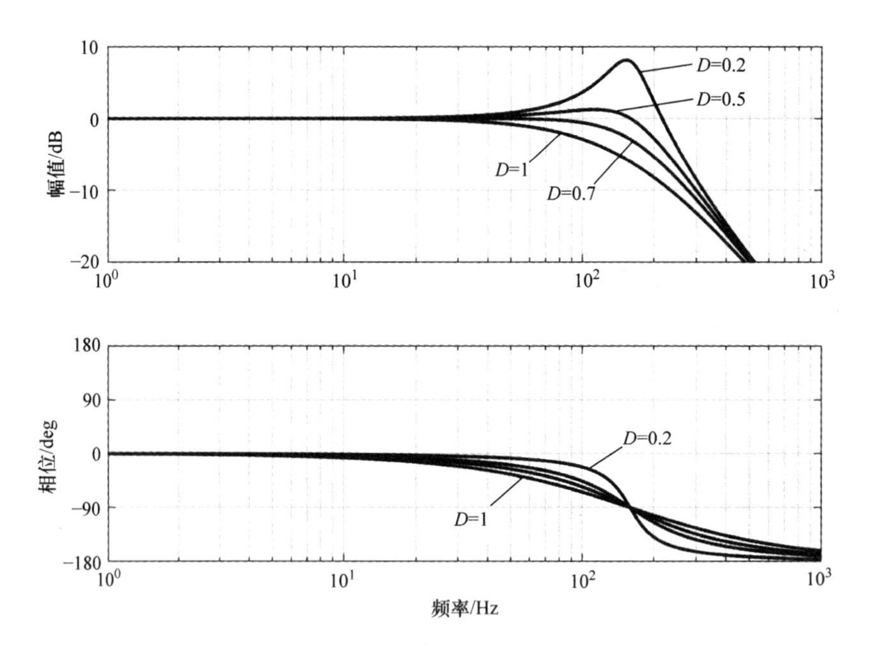

图 5-18　特征频率为 159Hz 的 PT2 系统频域响应特性曲线

$$|G(j\omega_r)| = \frac{1}{2D\sqrt{1-D^2}} \tag{5-41}$$

系统带宽，见式（5-42）。

$$\omega_{bw} = \omega_0\sqrt{1-2D^2+\sqrt{(1-2D^2)^2+1}} \tag{5-42}$$

PT2 系统的相位频域响应在低频段为 0°，高频段逼近 -180°，在特征频率 ω_0 处为 -90°，相同特征频率的 PT2 系统的相位滞后要大于 PT1 系统。与 PT1 系统幅值频域响应比较，在低频段的幅值都为 0dB，但是 PT2 在高频段的幅值是沿斜率 -40dB 每 10 倍的频程衰减，衰减速度要高于 PT1 系统。

PT2 系统也是伺服控制系统中常用的低通滤波器，而且在高频段的衰减速率要大于 PT1 滤波器。通常情况下设置滤波器的阻尼系数为 0.707，根据具体的应用需求来调整滤波器的特征频率值。

在伺服控制系统的速度环或电流环优化过程中，通常会近似为 PT2 系统进行分析。因此需要评估系统的频域响应特性，对于速度闭环系统通常不要出现大于 3dB 的超调量，阻尼系数 D 的经验值通常为 0.5～0.6 时基本上就能发挥机械传动系统的最佳动态性能。对于最内环的电流闭环系统幅值频域响应曲线不要大于 1dB，避免电流有大的超调量引起电动机电流的振荡。

3. PT1 系统与 PT2 系统的对比

- PT1 系统延时时间 $T=1\text{ms}$，特征频率 $f_0=159\text{Hz}$；
- PT2 系统特征频率 $f_0=159\text{Hz}$，阻尼系数 $D=0.707$。

PT1 系统和 PT2 系统对特征频率为 159Hz、正弦输入信号（input）的时域响应如图5-19 所示，系统的输出信号幅值相同，但是 PT1 输出信号滞后 45°，PT2 输出信号滞后 90°。对于 159Hz 正弦信号响应的幅值和相位也可以在系统的 Bode 上得到，如图 5-20 所示，PT1 和

PT2 在 159Hz 处为系统的特征频率点，因为 PT2 的阻尼系数为 0.707，所以 159Hz 是 PT1 系统和 PT2 系统的带宽频率值，在频域上幅值都为 -3dB。

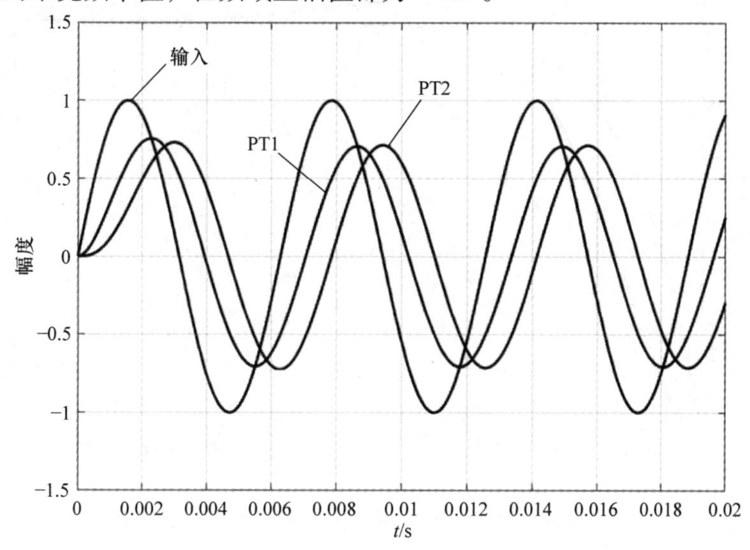

图 5-19 PT1 系统与 PT2 系统为 159Hz 的正弦信号响应对比

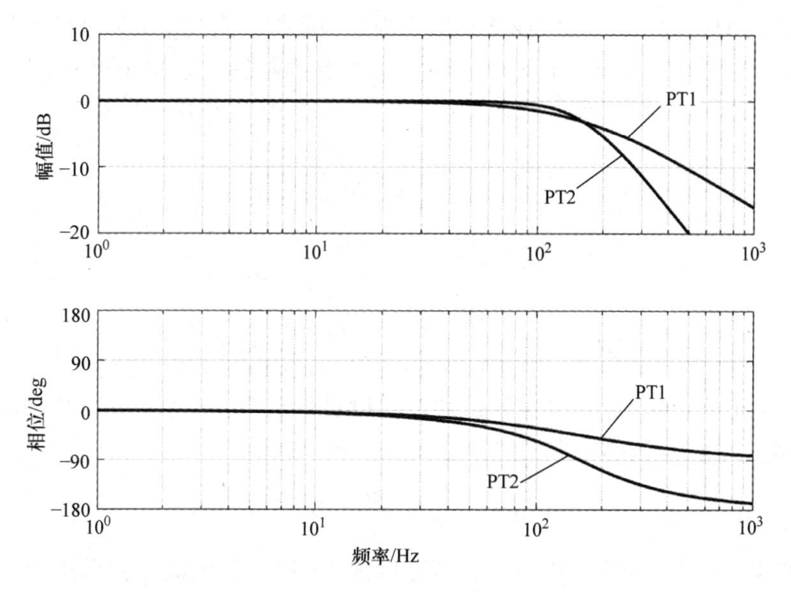

图 5-20 PT1 系统与 PT2 系统频域响应的对比

因为 PT1 系统与 PT2 系统的带宽相同，所以阶跃响应的上升时间几乎相同，如图 5-21 所示。但是 PT1 系统的输出响应要超前 PT2 系统，这是因为 PT2 系统的相位损失大于 PT1 系统。因此，可以看出系统的频域响应与时域响应是有直接关系的。通常在实际的伺服控制系统中，纯粹的阶跃响应很难测量到，测量信号中可能会有其他噪声干扰信号，表征系统的特征值不太容易准确获取，所以通常借助 FFT 算法来测量实际系统的频域响应。频域响应 Bode 图能够提供复杂系统更为准确的信息。

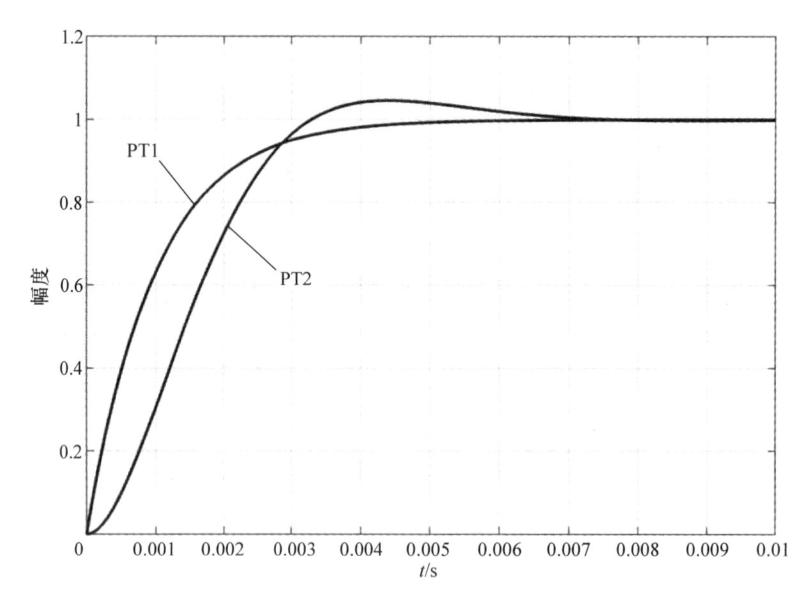

图 5-21　PT1 系统与 PT2 系统阶跃响应的对比

4. 双二阶系统 BIQUAD

双二阶 BIQUAD 系统传递函数通常被用来构造伺服控制系统中的陷波滤波器。它的传递函数中分子有一个 s^2项，分母也有一个 s^2项，相当于 PT2 系统传递函数$G_D(s)$乘以另外一个 PT2 系统传递函数$G_N(s)$的倒数，见式（5-43）、式（5-44）和式（5-45）。

$$G_D(s)=\frac{\omega_D^2}{\omega_D^2+2D_D\omega_D s+s^2} \tag{5-43}$$

$$G_N(s)=\frac{\omega_N^2}{\omega_N^2+2D_N\omega_N s+s^2} \tag{5-44}$$

$$G(s)=\frac{G_D(s)}{G_N(s)}=\frac{\omega_N^2+2D_N\omega_N s+s^2}{\omega_D^2+2D_D\omega_D s+s^2}*\frac{\omega_D^2}{\omega_N^2} \tag{5-45}$$

BIQUAD 系统通常被用来构建陷波滤波器，设置陷波中心频率 ω_X，宽度 ω_B，深度 Deep（单位 dB），则双二阶系统的参数配置，见式（5-46）。

$$\omega_N=\omega_D=\omega_X,\ D_D=\frac{\omega_B}{2\omega_X},\ D_N=D_D*10^{\frac{Deep}{20}} \tag{5-46}$$

假定陷波频率点为 500Hz，陷波滤波器宽度为 600Hz，陷波滤波器深度为 -30dB，频域响应曲线如图 5-22 所示。滤波器参数如下：

$$\omega_N=\omega_D=500,\ D_D=0.6,\ D_N=0.019$$

陷波滤波器经常被用来抑制机械传动系统中的高频机械谐振。因此，可以首先测量机械系统的频域响应 Bode 图，然后识别出机械谐振频率的薄弱环节，最后参照式（5-46）设置陷波滤波器的参数。应注意的是，机械系统的谐振频率点可能会随着时间的变换而发生改变，因此在设置滤波器参数时，最好能够考虑到这一点，然后增大一些陷波滤波器的宽度和深度，提高陷波滤波器抑制机械谐振的鲁棒性。

陷波滤波器的宽度和深度都增加一倍，如图 5-23 所示。陷波滤波器虽然对抑制机械谐振非常有益，但是它也引入了相位的衰减，因此在配置滤波器时要同时检查整个伺服控制系

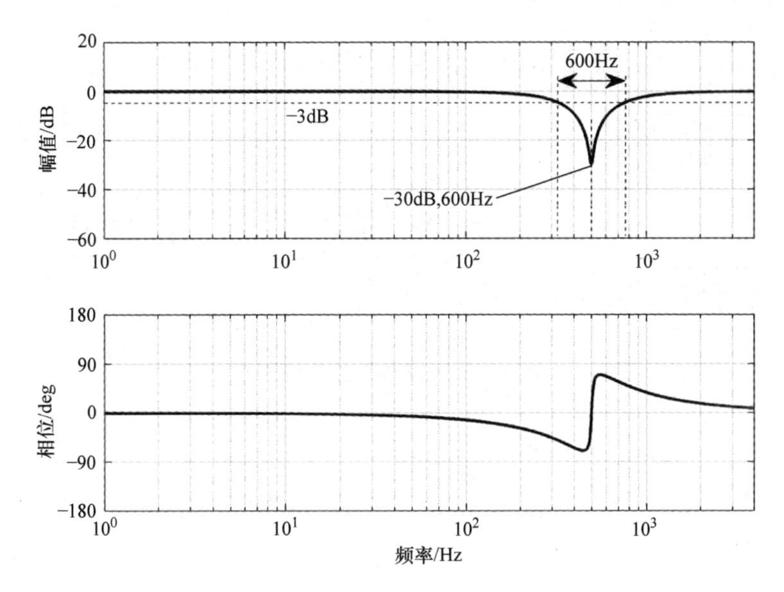

图 5-22 陷波滤波器频域响应

统相位的损失情况。通常当机械的谐振频率低于 100Hz 时，不需要配置陷波滤波器来抑制机械谐振。因为速度控制器在低频段有足够的相位，速度控制器能够抑制机械的共振，高频啸叫声是不会出现的。

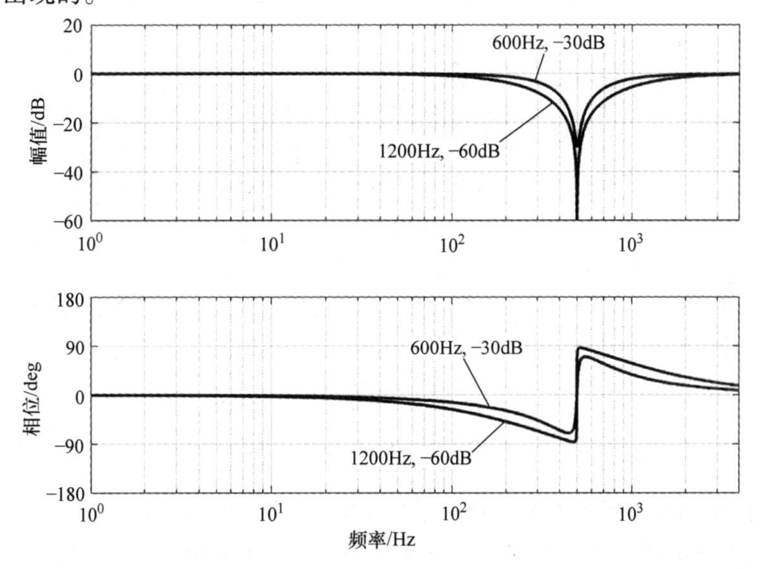

图 5-23 陷波滤波器频域响应的对比

为了更直观地理解陷波滤波器的作用，下面分析陷波滤波器 $f=500\text{Hz}$，$\text{BW}=600\text{Hz}$，$\text{Deep}=-30\text{dB}$ 对正弦波为 100Hz 与 500Hz 叠加输入信号的响应特性，如图 5-24 所示。陷波滤波器的输出结果如图 5-25 所示，陷波滤波器将 500Hz 的正弦信号分量已经完全过滤掉了，最终的输出信号与 100Hz 的正弦信号幅值基本相等，只是相位存在一些滞后，见式（5-47）。

$$\Delta\phi\ (100\text{Hz})\ = -\frac{0.4\text{ms}}{5\text{ms}} * 180° \approx -14° \tag{5-47}$$

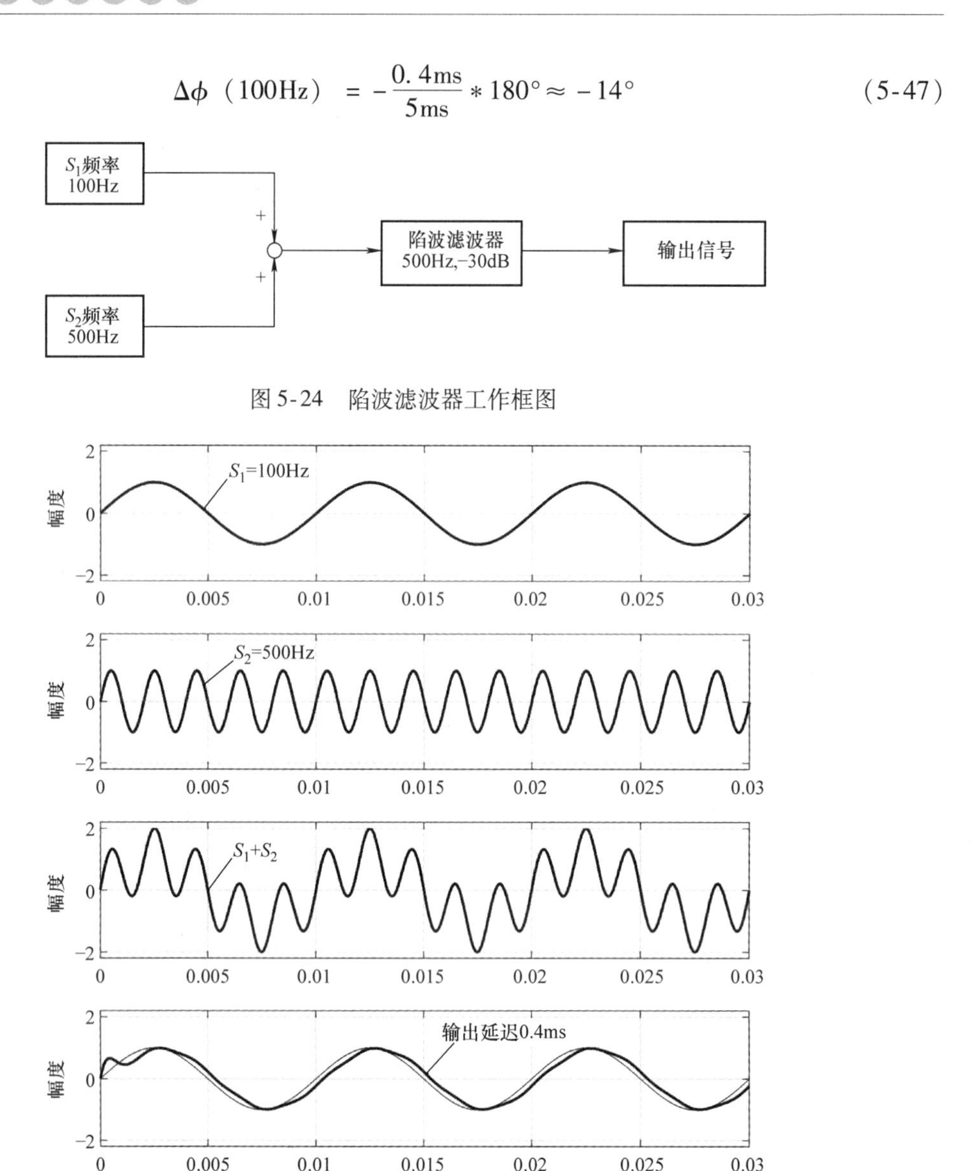

图 5-24　陷波滤波器工作框图

图 5-25　陷波滤波器时域信号滤波效果

这是因为陷波滤波器的相位频域响应特性曲线在 100Hz 处存在大约 -13.6°的相位滞后。通过图 5-25 的显示结果，再次验证了频域响应 Bode 图与时域信号的响应结果是一致的。

5.2　伺服控制系统的基本优化方法

5.2.1　伺服控制系统的基本环路

目前，伺服控制系统中应用最多的结构包含电流环、速度环和位置环等控制环回路。因为伺服驱动器的直接控制对象是伺服电动机，为了能够很好地控制伺服电动机的运动，因此就需要实时地调整电动机的电流、转速和位置。参照控制理论，最好的办法就是将需要控制的对象引入相关调节器的负反馈回路中，从而形成闭环反馈控制。这种级联结构简化了系统设计和优化难度，提高了系统抗干扰能力，自动补偿了硬件电路的非线性特性。3 个调节控制环路之间的关系如图 5-26 所示。

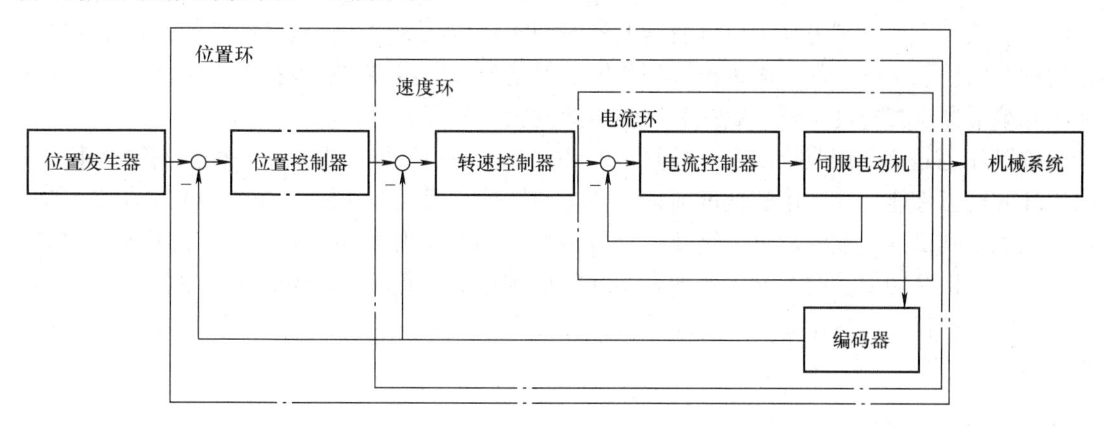

图 5-26 伺服驱动器级联控制环路

电流环处于最内环，位置环处于最外环。理论上，最内环的响应速度应该设计为最快的，最外面的位置环的响应速度是最慢的。下面将详细介绍各个环路的功能。

1. 电流控制器

对于伺服电动机来说，电动机绕组中的电流大小直接决定了电动机输出力矩的大小。因此，就需要电流调节器实时地调整电动机绕组中的电流，跟随电流设定指令的变化。因为电流控制环路只引入了电流负反馈，所以可以对电流调节器进行独立的优化整定而不受外部环路的影响。从而保证电流环能够稳定可靠的运行。另外一方面，通过在电流调节器设定指令前增加一个限幅环节，就可以达到限制驱动器电流输出的目的，从而可以避免电动机绕组电流过大而损坏。因为电流闭环调节的原理，所以改善了控制器 IGBT 等功率器件的非线性影响。

2. 速度控制器

实际机械传动过程中需要实时地调整电动机的转速，这就需要借助电动机轴上的编码器实时地计算当前的转速值，然后速度调节器比较速度指令与实际转速的偏差，根据偏差的大小产生所需要的扭矩指令。对于永磁交流同步电动机，扭矩指令除以当前电动机的扭矩系数就是电动机的电流指令，电流环保证电动机中的实际电流能够完全跟随速度控制器发出的扭矩指令的变化。因此，速度环路的性能是由电流环的性能决定的。同时，电动机轴上的编码器也是非常重要的，编码器的分辨率和精度决定了反馈速度的准确性，只有高质量的反馈速度才有可能保证速度控制环路的稳定可靠高效的运行。

由于现在的伺服驱动器都是数字控制器，控制算法也都是通过软件实现的，所以在控制器中必须要优化编码器的信号处理方法，编码器的信号采样和计算时间越短，反馈速度在时域上才能近似为线性的，只有这样才能保证电动机的实际输出转速能够平稳。由于机械传动系统的影响，优化速度调节器将有一定的难度，机器有时会发出啸叫声产生共振，甚至会损坏机器。因此，优化速度调节器不仅仅是改变调节器的增益大小，有时还需要配置相应的电流滤波器和速度滤波器。同时，还可以在速度指令前增加一个限幅环节，限制电动机的最高转速，控制电动机转速在安全范围内运行，这在实际的调试过程中是非常重要的。

3. 位置控制器

位置环调节器保证了电动机能够准确地转动到所需要的位置，位置环路的性能直接决定了电动机从一个位置到另一个位置所需要的时间和定位准确度。位置环的性能是基于速度环达到满意的性能基础上的，因为位置环的输出就是当前所需要的速度指令，速度调节器是保证实际编码器反馈速度跟随位置控制器输出速度指令的能力。

位置环也是整个伺服控制系统最复杂的环路，伺服控制器通常采用各种控制策略来提高位置环的动态性能，如常用的速度前馈、扭矩前馈等。而且电动机带动的机械传动末端的定位性能也受到机械性能的影响。因此，这就需要控制器中有各种振动抑制，位置补偿功能。而这些位置控制功能的配置又需要配合实际的机械系统。所以位置环的优化通常需要工程技术人员对生产机械的应用需求，实际的机械性能有充分的了解，然后才能选择合适的控制优化策略。

5.2.2 PID 控制器原理

PID 控制器是工程应用中最常见的调节器，PID 是基于控制偏差的调节器，它不依赖于被控对象的精确模型，即便是无法建模的系统，PID 也能稳定可靠的工作。PID 经常应用于伺服驱动器中，如电流 PI 控制器，速度 PI 控制器和位置 P 控制器。实际应用中具体是用什么结构的 PID 调节器应根据实际系统所要达到的性能需求来选择。PID 控制器的原理框图如图 5-27 所示。

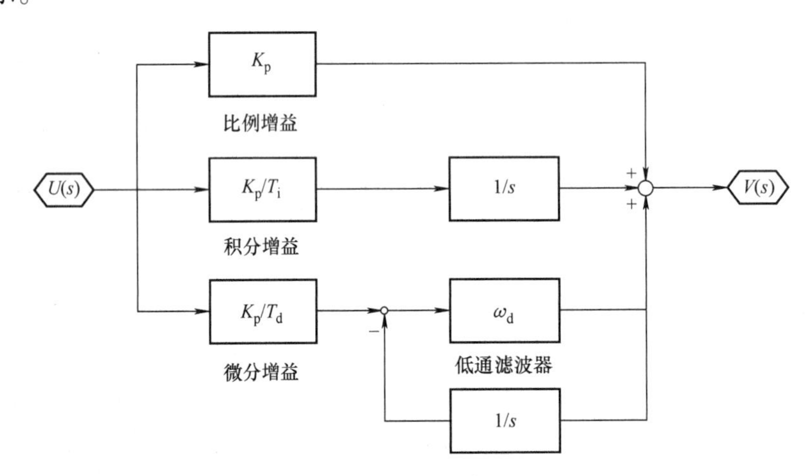

图 5-27 PID 控制器原理框图

PID 控制器数学模型，见式（5-48）。

$$G(s) = \frac{V(s)}{U(s)} = K_p\left[1 + \frac{1}{T_i}\left(\frac{1}{s}\right) + \frac{s}{T_d}\left(\frac{\omega_d}{s+\omega_d}\right)\right] \tag{5-48}$$

1）P 为比例系数：比例部分的输出与输入偏差是线性关系，比例增益作用于控制器从低频到高频的整个频率范围。

2）T_i 为积分时间：积分部分主要作用于控制器低频范围内，积分输出使稳态误差趋向于零，从而消除稳态误差，积分和比例通常会一起使用。积分时间越短，系统的积分作用越强，从而可以提高系统的稳态刚度，提高系统的抗干扰能力。积分控制器在驱动器中需要考虑如何避免积分饱和。因为积分在低频段会引入 −90°的相位滞后，所以在调整积分时间时需要考虑整个环路的相位裕量，通常不要小于 3ms。

3）T_d 为微分时间：ω_d为微分项低通滤波器 PT1 的特征频率，微分部分可以提高控制回路的相位裕量，提高高频段的增益，提高系统的响应能力，但是微分又会放大系统的测量偏差从而恶化系统的综合性能，所以需要一个低通滤波器来降低微分噪声的影响。在调试微分时间时需要保持一定的幅值裕量。

假设比例增益 $K_p=1$，积分时间 $T_i=1\text{ms}$，微分时间 $T_d=500\text{s}$，低通滤波器 $\omega_d=500\text{Hz}$，则此 PID 控制器的频域响应曲线如图 5-28 所示。从图上可以清楚地看到 proportional gain（比例增益）、Integral gain（积分增益）和 derivative gain（微分增益）主要的作用频带范围。

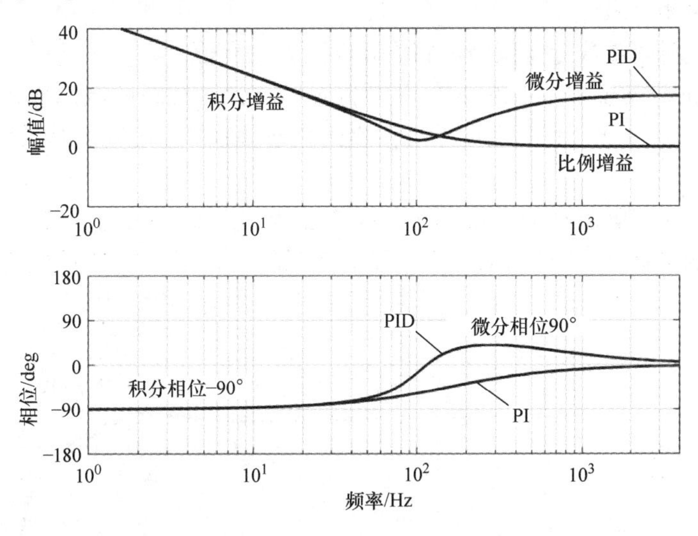

图 5-28 PID 控制器频域响应

5.2.3 电流环优化

这里以我们平时开的汽车为例子介绍电流环优化的特性。汽车发动机就相当于伺服电动机，发动机燃烧的油相当于电动机的电流，脚底控制的油门相当于电动机的电流指令。我们希望汽车的发动机能够根据油门的变化实时地改变发动机力矩的输出，发动机输出扭矩响应油门踏板的位置要又快又稳。这就是汽车生产厂家对发动机做仔细调校的原因。这与伺服电动机的电流环优化策略是一样的道理，电动机中的实际电流要实时地跟随电流指令的变化，电流动态响应时间要短，电动机的输出扭矩快速稳定，这就需要电流的超调量要小，同时保证电流控制的精度要高，因此就需要仔细优化驱动器的电流环。汽车发动机的性能决定了一台车的性能，伺服控制系统电流环的性能对整个伺服控制系统的性能具有决定性的作用。

目前，控制伺服电动机最常用的是矢量控制方法，又称为磁场定向控制方法，参考 4.1.1 章节的描述。这里只基于电动机的电路模型和 PI 调节器，如图 5-29 所示，介绍电流环需要优化达到的最佳性能状态。SINAMICS V90 伺服控制系统出厂前经过了详细的系统测试，电流环已经达到最佳状态，因此客户通常不需要对电流环重新优化。

电流环路数学模型，见式（5-49）和式（5-50）：

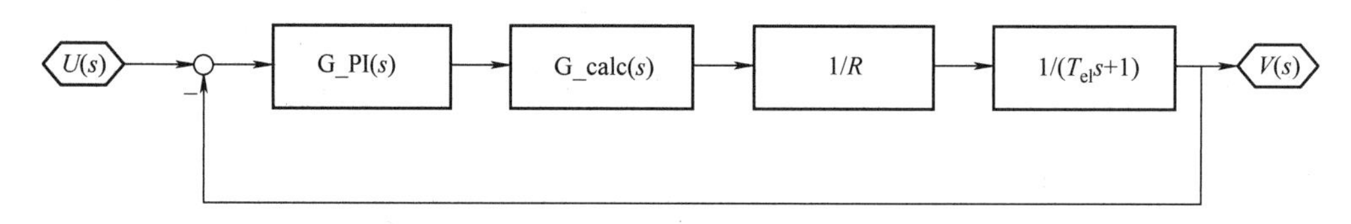

图 5-29 电流环路框图

$$G_O(s) = G_{calc} * G_{PI} * \frac{1}{R} * \frac{1}{T_{el}s + 1} \tag{5-49}$$

$$G_W(s) = \frac{V(s)}{U(s)} = \frac{G_O(s)}{G_O(s) + 1} \tag{5-50}$$

式中 R——绕组相电阻；

T_{el}——电气时间常数等于绕组电感 L 和电阻 R 的比值。

参考电流环的数学模型，电流环的 PI 控制器增益只与绕组的电感成正比，与电流控制器的调节计算时间成反比。优化后的系统传递函数近似为二阶比例延时系统 PT2，阻尼系数为 0.7 左右。

SINAMICS V90 伺服驱动器电流环频域响应曲线如图 5-30 所示，从仿真计算 calculated 和实测 measure 的 Bode 图比较结果来看，以 PT2 系统近似电流闭环系统的响应结果是可以完全接受的。

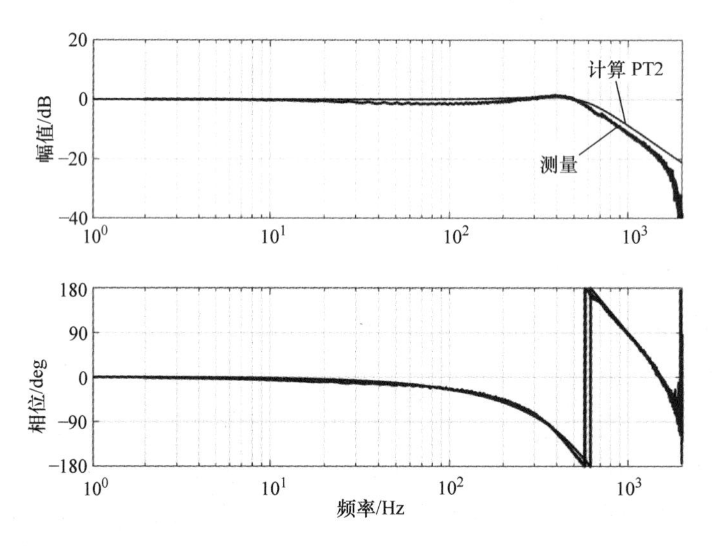

图 5-30 SINAMICS V90 伺服驱动器电流环频域响应

5.2.4 机械传动系统

在机械传动链路中，存在各种各样的机械连接部件，如联轴器、皮带、齿轮、丝杠等。而这些连接部件都不是刚性连接，存在一定的弹性。机械谐振就是由机械传动中两个或多个部件之间的弹性连接引起的。机械谐振也可能来自于电动机和编码器反馈之间的弹性连接，也有可能来自于机械负载内部的弹性连接。机械谐振也有可能是电动机安装支架的弹性引起的。在电动机的运转过程中，电动机扭矩的瞬态变化可以作为激励信号，当控制器参数不匹配时，就有可能引起机械谐振，有时会出现高频的啸叫声。机械谐振对机械设备的加工精度和寿命都有严重的影响。在实际机械设备中，机械谐振最常见的就是电动机和负载惯量之间的弹性连接。下面将分析电动机通过联轴器带动一个负载惯量盘的测试系统实例。

伺服电动机 1FL6042 轴端连接一个负载惯量盘系统，如图 5-31 所示。

基于旋转运动的物理原理建立弹性连接环节模型，如图 5-32 所示。

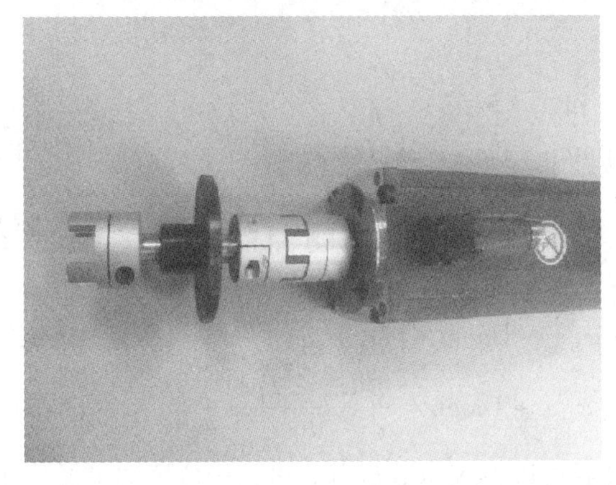

图 5-31　1FL6042 轴端连接一个负载惯量

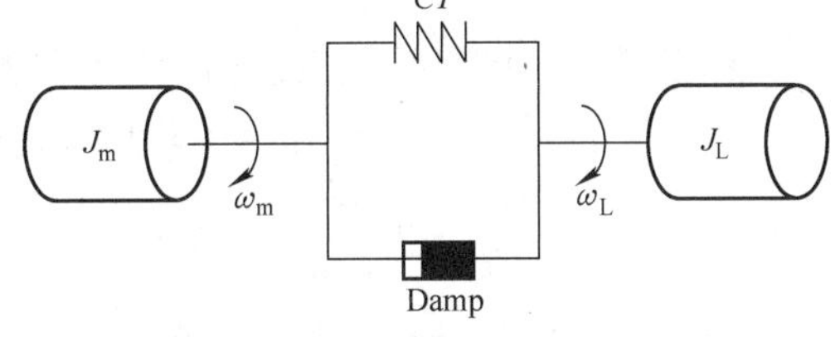

图 5-32　双质量体弹性连接系统模型

电动机和负载惯量之间的力矩是通过扭转转矩和阻尼转矩来传递的。当电动机转动时，电动机和负载之间的联轴器会产生变形，位移偏差乘以联轴器的弹性系数就是扭转转矩。扭转转矩驱动负载旋转，电动机和负载之间的速度偏差乘以阻尼系数产生阻尼转矩。而阻尼系数对于实际的机械系统来说比较复杂，直观的理解可以认为机械传动系统的摩擦越小阻尼系数就越小。对于高精度、高动态的伺服传动系统，往往要求阻尼系数尽可能的小。阻尼系数只会影响机械谐振的振动幅值，阻尼系数越小，机械谐振的啸叫声就越大。弹性系数会影响谐振频率的高低，弹性系数越大，机械谐振的啸叫频率越高。

对于更复杂的机械设备，机械传动链路系统模型可以由更多个这样的弹性连接环节组合起来。因此要得到准确的传动系统模型往往是比较困难的，需要机械传动系统各部分的转动惯量和弹性连接系数，这需要机械设备生产厂家的机械设计人员提供，而机械设计人员可能也不太会关注这方面的信息。因此，对于新的机械传动系统的项目，机械设计人员要与电气设计人员尽早地一起分析设计方案的可行性，或者必要时寻求伺服控制系统厂家的技术专家协助分析。借助专用的控制系统分析工具和控制系统设计经验，这样可以在设计方案的早期阶段就能够对传动系统性能进行评估，尽可能地发现薄弱环节，并找到合适的解决方案。

1. 机械传动系统模型

机械传动系统模型中定义以下必要的参考量：

T_m——电动机的转矩，Nm；

T_L——负载的转矩，Nm；

J_m——电动机的转动惯量，kgm^2；

J_L——负载的转动惯量，kgm^2；

ω_m——电动机的转速，rad/s；

ω_L——负载的转速，rad/s；
φ_m——电动机旋转角度，rad；
φ_L——负载旋转角度，rad；
α_m——电动机的角加速度（rad/s^2）；
α_L——负载的角加速度（rad/s^2）；
CT——扭转弹性系数（Nm/rad）；
Damp——机械阻尼系数（Nms/rad）。

电动机旋转转矩传递方程，见式（5-51）和式（5-52）：

$$T_m = CT*(\varphi_m - \varphi_L) + \text{Damp}*(\omega_m - \omega_L) + J_m\alpha_m \tag{5-51}$$

$$T_m = CT*(\varphi_m - \varphi_L) + \text{Damp}*\frac{d(\varphi_m - \varphi_L)}{dt} + J_m\frac{d^2\varphi_m}{dt^2} \tag{5-52}$$

忽略负载转矩的影响，负载惯量旋转转矩方程，见式（5-53）和式（5-54）。

$$T_L = J_L\alpha_L = CT*(\varphi_m - \varphi_L) + \text{Damp}*(\omega_m - \omega_L) \tag{5-53}$$

$$T_L = J_L\frac{d^2\varphi_L}{dt^2} = CT*(\varphi_m - \varphi_L) + \text{Damp}*\frac{d(\varphi_m - \varphi_L)}{dt} \tag{5-54}$$

对负载惯量旋转转矩方程做拉普拉斯变换后可以得到负载位置和电动机位置的机械传递函数，见式（5-55）。

$$G_{mech}(s) = \frac{\varphi_L(s)}{\varphi_m(s)} = \frac{\omega_L(s)}{\omega_m(s)} = \frac{1 + s*\dfrac{2D_{mech1}}{\omega_{mech1}}}{1 + s*\dfrac{2D_{mech1}}{\omega_{mech1}} + s^2*\dfrac{1}{\omega_{mech1}^2}} \tag{5-55}$$

$$\omega_{mech1} = \sqrt{\frac{CT}{J_L}}, D_{mech1} = \frac{\text{Damp}}{2J_L\omega_{mech1}} = \frac{\text{Damp}}{2\sqrt{CTJ_L}} \tag{5-56}$$

参考电动机旋转转矩方程可以得到电动机转矩和电动机转速的传递函数，见式（5-57）。

$$G_{T\omega}(s) = \frac{\omega_m(s)}{T_m(s)} = \frac{1}{(J_m + J_L)s} * \frac{1 + s*\dfrac{2D_{mech1}}{\omega_{mech1}} + s^2*\dfrac{1}{\omega_{mech1}^2}}{1 + s*\dfrac{2D_{mech1}}{\omega_{mech1}} + s^2*\dfrac{J_m}{(J_m + J_L)\omega_{mech1}^2}} \tag{5-57}$$

从电动机的转矩和转速传递函数模型可以看出，因为负载惯量的弹性连接导致传递函数中包含一个总惯量的积分环节和一个双二阶 BIQUAD 系统传递函数模型。对 $G_{T\omega}(s)$ 传递函数模型进行零极点分析，见式（5-58）。

$$G_{T\omega}(s) = \frac{\omega_m(s)}{T_m(s)} = \frac{1}{(J_m + J_L)s} * \frac{(s - Z_1)(s - Z_2)}{(s - P_1)(s - P_2)} \tag{5-58}$$

求解零点 Z 和极点 P 得到，见式（5-59）、式（5-60）和式（5-61）。

$$Z_{1,2} = -\omega_{mech1}D_{mech1} \pm s*\omega_{mech1}\sqrt{1 - D_{mech1}^2} \tag{5-59}$$

$$P_{1,2} = -\omega_{mech2}D_{mech2} \pm s*\omega_{mech2}\sqrt{1 - D_{mech2}^2} \tag{5-60}$$

$$D_{mech2} = D_{mech1}\sqrt{\frac{J_m + J_L}{J_m}}, \omega_{mech2} = \omega_{mech1}\sqrt{\frac{J_m + J_L}{J_m}} = \sqrt{CT\left(\frac{1}{J_m} + \frac{1}{J_L}\right)} \tag{5-61}$$

为了能够更直观地了解弹性环节的特性，下面分别分析 $G_{T\omega}(s)$ 和 $G_{mech}(s)$ 在频率域的响应。

2. $G_{T\omega}(s)$ 的频域响应 Bode 图

仿真计算模型参数为

$$J_m = 0.000269\text{kgm}^2$$
$$J_L = 0.0003\text{kgm}^2$$
$$CT = 2591\text{Nm/rad}$$
$$\text{Damp} = 0.07\text{Nms/rad}$$

参考式（5-58）可以得到系统的零点和极点频率值为

$$f_Z = \frac{|Z_{1,2}|}{2\pi} = \frac{\omega_{mech1}}{2\pi} = 470\text{Hz} \approx 467.3\text{Hz}$$

$$f_p = \frac{|P_{1,2}|}{2\pi} = \frac{\omega_{mech2}}{2\pi} = 682\text{Hz} \approx 686.2\text{Hz}$$

比较实际系统测试结果与传递函数模型 $G_{T\omega}$ 的计算结果，幅值频域响应曲线和相位频域响应曲线基本上是一致的，如图 5-33 所示。

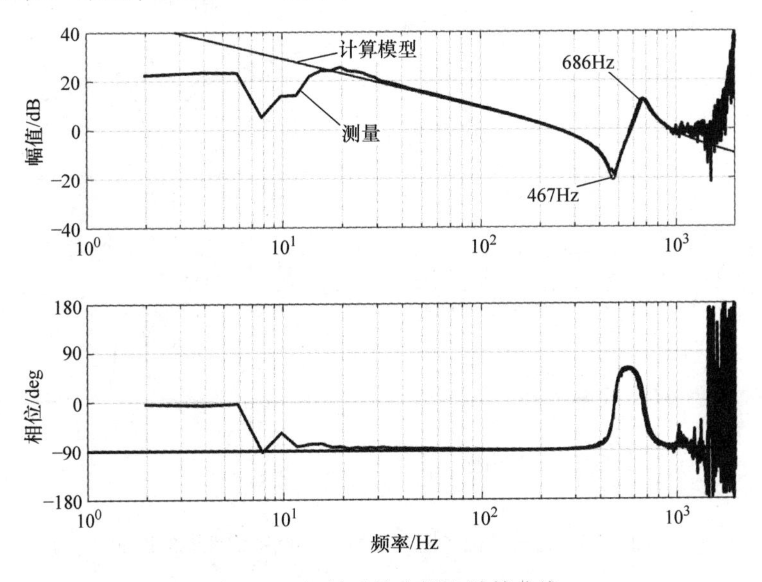

图 5-33　机械系统实测和计算曲线

$G_{T\omega}$ 的幅值响应曲线在零点频率 f_z 处存在波谷，在极点频率 f_p 处存在波峰。相频曲线在零点处有正 180°的相位偏转，在极点处有 -180°相位偏转。系统在低于零点频率范围内电动机和负载惯量都起作用，系统在极点频率以上的范围内只有电动机惯量起作用，也就是说负载惯量经过弹性传递之后在零极点处与电动机惯量分开了。系统在零极点过渡段的宽度取决于弹性系数和惯量比。系统在零极点的幅值取决于机械连接的阻尼系数 Damp，阻尼系数越大峰值越低，反之亦然。零极点的频率值取决于机械连接的弹性系数 CT，弹性系数越大零极点的频率越高，总惯量的作用频带越宽，负载惯量与电动机惯量近似为是一体的，机械的动态特性越好。正因为电动机的转速和扭矩特性曲线是非线性的，出现了零极点频率的拐点，在极点频率处幅值出现了激增，机械系统很容易发生谐振，严重的会损坏机械设备。机械传动系统弹性连接的固有特性增加了伺服控制系统速度环的优化难度。电动机在零点频率处，电动机转速幅值有很大的衰减，电动机轴几乎转不起来，负载惯量产生的弹性力矩几乎完全与电动机驱动力矩相抵消，负载惯量表现出相对于电动机轴以零点频率固有振荡。因此，通过分析 $G_{T\omega}$ 的频域响应曲线，可以非常直观地发现传动系统中的薄弱环节，在伺服控制系统优化时必须充分考虑机械传动系统弹性的影响。为了更清楚地分析弹性环节的影响，图 5-34 比较了不同弹性系数和阻尼系数对 $G_{T\omega}$ 频域响应曲线的影响。从图 5-34 上可以看出，当弹性系数减小时，零极点频率会同时减小，机械谐振频率发生变化。对于实际的弹性连接机械部件，为了能够具备更稳定的性能，弹性环节的系数必须要保持恒定，工作时间和工作温度对弹性连接部件的影响应该尽可能的小。所以机械设计人员一定要选用质量好的弹性连接部件。如果弹性部件的特性发生了改变，那么有可能会产生新的机械谐振，就需要对整个伺服控制系统进行重新优化。阻尼系数对极点幅值有直接的影响，对于一个实际使用的机械设备，开始时可能不会发生机械谐振，但是随着时间的推移，机械部件的阻尼系数减小的厉害，那么就有可能出现机械谐振，甚至会出现机械故障。所以，对于整个机电一体化伺服控制系统来说，机械传动系统的性能直接决定了生产设备的质量和可靠性。

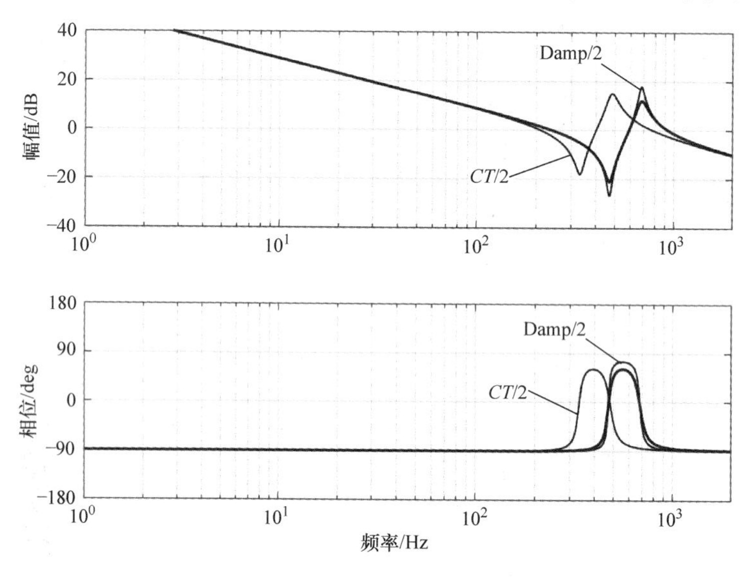

图 5-34 扭转系数和阻尼系数对机械系统性能的影响

3. $G_{mech}(s)$ 的频域响应 Bode 图

$G_{mech}(s)$ 在零点频率处有很高的幅值激增，相位由 −180°的衰减。也就意味着当电动机作位置控制时，在零点频率处负载惯量端的位置会相对于电动机的位置有很大的超调，阻尼系数越小，负载位置的超调量越大，负载位置相对于电动机位置出现明显的相位滞后。$G_{mech}(s)$ 反应了电动机位置和负载位置的线性工作带宽的性能。$G_{mech}(s)$ 频域响应曲线上最低的谐振频率是有传递环节中最薄弱的弹性环节引起的。因此，要提高整个机械传动系统的线性工作区间，必须发现并改善传动系统中最薄弱弹性环节的性能。从 $G_{mech}(s)$ 和 $G_{T\omega}$ 的频域响应曲线上可以看出，$G_{mech}(s)$ 的极点与 $G_{T\omega}$ 的零点频率是相同的。对于弹性系数较小的机械连接部件，例如皮带，$G_{mech}(s)$ 系统的零点频率可能低于 50Hz 时，对伺服控制系统位置环的优化加大了难度，因为负载惯量部分非常容易产生相对于电动机的位置超调，这对于使用电动机编码器做间接位置控制的伺服控制系统优化提出了挑战。位置环增益调整受到机械系统性能的影响，通常需要适当地减小位置环的增益来减小负载端的位置超调或振动。

4. 负载惯量比评估

在实际的生产机械设备上，电动机轴端经常要用到减速器、皮带、齿轮或者丝杠等机械连接部件，因此电动机的输入转速和负载端的输出转速会成一定的比例关系，通常定义机械传动机构的传动比，见式（5-62）。

$$i = \frac{V_{\text{mot}}}{V_{\text{load}}} \tag{5-62}$$

在分析电动机的动态响应时，对电动机起作用的是负载惯量折算到电动机轴上的等效惯量，见式（5-63）。

$$J_{\text{eq}} = \frac{J_{\text{L}}}{i^2} \tag{5-63}$$

对于钢制丝杠机械传动，丝杠直径为 d_{s}(mm)，丝杠长度为 L_{s}(mm)，丝杠的螺距为 h_{s}(mm)直线移动平台和平台上工件的总质量为 M_{w}(kg)，则折算到电动机轴端的惯量，见式（5-64）和式（5-65）。

$$J_{\text{s}} = 0.77 * 10^{-12} * (d_{\text{s}})^4 L_{\text{s}}, (\text{kgm}^2) \tag{5-64}$$

$$J_{\text{w}} = M_{\text{w}} * \left(\frac{h_{\text{s}} * 10^{-3}}{2\pi}\right)^2, (\text{kgm}^2) \tag{5-65}$$

伺服控制系统中经常用到惯量比参数，总的机械惯量与电动机惯量的比值，见式（5-66）。

$$N_{\text{J}} = \frac{J_{\text{Ltot}}}{J_{\text{Ltot}} + J_{\text{m}}} \tag{5-66}$$

综合前面 1FL6042 电动机和负载惯量盘机械系统的分析，可以得到机械弹性连接和阻尼系数对电动机转速和位置响应性能的影响。为了分析方便，修改模型惯量参数见表 5-3，比较 $G_{\text{mech}}(s)$ 和 $G_{\text{T}\omega}(s)$ 的仿真频域响应曲线，如图 5-35 所示。

表 5-3 模型惯量参数

模 型	J_{m}	J_{L}	CT	Damp
A	0.000269	0.0003	2591	0.07
B	0.000269	0.0015	2591	0.07
C	0.000269	0.003	2591	0.07
D	0.00269	0.003	2591	0.07

从频域响应幅值特性曲线可以看出，负载惯量比越大，零点和极点的频带宽度越大，而且零点的频率只与负载的惯量和弹性系数相关。在零点和极点之间的频带范围内，系统的惯量是非线性的，非常不利于电动机转速的控制。在弹性系数不变的情况下，为了减小零极点之间频带的宽度，提高机械系统的动态特性，只有通过选择更大惯量的电动机。

因此，在实际的机械设备中，只有测试机械传动系统的 $G_{\text{T}\omega}(s)$ 频域响应才能准确地评估电动机惯量是否满足应用需求。有的机械设备需要小惯量电动机，这是因为需要高的生产效率，电动机要频繁地加减速。而对于机床设备，传动轴要有高的稳定性，抵抗机加工干扰

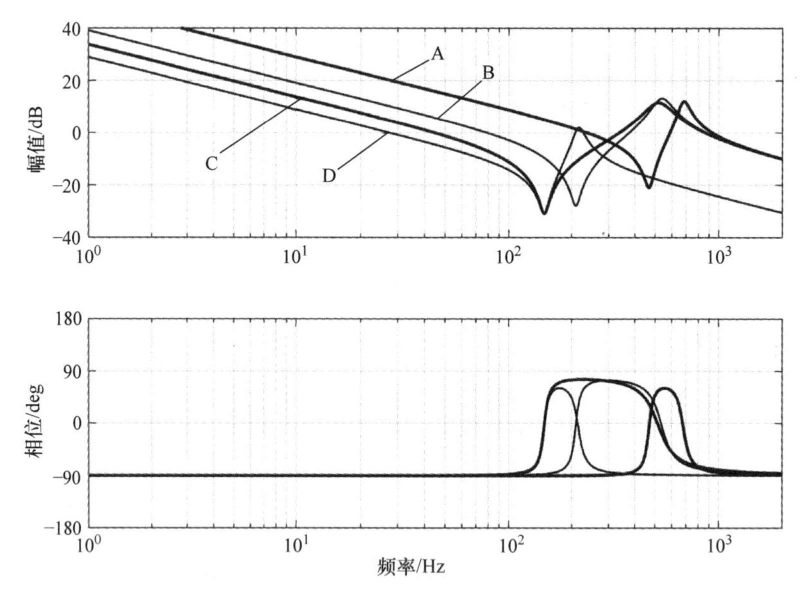

图 5-35　仿真模型 $G_{mech}(s)$ 和 $G_{T\omega}(s)$ 频域响应曲线

扭矩能力要强，这时最好选用大惯量的电动机。评估一个机械传动轴的机械本体动态加速性能，经验值是用电动机的 80% 最大扭矩除以传动轴折算到电动机轴端的总惯量，见式（5-67）：

$$ACC = \frac{0.8 * T_{max}}{J_{tot}} \tag{5-67}$$

5. 输入为电动机转速，输出为负载转速的传递函数模型 $G_{mech}(s)$

如图 5-36 所示，从频域响应特性曲线上可以看出，在机械连接弹性系数不变的情况下，负载惯量越大，机械特性 $G_{mech}(s)$ 在 0dB 范围内的带宽越窄，而与电动机的惯量没有关系。0dB 的带宽范围内，负载的转速或者位置与电动机的转速或位置是相等，所以机械的 0dB 带宽越宽意味着机械部分的线性度要高，越容易实现高速、高精度的位置控制。机械频域响应特性曲线与二阶比例延时环节 PT2 系统的曲线类似，也可以从比较两个系统的传递函数看出。从幅值响应曲线可以看到幅值曲线的超调量是相等的，那是因为在模型中仿真的阻尼系数是相同的，所以从抑制幅值超调的角度看，可以通过增大负载机械阻尼的方式降低幅值超调量，抑制负载末端的机械振荡幅度。通常机械的摩擦力越大阻尼系数越大，但是机械摩擦增大了以后，机械的动态响应又下降了。因此，在机械连接部件确定后，为了得到更宽的 0dB 带宽，最好的办法是降低负载惯量，可以从比较曲线 A 和曲线 D 看出。

从经验的角度看，惯量比在 5 以下的伺服控制系统通常可以达到比较高的动态响应性能。所以，有经验的工程师在调试和优化伺服控制系统时，经常会谈到当前负载的惯量比是多少。从经验考虑，惯量比越大机械系统的线性工作区间就越窄，优化的难度越大，动态响应能力也就相对减小。应注意的是传动系统的总惯量越小，伺服控制系统的刚度也越小，抵抗外部负载扰动的能力就会降低。因此，在机械设备确定的情况下，设计人员应根据机械设备的性能要求，选择合适惯量的电动机。通常伺服控制系统供应商会提供相同功率不同惯量的伺服电动机。选用总惯量除以电动机惯量的比值在 5 以内的伺服电动机，可以有利于提高

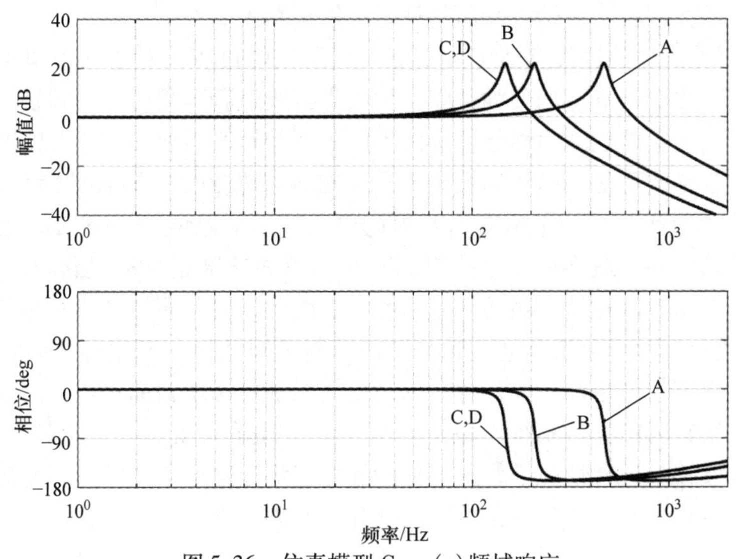

图 5-36　仿真模型 $G_{mech}(s)$ 频域响应

整个伺服控制系统的动态和静态性能，提高机械设备的性能和可靠性。

5.2.5　速度环优化

1. 速度环系统模型

在电动机速度反馈回路中，电流环近似为一个低通 PT2 滤波器。考虑到机械传递环节的影响，电动机惯量控制对象被 $G_{T\omega}(s)$ 代替。这里机械传动系统采用上面 1FL6042 的实例。为了匹配机械传动系统特性，通常在电流设定值前面叠加电流滤波器。SINAMICS V90 速度控制环路框图如图 5-37 所示。

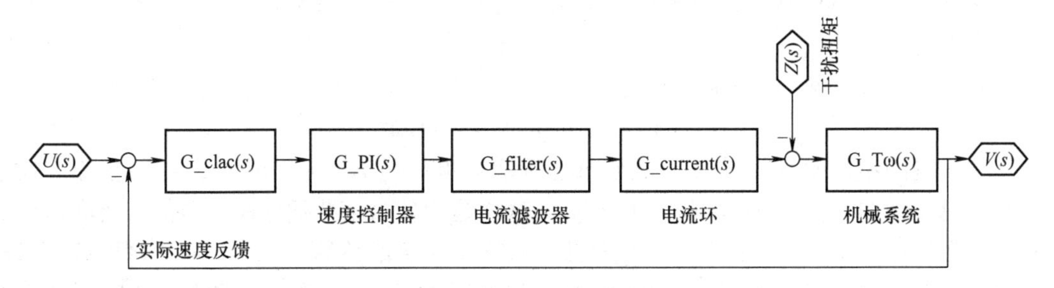

图 5-37　速度控制环路框图

速度环数学模型，见式（5-68）、式（5-69）和式（5-70）。

$$G_O(s) = G_{calc} * G_{PI} * G_{filter} * G_{current} * G_{T\omega} \tag{5-68}$$

$$G_W(s) = \frac{V(s)}{U(s)} = \frac{G_O(s)}{G_O(s)+1} \tag{5-69}$$

$$G_{Z\omega}(s) = \frac{V(s)}{Z(s)} = \frac{G_{T\omega}(s)}{G_O(s)+1} \tag{5-70}$$

对于电动机速度反馈控制环路，伺服驱动器中最常用的是 PI 调节器，很少使用微分环节，因为速度反馈信号是由位置传感器测量值差分得到的，位置传感器的输出信号中含有噪声成分，微分增益会放大噪声信号从而降低速度控制精度。

速度 PI 控制器优化的过程类似于汽车变速箱调试的过程。对于家用轿车，性能优良的变速箱给驾驶人员提供了舒适的驾驶性能，使汽车行驶过程中挡位变换顺畅。而对于赛车来说，更追求的是变速箱的加减速性能，因此不同类型的汽车需要匹配不同的变速箱。相对于生产机械设备，各种类型的机械传动系统需要匹配不同速度的 PI 控制器参数。

PI 控制器工作过程就是校正速度偏差的过程，基于偏差值产生不同的扭矩控制量来校正电动机的加减速方向，最终目标是控制实际转速跟随速度指令的变化。PI 控制器比例和积分参数决定了电动机实际转速跟随指令的能力。因此，对于不同的机械传动系统需要优化相匹配的 PI 参数，有时也会用到电流滤波器来抑制机械共振。速度环性能高低基本决定了机械设备的生产效率和稳定性。优化的目标是得到系统最优增益的过程，高增益提高了伺服响应速度，但是也有可能导致系统不稳定。所以工程技术人员有必要了解如何调试优化 PI 控制器和电流滤波器。通常情况下，速度环的优化过程是耗时费力的，有时需要有经验的工程师才能优化出比较理想的结果，尤其是要发挥出伺服驱动器的最高性能才能满足生产设备要求的时候。

现在市场上的伺服驱动器基本都提供类似的自动优化功能，虽然方便了伺服控制系统优化的过程，但是对于在现场调试工程师来说，非常有必要了解如何手动优化控制器参数，这样才能针对机械设备运行中的各种问题调整控制器参数。

从控制理论角度来说，PI 控制器参数是没有固定单位的，在实际应用中，根据控制对象的不同将选择不同的单位，为了避免混淆，这里简单地介绍常用的单位转换。通常速度偏差作为 PI 控制器的输入，PI 调节器的输出是扭矩指令，扭矩指令除以电动机的扭矩系数就是电流指令。速度的国际标准单位是 rad/s，扭矩的国际标准单位是 Nm，所以比例增益的单位是 Nms/rad。SINAMICS V90 伺服驱动器的比例增益是采用国际标准单位。另外，比例增益经常用到的单位还有 Hz 或者 rad/s。他们的转换关系，见式（5-71）。

$$\mathrm{rad/s} = 2\pi * \mathrm{Hz} \tag{5-71}$$

增益单位 Nms/rad 与 rad/s 的转换关系，见式（5-72）：

$$\mathrm{Nms/rad} = \mathrm{rad/s} * \mathrm{kg} * \mathrm{m}^2 \tag{5-72}$$

转动惯量的单位就是 kgm^2，因此如果比例增益单位是 Hz 或者 rad/s，可以参考上式乘以系统的总转动惯量得到 Nms/rad 的增益值。这也是为什么某些伺服驱动器都需要准确设置惯量比参数的原因。在这种情况下，惯量比就相当于比例增益的一部分，而比例增益可以近似为 PT1 系统或者 PT2 系统的特征频率和带宽频率。由于 PT1 系统和 PT2 系统特征频率的区别，在进行增益转换时应该乘以特定的系数，应咨询伺服驱动器生产商。

2. 比例增益优化

为了减小积分时间的影响，可以设置积分时间为 1000ms。不同的比例增益 K_p 参数对速度开环系统的频域响应曲线，如图 5-38 所示。对于开环频域响应，K_p 增大时增益穿越频率 f_c 增大，系统的相位裕量 PM 减小，幅值裕量 GM 减小。需要注意：由于机械谐振的影响，开环的幅值裕量存在 3 个不同的频率点，开环系统只要存在幅值裕量小于 0dB 的频率点，那么系统就是不稳定的。从 Bode 上可以看出，K_p 在 0.3 以上时，系统的稳定性都不能保证。电流设定值第一个低通滤波器的默认频率为 2000Hz，从结果看 2000Hz 低通滤波器对 686Hz 的机械谐振没有任何作用。

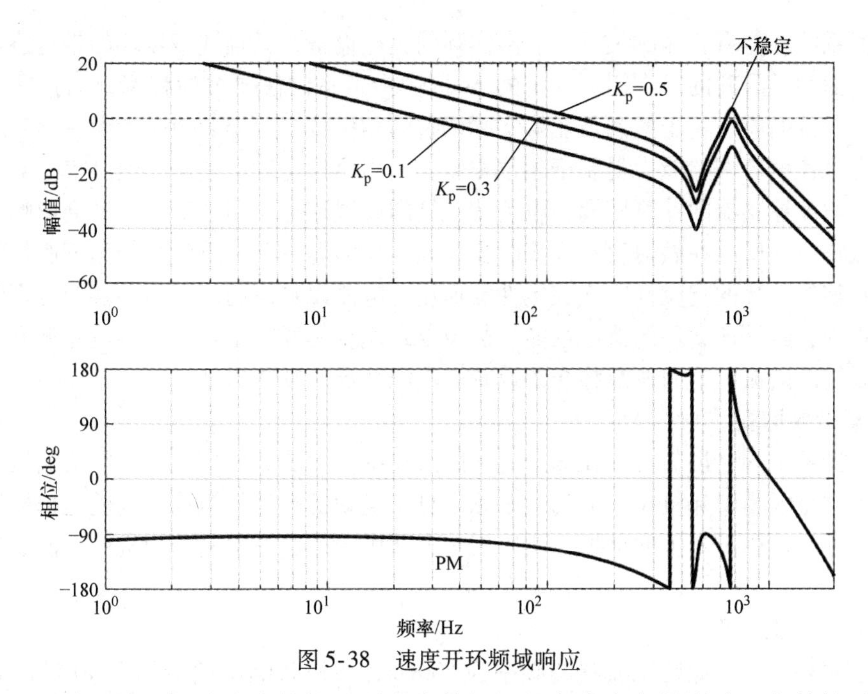

图 5-38　速度开环频域响应

因此，机械系统的频域响应特性对增益参数的调整有非常大的影响。尤其是对具有多个谐振频率点的机械传动系统。通常情况下机械系统具有 2、3 个谐振频率点。在调整 K_p 时要特别注意所有谐振频率点的幅值响应。

速度闭环频域响应曲线，如图 5-39 所示，可以看出，当 K_p 大于 0.3 时，在机械谐振频率点，幅值响应有非常大的超调量，这种情况下系统将会表现出电动机发出高频啸叫声，整个机械传动系统发生共振，严重情况下会损坏电动机和机械设备，因此在调整 K_p 时应注意调整的增量不能太大，一般以 10% 递增量比较合适。

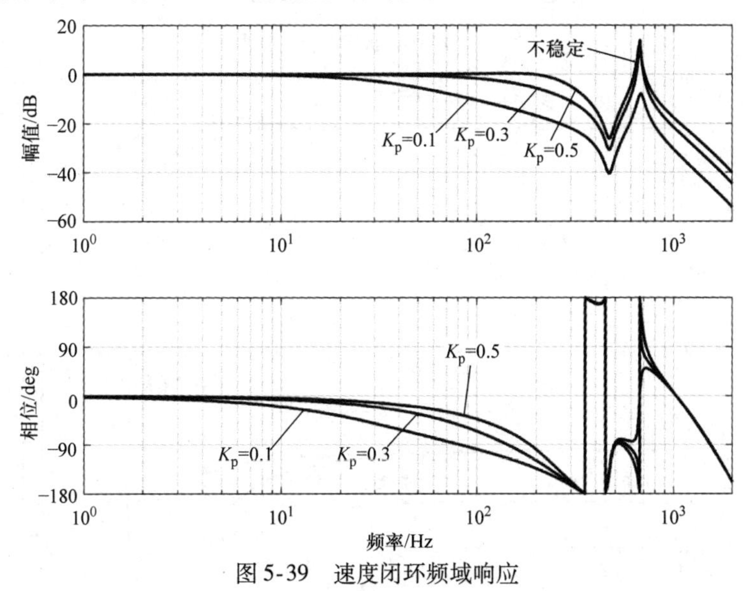

图 5-39　速度闭环频域响应

幅值频域响应的 -3dB 频率为闭环系统的带宽，为了满足生产设备的生产效率，需要尽可能高的带宽，但是由于机械系统的谐振特性限制了增益 K_p 的最大值。因此，系统的带宽与实际机械系统性能有直接的关系，脱离实际的机械设备，只描述速度环的带宽能够达到多少赫兹是片面和不准确的。在闭环系统的 Bode 图中，不仅仅要关注带宽，而且还要参考速度闭环相位频域响应。对于控制器能够实际调整的相位宽度，经验值是参考 -135°的频率宽度。也就是说速度环调整能力受制于相位宽度，超出相位宽度的信号，速度控制器几乎没有校正能力。速度控制器的计算周期，电流滤波器的设置和电流闭环的性能都会影响速度闭环的相位频域响应。所以在做速度环优化时需要高性能的电流环，电流环作为伺服控制系统的最内环，对整个系统的响应性能起决定性的作用。电流设定值滤波器需要按照合理的规则进行设置，否则会降低速度环的响应性能，甚至导致速度闭环的不稳定。电流滤波器经常用于抑制机械系统的谐振，下面章节将介绍设置电流滤波器的基本原则。

3. 机械谐振抑制

抑制机械系统的谐振通常是在速度闭环的路径中增加滤波器环节，一般滤波器加在电流设定值前，这是因为引起机械谐振的激励源来自于电动机产生的扭矩，也就是机械系统在电动机电流的激励作用下产生的谐振，所以工程上通用的做法是限制电动机中电流的特定频率分量。

4. 低通滤波器 PT2

调整电流环第一个低通滤波器的频率为 500Hz，从幅频响应曲线图 5-40 可以看出，滤波器在机械谐振频率 686Hz 处有 -6.56dB 的衰减，当增益 K_p = 0.5 时，系统开环（open loop）频域响应曲线在 686Hz 处的幅值裕量为 3.2dB，所以闭环（close loop）系统是稳定的，系统的 -3dB 带宽有 270Hz，但是闭环幅值有最大 4.6dB 的超调量，而且因为低通滤波器的相位衰减，相位在 -180°的频率减小了大概 100Hz，开环系统在 236Hz 处的幅值裕量为 5.7dB。由于闭环的幅频响应超调量比较大，通常在时域上表现出比较大的振荡特性。因此必须要减小比例增益 K_p。如果期望在 236Hz 处的幅值裕量为 10dB，那么幅值需要降低 -4.3dB，新的增益 K_p 可以通过公式（5-73）计算得到。

$$K_p = 0.5 * 10^{-\frac{4.3}{20}} = 0.3 \tag{5-73}$$

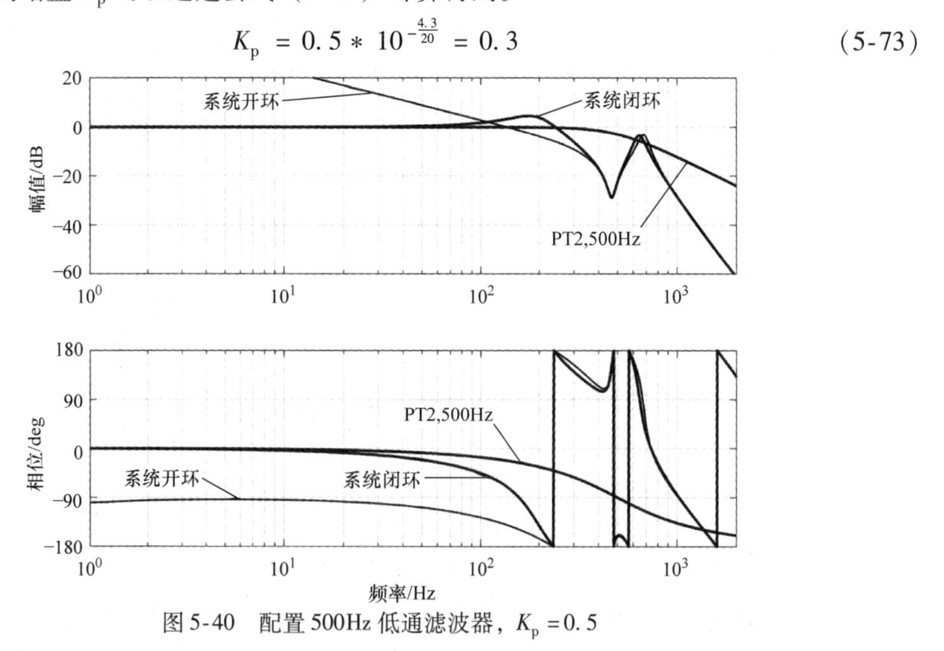

图 5-40　配置 500Hz 低通滤波器，K_p = 0.5

当增益 K_p 从 0.5 降低到 0.3 时，在幅频响应曲线上几乎没有超调，如图 5-41 所示。但是时域阶跃响应还是会出现一点超调量，这一点在 PT2 系统响应曲线上也是可以看出来的，如图 5-42 所示。所以对于速度闭环系统也是可以用 PT2 系统近似分析的。相比较阶跃响应曲线，$K_p=0.5$ 时在时域和频域上都会出现大的超调量。但是在频域的 Bode 上可以得到系统更详细量化的控制性能指标，对增益 K_p 的调整量带来的影响也是比阶跃响应更直观。所以，伺服控制系统速度控制器调试需要掌握基于频域的增益优化方法。

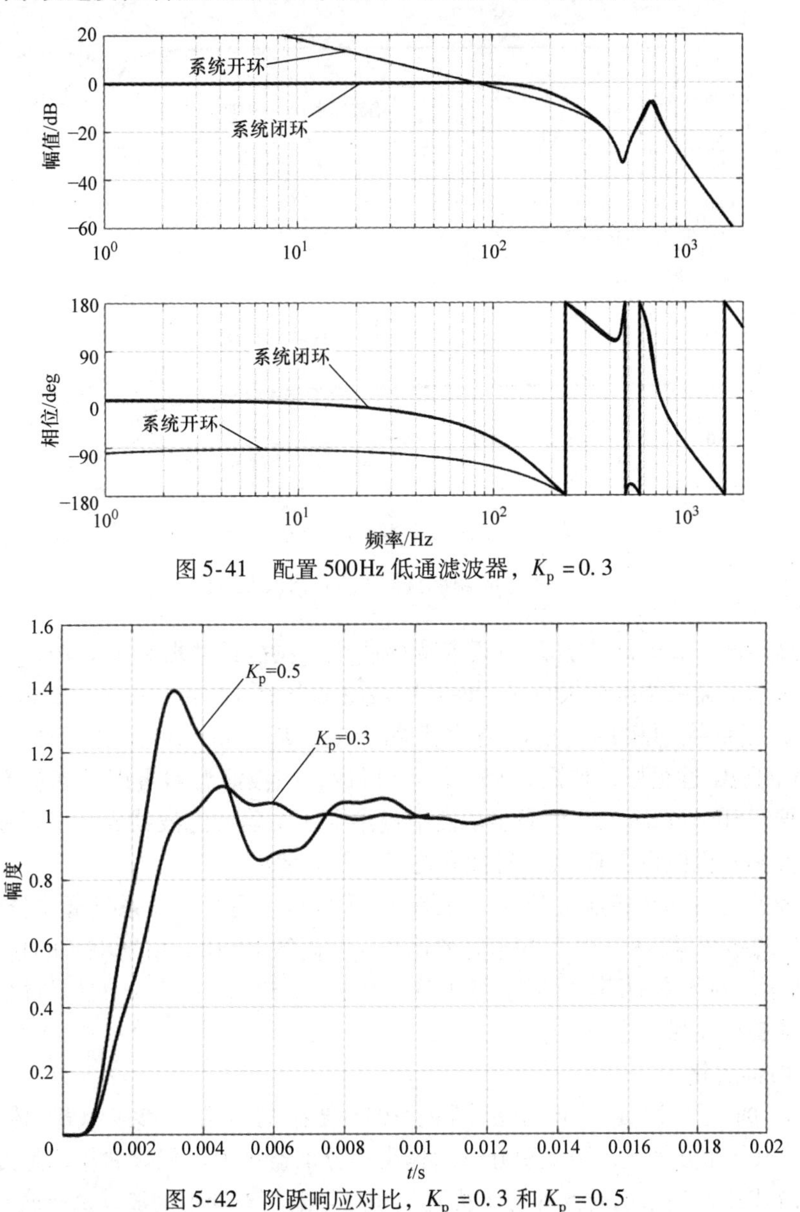

图 5-41 配置 500Hz 低通滤波器，$K_p=0.3$

图 5-42 阶跃响应对比，$K_p=0.3$ 和 $K_p=0.5$

5. 陷波滤波器 Notch

陷波滤波器可以对机械谐频率点进行准确的抑制。对于前面的机械系统，从图 5-33 所示的频率响应曲线可以得到系统 $G_{T\omega}(s)$ 的极点和零点的频率和幅值为

$$f_p = 686\text{Hz},\ M_p = 12\text{dB}$$

$$f_z = 467\text{Hz},\ M_z = -21\text{dB}$$

为了衰减极点处（机械谐振频率）的控制增益，在速度开环 Bode 图上不会高于 0dB。因此设置陷波频率为 686Hz，根据经验，陷波宽度大约为 2 倍的零极点频率差 400Hz，陷波深度大约为零极点幅值差的一半 -16dB。陷波滤波器的频域响应如图 5-43 所示。

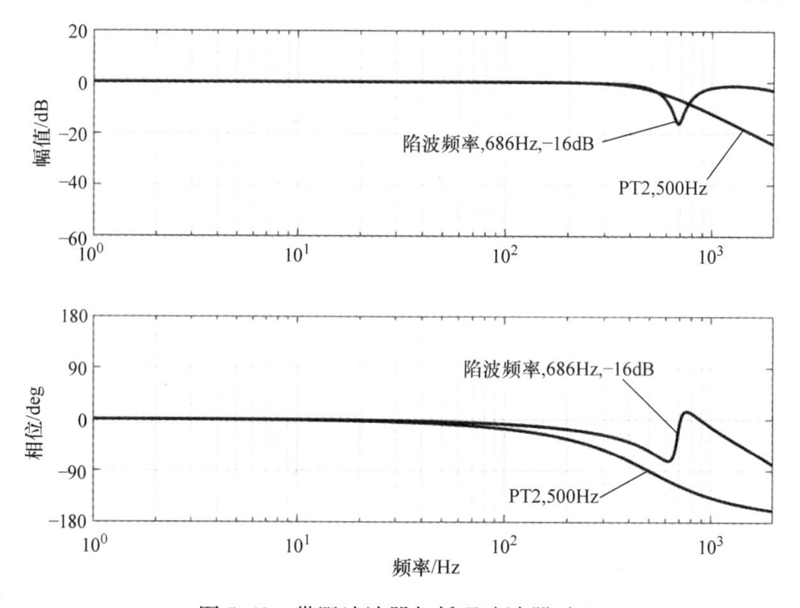

图 5-43　带阻滤波器与低通滤波器对比

比较低通滤波器和陷波滤波器的频率特性曲线，在机械共振频率 686Hz 处，陷波滤波器比低通滤波器的衰减幅度要大得多，而且陷波滤波器引入的相位损失要比低通滤波器少得多，所以对闭环系统的相位宽度没有太大的影响。$K_p = 0.5$ 时速度开环的幅值裕量为 8.8dB，系统的稳定性很好，如图 5-44 所示。所以，陷波滤波器可以准确抑制具有特定频率的机械谐振。SINAMICS V90 伺服驱动器中提供了 3 个陷波滤波器和 1 个低通滤波器，用户可以根据实际的机械系统 $G_{T\omega}(s)$ 特性有选择的配合使用。

下面比较速度闭环频域响应特性，如图 5-45 所示。伺服控制系统通常能够接受 $K_p = 0.5$ 时 1.5dB 的超调量。$K_p = 0.5$ 的带宽要比 0.3 时高约 100Hz，阶跃响应的超调量在 20%，如图 5-46 所示。对于本例测试系统，速度环的增益 $K_p = 0.5$ 可以认为是最优值，动态性能和稳定性都能够得到保证。

6. 积分时间优化

积分时间的大小决定了低频范围内积分增益的高低，参考 PID 传递函数，见式（5-48）。积分在分母上，因此积分时间越小积分增益越大。积分的作用是提供稳态和低频范围的系统刚度。当系统受到外力干扰时，积分增益将对速度的波动进行较正。速度偏差的校正速度越快，那么系统抵御外界扰动的能力越强。但是积分时间不能无限的减小，因为积分会引入 -90°的相位衰减，所以系统开环的相位裕量会随着积分时间的减小而减小。相位裕量越小那么闭环系统的超调量就越大，速度的超调量必须满足生产设备的需求。因此不能为了无限的提高稳态刚度而设置非常小的积分时间。所以，速度闭环系统的动态响应能力

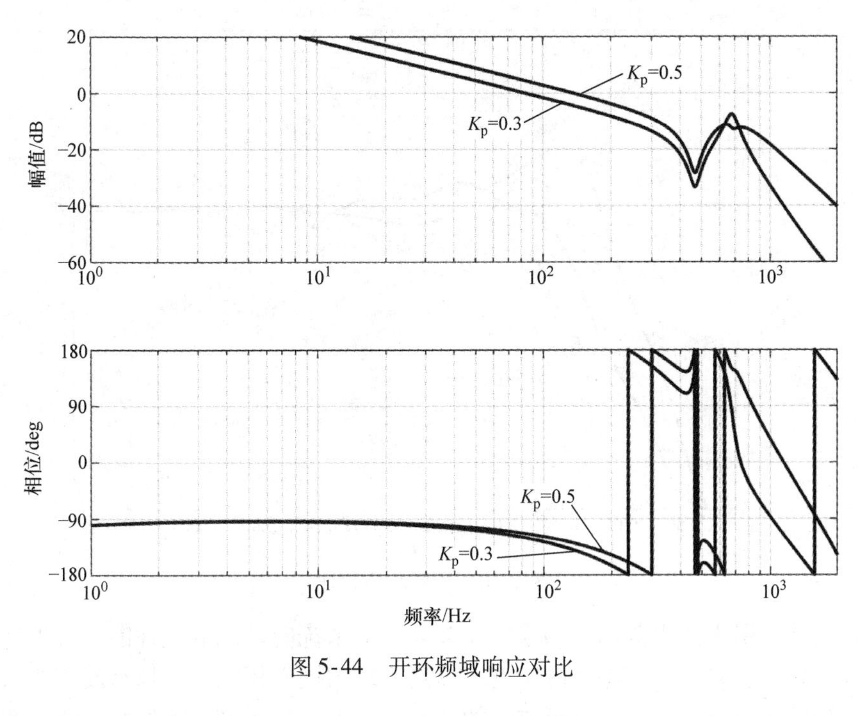

图 5-44 开环频域响应对比

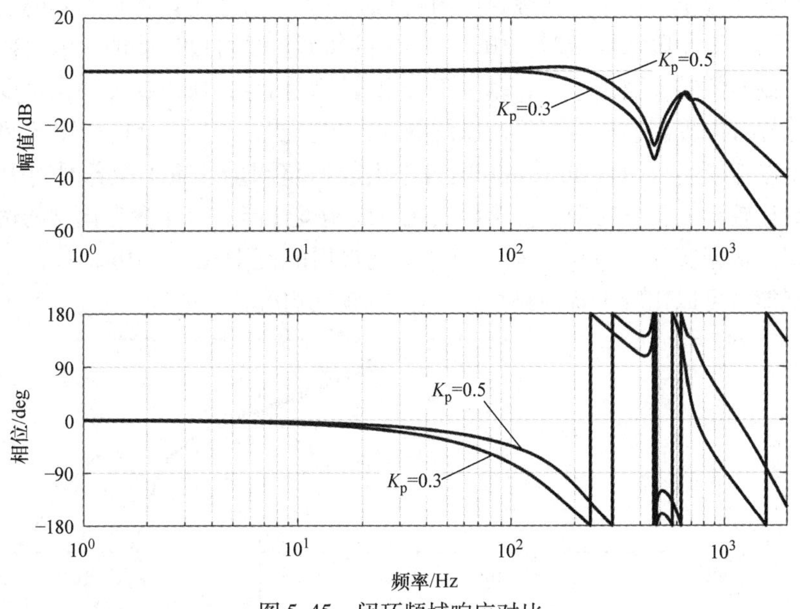

图 5-45 闭环频域响应对比

和稳态刚度是需要平衡的。

7. 速度开环频域响应

比较积分时间对开环频域响应的影响，如图 5-47 所示。积分时间为 10ms，相位裕量 PM = 52°；积分时间为 5ms，相位裕量 PM = 45°；积分时间为 3ms，相位裕量 PM = 27°。根据经验值，开环系统的相位裕量在 40°左右既能达到好的动态性能，同时有比较高的稳态刚度。从 Bode 图上也可以看出，改变了积分时间，只是影响了低频范围内的增益和相位，对高频段没有任何影响。所以，可以理解 PI 调节器的比例增益部分作用于整个频率范围内，

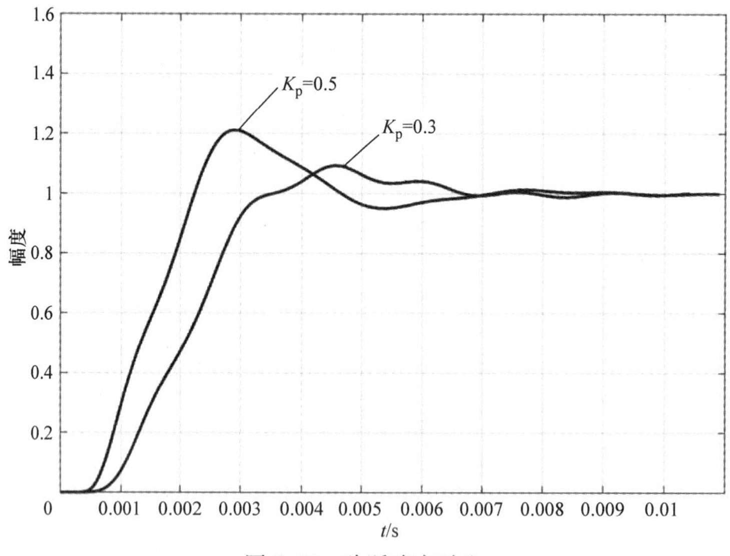

图 5-46　阶跃响应对比

而积分时间只是作用于低频范围。如果需要提高整个系统的动态响应性能，首先要想办法提高比例增益。如果需要提高稳态时的刚度，提高系统的抗干扰能力，那么就需要减小积分时间。但是积分时间过小，会引起实际速度的超调量过大，这个可以根据实际的生产工艺需求来进行评估。通常对于阶跃响应时，10% ~20% 的超调量是可以接受的。因为在实际应用过程中，位置控制器的转速输出指令，基本不会出现阶跃信号，所以速度环是可以允许出现一定的超调，这样可以提高整个伺服控制系统的动态响应能力。对于 SINAMICS V90 伺服驱动器，使用速度参考模型可以降低积分时间过小引起的超调量，减小积分时间引起的相位衰减。允许设置比较小的积分时间，显著提高稳态的刚度性能。对于参考模型的优化，后面章节会单独介绍。根据实际的应用经验，积分时间常用的范围在 5 ~10ms 左右。系统的稳态刚度和抗干扰能力可以比较干扰回路系统 $G_{Z\omega}(s)$ 频域响应特性曲线。

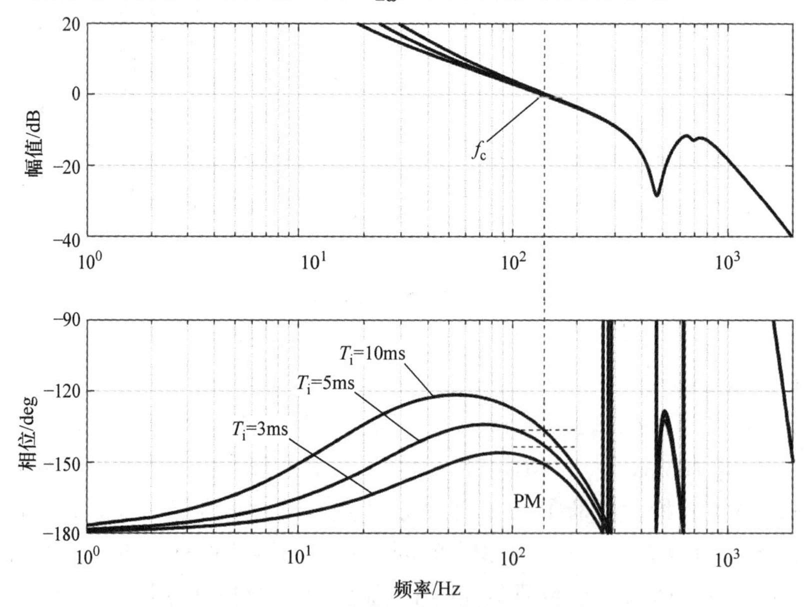

图 5-47　积分时间对相位裕量的影响

8. 干扰回路频域响应

对于速度环干扰系统频域响应，如图 5-48 所示，可以分为三个频段：低频段，在低频段主要是 PI 调节器的积分增益起作用；中频段，在中频段主要是比例增益起作用；高频段，在高频段主要是机械系统的惯量起作用。

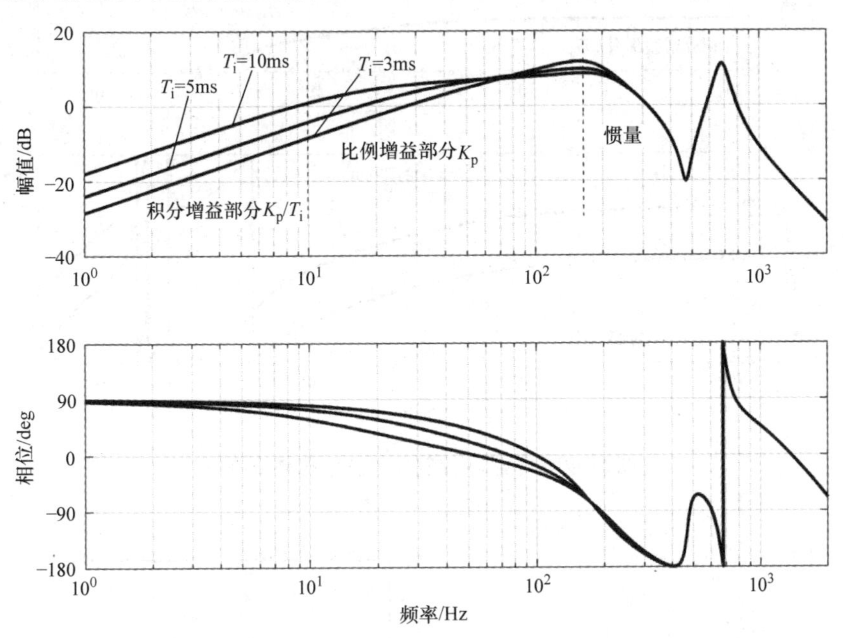

图 5-48 PI 控制器速度干扰系统 $G_{Z\omega}(s)$ 频域响应

比例增益 K_p 越大，幅值曲线在低频和中频段越靠下，积分时间越短，幅值曲线在低频段越靠下。考虑速度环干扰系统 $G_{Z\omega}(s)$ 频域响应的输出为电动机转速，输入为扰动扭矩。假设扰动扭矩不变的情况下，幅值曲线越靠下，电动机的转速变化越小，转速稳定性越高。因此，提高比例增益参数、减小积分时间和增大机械系统的总惯量都可以使幅值响应曲线往下移，从而提高速度环的稳态刚度和抗干扰能力，转速稳定性就会越高。

在伺服控制系统的调试过程中，有些工程技术人员采用手动扭转负载轴，同时查看负载轴转动的位置量来直观的评价系统的刚性。针对这种情况，需要分析电动机位移的变化量。这时，速度干扰回路的输入为扭矩，输出是电动机位移。而电动机速度在时间上的积分就是电动机位移。如果只有速度控制器，位置控制器没有激活，那么只需要在速度干扰回路的频域响应曲线乘以积分环节就可以得到输出为位移的系统干扰频域响应特性曲线，见式（5-74）。

$$G_{Z\varphi}(s) = \frac{G_{Z\omega}(s)}{s} = \frac{G_{T\omega}(s)}{s(G_O(s)+1)} \tag{5-74}$$

参考位移的干扰频域响应，如图 5-49 所示，假设扰动扭矩为 1Nm 阶跃，那么 PI 调节器能校正的电动机的最大位移偏差，见式（5-75）。

$$\varphi = |G_{Z\varphi}(j\omega)| * 1\text{Nm} = 10^{\frac{-40}{20}} * 1 = 0.01\text{rad} = 0.573° \tag{5-75}$$

9. 干扰回路时域响应

再次验证只有速度控制器时，1Nm 阶跃扰动时的位移偏差仿真结果，如图 5-50 所示。

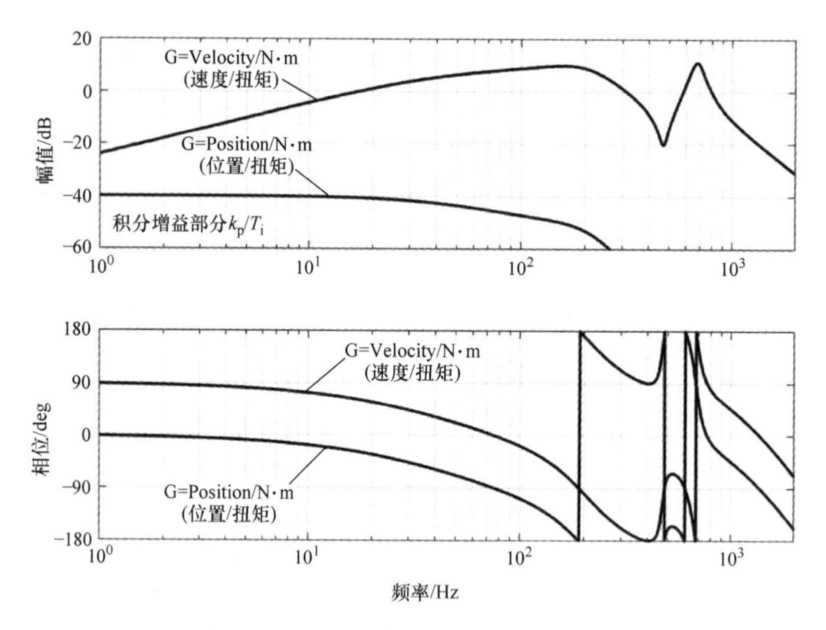

图 5-49 速度 PI 控制器位置干扰频域响应

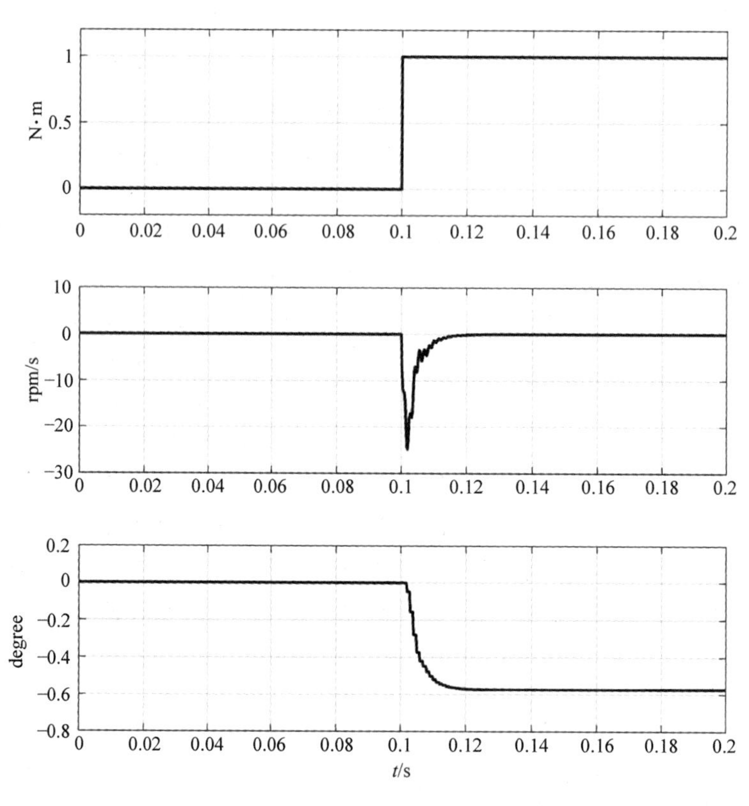

图 5-50 1Nm 阶跃扰动下的位移偏差

从图上可以看出，时域的仿真结果与在频域的计算结果是相同的。所以，我们可以通过速度 PI 控制器的参数估算速度控制器的稳态刚度，而这时速度的稳态刚度其实就是 PI 控制器积分部分的增益。因此，在对系统的稳态刚度要求比较高的机械设备，首先优化比例增益，然后需要设置小的积分时间常数，同时也要考虑整个系统的稳定裕量。

根据实际调试经验，当负载惯量比在 5 以下时，积分时间可以在 5 ~ 10ms 范围内，惯量比在 5 以上时，积分时间可以在 10 ~ 20ms 范围。用户可以根据实际机械的运行状态对积分时间做微调。

10. 速度参考模型优化

在做速度参考模型优化之前，首先比较速度闭环频域响应 Bode 图，如图 5-51 所示。PI 参数是基于前面比例和积分时间优化过的参数值。从 Bode 图上可以看出，当积分时间减小到 5ms 时，幅值频域曲线会有接近 5dB 的超调量。参考图 5-52 的阶跃响应曲线，实际转速就会出现 50% 左右超调，这么大的超调量通常是需要尽可能避免的。

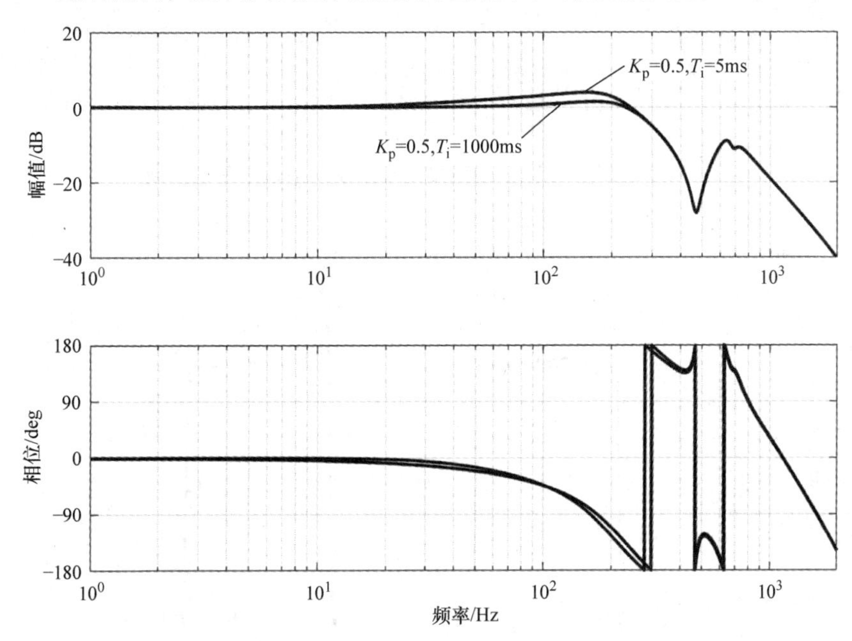

图 5-51 积分时间 T_i 对速度闭环频域响应幅值超调量的影响

从速度的方波指令信号响应，如图 5-53 所示，可以看到实际速度的超调量在 50% 左右，这与闭环系统的阶跃响应是一致的。对于速度闭环系统的基准指令响应，50% 的超调量太多了。通过比较闭环系统的 Bode 图和阶跃响应曲线也可以看出，高的超调量是由积分作用引起的。虽然积分时间增大到 20ms，但是时域的超调量还是有大约 30%。因为积分时间的增大会损失速度环的抗干扰能力，稳态刚度降低。因此需要采取合适的措施，既能保证系统有高的动态响应能力，又需要有足够高的稳态刚度，时域的超调量不会因为积分时间的减小而出现大的超调。理论上，PID 调节器存在各种各样的形式，采取非传统 PID 调节器结构在工程上某些应用场景也是可行的。针对伺服控制系统三环级联控制结构，SINAMICS V90 伺服驱动器在速度 PI 调节器的积分前面增加了一个参考模型环节。通过优化参考模型的参数匹配当前的速度环增益，可以显著减小积分增益引起的速度指令在时域的超调量。而且针对速度指令基准响应，参考模型能够减小积分环节引入的速度闭环系统相位损失。

SINAMICS V90 伺服驱动器在启用自动优化时会自动激活参考模型功能。速度参考模型

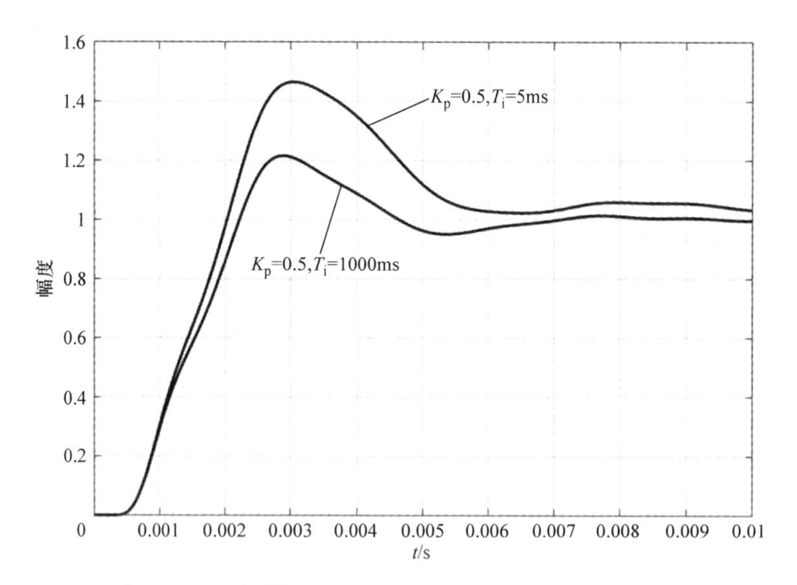

图 5-52 积分时间 T_i 对速度闭环阶跃响应超调量的影响

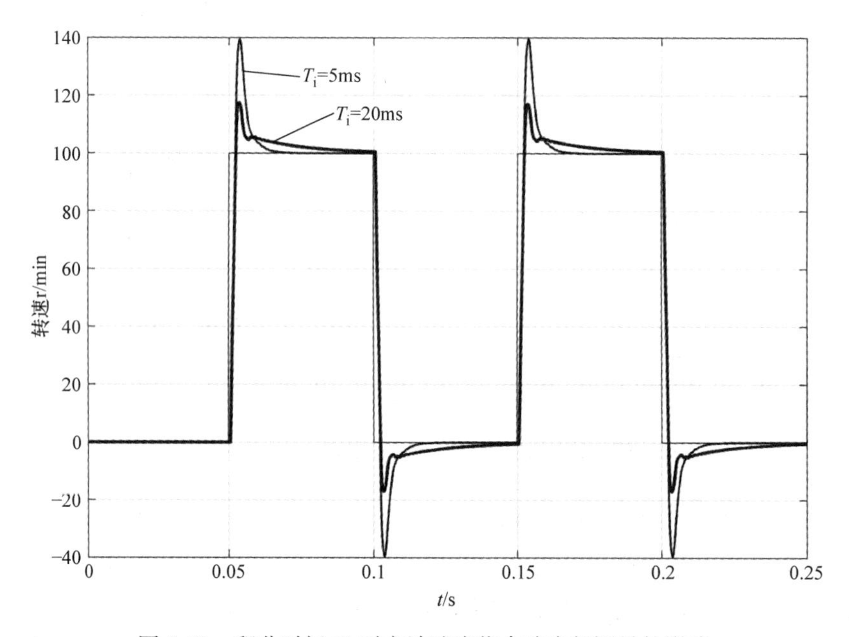

图 5-53 积分时间 T_i 对方波速度指令响应超调量的影响

就是在速度控制器中模拟电动机的实际速度动态响应，从而能够减小用于积分计算的速度偏差值，减小积分部分的扭矩输出。参考模型只针对速度的基准指令响应起作用，而对干扰频域响应没有影响。速度参考模型可以近似为一个 PT2 系统，参考模型的特征频率初始值可以参考速度环 -3dB 带宽或速度闭环相位频域响应为 -90°的频率值，设置频率越高速度参考模型响应越快。激活参考模型后的速度闭环基准频域响应，如图 5-54 所示，方波信号的时域响应曲线，如图 5-55 所示。

从仿真计算的 Bode 图和时域响应曲线可以明显地看出，幅频曲线的超调量显著降低，

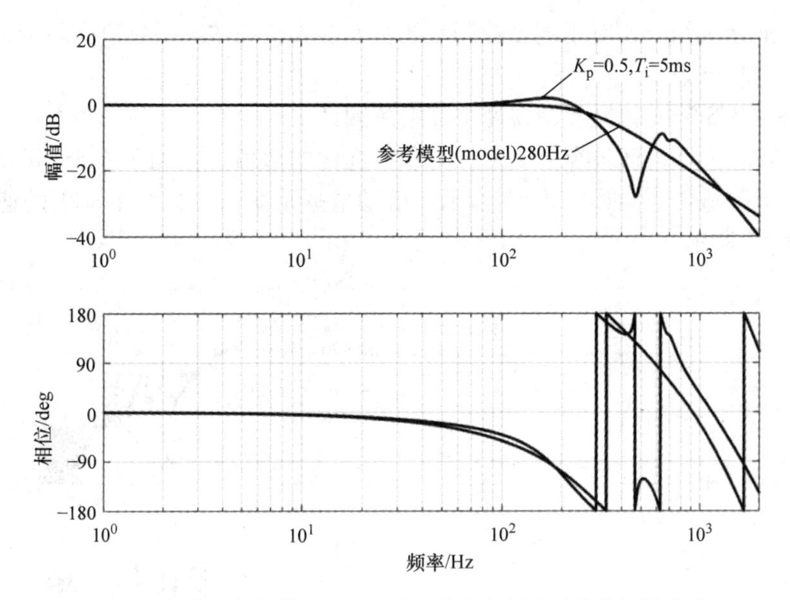

图 5-54 激活参考模型（model）后的速度闭环基准频域响应

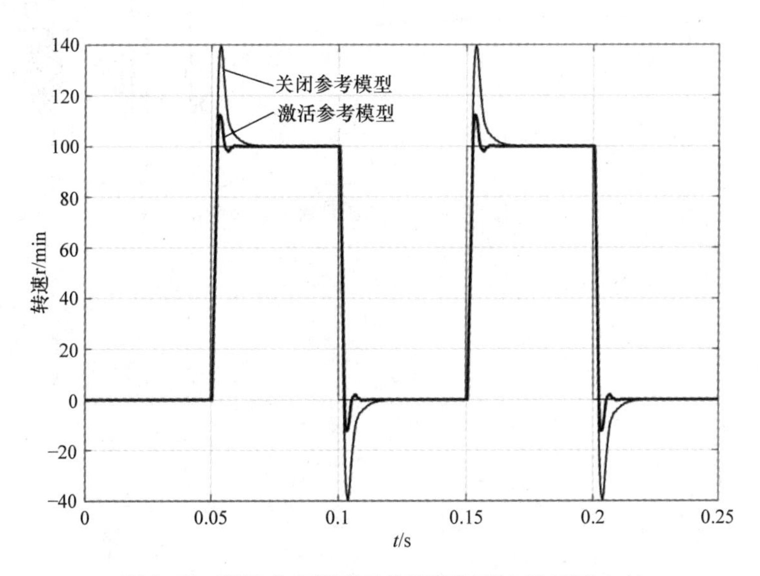

图 5-55 激活参考模型后的速度闭环方波时域响应

接近于积分时间 1000ms。时域的阶跃响应超调量减小到 10% 。所以，速度参考模型激活后可以设置更小的积分时间得到更高的稳态刚度，显著提高系统的抗干扰能力，并且实际转速不会出现大的超调。当用户使用自动优化时应该要注意到驱动器内部会自动激活参考模型，用户可以根据实际的运行状态情况可以对自动优化后的积分时间和参考模型频率做微调，从而满足生产设备性能的要求。

经过上面的分析，当使用速度参考模型后，优化速度环的基准指令响应性能和稳态刚度性能提供了更灵活的手段。用户可以对比例系数和积分时间进行单独优化，从而大大降低了 PI 调节器的优化难度，而不需要考虑比例和积分的混合影响，因为使用参考模型后，速度 PI 调节器可以近似为 P 调节器。

根据实际的调试经验，对于伺服控制系统性能要求较高的应用，速度环带宽和参考模型频率通常要在100Hz以上。

11. SINAMICS V90伺服驱动器速度环响应测试

设置SINAMICS V90驱动器参数为前面章节优化的数值，借助V-ASSISTANT调试工具测试速度闭环的频域响应，如图5-56所示。借助数据采集功能检测电动机的速度阶跃指令响应，如图5-57所示。

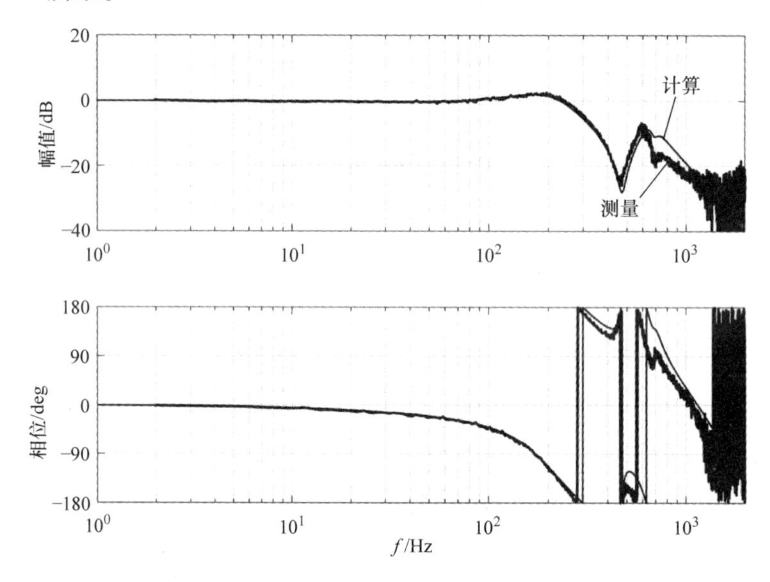

图5-56　速度闭环计算和实际测量频域响应对比

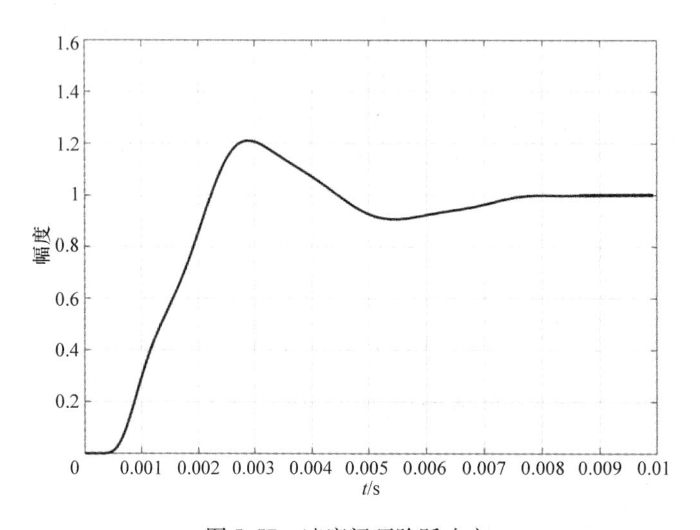

图5-57　速度闭环阶跃响应

从实际测试结果来看，优化后的PI参数和陷波滤波器参数在实际系统的运行结果与仿真计算结果是一致的。电动机的转速超调量实际大概在10%左右，速度环的带宽大概在270Hz。积分时间只有5ms，速度环的动态性能和稳态性能经过优化后有了很大的提高。速度控制器与实际机械负载能够很好地配合起来。对于需要做位置控制的伺服控制系统来说，速度环的带宽经验值通常需要达到 100Hz 以上。速度闭环基准频域响应幅值曲线超调量要小于 3dB。上述优化后的速度环性能完全满足位置控制的要求。因此前面介绍的速度环优化理论和方法可以直接应用于 SINAMICS V90 伺服驱动器伺服控制系统。

12. 速度环优化总结

对于伺服控制系统速度环路的优化，需要了解 PI 调节器的工作原理，比例环节在整个频域范围内起作用，积分环节只在低频域起作用。比例增益与机械传动系统的惯量成正比关系，与控制器的调节计算周期成反比。比例增益越大闭环系统的带宽越宽，速度的动态响应越好，积分增益的大小决定了速度稳态的抗干扰能力，积分时间的减小降低了系统的稳定裕量，阶跃响应的超调量增大，这时就需要调整速度参考模型的参考频率，参考模型频率经验值参照速度闭环的带宽频率或者 -90°相位频率。参考模型频率的效果可以通过测试速度阶跃响应曲线，通常实际机械设备能够允许大约 10% 的速度超调量。

比例增益也会受到机械谐振的影响，低通滤波器和陷波滤波器都可以抑制机械谐振，低通滤波器引入的相位损失要大于陷波滤波器，但是低通滤波器对机械谐振频率的变化不敏感。陷波滤波器可以精确地抑制机械谐振，但是当机械谐振频率发生变化比较大的时候需要重新设置陷波滤波器参数，或者尝试使用实时机械谐振抑制功能。在实际的伺服驱动器中，通常低通滤波器和陷波滤波器需要配合使用，根据实际机械谐振情况可能需要设置多个陷波滤波器。在更改控制器参数的时候，最好的办法是需要测量实际系统的速度闭环频域响应特性曲线，验证控制器参数的有效性。有经验的工程师也会同时评估速度的阶跃响应和抗干扰响应，对积分时间和速度参考模型频率做精细的调整。所以，速度环优化过程需要控制理论做指导和分析实际系统频域响应和时域响应的经验，同时需要清楚地理解实际生产设备加工工艺和机械传动设备的特性，以及客户对伺服控制系统性能的需求。

5.2.6 位置环优化

在通用伺服控制系统级联控制回路中，位置环是最外面的一个回路。位置控制器对位置基准量与实际测量到的位置进行比较，基于位置偏差产生速度环的速度指令值。速度闭环负责伺服电动机时刻跟随速度基准量的变化。位置控制器的作用就是调节位置偏差趋向于零。

位置环反馈回路的实际位置测量方法主要有两种类型，间接位置测量和直接位置测量。生产设备的任务是控制机器工作端的实际位置满足工艺的需求。而检测机械末端位置的直接方式是在末端合适位置安装合适的位置传感器，这种方式就是直接位置测量。另外一种方式是利用伺服电动机本体的编码器和机械传动系数间接计算机器工作端的实际位置，这种方式就是间接位置测量。直接位置测量得到的位置精度更高，但是系统成本会增加，而且实际位置闭环回路中包含了机械传递环节，使得整个位置环优化难度加大。因此，对于绝大部分的运动控制系统会采用间接位置测量方式。

位置控制器通常采用一个比例环节，速度控制器使用比例和积分环节，这种控制器结构方便伺服环路的调试优化，整个系统的抗干扰能力和稳态刚度主要是通过速度 PI 调节器控制，位置环增益主要控制位置的定位速度和精度。当速度环优化后，对于位置环只需调整一个位置环的比例增益。因此位置调节器增益 K_v 与位置偏差 Δx 和给定速度 V_s 的关系，见式（5-76）。

$$V_s = K_v * \Delta x \tag{5-76}$$

因此对于一个已知的匀速定位运动，当位置比例增益 K_v 越大，位置偏差 Δx 就会越小，实际的定位时间就会越短。因为电动机速度的国际单位为 rad/s，电动机位置的国际单位为 rad，所以位置比例增益的单位为 1/s。应注意的是，在有些控制器中位置增益的单位采用 Hz，Hz 与 1/s 的系数是 2π。在实际的工程应用中，位置偏差通常使用长度单位 mm，而产生的进给速度指令单位是 m/min，因此这时的比例增益单位是 m/min/mm，SINAMICS V90 伺服驱动器的位置比例增益单位是 m/min/mm。单位的转换关系，见式（5-77）。

$$1\ \frac{\mathrm{m/min}}{\mathrm{mm}}=\frac{1000}{60\mathrm{s}}\approx\frac{16.67}{\mathrm{s}} \tag{5-77}$$

在比较位置环增益时，要注意伺服驱动器使用的单位。在点到点定位应用过程中，通常不允许实际位置有过冲量，或者只能允许有非常小的过冲量。因此，对于位置环的优化目标就是提高系统的实际位置跟随位置指令变化的能力，位置偏差越小越好，同时满足控制系统的定位精度。位置控制器还经常用到速度或者扭矩前馈控制策略。前馈控制策略可以保证电动机的速度或扭矩时刻跟随位置指令的变化，这样位置偏差可以做到最小，实际位置的响应速度更快。同时高的位置环增益提高了位置环的抗干扰能力，从而保证了实际位置的定位精度。但是在使用前馈控制策略时应关注位置超调量是否满足实际机械设备的要求。SINAMICS V90 伺服驱动器系统的自动优化功能可以选择是否激活前馈策略，同时优化位置的超调量降到最小，从而提高位置环定位速度和定位精度。

位置环的优化过程类似于汽车驾驶员控制汽车行驶间距的过程。好的驾驶习惯不仅仅观察正前方的一辆车，而是要同时观察前面的几辆车，根据前面的路况提前做出判断是加速还是减速，这样才能更好地保持车辆之间的安全距离。这其实就是利用了位置前馈控制策略。而对于新驾驶员或者换了一辆性能完全不同的车，刚开始驾驶时往往保持固定的车距可能比较困难。但是当慢慢熟悉驾驶车辆的加减速性能后就可以比较容易地操控车辆。驾驶员在熟悉车辆加减速性能的过程中调整挡位速度的变化以及油门的变化。这时驾驶员就相当于伺服控制系统中的位置控制器，驾驶员学习如何更好地操控车辆的过程就相当于位置环优化的过程。驾驶方法受到变速箱和发动机性能的影响，位置环的优化也会收到速度环性能和机械性能的影响。因此如果要达到比较理想的位置跟随性能和定位精度，必须首先要对速度环进行优化，同时掌握机械系统的特性。某些情况下，应在实际的机械设备上反复运行调试才能得到比较理想的结果，尤其是对于机械性能比较差的机械结构，同时对动态和稳态性能要求比较高，这对于位置环的优化通常是比较大的挑战。

1. 位置环系统模型

为了获得间接位置测量闭环控制框图，在速度闭环框图的基础上增加一个积分环节，这样反馈的速度值经过积分后就得到了位置反馈值，如图 5-58 所示。同时对位置指令进行微分运算得到速度前馈指令，对速度前馈指令再进行微分运算就得到加速度前馈指令，加速度前馈指令乘以机械系统的负载惯量就是扭矩前馈指令。

位置闭环数学模型，见式（5-78）和式（5-79）。

$$\mathrm{G_O}(s) = \mathrm{G_{calc}} * K_v * \mathrm{G_{VelLoop\_PT2}} * \frac{1}{s} \tag{5-78}$$

$$\mathrm{G_W}(s) = \frac{V(s)}{U(s)} = \frac{\mathrm{G_O}(s)}{\mathrm{G_O}(s)+1} \tag{5-79}$$

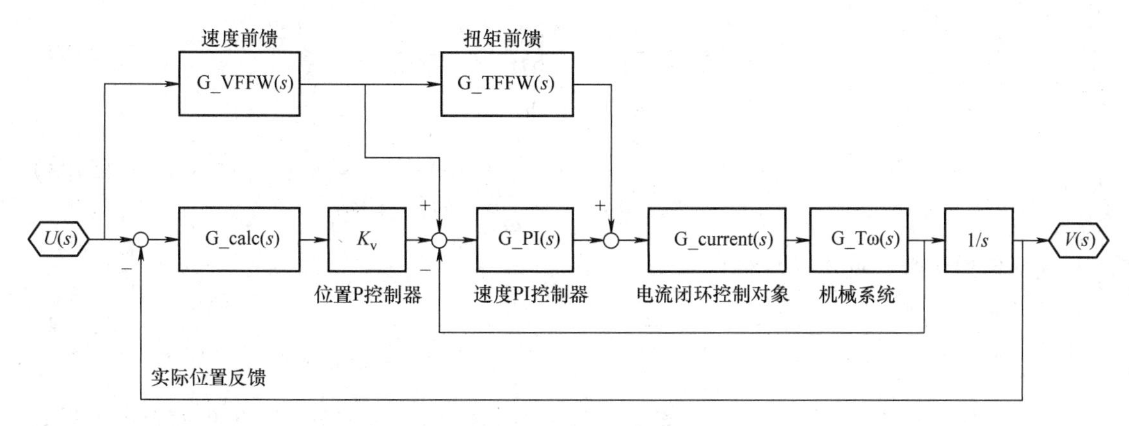

图 5-58　位置闭环控制框图

位置环速度前馈数学模型，见式（5-80）。

$$G_{VFFW}(s) = \frac{VFFW * G_{VelLoop} + G_O(s)}{G_O(s) + 1} \tag{5-80}$$

位置环扭矩前馈数学模型，见式（5-81）。

$$G_{TFFW}(s) = \frac{TFFW * G_{CurLoop} + G_O(s)}{G_O(s) + 1} \tag{5-81}$$

对于位置闭环系统分析，根据经验通常将速度环近似为一个 PT2 环节的滤波器，而滤波器的特征频率就是速度闭环的带宽频率，阻尼系数通常近似为 0.7。

速度前馈就是对位置设定指令计算一次微分后得到的指令速度，转速前馈指令直接传递到速度的设定值通道。速度前馈使得电动机转速直接跟随位置指令，所以大大提高了位置指令的跟随性能，理想情况下位置控制器的计算偏差为零。速度前馈使得位置指令的基准频域响应性能接近速度闭环频域响应性能。

扭矩前馈就是对速度前馈再做一次微分然后乘以机械系统的转动惯量直接传递到扭矩设定值通道。扭矩前馈使电动机的转矩直接跟随位置指令，所以电动机响应位置指令的能力达到最高。扭矩前馈使得位置指令的基准响应性能接近电流环的带宽。所以位置指令的跟随误差可以做到最小。对轨迹精度要求比较高的设备需要开启扭矩前馈功能。

位置环比例增益控制器在前馈开启后主要是提高位置环的定位精度和抗干扰能力。对于点到点应用，前馈可以缩短定位时间，减小跟随误差，提高生产效率。对于轮廓控制应用，通常对轮廓精度有高要求，前馈可以显著减小运动过程中的位置偏差，提高零件表面质量。对于调试前馈控制回路，电动机位置可能会引起超调，因此在位置控制器中需要特别注意前馈和闭环控制的节拍。SINAMICS V90 伺服驱动器在自动优化的过程中，会将前馈增益设置到 100%，同时自动调整控制器比例增益的计算时序来抑制电动机位置的超调量。

2. 比例增益优化

首先分析位置闭环的传递函数模型，假定速度环近似 PT2 环节的系统带宽为 ω_{bw}，阻尼系数为 D，位置增益系数为 K_v。暂时不考虑计算周期的影响，计算周期只会引入相位滞后对幅值频域响应没有影响。

开环传递函数，见式（5-82）和式（5-83）。

$$G_O(s) = \frac{K_V}{\frac{1}{\omega_{bw}^2}s^2 + \frac{2D}{\omega_{bw}}s + 1} * \frac{1}{s} \tag{5-82}$$

$$G_O(j\omega) = \frac{K_V}{\frac{1}{\omega_{bw}^2}(j\omega)^3 + \frac{2D}{\omega_{bw}}(j\omega)^2 + j\omega} \tag{5-83}$$

闭环传递函数，见式（5-84）。

$$G_W(j\omega) = \frac{1}{\frac{1}{K_v\omega_{bw}^2}(j\omega)^3 + \frac{2D}{K_v\omega_{bw}}(j\omega)^2 + \frac{1}{K_v}j\omega + 1} \tag{5-84}$$

因此，闭环传递函数是一个三阶系统。对于 $D>0.707$，根据复比法优化准则可以得到位置增益，见式（5-85）。

$$K_v \leqslant \frac{\omega_{bw}}{4D} = 0.35\omega_{bw} \tag{5-85}$$

同时得到三阶系统截至角频率，见式（5-86）。

$$\omega_x = \omega_{bw}\sqrt[3]{\frac{K_v}{\omega_{bw}}} \leqslant 0.707\omega_{bw} \tag{5-86}$$

对于无超调的系统，三阶系统的截止角频率可以近似为三阶系统的响应带宽。根据经验值，截至角频率最大值通常要小于速度环带宽的 40%～50%。此时，位置环的增益可以通过式（5-87）估算。

$$K_v \leqslant 0.2\omega_{bw} \tag{5-87}$$

式（5-87）给出了位置比例增益的经验值，在实际系统中也要考虑位置环调节时间的影响，调节时间越长，位置比例增益应相应地减小。同时考虑到实际机械系统阻尼的影响，位置增益的最大值通常应取小于式（5-87）估算的值。因此，最好的方式是建立位置环路的计算机仿真模型，根据频域响应特性曲线准确地调整比例增益值。下面基于前面优化后的速度闭环系统，仿真计算不同的位置比例增益时的位置环响应。

3. 开环频域响应

- $K_v=1$，相位裕量 PM＝88°，默认初始增益；
- $K_v=6$，相位裕量 PM＝77°；
- $K_v=12$，相位裕量 PM＝65°。

位置开环系统的频域响应，如图 5-59 所示。参考标准二阶系统的特性，如果 PM 大于 70°，也就是说阻尼系数大于 0.8，这时系统的阶跃响应是几乎不会出现超调的。对于无超调的位置控制回路，经验值是控制开环系统相位裕量需要大于 70°。因此，比例增益为 12 的相位裕量太小了，增益为 6 的相位裕量通常能满足位置控制无超调的要求。所以，最优化的位置比例增益设为 6。

下面同时比较位置闭环系统的频域响应，如图 5-60 所示，阶跃响应曲线，如图 5-61 所示。

4. 位置指令前馈控制

运动控制器通常作为伺服驱动器的上位机，运动控制器不仅仅生成位置指令，而且也会

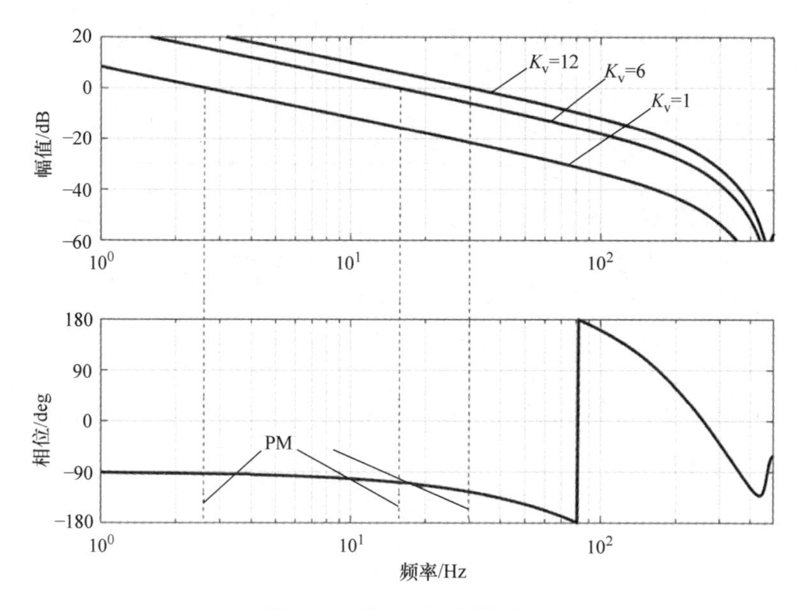

图 5-59　位置开环频域响应

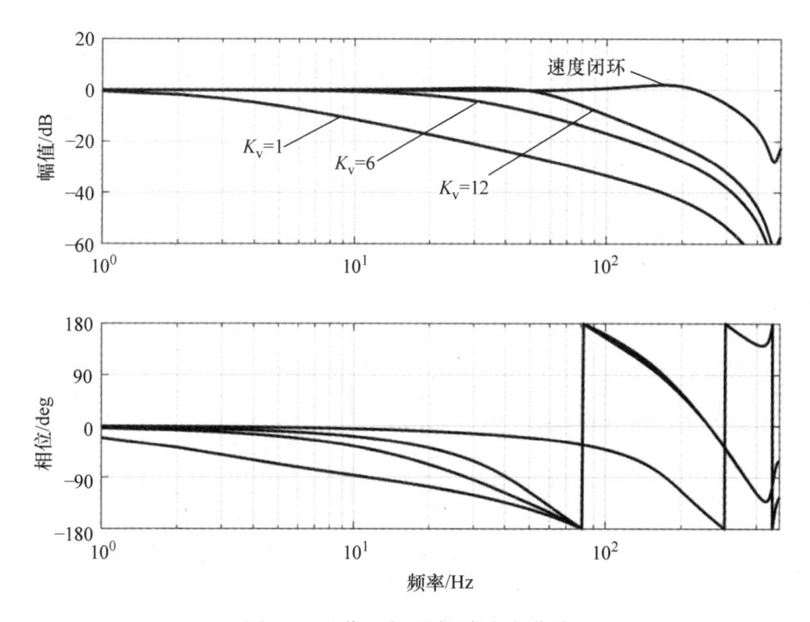

图 5-60　位置闭环频域响应曲线

同时生成速度或扭矩指令，这取决于运动控制器的模式配置。速度和扭矩指令可以直接传输到速度和扭矩设定值通道。通过速度或扭矩指令去控制电动机的运行，位置比例控制器此时将会被旁路掉，所以位置跟随能力将会大大提高。通过对位置指令和前馈指令的时序优化，理想情况下位置控制器只需要控制整个位置回路的稳态精度和干扰量的影响。

前馈只对设定值变化指令有效，前馈通道是位置开环控制。下面分析前馈控制的位置环频域响应。激活前馈后的位置基准指令响应带宽有了很大程度的提高，所以加快了位置指令响应速度。这里扭矩前馈指令是由加速度乘以机械系统的总惯量。从图 5-62 和图 5-63 上可

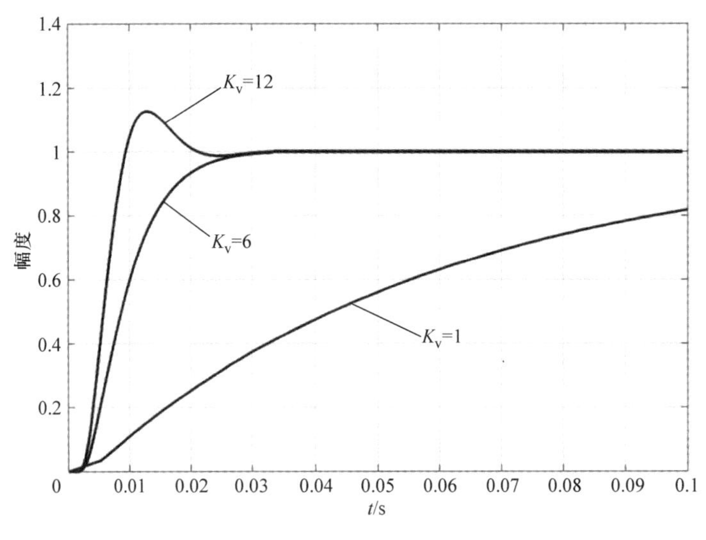

图 5-61　位置闭环阶跃响应

以看出，扭矩前馈的带宽要高于速度前馈。

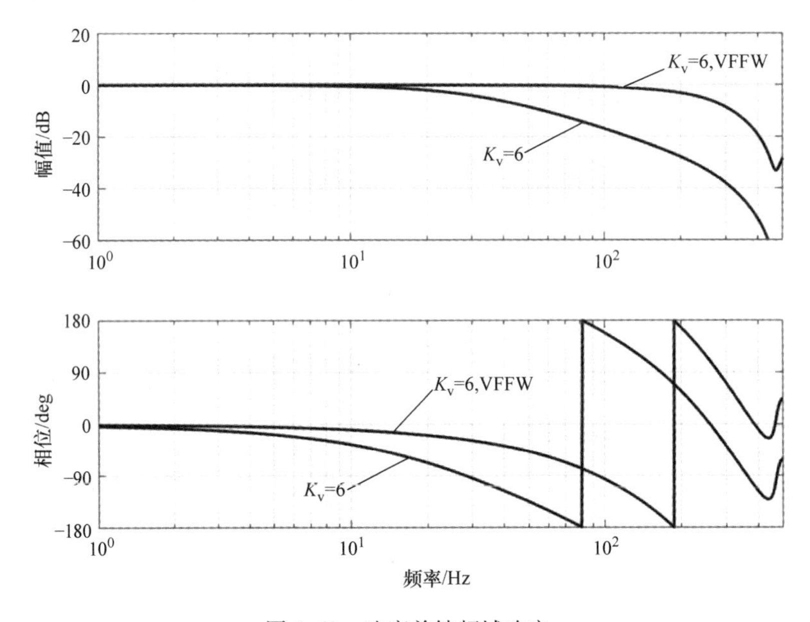

图 5-62　速度前馈频域响应

对于位置控制应用，最终的控制目标是机械工作端的位置精度和定位速度，因此位置环性能同时受到机械系统 $G_{mech}(s)$ 性能的影响。根据经验，只有在机械性能比较好的情况下开启扭矩前馈，否则可能会引起负载机械端的振动过大。虽然前馈控制能够显著提高位置跟随能力，减小位置偏差。但是对于实际的机械设备，通常都会存在各种非线性的因素。这时就需要位置控制器和速度控制器来弥补这种非线性的影响。速度控制器通常对系统抗干扰能力和稳态刚度起主要作用。位置控制器主要弥补运动过程中的非线性环节，如齿轮间隙、丝杠反向间隙等。因此，如果要达到比较高的位置动态性能和稳态性能，那么必须仔细调整机械

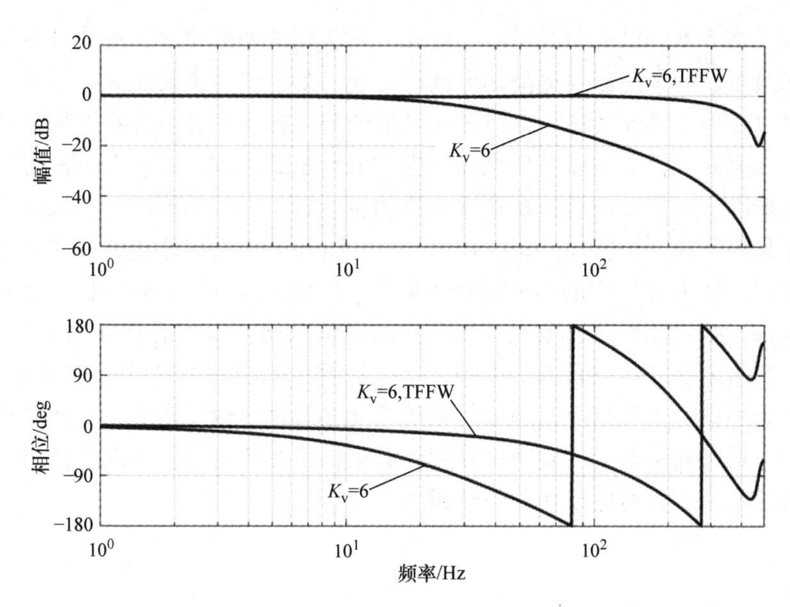

图 5-63 扭矩前馈频域响应

设备的性能。在机械性能不佳，而要求控制精度高的场合，通常需要优化到伺服控制系统的最高性能状态或者采用各种复杂的滤波器才能满足设备的要求。这种情形对伺服控制系统的优化是一个很大的挑战。调试人员必须对生产工艺的需求足够了解，对伺服驱动器的功能参数足够熟悉。

5. 位置指令轨迹发生器

运动控制系统的位置轨迹发生器负责输出位置指令。因此，研究分析伺服控制系统的位置响应能力，非常有必要了解各种类型位置指令的主要特性。对于一个固定行程的直线运动，主要有 3 个限制运动的条件：速度限制，加速度限制和冲击限制 Jerk。

➢ 速度限制，运动速度变化曲线能达到的最高速度限制值；

➢ 加速度限制，运动速度加速过程中的最大加速度限制值；

➢ 冲击限制，运动加速度变化的最大限制值，通常称为加加速度限制值，冲击限制使得运动速度的变化更平稳，减少机械系统的振动冲击。

在配置位置轮廓发生器时，通常需要设置机械传动参数。这里假定电动机转一圈是 10000 个长度单位，表示为 10000LU。1FL6042 电动机的最大扭矩为 3.8Nm，设置加速扭矩为电动机最大扭矩的 80%。根据运动速度曲线的限制条件的不同主要分为梯形轨迹、三角形轨迹和 S 形轨迹。详细位置指令轨迹参数，见表 5-4 所示。

表 5-4 运动轨迹参数

编号	轨迹类型	移动长度/LU	速度限制/(LU/min)	加速度限制/($1000LU/s^2$)	冲击限制/($1000LU/s^3$)
M_1	梯形	10000	10000	8569	—
M_2	三角形	10000	20000	8569	—
M_3	S 形	10000	10000	8569	856900

如图5-64、图5-65和图5-66所示，比较三种不同类型的位移运动轨迹曲线，三角形轨迹的定位时间最短，但是这需要更高的电动机转速。如果电动机转速满足不了要求，这时就需要限制运动过程中的最高转速，最终的运动曲线类似梯形轨迹。在梯形轨迹和三角形轨迹的加速度值存在突变，而加速度突变意味着电动机转矩的突变，这会给机械传动部分带来冲击引起机械的振动。对于运动轨迹精度要求高的生产设备，必须要减少机械的振动，要求电动机的转速变化要平稳，位置动态跟随误差要小。这时必须对加速度的变化率进行限制，通常称为冲击限制。冲击限制作用的时间会使整个位移轨迹的定位时间延长，这时如果对定位时间有严苛要求，必须提高转速限制来减少总的定位时间。为了能够准确地知道速度限制、加速度限制和冲击限制对运动轨迹的影响，必须能够绘制随时间变化的位置指令变化曲线。位置指令的变化率就是速度指令，速度指令的变化率就是加速度指令，加速度指令的变化率就是冲击限制。运动控制器的位置轨迹发生器会根据位移轨迹设置的限制值来自动计算每一时刻的实际加速度指令、速度指令和位移指令。

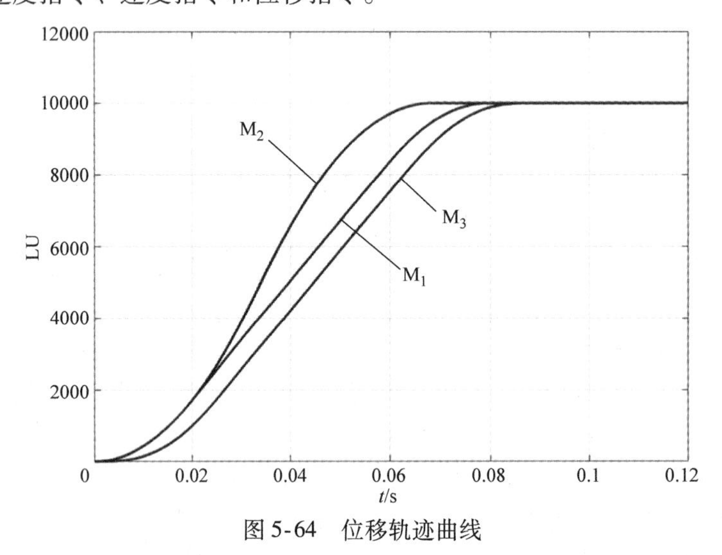

图5-64　位移轨迹曲线

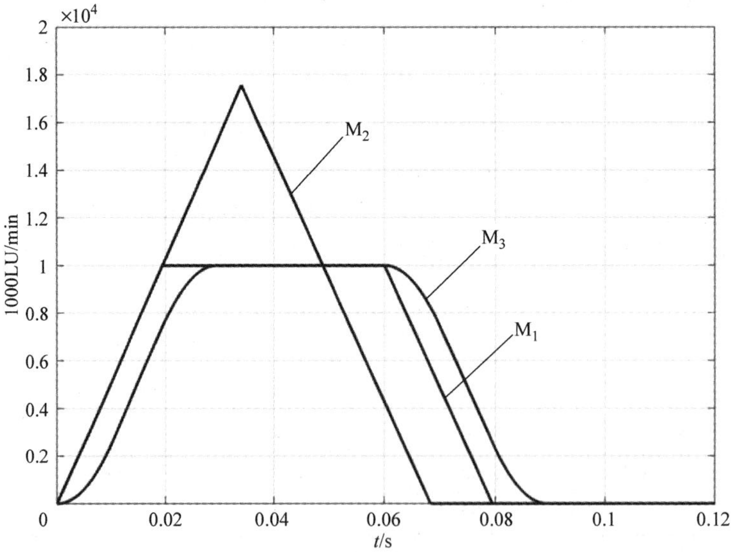

图5-65　速度轨迹曲线

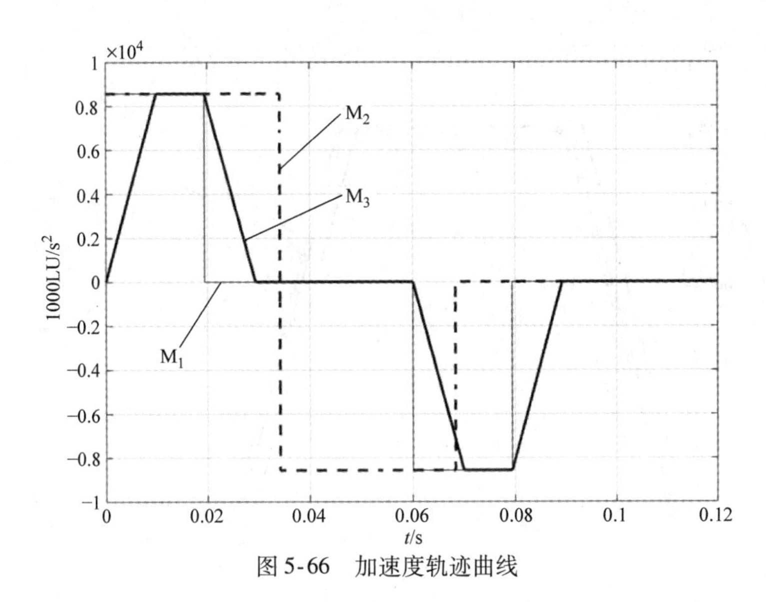

图 5-66　加速度轨迹曲线

在机械设备的设计和电动机选型过程中，必须要明确生产工艺的要求，根据机械设备的运动轨迹曲线估算所需要的扭矩、转速、加速度和惯量。通常对于已经设计好的机械设备，应根据应用需求选择合适惯量的电动机。频繁加减速的设备应用小惯量电动机，这样相同扭矩的电动机所能达到的加速度要比大惯量电动机大得多。对于稳态刚度和抗干扰能力要求比较高的设备，选择大惯量电动机可以得到更大的速度增益，这对系统的抗干扰能力通常有很大的提高。

6. 位置指令时域响应

以梯形轨迹曲线作为运动指令测试实际位置控制回路的动态响应性能。这里采用系统仿真计算的方法来比较不同控制策略下位置响应性能的影响，如图 5-67，图 5-68 和图 5-69 所示。通过位置的时域响应曲线可以看出，前馈功能可以显著提高实际位置的跟随性能，扭矩前馈可能会有一点点超调，如果超调量范围可以接受，那么扭矩前馈可以将实际位置的跟随性能提到最高，对控制轮廓精度非常重要。可以采用位置指令滤波或者冲击限制来减小扭矩前馈引起的超调量。

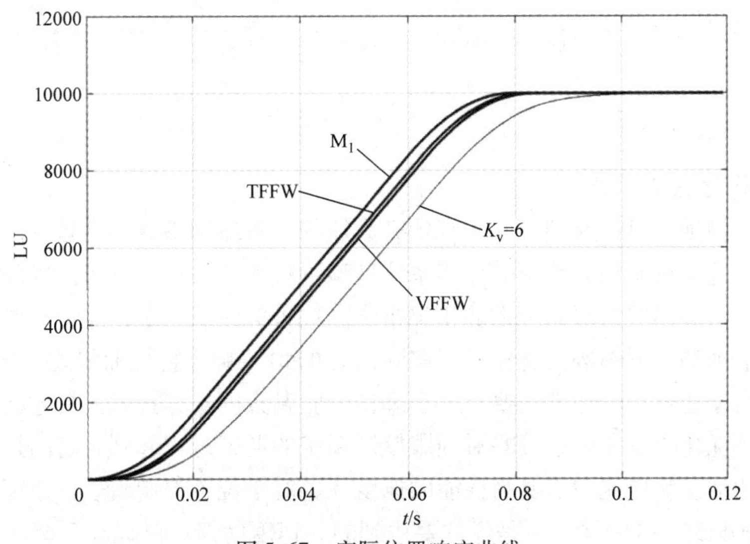

图 5-67　实际位置响应曲线

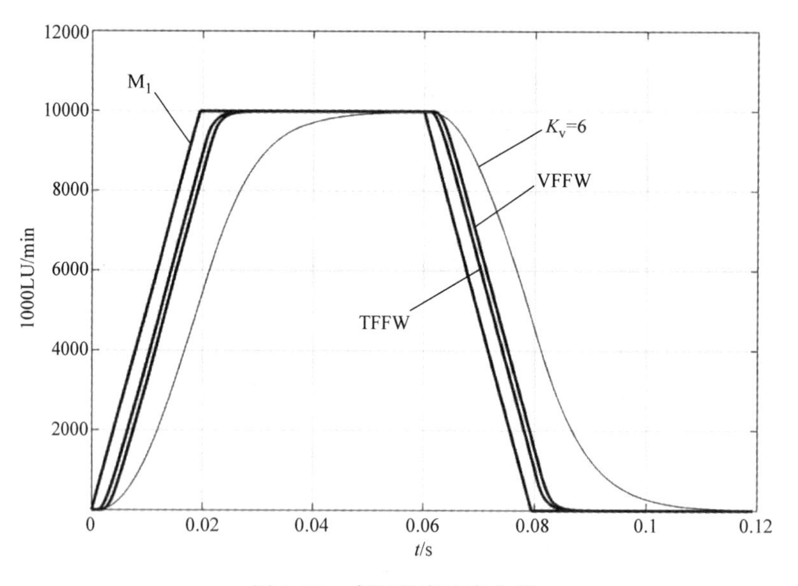

图 5-68 实际速度响应曲线

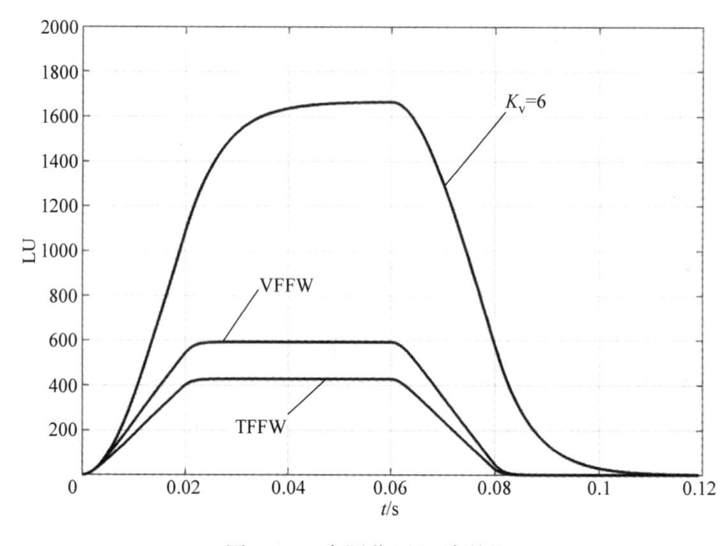

图 5-69 实际位置跟随误差

7. 位置环优化总结

从前面章节的描述可以看到，并没有什么具体的位置比例参数的计算方法。唯一有指导意义的就是建立整个伺服控制系统的控制系统模型进行系统仿真，分析位置环的开环和闭环频域响应特性，根据经验值限制一定的相位裕量。这里应注意的是，通常需要知道机械系统的模型参数，准确的模型参数只有在测试实际系统的频域响应特性曲线之后才有可能得到。这个机械系统模型建模过程通常需要有一定理论经验背景的工程技术人员才能完成，因此前面介绍的位置环优化方法和前馈策略对伺服控制系统的调试过程起到一定的指导作用。

位置闭环的动态响应能力需要高性能的速度环，对于位置控制模式，速度环带宽要达到100Hz 以上。速度前馈控制策略也是经常要用到的，速度前馈可以提高系统的跟随性能减少位置偏差。扭矩前馈只有在惯量比非常大或者机械性能很好，需要达到高性能的位置动态响应能力时才会使用扭矩前馈。系统的位置动态响应能力不仅仅受到位置环控制参数和控制策略的影响，对位置指令的速度、加速度和冲击进行必要的限制，通常能够得到更优化的位置动态响应性能。位置指令中的限制值需要根据伺服电动机的特性和生产工艺需求进行优化，有时需要反复测试不同的限制值才能得到比较满意的结果。

对于伺服控制系统设计和调试工程技术人员，应注意机械系统的性能对位置控制的影响。尤其是机械系统 $G_{mech}(s)$ 的频域响应特性峰值频率比较低时，峰值幅值比较高，表现出柔性低阻尼的机械结构。这时位置比例参数值要尽量地减小，避免引起负载端的机械振动。有时需要设置速度设定值或者位置设定值低通滤波器抑制负载的振动。在位置轮廓发生器中，设置适当的冲击限制值对抑制负载振动有非常好的效果。需要反复试验不同的冲击限制值才能得到比较好的结果，平衡机械振动量和位移定位时间。

对于具有固定低频柔性自由振动的机械设备，有时需要驱动器提供低频振动抑制功能才能得到满意的结果。SINAMICS V90 伺服驱动器提供了这种类型的低频振动抑制滤波器来降低柔性负载末端的定位振动，缩短定位时间。

5.3 SINAMICS V90 伺服驱动器的优化方法

将伺服驱动器和伺服电动机安装到实际机械设备上，首先做的工作就是调试优化伺服控制系统以满足生产设备的性能要求。有调试经验的工程师可能尝试调整速度和位置增益，微调一下积分时间就能达到生产设备的性能要求。但是，如果需要发挥出伺服控制系统的全部性能才能满足设备要求时，就需要具有一定的控制理论基础和调试经验的工程师才能完成调试工作。为了简化调试过程，方便客户调试伺服驱动器，SINAMICS V90 伺服驱动器提供了自动优化功能。SINAMICS V90 伺服驱动器提供两种自动优化模式，一键自动优化和实时自动优化。V-Assistant 提供了机械系统频域响应和速度闭环频域响应测量功能。用户可以借助于频域响应 Bode 图的测试结果优化速度控制器和电流滤波器的相关参数。

1. 基于频域响应 Bode 图优化

V-Assistant 软件提供了频域响应测量功能，基于测量到的机械特性曲线，可以识别出机械传动系统的谐振频率，并且可以估算整个系统的转动惯量。通过测量速度闭环频域响应特性可以评估当前速度控制器的性能。用户可以通过测量速度闭环频域响应 Bode 图验证自动优化后的性能，确定当前优化的动态系数是否足够大并且满足性能要求。

2. 一键自动优化

一键自动优化通过驱动器内部运动指令估算机械设备的负载惯量和机械特性。驱动器根据自动测量的机械设备数据和优化配置参数，自动优化控制器参数和滤波器参数。用户可以通过调整一键优化动态系数来调整伺服控制系统优化的性能等级。动态系数越大，优化后的动态性能越高，反之优化后的性能越低。根据经验，当动态系数为 26 ~ 30 时，伺服控制系统和机械设备通常能够达到一个比较好的动态性能。

3. 实时自动优化

实时自动优化可以在上位机控制电动机运行时自动估算机械设备负载惯量。驱动器根据估算的负载惯量比或者手动设置的负载惯量比和优化配置参数，自动优化控制器参数和滤波器参数。驱动器在上位机的控制下运行，用户可以通过实时地调整动态系数来调整伺服控制系统的性能，直到满足机械设备性能的要求。动态系数越大，优化后的动态性能越高，反之优化后的性能越低。推荐在优化结束且驱动性能可接受后关闭实时自动优化功能，并保存优化后的参数。建议使用 SINAMICS V90 伺服驱动器 V-ASSISTANT 调试工具执行自动优化。

可以通过参数 p29021 选择自动优化模式，见表 5-5。

表 5-5　自动优化模式选择参数 p29021

参　数	设定值	描　　述
p29021	0	自动优化禁止，手动自由更改增益和滤波器相关参数
	1	一键自动优化 自动识别机械特性后，自动优化增益和滤波器参数
	3	实时自动优化 自动识别机械负载惯量比，并实时地自动调整增益
	5	禁止自动优化并复位自动优化的相关参数为默认值

5.3.1　基于频域响应 Bode 图的优化

1）STEP 1：恢复增益和滤波器相关参数为默认值，如图 5-70 所示。

图 5-70　恢复增益和滤波器参数为默认值

2）STEP 2：测量机械系统频域响应，参数配置如图 5-71 所示，识别到的机械系统 Bode 图如图 5-72 所示。

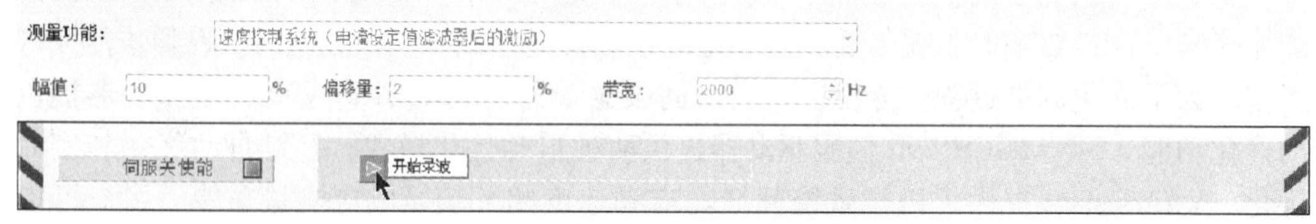

图 5-71　机械系统频域响应测量功能

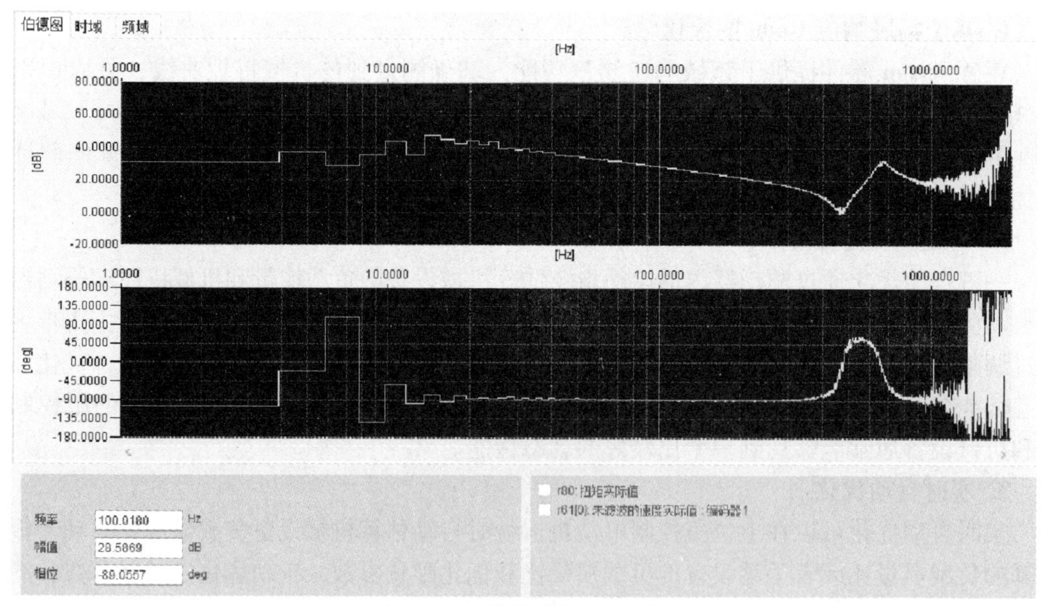

图 5-72　机械系统 Bode 图

识别到的机械特征频率，见表 5-6。

陷波频率为 663Hz，陷波宽度为 2×(663－470)＝386Hz，陷波深度为－0.5 ×(30－1)＝－14.5dB。参照前面 5.1.6 章节介绍的公式，计算电流陷波滤波器参数值，电流设定值滤波器参数见表 5-7。

表 5-6　机械特征频率

极　点		零　点	
频率/Hz	幅值/dB	频率/Hz	幅值/dB
663	30	470	1

表 5-7　电流设定值滤波器参数

电流滤波器参数设置	分母固有频率	663
	分母衰减	0.2911
	分子固有频率	663
	分子衰减	0.0548

在低频段－20dB 斜率衰减的区域内，随机选取某个频率点，如 100Hz，测量当前频率的幅值为 28.6dB，按照式（5-88）可以估算机械系统的总惯量为 0.565kgcm²。

$$J_{\text{tot}}=\frac{60\times10^{\left(-\frac{\text{dB}}{20}\right)}}{4\,\pi^{2}\times f} \tag{5-88}$$

负载惯量比见式（5-89）。

$$\text{p29022}=\frac{J_{\text{tot}}}{J_{\text{mot}}} \tag{5-89}$$

3）STEP 3：调整速度增益 p29120，测量速度闭环频域响应，如图 5-73 所示，速度闭环频域响应 Bode 图如图 5-74 所示。

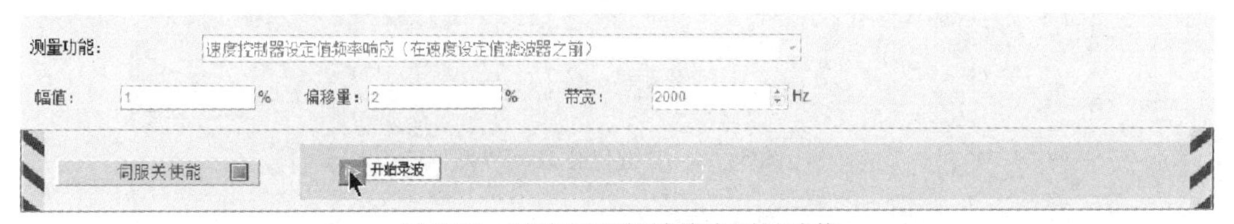

图 5-73　速度闭环频域响应测量功能

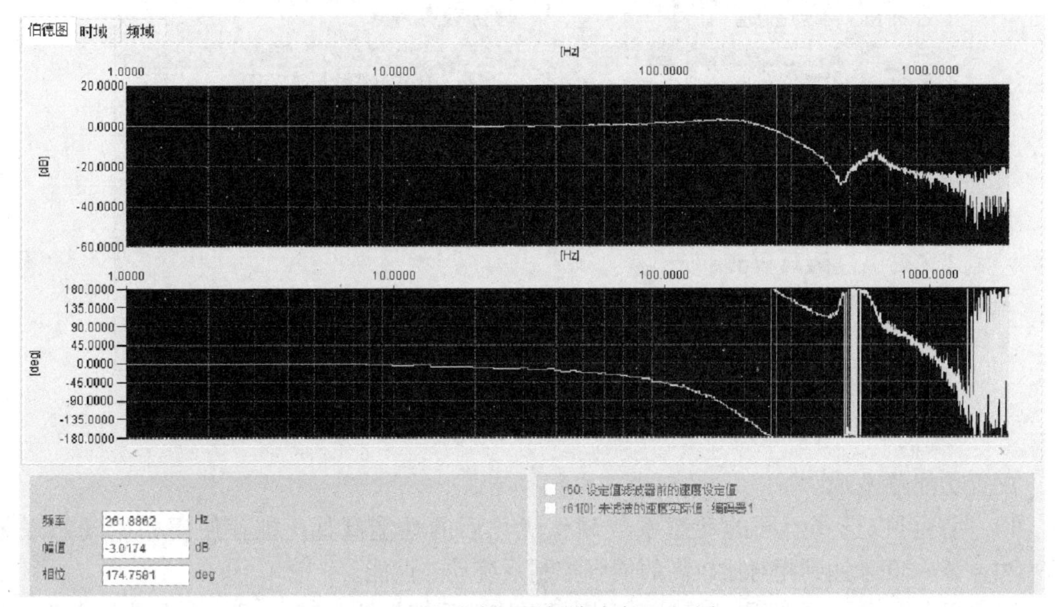

图 5-74　速度闭环频域响应 Bode 图

机械谐振频率点比较多时，用户可以根据实际机械频域响应 Bode 图，灵活地配置电流陷波滤波器和低通滤波器抑制机械谐振，在更改控制器参数后，可以反复测量速度闭环频域响应来评估当前参数的性能，增益越大速度环的带宽越大，对于一般性的应用，速度带宽通常应高于 100Hz，增益的大小应取决于机械部分的惯量和弹性系数。积分时间通常不应小于 5ms，否则实际速度的超调量将比较大。

5.3.2 一键自动优化

一键自动优化启动界面如图 5-75 所示，参数配置界面如图 5-76 所示。

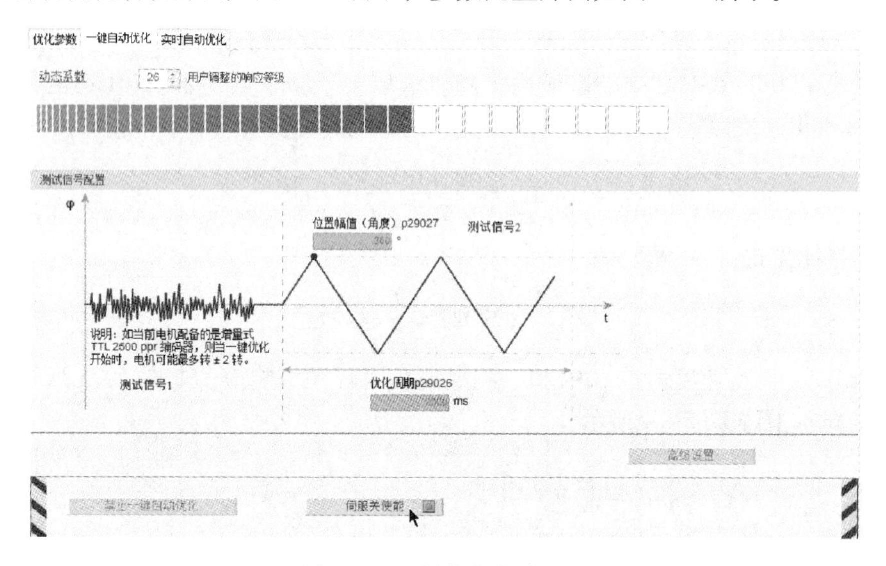

图 5-75 一键优化启动界面

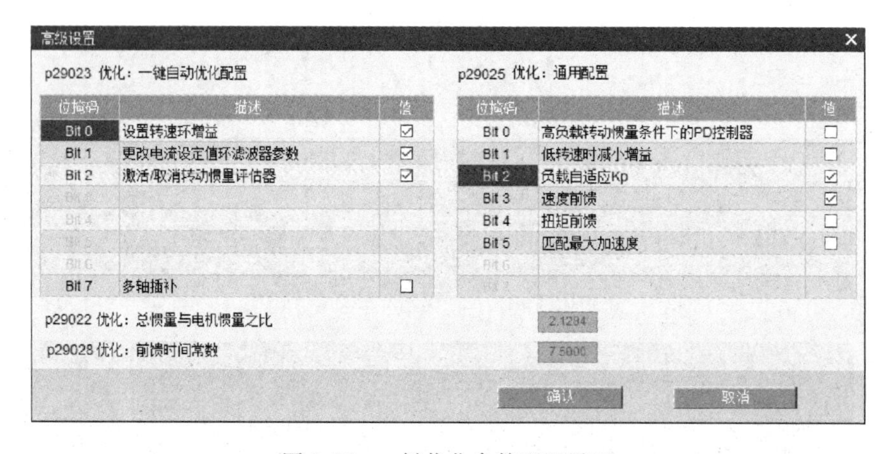

图 5-76 一键优化参数配置界面

配置功能概述：

1）用户可以选择不同的动态系数调整优化后的性能高低，推荐使用初始动态系数 p29020 = 26 ~ 30 来达到相对比较高的伺服控制系统动态性能。

2）伺服驱动通过内部测试信号 1 识别机械传动系统特性，对于 TTL 编码器电动机，在执行一键自动优化的初始过程中电动机可能正转 2 圈和反转 2 圈，因此需要用户调整机械设备为安全的运行区间。

3）伺服驱动会按照 p29027 的位置角度配置三角波速度指令测试信号 2，当在优化周期 p29026 设置的时间范围内识别到准确的机械负载惯量后电动机会自动返回至起始位置。

4）高级配置参数 p29023，一键优化配置参数 p29023 见表 5-8。

表 5-8 一键优化配置参数 p29023

参　数	状态位	描　　述
p29023	0	设置转速环增益 使用测试信号 1 检测机械传动系统并根据动态系数 p29020 优化速度控制器增益
	1	更改电流设定值滤波器参数 使用测试信号 1 检测机械传动系统并设置所需的电流设定值滤波器抑制机械谐振，得到更高的速度增益和系统稳定性
	2	激活/取消转动惯量评估器 使用测试信号 2 估算机械传动系统的负载惯量比并保存到 p29022，若该位未激活，必须在 p29022 中手动输入正确的转动惯量比
	7	多轴插补 设置该位，当前优化策略会根据 p29028 中的数值自动匹配当前轴的动态响应时间，p29028 中的时间常数必须根据实际动态响应性能最低的轴进行配置，针对多轴插补优化，必须设置相同的数值

5）p29022 总惯量与电动机惯量之比，当 p29023. 2 置位后，一键自动优化会识别实际机械传动系统的总负载惯量，并保存到 p29022 中。当执行优化多次后，如果 p29022 的值基本是一致的，那么可以复位 p29023. 2。一键自动优化会使用 p29022 已有的值进行优化控制器参数，三角波速度指令测试信号 2 将不会执行。

6）p29028 前馈时间常数，优化驱动通过前馈功能达到指定的动态响应时间，只有在 p29023. 7 置位后才有效。在相互插补的驱动上必须设置相同的数值，时间常数越大，优化后的位置响应时间就越长。对于插补轴优化，必须选择动态响应最慢的轴为基准，当前轴的动态响应时间可以通过总的惯量除以速度增益估算，见式（5-90）。

$$T_{\mathrm{dyn}} = \frac{\mathrm{p29022} \times J_{\mathrm{mot}}}{\mathrm{p29120}} \times 1000(\mathrm{ms}) \tag{5-90}$$

7）高级配置参数 p29025，同时适用于一键自动优化和实时自动优化，见表 5-9。

表 5-9 自动优化配置参数 p29025

参　数	状态位	描　　述
p29025	0	高负载转动惯量条件下的 PD 控制器 用于负载转动惯量比很大时，或者位置环的动态性能较低时，位置环 P 控制器变为 PD 控制器，从而提升位置控制器的动态性能。该功能应仅用于速度前馈或者扭矩前馈生效时
	1	低转速时减小增益 在较低速度下，速度增益会自动减小，从而在静止状态下避免噪声和振动，只适用于低分辨率电动机编码器
	2	负载自适应 K_{p} 实时自动优化会根据 p29022 中的惯量比和动态系数 p29020 自动优化速度控制器增益

（续）

参　数	状态位	描　　述
p29025	3	速度前馈 对位置控制器激活速度前馈功能
	4	扭矩前馈 对位置控制器激活扭矩前馈功能，对于 SINAMICS V90PN 伺服驱动器的速度报文控制模式，激活的是速度控制器的扭矩前馈
	5	匹配最大加速度 根据机械负载惯量比自动匹配内部位置控制时的最大加速度限制值。只能在驱动未使能且负载惯量比 p29022 已经识别成功后，才能激活该位自动计算 p2572 和 p2573，计算完成后该位会自动复位

5.3.3 实时自动优化

实时优化启动界面如图 5-77 所示，配置界面如图 5-78 所示。

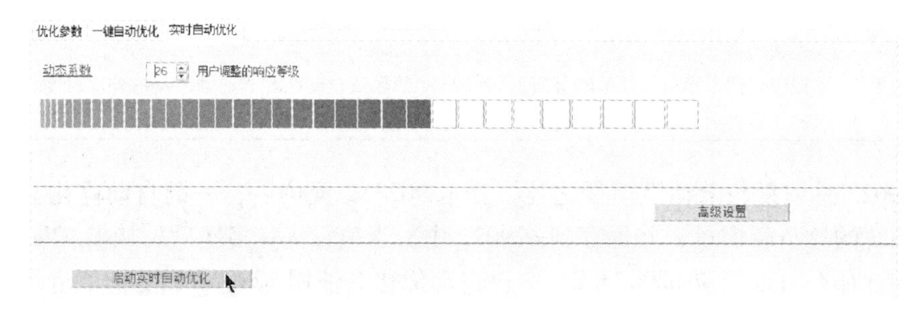

图 5-77　实时优化启动界面

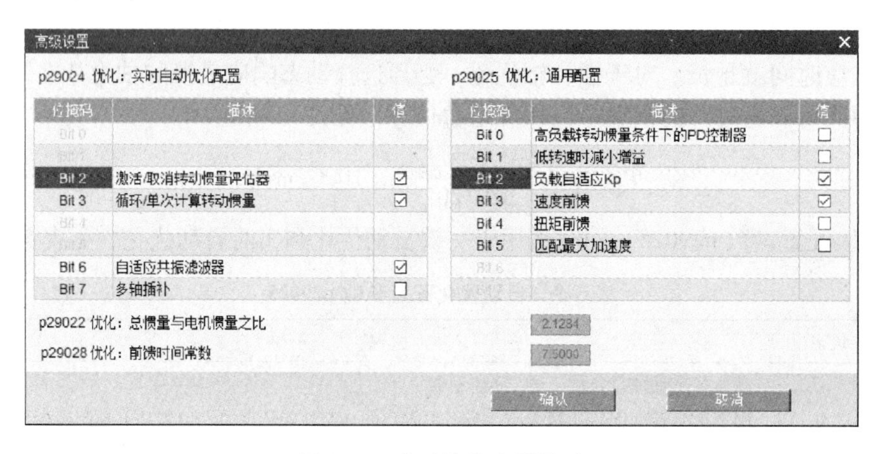

图 5-78　实时优化配置界面

配置功能概述：

1）用户可以选择不同的动态系数调整优化后的性能高低。电动机在运动过程中，用户可以实时地调整动态系数 p29020 调整伺服控制系统的动态性能。

2）当单击起动实时自动优化后，实时自动优化就会立即生效。当得到满意的动态性能后，可以在伺服去掉使能后关闭实时自动优化，并保存参数。

3）高级配置参数 p29024，见表 5-10。

表 5-10 实时优化配置参数 p29024

参 数	状态位	描 述
p29024	2	激活/取消转动惯量评估器 电动机运行过程中自动估算机械传动系统的负载惯量比并保存到 p29022，若该位未设置，必须在 p29022 中手动输入转动惯量比
	3	循环/单次计算转动惯量 若该位未置位，转动惯量比 p29022 仅被估算一次，惯量估算器会在估算完成后自动禁用。若该位被置位，惯量估算器会持续估算负载惯量比，驱动器会自动进行参数优化。推荐在估算结果满意时保存参数。参数保存后，在下次起动驱动时，驱动器可以使用已获得的优化参数进行工作。只有在机械设备工作时惯量变化比较大时才激活该位
	6	自适应谐振抑制滤波器 自动匹配电流设定值滤波器。如果机械设备运行过程中谐振频率发生变化，则必须进行该匹配。它只可用于抑制一个变化的机械谐振频率点，当控制环稳定后，需要禁用该位并将参数保存，当机械设备存在多个谐振频率时不推荐激活该位，建议使用一键自动优化
	7	多轴插补 设置该位，当前优化策略会根据 p29028 中的数值自动匹配当前轴的动态响应时间，p29028 中的时间常数必须根据动态响应最低的轴进行配置，针对多轴插补优化必须设置相同的数值

4）高级配置参数 p29022、p29025 和 p29028 与一键自动优化中的功能是相同的。

5.3.4 自动优化策略

自动优化功能可以评估机械传动系统的负载惯量和机械特性，然后根据评估的结果和动态系数自动优化相关的控制器参数和滤波器参数。如果开启实时自动优化，那么电动机可以在上位机控制下安全运行，并能够实时地评估负载惯量；如果选用一键自动优化，驱动器可以不依赖上位机，电动机在驱动器内部指令控制下运行，评估负载惯量和机械特性成功后，一键优化自动结束。推荐用户优先使用一键自动优化。在执行一键自动优化前，用户应明确机械设备允许的电动机旋转方向和转动角度范围，并将机械设备停靠在安全的运行范围内。对于 TTL 编码器电动机，一键优化需要允许电动机有 ±2 圈的自由旋转。当使用一键优化进行惯量评估时，通常需要电动机在顺时针和逆时针方向均可旋转。用户可以根据实际的机械设备情况，灵活地配置一键优化和实时优化的功能。两种优化方式可以相互配合使用。下面介绍一些通用的自动优化配置方法。

1. 绝对值编码器电动机单方向旋转

1）STEP 1：恢复增益和滤波器相关参数为默认值，如图 5-70 所示。

2）STEP 2：执行实时自动优化，评估机械负载惯量，参数配置如图 5-77 和图 5-78 所示。

伺服驱动器在上位机控制下，以相对快的加速度连续运行，观察 p29022 惯量比参数稳定后，去掉伺服驱动的使能信号并关闭实时自动优化。

3）STEP 3：动态系数调整为 28，一键优化配置参数，如图 5-79 所示，执行一键优化，如图 5-75 所示。

高级设置

p29023 优化：一键自动优化配置

位掩码	描述	值
Bit 0	设置转速环增益	☑
Bit 1	更改电流设定值环滤波器参数	☑
Bit 2	激活/取消转动惯量评估器	☐
Bit 3		
Bit 4		
Bit 5		
Bit 6		
Bit 7	多轴插补	☐

p29025 优化：通用配置

位掩码	描述	值
Bit 0	高负载转动惯量条件下的PD控制器	☐
Bit 1	低转速时减小增益	☐
Bit 2	负载自适应Kp	☑
Bit 3	速度前馈	☑
Bit 4	扭矩前馈	☐
Bit 5	匹配最大加速度	☐
Bit 6		
Bit 7		

p29022 优化：总惯量与电机惯量之比 1.5000

p29028 优化：前馈时间常数 7.5000

确认 取消

图 5-79 一键优化配置参数

因为没有激活 p29023.2 惯量评估器，所以一键自动优化不会执行三角波速度指令测试信号 2，而是使用实时优化获得的惯量比 p29022。一键优化只会使用测试信号 1 评估机械特性然后设置相关的增益参数和滤波器参数。

2. TTL 编码器电动机单方向旋转

1）STEP 1：恢复增益和滤波器相关参数为默认值，如图 5-70 所示。

2）STEP 2：测量机械系统频域响应曲线 Bode 图，如图 5-72 所示。

偏移量为电动机额定转速的百分比，在测量过程中电动机将按照偏移量的设置匀速转动大概 1s 左右停止。幅值建议为 10%。参考章节 5.3.1 介绍的方法设置电流陷波滤波器抑制机械谐振。

3）STEP 3：执行实时自动优化评估机械负载惯量，实时优化配置参数如图 5-80 所示。

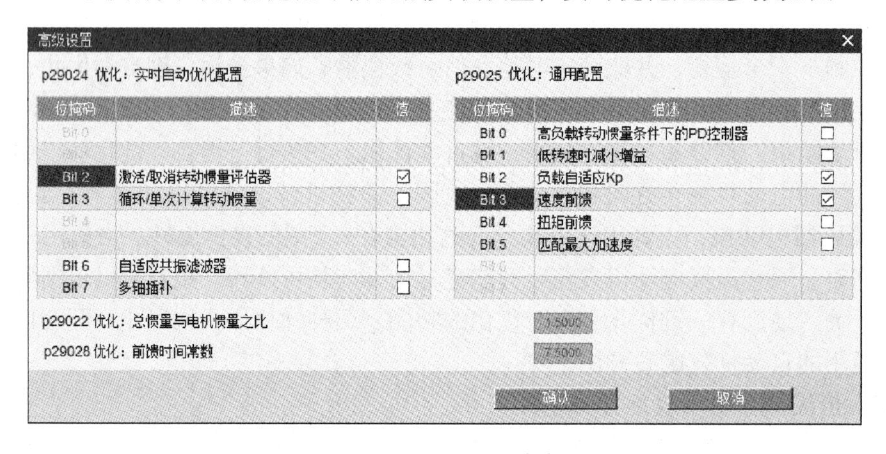

图 5-80 实时优化配置参数

对于负载惯量不会实时发生变化的机械设备，可以关闭 p29024.3，仅激活 p29024.2。因为关闭了 p29024.6，所以在步骤二中设置的电流滤波器不会被覆盖。

4）STEP 3：启动实时自动优化如图 5-77 所示，调整动态系数 p29020，实时验证机械设备工作性能是否满足要求。

5）STEP 4：测量速度闭环基准频域响应验证速度闭环系统性能，如图 5-73 所示。

3. 电动机正反双向旋转

为了能够得到好的优化结果，实际的机械设备至少能够允许电动机 1 圈的自动转动范围，这样才能得到准确的机械负载惯量。

1）STEP 1：恢复增益和滤波器相关参数为默认值，如图 5-70 所示。

2）STEP 2：执行一键自动优化，配置参数如图 5-76 所示。

一键优化的动态系数通常设置 26～30 范围内，这样可以得到比较高的动态性能，几乎能够发挥出机械系统的全部性能。激活 p29023.0 和 p29023.1，一键优化将使用测试信号 1 评估机械特性，然后设置相关的增益参数和滤波器参数。激活 p29023.2，一键优化将使用测试信号 2 估算机械系统负载惯量比，并保存到 p29022 中。然后启动一键优化，单击伺服使能按钮，驱动会自动执行整个优化过程，优化结束后会自动去掉使能信号。

如果需要执行多次自动优化，在执行优化之前可以手动修改 p1083、p1086 参数限制电动机运行的最高转速，使设备能够处于安全的工作状态。自动优化结束后，根据实际运行状态，用户可以微调增益相关的控制器参数达到更合适的动态和稳态性能。用户可以在优化参数界面查看自动优化的控制器和滤波器参数数值。调试结束后，将驱动器参数保存到 ROM 中。

5.3.5 位置指令响应

参考 5.2.4 介绍的 SINAMICS V90 伺服驱动器和 SIMOTICS 1FL6 伺服电动机的测试系统，执行一键优化时，通过设置 p29025.3、p29025.4 参数选择需要激活的前馈功能，优化后的增益参数如图 5-81 所示。

优化参数 | 一键自动优化 | 实时自动优化

增益设置

组	参数号	参数名	参数值	单位
应用	p29022	优化：总惯量与电机惯量之比	2.0983	N.A.
应用	p29025	优化：通用配置	001CH	N.A.
应用	p29110	位置环增益	3.7697	1000/min
应用	p29111	速度前馈系数（进给前馈）	100.0000	%
应用	p29120	速度环增益	0.4343	Nms/rad
应用	p29121	速度环积分时间	11.7467	ms
EPOS	p2533	LR 位置设定值滤波器时间常数	2.0000	ms
EPOS	p2572	EPOS 最大加速度	8137	1000 LU/s2
EPOS	p2573	EPOS 最大减速度	8300	1000 LU/s2

图 5-81 SINAMICS V90 伺服驱动器优化后的控制器参数

配置 SINAMICS V90 伺服驱动器工作在内部位置控制模式，设置电动机运行一圈为 10000LU，通过 SINAMICS V90 伺服驱动器的调试软件 V-ASSISTANT 的数据采集功能，采集电动机的实际位置和速度响应曲线，如图 5-82、图 5-83 和图 5-84 所示。

从实际测试结果可以看出前馈功能可以显著提高实际位置的响应性能，如果对轮廓精度有较高要求的应用，那么扭矩前馈是必须要激活的。当使用 SINAMICS V90 伺服驱动器自动优化时，p29025.3＝1 速度前馈是默认激活的。

5.3.6 插补轴优化方法

在某些生产设备上需要两个或者两个以上的伺服轴根据上位机的控制指令做插补运动，这时就需要参与插补运动轴的位置动态跟随误差保持一致，否则实际的插补轨迹就与上位机的插补指令存在大的偏差。工程上通常测试两个轴的圆度来评估插补轴动态性能。例如数控

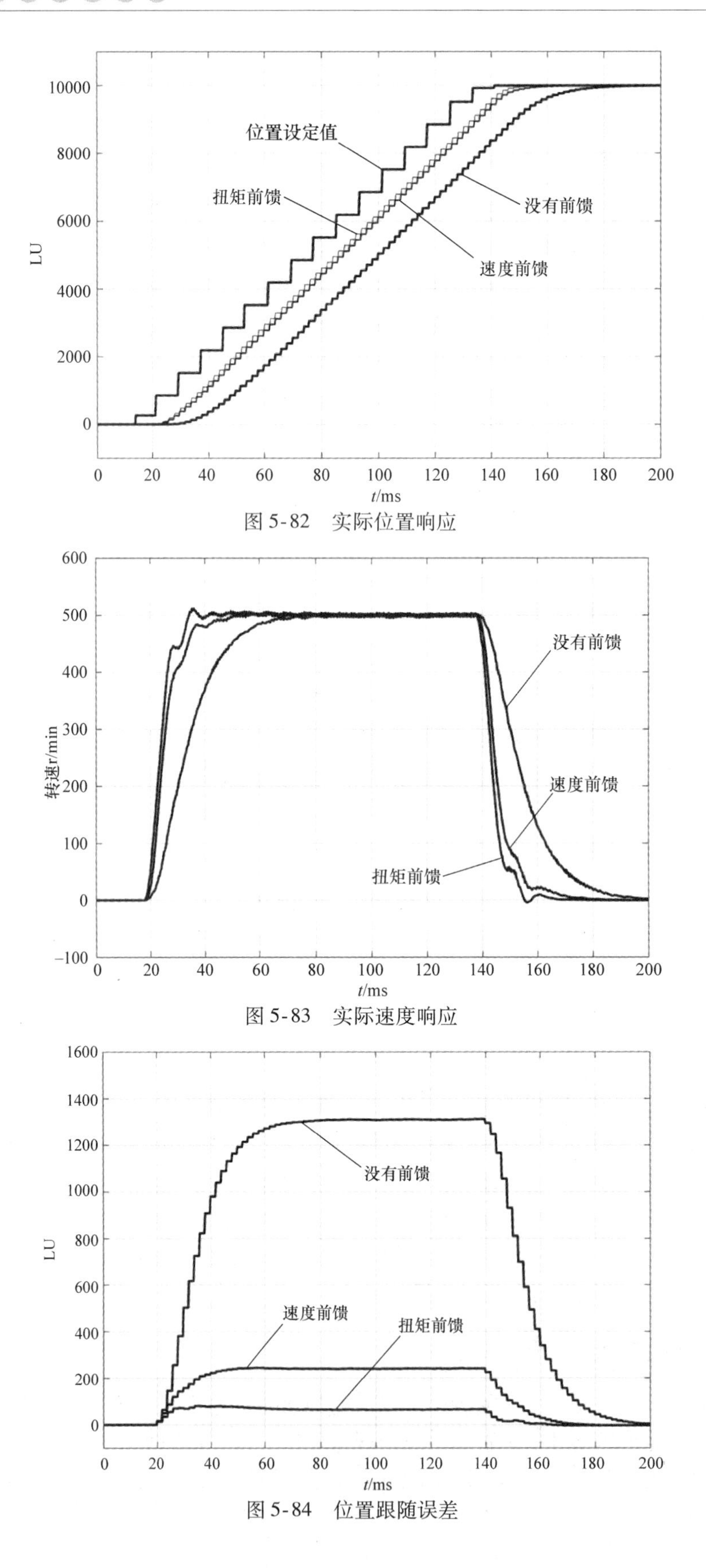

图 5-82　实际位置响应

图 5-83　实际速度响应

图 5-84　位置跟随误差

机床上可以控制两个插补轴同时画圆。龙门铣床简化结构如图 5-85 所示。

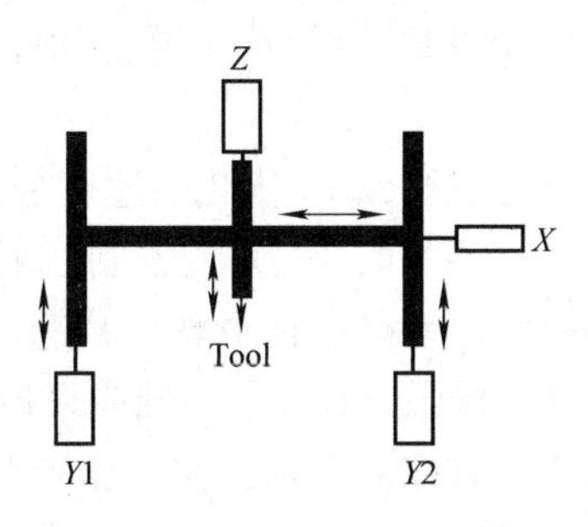

图 5-85 龙门铣床简图

系统配置：

X 轴 1FL6062 电动机控制 Z 轴在 X 方向的运动，Y 轴与 X 轴在水平面垂直，Y_1 和 Y_2 的 1FL6 伺服电动机控制龙门架在 Y 轴方向的运动，Z 轴 1FL6 电动机控制刀具在垂直轴方向的运动。因为运动控制器采用脉冲控制接口去实现伺服轴的位置控制，所以伺服驱动器选用 V90PTI 版本。

在实际应用中，经常通过测试 Z 轴上的刀具在水平面上画圆来检测 X 轴和 Y 轴的插补动态性能。圆度测试精度的影响因素主要有 3 个：

1）X 轴和 Y 轴在水平面的机械安装垂直精度，X 轴和 Y 轴的机械传动精度。

2）X 轴和 Y 轴的位置响应动态性能。

3）Y 轴的两个驱动电动机的同步动态性能。

对于机械设备本体传动精度需要设备生产厂家在选择传动部件和安装部件的过程中进行仔细的调整。因此，在机械结构确定的情况下，需要调整 X 轴和 Y 轴伺服控制系统的动态性能达到一致。在机床设备上推荐使用高分辨率编码器的伺服电动机，从而得到相对更高的控制精度。因为本例选用的 V90PTI 脉冲版本的驱动器，所以上位机控制器的 Y 轴脉冲输出指令可以同时并联接入 Y 轴两个伺服驱动器的脉冲输入端口，这样可以认为 Y 轴两个伺服驱动器接收到的位置控制指令是同步的。

水平方向 X 轴和 Y_1，Y_2 轴的伺服控制系统优化步骤：

1）STEP 1：恢复 Y_1 轴和 Y_2 轴两个伺服驱动器的增益相关参数为默认值，如图 5-70 所示。

2）STEP 2：使用实时自动优化识别 Y 轴的机械负载惯量。

Y 轴两个伺服驱动器的实时自动优化配置参数如图 5-86 所示。

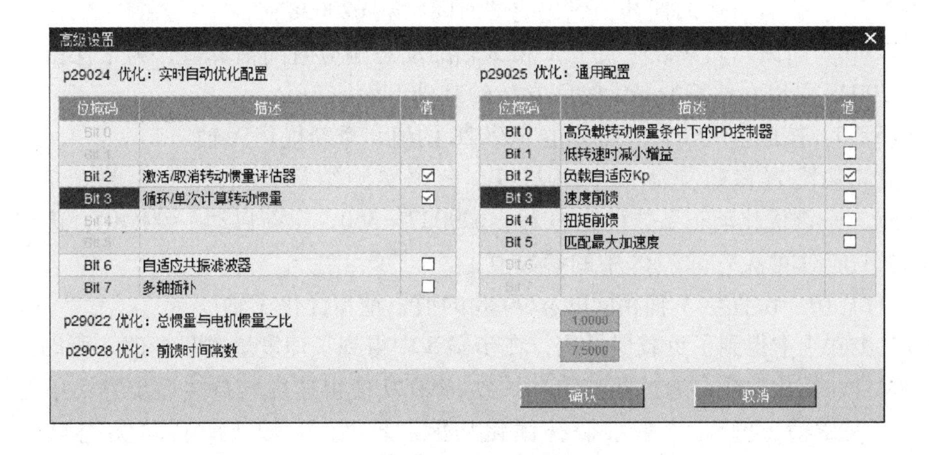

图 5-86 实时优化配置参数

3）STEP 3：启动实时自动优化，Y 轴两个伺服驱动器的动态系数都设为 26，如图 5-77 所示。

低动态系数 18 优化的速度控制增益通常不会激发机械系统谐振。

4）STEP 4：设置上位机控制器，控制 Y 轴往返运动。

伺服驱动器会在 Y 轴加减速的过程中实时评估 Y 轴的负载惯量，为了能够快速准确地识别到机械系统惯量，Y 轴应采用尽量快的加减速度，同时建议将 Z 轴整体移动到龙门中间的位置。监控两个轴的惯量比参数 p29022 是否保持稳定。然后停止运动并去掉 Y 轴伺服驱动器的使能信号。手动微调惯量比参数，使两个驱动器的 p29022 参数相等。

5）STEP 5：使用一键优化来优化 Y_1 轴的速度环增益。

因为在前一步已经识别到了机械惯量，所以只需要通过一键优化得到合适的速度控制器增益。因为是绝对值编码器，所以可以使用一键优化的测试信号 1 在静止状态下评估机械特性，而且不需要电动机往返运动。

这时先使用 Y_1 轴驱动器的一键优化功能，配置参数如图 5-79 所示，一键优化动态系数设置为 28。在启动一键优化之前，应取消另外一个 Y_2 轴驱动器的使能信号。自动优化结束之后，驱动器将根据机械特性自动设置速度增益和电流滤波器参数。建议多执行几次一键优化，得到一个稳定的速度增益。这时可以通过机械系统总的惯量除以速度增益估算 Y_1 轴的动态响应时间。

6）STEP 6：使用一键优化来优化 Y_2 轴的速度环增益。

采用步骤 4 相同的方法优化 Y_2 轴，得到 Y_2 的速度增益和电流滤波器参数。为了保证 Y_1 和 Y_2 的速度增益相同，因此可以选择 Y_1 和 Y_2 中较小的速度增益值作为下一步实时优化的增益目标值 K_p。

7）STEP 7：优化 X 轴控制器参数。

使用 X 轴的一键优化功能，配置参数如图 5-76 所示。一键优化动态系数设置为 28，p29027 = 360。一键优化结束后，得到速度增益和惯量比。参照步骤 4 相同的方法计算 X 轴的动态响应时间。

8）STEP 8：设置合适的插补轴优化前馈时间常数 p29028。

设置 p29028 前馈时间常数应大于 X 和 Y 轴的动态响应时间估算值，为了保留一定的调节余量，p29028 可以在估算的最大时间常数的基础上增加 2ms。

9）STEP 9：按照上一步计算得到的 p29028 的值，重新优化 X 轴。

在一键优化配置参数中激活 p29023.7，参照实测结果设置 p29028 等于 3.5ms，如图 5-87所示。一键优化动态系数设置为 28，p29027 = 360。重新启动一键优化，这样 X 轴优化后的动态响应时间就是 p29028 中的参数值。

10）STEP 10：设置与 X 轴相同的 p29028 的值，重新优化 Y 轴。

因为在步骤 4 中得到了负载惯量比，在步骤 5 中得到了速度增益目标值。所以，可以再次启动实时自动优化功能，通过调整动态系数 p29020 使得速度增益接近步骤 5 中的增益目标值 K_p。同时激活 p29023.7 多轴插补优化功能。Y_1 和 Y_2 轴实时自动优化配置参数如图 5-88所示。

11）STEP 11：手动微调 X、Y 轴的控制器参数。

X 轴和 Y 轴位置环增益保持相同，可以设置 X 轴和 Y 轴优化后的较小值。根据经验值，

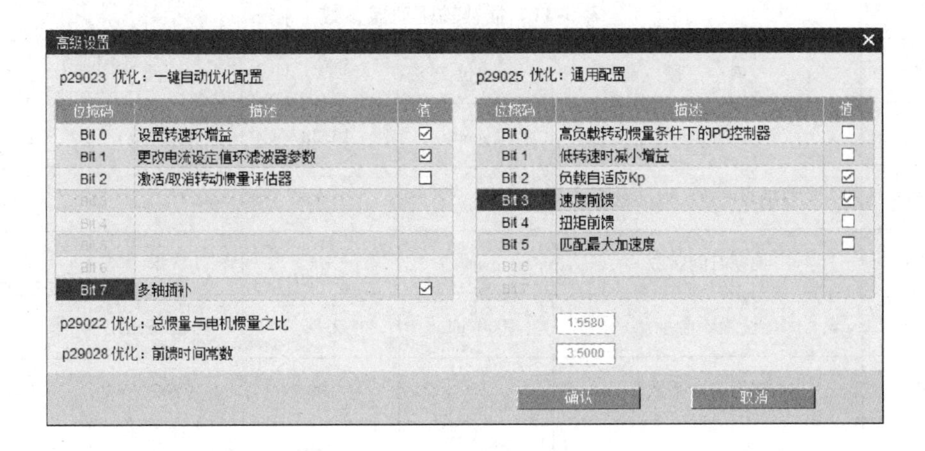

图 5-87　一键优化配置参数

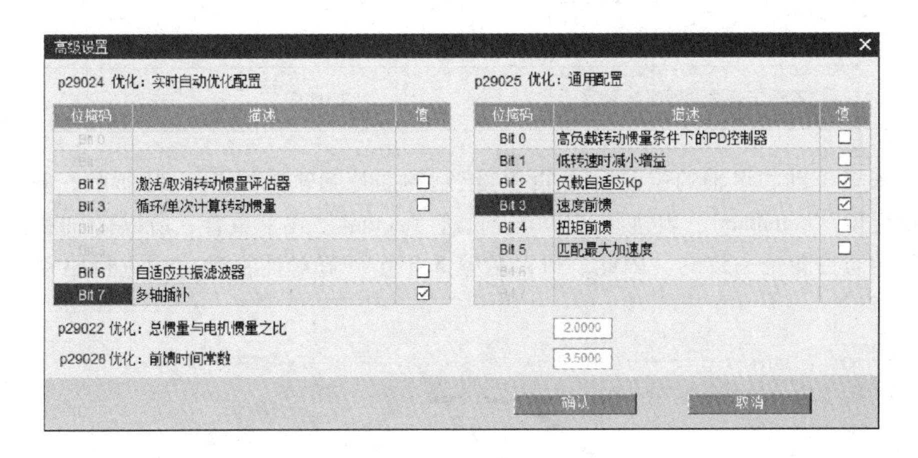

图 5-88　实时优化配置参数

因为惯量比较小，积分时间减小到 6ms 提高速度环的稳态刚度，降低摩擦阻力的影响，这样 *X* 轴和 *Y* 轴经过速度反向点时就不会出现位置停滞问题。调整速度参考模型的频率为相同的值，为了插补轴达到比较高的位置跟随能力，参考频率通常在 100Hz 以上。可以首先尝试 *X* 轴和 *Y* 轴的参考频率平均值 。

12）STEP 12：检查 *X* 轴和 *Y* 轴的插补圆精度。

通过测试不同直径圆的精度评估 *X* 轴和 *Y* 轴的动态响应性能是否一致。通常加工直径为 10mm 的圆，要求精度高时也会加工直径为 5mm 的圆。参照插补的方向和圆的形状分析 *X* 轴的实际速度是偏快还是偏慢。通过调整 *X* 轴的 p2533 滤波器时间，使得 *X* 轴的动态响应性能与 *Y* 轴的动态响应性能一致。如果 *X* 轴的速度偏快，那么可以稍微加大一点 p2533 滤波时间，反之可以稍微减小一点 p2533。

因为机械传动部件性能的限制因素，对于插补轴优化，可能需要反复调整参数，实际加工多个测试零件后，才能得到比较满意的结果。

13）STEP 13：*X* 轴和 *Y* 轴优化后的主要驱动器参数见表 5-11。

表 5-11 插补轴驱动器参数

参数	内 容	单位	X	Y_1	Y_2
Jmot	电动机惯量	$kgcm^2$	16.387	16.387	16.387
p29022	总惯量与电动机惯量之比		1.558	2	2
p29028	前馈时间常数	ms	3.5	3.5	3.5
p29110	位置环增益	1000/min	2.86	2.86	2.86
p29111	速度前馈系数	%	100	100	100
p29120	速度环增益	Nms/rad	1.2615	1.3	1.3
p29121	速度环积分时间	ms	6	6	6
p1433	速度环参考模型频率	Hz	150	150	150
p2533	位置设定值滤波器时间常数	ms	2.0503	1	1

通过采集 X 轴和 Y 轴的位置运动曲线，绘制的插补圆轨迹如图 5-89 所示。从图中可以看出，设定值“command”轨迹和实际位置轨迹“actual”几乎重合，所以 X 轴和 Y 轴经过优化后的动态性能是一致的。因此，可以借鉴 5.3.6 章节对插补轴应用进行驱动器参数的优化。

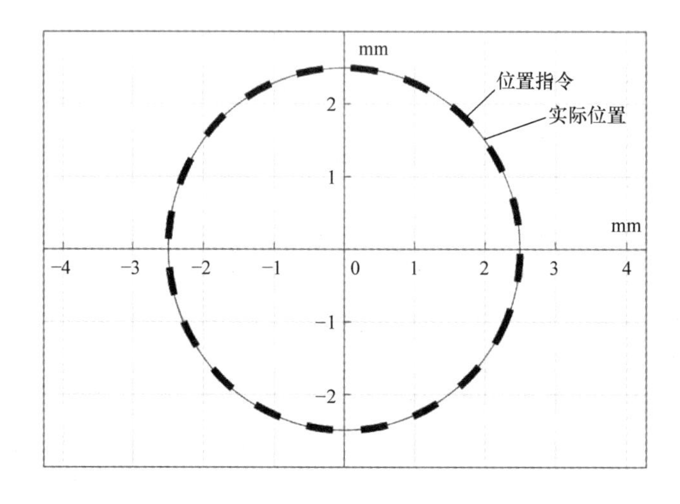

图 5-89 X、Y 轴的插补圆轨迹

5.3.7 机械谐振抑制

某些机械设备，当提高速度控制的增益时，将激发机械系统的谐振，甚至发出啸叫声。

这时就应采取措施抑制机械谐振。比较常见的是 250Hz 以上的机械谐振，SINAMICS V90 伺服驱动器提供了 4 个电流设定值滤波器抑制机械谐振。滤波器 1 通常为 PT2 低通滤波器，滤波器 2、3 和 4 可以自由配置为陷波滤波器。SINAMICS V90 伺服驱动器的自动优化功能集成了机械谐振抑制功能，优化过程中可以自动设置所需要的滤波器参数。

1. 手动抑制机械谐振

用户可以通过测量机械系统的频域响应 Bode 图，识别到机械谐振频率特征后，手动配置电流设定值滤波器参数。具体方法可以参照 5.3.1 章节。

2. 一键优化抑制机械谐振

通过配置 p29023.1 = 1 激活一键优化中的机械谐振抑制功能。在使用一键优化之前，用户需要确认机械设备已经正确安装完毕，对于 TTL 编码器电动机能够允许正反方向 2 圈的自由旋转。对于绝对值编码器电动机，用户可以不激活 p29023.1 = 2，电动机在静止状态下执行自动优化并设置所需要的电流滤波器抑制机械谐振。用户可以通过参数 p1656 查看是哪个滤波器处于激活状态。

3. 实时优化抑制机械谐振

当设置 p29024.6 = 1 时，实时机械谐振抑制功能在开启实时优化后就处于工作状态。伺服驱动器实时检测机械谐振频率，并根据自动检测出的谐振频率设置电流设定值滤波器 2 的参数。实时机械谐振抑制功能只可用于抑制一个机械谐振频率点，当控制环稳定后，用户需要关闭实时优化并保存参数。如果机械系统的某个机械谐振频率会随着设备的运行状态发生大的变化，这时就需要保持实时优化开启状态，并确保激活了 p29024.6 = 1。

5.3.8　低频振动抑制

在某些机械设备上，电动机带动柔性连接机械负载进行位置定位过程中，机械负载端会出现持续的振荡，柔性机械负载末端振动如图 5-90 所示。

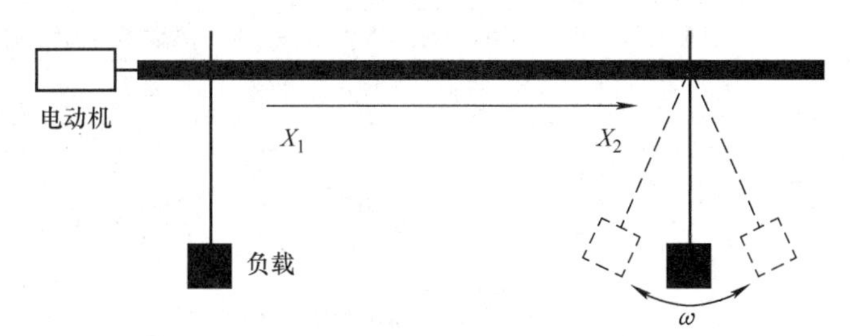

图 5-90　柔性机械负载末端振动

当电动机驱动负载从 X_1 位置移动到 X_2 位置时，因为机械臂比较长，假设机械臂的材料弹性系数比较低，这时在做高速移动过程中，机械臂很容易产生弹性变形，负载端非常容易产生持续的振荡而不能准确的定位，通常需要等待比较长的定位时间，降低了设备的效率。在使用 SINAMICS V90 伺服驱动器的内部位置控制模式时，通常需要激活 Jerk 限制来减小加速度的冲击，从而可以减小负载端的振动幅度以缩短定位时间。激活 Jerk 后，定位时间满足不了设备需求时可以通过激活低频振动抑制滤波器抑制负载在定位过程中的振荡，进一步减小负载定位时间。

目前，低频振动抑制功能只能应用于 SINAMICS V90 伺服驱动器内部位置控制模式，对于 PTI 脉冲控制模式无效。测量机械负载端振动频率的常用方法：

1）采集电动机的实际位置和速度曲线，分析机械停止位置负载端的振动频率。

2）测量机械传动系统的频域响应特性 Bode 图。

3）通过相应的传感器（加速度传感器）测量负载位置振动频率。

将测量到的负载振动频率值输入 p31585 参数，然后通过 p29035 = 1 激活低频振动抑制滤波器，再次进行定位测试，观察负载的机械振荡是否消失。推荐使用默认的 p31581 = 0 耐用性滤波器，允许输入的抑制频率参数与实际振动频率存在一点偏差，但是不会显著影响滤波器的实际抑制效果。

SINAMICS V90 伺服驱动器低频振动抑制功能相关参数见表 5-12。下面通过一个测试实例说明低频振动抑制滤波器的具体作用。测试机械系统频域响应如图 5-91 所示，从频域图上可以得到负载端的振荡频率为 6Hz，参考 5.2.4 章节内容。测试负载端位置振荡曲线，如图 5-92 所示。在时域上负载位置振荡频率为 6Hz，与 Bode 图的测量结果是一致的。

表 5-12　低频振动抑制滤波器相关参数

参数	默认值	数值	描　　述
p29035	0	0	禁止低频振动抑制滤波器
		1	激活低频振动抑制滤波器
p31581	0	0	耐用性 对 p31585 设置的实际振动频率准确度要求比较低
		1	敏感型 对 p31585 设置的实际振动频率准确度要求比较高，定位时间更短
p31585	1Hz	0.5 至 62.5	振动抑制滤波器频率 设置需要抑制的振动频率，可以通过相关设备测量实际振动频率
p31586	0.03	0 至 0.99	振动抑制滤波器阻尼 默认阻尼设置 0.03，可以根据实际情况减小阻尼系数得到更优的抑制效果

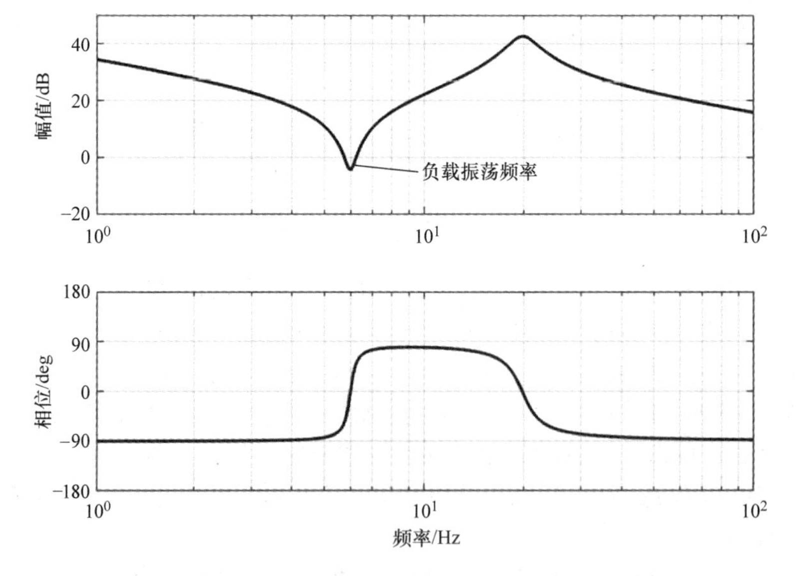

图 5-91　机械系统频域响应

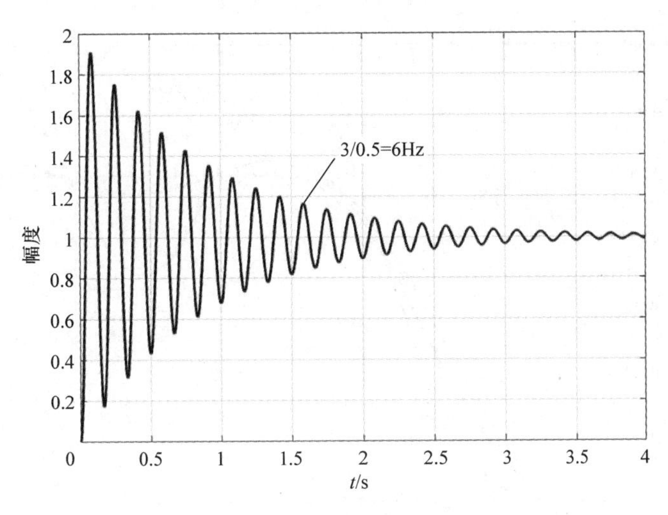

图 5-92 机械末端时域振荡曲线

电动机带动负载做一圈 10000 长度单位（LU）的点到点定位运动，参数见表 5-13。

表 5-13 位置运动轨迹指令

轨迹类型	移动长度/LU	速度限制/(LU/min)	加速度限制/($1000LU/s^2$)	冲击限制($1000LU/s^3$)
三角形曲线	10000	20000	10000	0

在没有设置冲击限制值和没有激活低频振动抑制的情况下，负载端存在大幅度的持续振荡，位置指令（command）、电动机（motor）和负载（load）的位移曲线如图 5-93 所示。设置冲击限制的时间为 167ms 时，负载的振荡幅度大约减小了一半，但还是存在较大的振荡，如图 5-94 所示。关闭冲击限制，设置 p31585 = 6Hz，p31581 = 1，激活低频振动抑制滤波器 p29035 = 1，负载端的位置振荡幅度有很大程度的减小，如图 5-95 所示。如果设置 p31581 = 0，负载端的位置振荡几乎消失了，如图 5-96 所示。

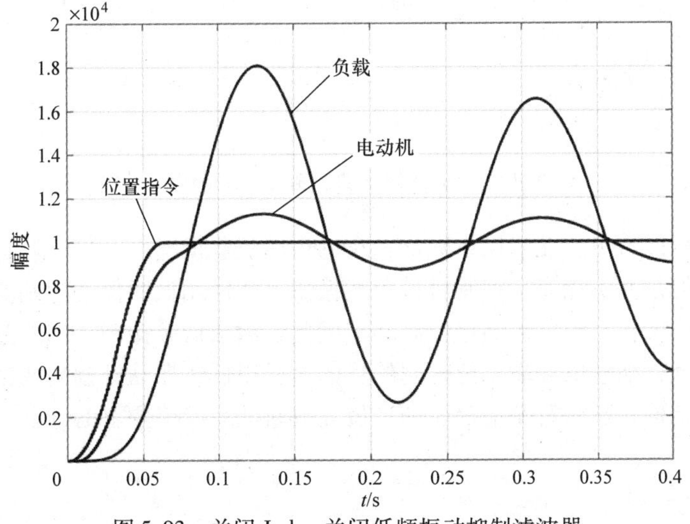

图 5-93 关闭 Jerk、关闭低频振动抑制滤波器

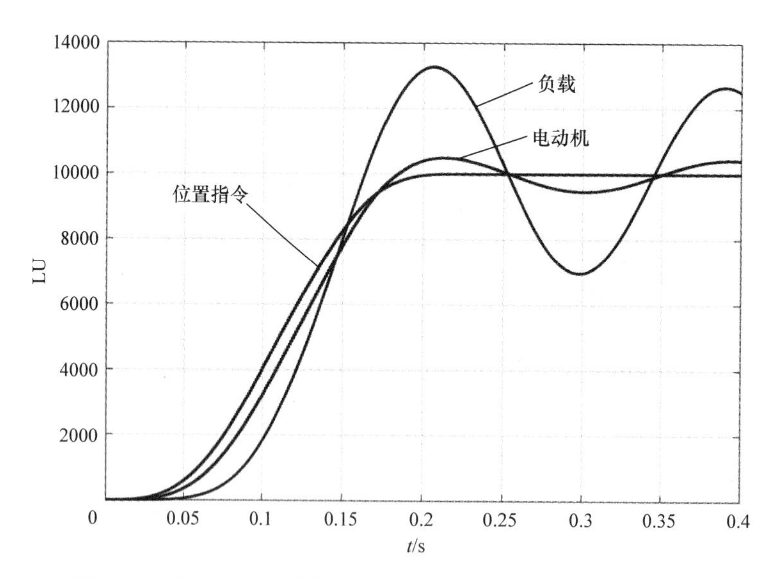

图 5-94　激活 Jerk（冲击限制等于 59880），等效时间为 167ms

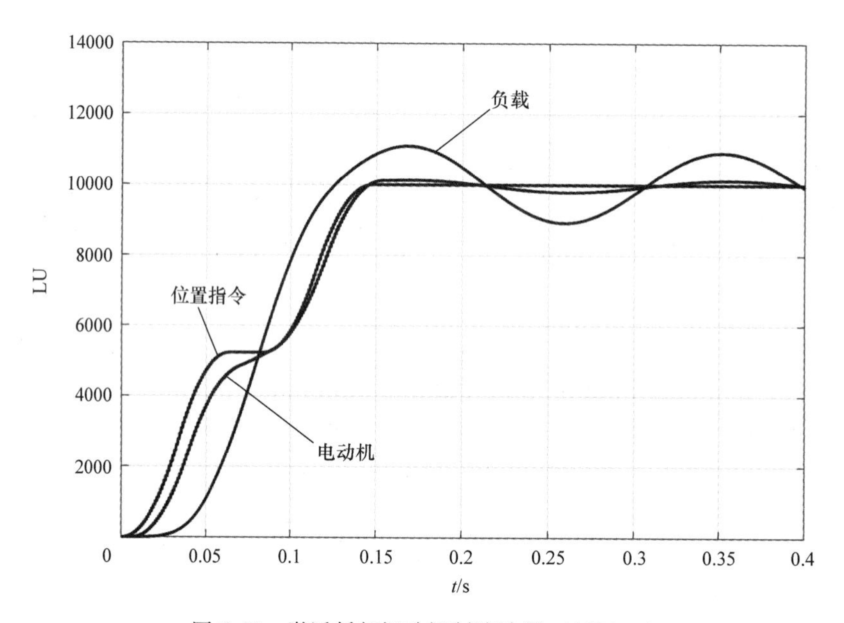

图 5-95　激活低频振动抑制滤波器 p31581 = 1

从测试结果可以看出，在阻尼系数比较小的机械负载情况下，Jerk 限制可以减小机械负载振荡的幅度，但是并不能完全抑制机械负载振荡。而使用低频振动抑制滤波器可以最大限度地减小负载的振荡，缩短负载的定位时间。因此，激活低频振动抑制滤波器可以达到减小负载端的振荡幅度，缩短负载端定位时间的目的。所以低频振动抑制滤波器经常被用于柔性连接的机械负载结构，同时对振动幅度和定位完成时间有严格要求的场合。

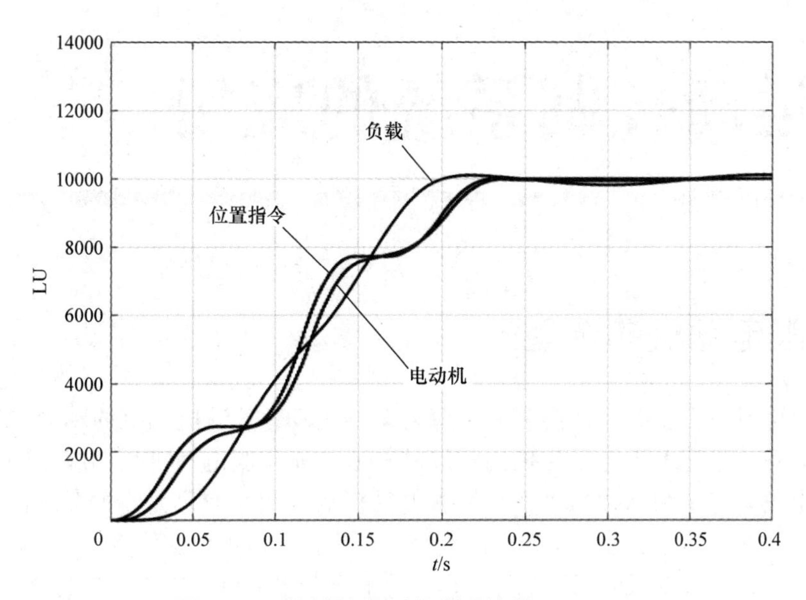

图 5-96 激活低频振动抑制滤波器 p31581 = 0

第6章 运动控制系统的应用

6.1 伺服电动机的选型

在现代机电设备行业中经常会碰到一些复杂的运动，这对电动机的动力荷载影响比较大。伺服驱动系统是许多机电设备控制系统的核心，而伺服电动机是伺服驱动系统的一部分，要想机电设备稳定和高效地工作，伺服电动机的选型就变得尤为重要。选择伺服电动机，首先应选出满足给定负载运动要求的伺服电动机，然后再根据价格、重量、体积等经济技术指标的要求，配合合适的减速机等选择最佳的伺服电动机。选择伺服电动机应考虑以下条件：

- 伺服电动机的额定转速和最大转速是否满足要求。
- 根据转矩－速度特性曲线检查负载转矩、加减速转矩是否满足要求。
- 对负载惯量进行校核。
- 对要求频繁起动停止的伺服电动机还应对其转矩方均根进行校核。

只有这样，选择的伺服电动机才能既满足负载运动的要求，又可避免由于伺服电动机选择的功率过大或过小而产生的其他问题。

根据伺服电动机的使用环境和使用要求，伺服电动机可以分为交流伺服电动机和直流伺服电动机，而交流伺服电动机还可以分为交流同步伺服电动机和交流异步伺服电动机，其特性如下：

- 直流伺服电动机：响应快，力矩波动小，线性度好。
- 交流同步伺服电动机：输出转矩不随控制电压的变化而变化。
- 交流异步伺服电动机：输出转矩随控制电压的变化而变化。

直流伺服电动机的成本比交流伺服电动机高，同时随着电力电子技术、计算机控制技术以及电动机拖动控制理论的发展，交流同步伺服电动机的输出特性已经几乎能够满足机电设备自动控制的要求，因此交流同步伺服电动机在机电设备自动化中的应用越来越广泛，本节也仅对交流同步伺服电动机的选型做探讨分析。

在伺服电动机选型前应进行伺服电动机的选型计算，主要计算的数据包括：负载与伺服电动机的惯量比、加减速转矩、负载转矩和连续过载时间等。

1）负载与伺服电动机的惯量比：选择合适的伺服电动机，从而保证负载与伺服电动机的惯量比是充分发挥机械及伺服控制系统最佳效果的前提，尤其是在要求高速、高精度的伺服控制系统上表现得尤为突出，伺服控制系统参数的调整，特别是伺服控制系统参数的自整定与惯量比有很大的关系，若负载与伺服电动机的惯量比过大，则伺服控制系统的参数调整越难，响应特性越差，振动抑制能力也越差，从而导致控制系统的稳定性也差。对于不同的伺服控制系统，其都有默认推荐的最大负载与伺服电动机的惯量比，在此惯量比下，伺服控制系统将达到最佳工作状态，这就是通常所说的惯量匹配，若伺服电动机惯量和负载惯量不匹配，就会在伺服电动机惯量和负载惯量之间动量传递时发生较大的冲击。

2）加减速转矩：伺服电动机除连续运行外，还会有短时间的加减速运动，此时需要额外的加减速转矩，总转矩用最大转矩表示。即使伺服电动机的容量相同，最大转矩也会因各伺服电动机的不同而有所不同。最大转矩影响驱动伺服电动机的加减速时间常数。

3）负载转矩：在无加减速运行的情况下，伺服电动机的输出转矩与负载转矩（包含负载转矩、摩擦转矩、伺服电动机本身的摩擦转矩等）相等。为了保证良好稳定的运行特性，通常要求负载转矩不超过伺服电动机额定转矩的 80%。对于连续特性的运动且要求频繁起停的伺服控制系统，为了避免伺服电动机过热，必须考虑在一个周期内伺服电动机转矩的方均根值，并使其小于伺服电动机的额定转矩。

4）连续过载时间：伺服驱动器和伺服电动机都有自己的过载转矩 - 时间特性，正常情况下，加减速时伺服电动机的输出转矩都会超过伺服电动机的额定转矩，即伺服电动机处于过载状态下，当连续过载的转矩 - 时间曲线在伺服驱动器和伺服电动机自己的过载转矩 - 时间特性曲线外，此时也需要考虑在一个周期内伺服电动机转矩的方均根值，并使其小于伺服电动机的额定转矩，防止伺服电动机温度过高而引起的伺服控制系统不稳定。

综上所述，伺服电动机通过计算选型时，应满足下列基本条件：

➢ $T_L \leq$ 电动机额定转矩。

➢ $\frac{P_c + P_a}{2} <$ 预选电动机的额定功率。

➢ $n_M \leq$ 电动机额定转速。

➢ $J_L \leq$ 容许负载转动惯量。

其中，T_L 为折算到伺服电动机轴端的负载转矩，P_c 为负载功率，P_a 为加速功率，n_M 为伺服电动机要求的最大转速，J_L 为折算到伺服电动机轴端的负载转动惯量。

每种型号的伺服电动机均有额定转矩、最大转矩和伺服电动机惯量等参数，选用伺服电动机的输出转矩应符合负载机构运动条件的要求，如加速度的快慢、机构的重量、机构的运动方式（水平、垂直旋转）等，运动条件与伺服电动机输出功率无直接关系，但是一般伺服电动机输出功率越高，其输出转矩也会越高。不但机构重量会影响伺服电动机的选用，运动方式也会影响伺服电动机的选用。惯量越大时，需要的加速及减速转矩越大；加速及减速时间越短时，需要的加速及减速转矩也越大。选用伺服电动机时，可依下列步骤进行，具体的计算方法及计算实例请参考本书附录 A。

第 1 步：确定运动曲线。根据负载要求的运动周期，确定选择三角形曲线、梯形曲线或 S 型曲线，然后根据运动曲线计算出加减速度。

第 2 步：计算伺服电动机转速。根据运动曲线及预选的减速机，确定伺服电动机的转速。

第 3 步：计算负载转矩。将负载转矩折算到伺服电动机轴端。

第 4 步：计算负载转动惯量。将负载惯量折算到伺服电动机轴端。

第 5 步：计算伺服电动机功率。计算出伺服电动机的负载功率和加速功率。

第 6 步：依据伺服电动机需要满足的基本条件，初步选择伺服电动机。

第 7 步：校核伺服电动机的加速转矩、减速转矩和转矩的方均根值，若满足要求则初选的伺服电动机符合要求，完成选型；否则需要加大伺服电动机的额定转矩，再次校核伺服电动机的加速转矩、减速转矩和转矩的方均根值；或者修改运动曲线和机械结构，从第1步开始重新计算。

在选择伺服电动机时，不仅需要计算校核伺服电动机的转矩、惯量和功率，同时还应注意以下特殊情况：

1）有些机械系统，如传送装置、升降装置等要求伺服电动机能尽快停车，而在某些故障、急停、电源断电时伺服驱动器没有能耗制动功能，无法控制伺服电动机快速停车，同时系统的机械惯量又较大时，应依据负载的轻重、电动机的工作速度等进行抱闸的选择。

2）有些系统要维持机械装置的静止位置，需电动机提供较大的输出转矩且停止的时间较长，若使用伺服驱动器的自锁功能，往往会造成电动机过热或放大器过载且浪费能源，这种情况就要选择带抱闸的伺服电动机。

3）如果选择了带抱闸的伺服电动机，其转动惯量会比相同情况下不带抱闸的伺服电动机大，计算转矩时应考虑，通常垂直轴或者斜轴应选择带抱闸的伺服电动机。

4）有的伺服驱动器有内置的再生制动单元，但当再生制动较频繁时，可能引起直流母线电压过高，这时需另配再生制动电阻。再生制动电阻是否需要另配，配多大，可参照相应样本的使用说明。

5）选择伺服电动机时，应考虑功率的大小，一般应注意以下两点：

① 如果电动机功率选得过小，就会出现“小马拉大车”现象，造成电动机长期过载，使其绝缘因发热而损坏，甚至导致伺服电动机被烧毁。

② 如果电动机功率选得过大，就会出现“大马拉小车”现象，其输出机械功率不能充分利用，功率因数和效率不高，对用户和电网均不利。

6）应考虑伺服电动机编码器的记忆功能和分辨率。

当整个控制系统断电后，若需要记忆运动轴的位置信息，则必须选择带记忆功能的绝对值编码器；否则就根据实际情况选择增量编码器或绝对值编码器。

高分辨率编码器伺服电动机的伺服控制系统与低分辨率编码器伺服电动机的伺服控制系统相比，其动态特性、位置控制精度、速度控制精度均比较高，因此在高动态、高精度要求的场合应选择高分辨率编码器的伺服电动机。

6.2 电气控制柜的设计

在设计电气控制柜时，应符合国家标准，不仅要考虑电气控制柜内部交流供电的设计，还应考虑直流24V电源的设计，同时还应考虑电气控制柜的防护等级和冷却等问题。

6.2.1 电气控制柜的设计原则

在进行电气控制柜设计时，应遵循可靠性设计原则、绿色设计原则、控制功能设计原则、标准化设计原则和人性化设计原则等。

1. 可靠性设计原则

1）系统整体可靠性原则：一般情况下，机器的可靠性高于人的可靠性，实现生产的机械化和自动化可将人从机器的危险点和危险环境中解脱出来，从根本上提高人机系统的可靠性，而电气控制柜的系统整体可靠性则是机器可靠性的根本保障。

2）高可靠性组成单元要素原则：电气控制柜内的控制设备应优先采用经过时间检验的、技术成熟的、高可靠性的元器件及单元要素进行设计，不能因为贪图便宜而使用假冒伪劣、不符合国家标准等危及可靠性的三无产品；任何一个元器件都有其使用寿命且都有可能发生故障，因此在满足技术性要求的情况下，尽量简化方案及电路设计和结构设计，减少电气控制柜内的元器件数量及机械结构零件；电路设计和结构设计应容许元器件和机械零件存在一定的公差；电路设计和结构设计应将需要调整的元器件（如电位器、需整定电器等）减小到最小程度；电路设计应保证电源电压和负载在通常可能出现极限变化的情况下，电路仍能正常工作，如选用电源电压波动范围宽的产品；设计设备和电路时，应尽量放宽对输入及输出信号临界值的要求。

3）具有安全系数的设计原则：由于负载条件和环境因素随时间变化，所以可靠性也是随时间变化的函数，并且随时间增加而降低，因此设计的可靠性和有关参数应有一定的安全系数，即通常所说的留有裕量。

4）高可靠性方式原则：为提高可靠性，宜采用冗余设计、故障安全装置、自动保险装置等高可靠性结构组合方式。冗余设计应采用一用一备、互为备用的方式，特别是电气控制系统的核心控制单元及重要外部设备，应进行冗余设计；故障安全装置是即使个别零部件发生故障或失效而系统性能不变且仍能可靠地工作的装置，系统安全常常以正常、准确地完成规定功能为前提，但由于组成零件产生故障而引起误动作，常常导致重大事故发生，因此为达到功能准确，采用保险结构方法可保证系统的可靠性；自动保险装置是即使不懂业务或不熟练的人进行操作也能保证安全或不受伤害或不出故障的装置，这是机器设备设计和装置设计本质安全化追求的目标。

2. 绿色设计原则

环保方面要求应从产品设计源头入手进行产品生态设计，将产品的设计、制造、使用、维护、回收和后期处理等生命周期各环节的环保要求纳入设计内容，全方位监控产品对环境的影响，达到产品尽量减少环境被破坏的目的。包括环保型材料的利用，尽量采用可再生利用的材料和资源，长寿命清洁产品，废弃零部件处理的综合成本最优等。

节能方面则要求生产低功耗、高能效的综合产品，以绿色设计为指导原则设计出的产品应是功能、性能、能耗三者的平衡。

3. 控制功能设计原则

电气控制设备的控制功能设计应满足用户预期的控制要求；设计的电气控制设备必须符合国家标准，GB7251 系列标准覆盖了大多数开关设备和控制设备的要求；设计方案须综合可生产性、技术操作、使用难度、使用寿命、节能环保和心理学特征等各方面，还要在遵守安全标准和安全法规的条件下对产品的安全性进行评测；应考虑控制设备在电网中与其他电气设备的共存性，可能造成影响的主要特性有：瞬时过电压、快速波动负载、起动电流、谐波电流、直流反馈、高频振荡、对地泄漏电流和附加接地的必要性；在额定运行状态下，不得对人体造成危害。在设计电路时，通常要留有 20% ~30% 的功率裕量，在对稳定性、可靠性要求更高的地方，可留有 50% ~100% 的裕量；设计应具备可加工性、可装配性和可维修性。

4. 标准化设计原则

在进行标准化设计时，其产品设计应符合相关国际、国家、行业及企业标准及规范；应尽可能地简化结构，采用标准化的结构和方式；尽量使用国家标准和专业标准的元器件；在电路设计中应尽量选用无源器件，将有源器件减到最少。

5. 人性化设计原则

从人－机－环境的合理关系出发，机器上的标记应按标准统一设计，根据人类易于使用且差错较少的方式进行设计；设备的操控器及装置的大小、形状、位置、方向等应易于区分且符合人机工效学的要求，如信息显示的位置应在眼睛平视的高度，控制器应在其下方或四周；控制器上应标明操作方向，同一设备上控制器的运动方向应保持一致；按钮操作应能指示动作效果，如跳动感、发光等。要经常更换的部件应配置于易于更换处，部件和元器件的分布应便于安装、测试和检修等；设备表面应避免过于粗糙，不得有尖角和利棱；应避免将零件重叠在一起，使维修人员能看见全部零件，以便迅速找出明显的故障；设计接线板和测试点，应使其在打开设备维修时不用拆卸电缆或电缆引入板就能接近。

应尽量使设备结构简单以便维修，降低维修的技术要求与工作量，保证维修人员在缺乏经验、人手短缺且没有复杂相关设备的条件下也能进行关键性的维修；为便于检修和快速恢复故障，应使用零件标准化、部件通用化、设备系列化的产品；尽可能设计少需要或不需要预防性维修的设备和部件；设计模件和分组件时，应尽量采用快速解脱装置，且装到设备上后不需再次调整，按照设备维修步骤确定且唯一的规则进行设计。

6.2.2 直流24V电源的设计要求

在整个电气控制柜中，需要使用外部直流24V电源的自动化元器件很多，不仅包含PLC、继电器、指示灯、蜂鸣器、电磁阀等；还包含一些驱动器和电动机的抱闸，如SINAMICS V90伺服驱动器的控制单元需要外部直流24V供电、SIMOTICS 1FL6抱闸电动机的抱闸也需要外部直流24V供电，但对于高惯量的抱闸电动机，可以通过SINAMICS V90伺服驱动器的抱闸接口提供抱闸控制的电源（其直流24V电源来自控制单元所接的外部直流24V供电)，低惯量的抱闸电动机，则需要通过外部抱闸继电器提供抱闸控制的电源（其直流24V电源需要直接来自于外部直流24V电源)。因此，在计算外部直流24V电源容量时应考虑部分驱动器和抱闸电动机。对于SINAMICS V90伺服驱动器和SIMOTICS 1FL6抱闸电动机所需要的直流24V电源容量见表6-1。

表6-1 SINAMICS V90伺服驱动器和SIMOTICS 1FL6抱闸电动机需要的直流24V电源容量

产品类型	24V电源容量
SINAMICS V90总线型伺服驱动器	1.5A
SINAMICS V90脉冲型伺服驱动器	1.6A
SIMOTICS 1FL6高惯量轴高45抱闸伺服电动机	0.88A
SIMOTICS 1FL6高惯量轴高65抱闸伺服电动机	1.44A
SIMOTICS 1FL6高惯量轴高90抱闸伺服电动机	1.88A
SIMOTICS 1FL6低惯量轴高20抱闸伺服电动机	0.25A
SIMOTICS 1FL6低惯量轴高30抱闸伺服电动机	0.3A
SIMOTICS 1FL6低惯量轴高40抱闸伺服电动机	0.35A
SIMOTICS 1FL6低惯量轴高50抱闸伺服电动机	0.57A

例如在某电气控制柜中，有 SINAMICS V90 总线型伺服驱动器 5 台，连接的 SIMOTICS 伺服电动机分别为高惯量轴高 45 非抱闸伺服电动机 1 台，高惯量轴高 45 抱闸伺服电动机 1 台、高惯量轴高 65 抱闸伺服电动机 1 台、低惯量轴高 20 非抱闸伺服电动机 1 台和低惯量轴高 40 抱闸伺服电动机 1 台，则对于 SINAMICS V90 伺服驱动器控制系统所需的外部直流 24V 电源的容量为

$$1.5\text{A} \times 5 + 0.88\text{A} + 1.44\text{A} + 0.35\text{A} = 10.17\text{A}$$

对于使用 SINAMICS V90 伺服驱动器控制系统时，即便已经考虑了伺服驱动器及抱闸电动机所需要的外部直流 24V 电源的供电容量而选择了合适的电源，但是为了使 SINAMICS V90 伺服驱动器控制系统稳定的工作，在进行设计时还应考虑以下问题：

SINAMICS V90 伺服驱动器不能与类似继电器或电磁阀这样的感性负载共用同一个外部直流 24V 电源，否则驱动器可能不能稳定工作。感性负载的通断会导致 24V 电源的波动及干扰，从而使得系统工作不稳定，如 SINAMICS V90 脉冲型驱动器所接收到的脉冲信号不正常、SINAMICS V90 编码器信号受到干扰而产生编码器报警等。

需要确保在 SINAMICS V90 伺服驱动器控制单元所接收到的直流 24V 电源的电压在容差范围以内，以避免由于电源电压过低而造成的不稳定。通常，从外部直流 24V 电源到伺服驱动器之间有一段距离，而这一段直流 24V 供电的电缆上存在压降，并且距离越长，电缆上的压降越大，导线截面积越小，电缆上的压降越大。因此，在进行布线设计时应尽可能地缩短直流 24V 电源到伺服驱动器之间的供电距离，使用符合标准的电缆，不同电气控制柜内的驱动器建议采用不同的电源供电，特别是电气控制柜之间距离较远的情况下更需要采用不同的电源供电。

6.2.3 防护要求

根据《外壳防护等级（IP 代码）》（GB/T 4208 - 2017/IEC 60529：2013）标准的要求，在电气控制产品及其电气控制柜的选型设计时，需要考虑电气设备的外壳防护等级。本防护标准适用于额定电压在 72.5kV 以下且借助外壳防护的绝大多数电气设备，对特定型式的电气设备可能略有差异，需参考制造者的建议。本标准对以下三个方面的防护进行了定义：

➢ 人体触及外壳内的危险部件。

➢ 固体异物进入外壳内。

➢ 水进入外壳内对设备造成有害影响。

外壳的防护等级用 IP 代码进行标识，其遵循如图 6-1 所示的标示规则。

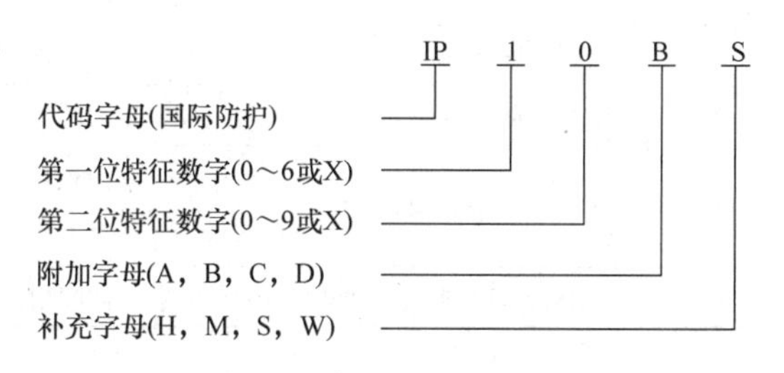

图 6-1 IP 代码标识规则

图 6-1 中，IP 代码中若对特征数字无要求，可用字母“X”代替，例如，IP2X、IPX3；若对两位特征数字都无要求，则用“XX”表示；附加字母和补充字母均可省略，无需替代表示，例如，IP25，IPX1C；补充字母是试验条件，有多个试验条件时，应按字母表顺序排列。

第一位特征数字表示外壳必须同时满足对接近危险部件的防护和防止固体异物进入的防

护，两类防护等级的简要说明和含义见表6-2。

表6-2 第一位特征数字所表示的防止固体异物进入的防护等级

第一位特征数字	防护等级	
	简要说明	含义
0	无防护	—
1	防止直径不小于50mm的固体异物	直径50mm的球形物体试具不得完全进入壳内
2	防止直径不小于12.5mm的固体异物	直径12.5mm的球形物体试具不得完全进入壳内
3	防止直径不小于2.5mm的固体异物	直径2.5mm的物体试具完全不得进入壳内
4	防止直径不小于1.0mm的固体异物	直径1.0mm的物体试具完全不得进入壳内
5	防尘	不能完全防止尘埃进入，但进入的灰尘量不得影响设备的正常运行，不得影响安全
6	尘密	无灰尘进入

第二位特征数字表示对外壳防止由于进水而对设备造成有害影响的防护要求，其简要说明和含义见表6-3。

表6-3 第二位特征数字所表示的防止水进入的防护等级

第二位特征数字	防护等级	
	简要说明	含义
0	无防护	—
1	防止垂直方向滴水	垂直方向滴水应无有害影响
2	防止当外壳在15°倾斜时垂直方向滴水	当外壳的各垂直面在15°倾斜时，垂直滴水应无有害影响
3	防淋水	当外壳的垂直面在60°范围内淋水，无有害影响
4	防溅水	向外壳各方向溅水无有害影响
5	防喷水	向外壳各方向喷水无有害影响
6	防强烈喷水	向外壳各个方向强烈喷水无有害影响
7	防短时间浸水影响	浸入规定压力的水中经规定时间后外壳进水量不致达有害程度
8	防持续浸水影响	按生产厂和用户双方同意的条件（应比特征数字为7时严酷）持续潜水后外壳进水量不致达有害程度
9	防高温/高压喷水的影响	向外壳各方向喷射高温/高压水无有害影响

附加字母表示对人接近危险部件的防护要求，其简要说明和含义见表6-4，附加字母的使用限于以下两种情况：

1）接近危险部件的实际防护高于第一位特征数字代表的防护等级。

2）第一位特征数字用“X”代替，仅需表示对接近危险部件的防护等级。

表 6-4 附加字母所表示的对接近危险部件的防护等级

附加字母	防护等级	
	简要说明	含　义
A	防止手背接近	直径 50mm 的球形试具与危险部件应保持足够的间隙
B	防止手指接近	直径 12mm，长 80mm 的铰接试指与危险部件应保持足够的间隙
C	防止工具接近	直径 2.5mm，长 100mm 的试具与危险部件应保持足够的间隙
D	防止金属线接近	直径 1.0mm，长 100mm 的试具与危险部件应保持足够的间隙

补充字母表示有关产品标准中的补充内容，其字母和含义见表 6-5。

表 6-5 补充字母的含义

字母	含　义
H	高压设备
M	防水试验在设备的可动部件（如旋转电机的转子）运动时进行
S	防水试验在设备的可动部件（如旋转电机的转子）静止时进行
W	提供附加防护或处理以适用于规定的气候条件

电气控制柜外壳的防护应根据设备的应用条件确定设备外壳的防异物、防触电和防水等级，以保证安全。控制设备的旋转、摆动和传动部件应设计得使人不能触及。电气控制柜的防护等级确定原则主要有：

1）电气控制柜应能防止外界固体和液体的侵入，因此外壳一般应具有不低于 IP54 的防护等级。

2）封闭式控制设备按说明书装好后，防护等级至少应为 IP2X。除了以下两种情况：电气工作区用外壳提供适当的防护等级防止固体和液体的侵入；汇流线或汇流排系统使用可移式集电器时，没有达到 IP22 但应用遮拦防护措施。

3）对无附加防护设施的户外控制设备，第二位特征数字至少应为 3；附加防护措施可以是防护棚或类似设施。

4）若无其他规定，制造商给出的安装说明防护等级适用于整个控制设备。

5）若控制设备的某个部分的防护等级与主体部分的防护等级不同，制造商应单独标出该部位的防护等级。

6.2.4 冷却设计

热是电气元器件损坏的主要原因。电气控制柜里的所有电气控制元器件在工作时都会产生热量，并且需要在一定的温度范围内才能正常工作，超过该温度范围后会工作异常，甚至损坏。例如在温度低于一定温度时，无法正常起动，这就需要在电气控制柜里面安装一个自动加热器，保证温度不低于某个温度值。而在温度高于一定温度时，有些电气控制元器件就需要降容使用，温度持续升高时，就会损坏。由于考虑了电气控制柜的防护等级设计，因此对于加热控制，热量直接弥散在密闭空间内；对于冷却控制，则需要进行特殊的设计，从而达到最优的冷却效果，保证电气控制元器件正常工作，并延长其使用寿命。电气部件或组件的温升是指按国家标准要求测得的该部件或组件的温度与其外部环境空气温度的差值。每个电气控制元器件的温升都不允许超过其允许的温升值。设备的使用寿命和故障率与温升的关系如图 6-2 所示。

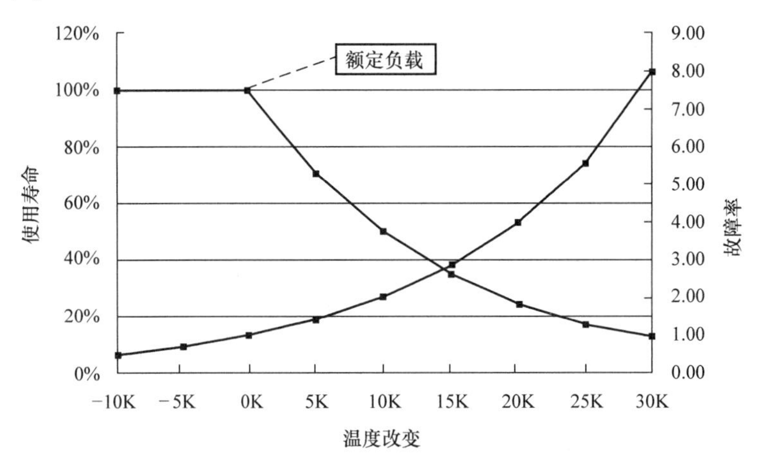

图 6-2　设备使用寿命和故障率与温升的关系

图 6-2 中，设备温度、使用寿命以及故障率之间的关系特别明显，10K 左右的温升会缩短一半的使用寿命，会提高一倍的故障率，因此进行冷却设计，从而降低电气设备的温升值显得尤其重要。

在进行冷却设计时，应遵循以下原则：

1）经济最大化，最大限度地利用传导、辐射、对流等基本冷却方式，避免外加冷却设施。

2）冷却方法优选顺序为自然冷却→强制风冷→液体冷却→蒸发冷却。

3）优先考虑利用金属机箱或底盘散热。

4）尽量使所有接头都能传热，且紧密地安装在一起以保证最大金属接触面。必要时可加一层导热硅胶以提高产品传热性能。

5）元器件方向及安装方式应保证最大对流。

6）选用导热系数大的材料制造热传导零件，如银、纯铜、氧化铍陶瓷及铝等。

7）加大热传导面积和传导零件之间的接触面积以减小接触热阻。

8）设置整套的冷却系统，以免在底盘抽出维修时不能抗高温的元器件因高温而失效。

9）将热敏部件装在热源下面或将其隔离；若靠近热源，则需加上光滑涂漆的热屏蔽。

10）在箱体适当位置设计通风孔或通风槽以便于电气控制柜箱内电器的通风散热，必要时可在柜体上设计强迫通风装置与通风孔。

对于常规电气控制柜，通常使用强制风冷设计，例如安装排风扇或者冷却空调等；对于某些特殊的电气控制柜，应考虑液体冷却或蒸发冷却的方式。在进行强制风冷设计时，应考虑以下原则：

1）空气自然冷却时，散热器周围应留有足够的空间以保证组件需要的冷却条件。

2）强迫风冷时，进风口处应装有过滤装置滤除空气中的尘埃，或可用经过过滤的空气作为进风，风温由产品技术文件规定。

3）用通风机风冷时，通风口须符合电磁干扰、安全性要求，同时应考虑防淋雨要求。

4）空气冷却系统应根据散热量设计，并考虑在封闭设备内压力降低时应通入的空气量、设备体积、在热源处保持的安全工作温度和冷却功率的最低限度。计算空气流量时，还需考虑因空气通道布线而减少的截面积。

5）强制通风和自然通风方向应一致，并保证进气与排气间有足够的距离。若非特殊情况，通风孔和排气孔不能开在机箱顶部或面板上。

6）强制风冷系统应保证机箱内产生足够的正压强，进入空气和排出空气的温差不应超过14℃。

7）应使风机驱动电动机冷却。

8）应尽量减少噪声和振动。

9）用于冷却内部部件的空气须经过滤，否则会引起线路功能的下降或腐蚀减弱冷却效果。

10）尽量不要重复使用冷却空气，若不可避免，须仔细安排各部件的顺序。应先冷却热敏零件和工作温度低的零件，保证冷却剂有足够的热容量将全部零件维持在工作温度内。

11）当使用空调冷却时，应注意空调温度不应太低，否则会在电气元器件周边产生冷凝现象而降低电气元器件的绝缘。

电气控制柜的安装、布线也会影响冷却效果，因此在进行安装应布线设计和施工时，应考虑如下要求：

1）设备组与电缆槽的安装间距。正确的安装是设备组与电缆槽之间应有足够的通风空间，当缩小电缆槽与设备组间的距离时，将导致通风空间不够，设备温度会升高，且间距越小，温升越高，如图6-3所示。因此设计时，应依据各设备要求的通风间距进行设计。

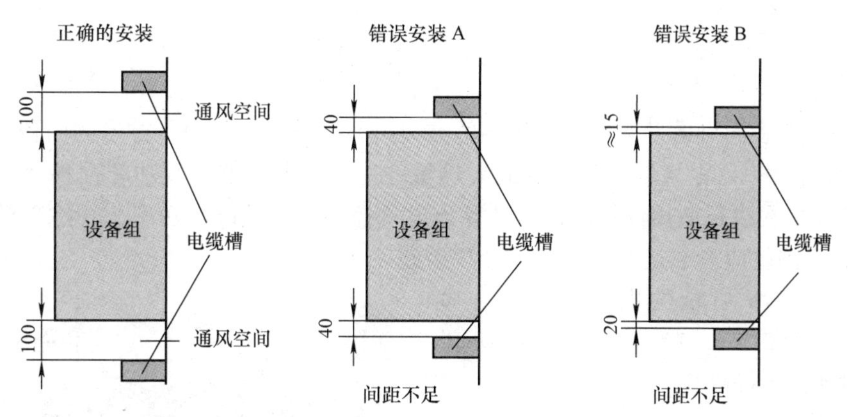

图6-3　设备组与电缆槽的安装间距设计

2）设备组散热孔无遮挡。西门子驱动器的散热孔在驱动器的顶部，正常安装时，顶部不应有遮挡。若顶部有电缆会挡住散热孔，使热量不能顺畅地通过该散热孔散出，从而导致散热面积不够使驱动器的温度升高。散热孔的遮挡面积越大，温升就越高，如图6-4所示。

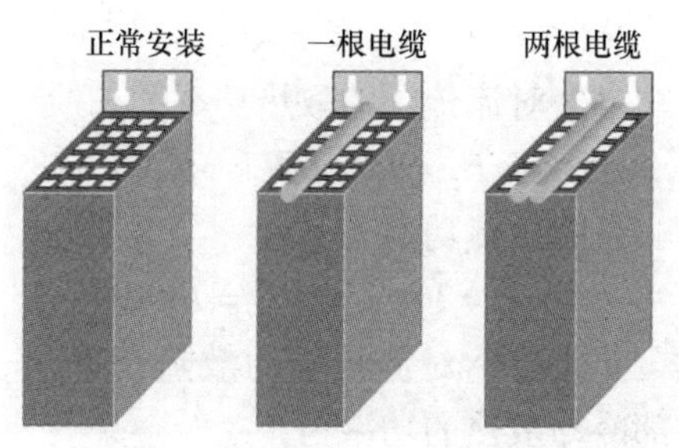

图6-4　散热孔的无遮挡设计

3）强制风冷设计。采用外部通风冷却时，应特别注意空气在电气控制柜中的流通问题，需要对发热设备及其冷却设备进行合理的排布，必要时采用冷却导流设施，保证冷却空气在电气控制柜内的循环，从而达到最佳的散热效果，如图 6-5 所示。设备的散热是由自然对流传导和强制冷却实现的，这两种情况下都需要保证自然对流和强制冷却的冷却风的方向与重力方向相反，即自下而上地对设备进行冷却。因此冷风从下端进入电气控制柜，热量从上端散出电气控制柜，当冷风进入电气控制柜后不能直接流通到设备组的下端时，应增加导风板，从而保证冷却效果。在进行外部冷却时，由于冷风在设备表面可能会产生凝露，因此需要保证冷却设备与设备有足够的安全距离，必要时增加冷凝水的导流设施。

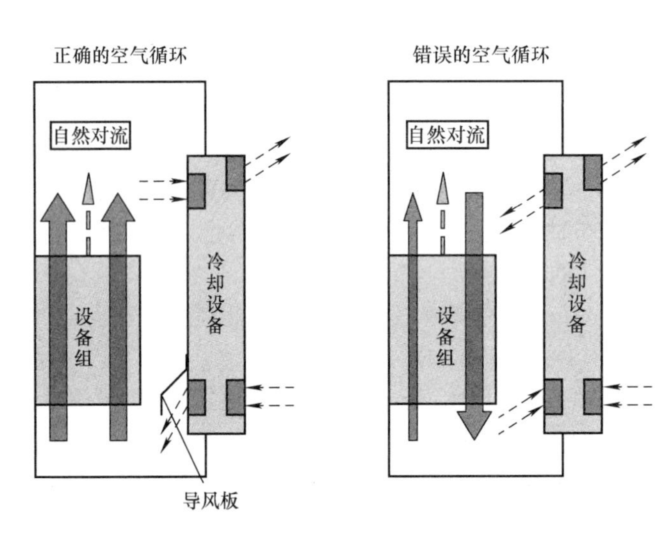

图 6-5　空气循环设计

电气控制柜表面可通过自然对流传导的方式进行散热，大约每平方米的面积可以传导散掉 50W 的损耗功率。电气柜内部产生最大热量的部件是驱动器，其功率损耗大约为驱动供电功率的 5%。在进行散热计算时，应计算出电气控制柜总的散热功率，扣除自然传导的散热功率，剩下的就应考虑是否需要外部冷却措施。

例如，图 6-6 所示的电气控制柜，宽 2m，高 2m，深 0.5m，背面靠墙安装，驱动器总的供电功率为 36kW。

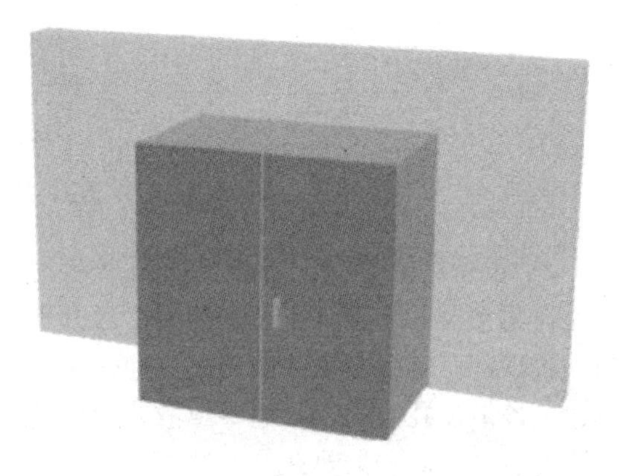

图 6-6　电气控制柜

有效散热面积为

$$S = 2\text{m} \times 2\text{m} + 2\text{m} \times 0.5\text{m} + 2\text{m} \times 0.5\text{m} + 2\text{m} \times 0.5\text{m} = 7\text{m}^2$$

自然对流传导的散热功率为

$$P_1 = 7 \times 50\text{W} = 350\text{W}$$

总的散热功率为

$$P = 36\text{kW} \times 5\% = 1800\text{W}$$

扣除自然对流传导的散热功率后，需要外部冷却散热的功率为

$$P_2 = P - P_1 = 1800\text{W} - 350\text{W} = 1450\text{W}$$

在考虑电气控制柜的冷却时，还应考虑电气控制柜外部的电气设备及其机械设备的冷却问题，如伺服电动机和减速机等。通常对于需要进行冷却的交流异步伺服电动机来说，在其末端都带有强制风冷的风扇。而交流同步伺服电动机，除了其正常的铜耗、铁耗和摩擦损耗外，由于其过载倍数较高，在频繁地加减速时将会产生更多的损耗，且同步伺服电动机仅能采用对流或传导的方式进行自然冷却。高防护等级要求时，同步伺服电动机的轴承密封圈也将会增加摩擦损耗，从而降低自然冷却效果，并且同步伺服电动机均带有编码器，因此在特殊的环境下，应考虑其损耗大、冷却差所带来的温升对其绝缘和编码器正常工作的影响，应改善其安装环境，并增加同步伺服电动机与机械设备的接触面，以提高自然冷却的效果。

6.3 接地设计

在接地设计前，应了解接地的分类和系统的接地形式，然后根据相应的要求进行接地设计。

6.3.1 接地的分类

根据接地的不同作用，一般分类如下：

1. 功能性接地

用于保证设备（系统）的正常运行，或使设备（系统）可靠而正确地实现其功能。如：

1）工作（系统）接地。根据系统运行的需要进行的接地，如电力系统的中性点接地，直流系统中将直流电源正极接地等。

2）信号电路接地。设置一个等电位点作为电子设备基准电位，简称信号接地。信号接地是地线电流流回信号源的低阻抗路径。电流总是选择阻抗最小的通路，但有时地线的连接并不一定是阻抗最低的路径，因此地线连接不当会导致干扰问题，其实质为地线电流及地线阻抗导致地线各点电位不同；由于地线设计不当将导致信号电流回路面积较大，产生较强的电磁辐射，导致辐射干扰的问题；较大的信号回路面积令电路间的互感耦合增加，对外界电磁场敏感性增强，导致电路工作异常。因此，在设计电路时，对地线的要求是地线阻抗尽量小，以保证作为参考电位的地线电位尽量符合电位一致的假设；地线环路面积应尽量小，为信号电流提供一条低阻抗路径，使信号电流的回流在受控状态，减小天线效应。

2. 保护性接地

以人身和设备的安全为目的的接地，如：

1）保护接地。电气装置的外露可导电部分、配电装置的架构和线路杆塔等，由于绝缘损坏有可能带电，为防止其危及人身和损坏设备而设置的接地。

2）雷电防护接地。为雷电防护装置（避雷针、避雷线和避雷器）向大地泄放雷电流而设置的接地，用以消除或减轻雷电危及人身和损坏设备。

3）防静电接地。将静电导入大地防止其危害的接地。如对易燃、易爆管道、储罐以及电子元器件、设备为防止静电的危害而设置的接地。

4）阴极保护接地。使被保护金属表面成为电化学原电池的阴极，以防止该表面腐蚀的接地。可采用牺牲阳极法和外部电流源抵消氧化电压法。

3. 电磁兼容性接地

以设备与环境之间不相互干扰为目的的接地。电磁兼容性是指元器件、电路、设备或系统在其电磁环境中能正常工作，且不对该环境中任何其他器件、电路、设备或系统构成不能承受的电磁干扰，为此目的所做的接地称为电磁兼容性接地。进行屏蔽是电磁兼容性要求的基本保护措施之一。为防止寄生电容回馈或形成噪声电压需将屏蔽进行接地，以便电气屏蔽体泄放感应电荷或形成足够的反向电流以抵消干扰影响。

由于多个用于不同目的的接地系统，使分开接地方式不同电位所带来的不安全因素日益严重，不同接地导体间的耦合影响又难以避免，会引起相互干扰，因此产生联合接地方式。将功能性接地、保护性接地、电磁兼容性接地与防雷接地采用共用的接地系统，并实施等电位联结措施。

6.3.2 低压系统的接地形式

根据《交流电气装置的接地设计规范》GB/T 50065—2011，系统接地型式的表示方法为以拉丁字母作为代号，通常采用两个字母及其后面增加横线和其他字母组合来表示。

第一个字母表示电源端与地的关系：

T：电源端有一点接地。

I：电源端所有带电部分不接地或有一点通过阻抗接地。

第二个字母表示电气装置的外露可导电部分与地的关系：

T：电气装置的外露可导电部分直接接地，此接地点在电气上独立于电源端的接地点。

N：电气装置的外露可导电部分与电源端接地有直接电气连接。

横线后的字母用来表示中性导体与保护导体的组合情况：

S：中性导体和保护导体是分开的。

C：中性导体和保护导体是合一的。

通过字母组合，低压系统的接地分为TN系统、TT系统和IT系统。

电源端有一点直接接地（通常是中性点），电气装置的外露可导电部分通过保护中性导体或保护导体连接到此接地点，称为TN系统。根据中性导体（N）和保护导体（PE）的组合情况，TN系统的形式有以下三种：

1）TN-S系统：整个系统的N线和PE线是分开的，如图6-7所示。由于PE线中无电流通过，因此设备之间不会产生电磁干扰。PE线断线时，正常情况下不会使断线点后面连接PE线的设备外露可导电部分带电而造成人身触电危险。当系统发生单相接地故障时，线路的保护装置应该动作，切除故障线路。与TN-C系统相比，其在电缆方面的投资有所增加。该系统广泛应用于对安全要求较高的场所以及对抗电磁干扰要求较高的场所，应推荐使用该方式。

2）TN-C系统：整个系统的N线和PE线是合一的（PEN线），如图6-8所示。PEN线中可能有电流通过，因此对某些接PEN线的设备将产生电磁干扰。由于N线和PE线合一，因此可以节省一根导线，且保护电器可以节省一极，降低设备的初期投资成本。发生接地短路故障时，故障电流大，可采用过电流保护电器瞬时切断电源，保证人员生命和财产安全。由于线路中有单相负荷、三相负荷不平衡或电网中有谐波电流时，PEN线中就会有电流，对敏感电子设备不利。不适用于对人身安全和抗电磁干扰要求高的场所，应停止使用该方式。

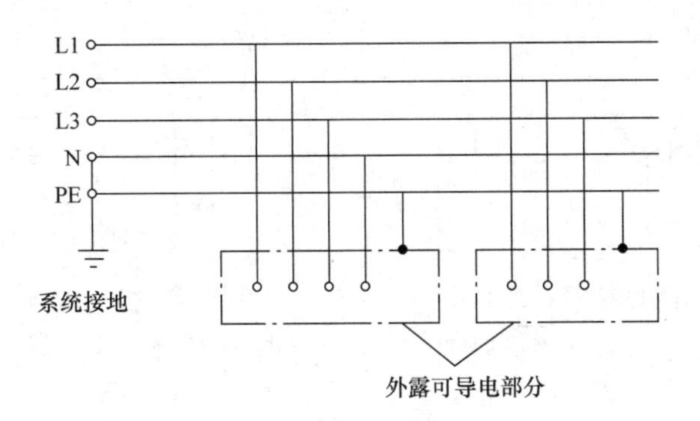

图 6-7 TN－S 系统

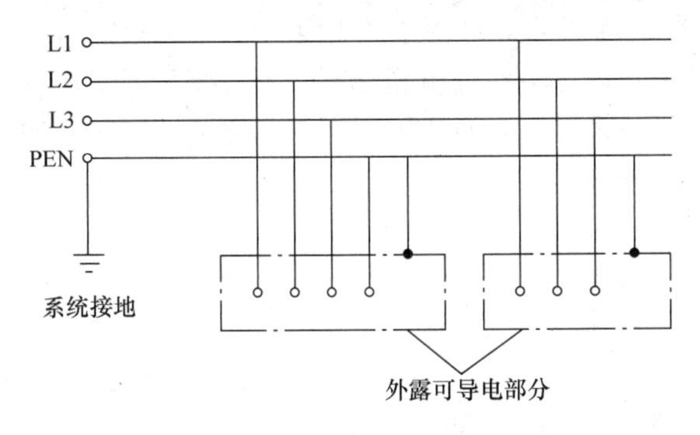

图 6-8 TN－C 系统

3）TN－C－S 系统：系统中的一部分线路的 N 线和 PE 线是合一的，如图 6-9 所示。在该系统中，PE 线和 N 线分开后，禁止再合一。该系统前段具有 TN－C 系统的优缺点，后段具有 TN－S 系统的优缺点，根据实际情况可以继续使用该方式。

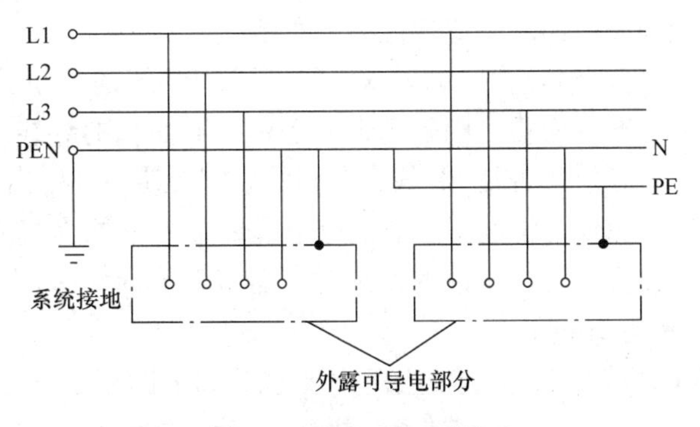

图 6-9 TN－C－S 系统

电源端有一点直接接地，电气装置的外露可导电部分直接接地，此接地点在电气上独立于电源端的接地点，称为 TT 系统，如图 6-10 所示。TT 系统能抑制电压网出现过电压的现象，对低压电网的雷击过电压也有一定的泄露能力，降低外壳对地电压以减轻人身触电危害的程度，单相接地电流较大可使保护装置可靠动作。可用于未装配电变压器而从外面引进低压电源的小型用户。

电源端的带电部分不接地或有一点通过阻抗接地，电气装置的外露可导电部分直接接

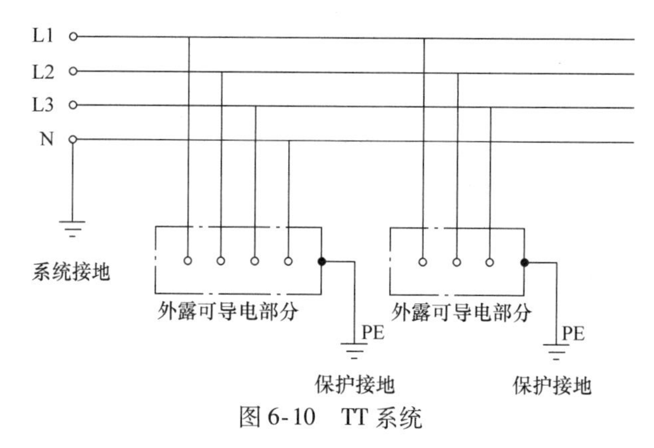

图 6-10　TT 系统

地，称为 IT 系统，如图 6-11 所示。IT 系统发生第一次接地故障时，仅为非故障相对地的电容电流，其值很小，外露导电部分对地电压不高，不需要立即切断故障回路，保证供电的连续性。应用于供电连续性要求较高，且供电距离不是很长的场所，如果供电距离很长，供电线路对地的分布电容就不能忽视了。

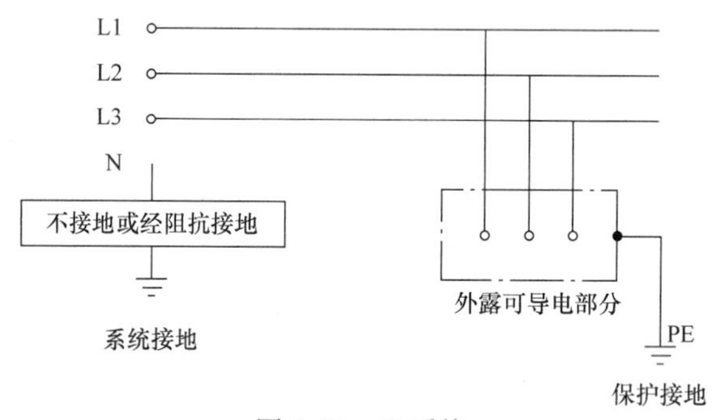

图 6-11　IT 系统

对于接地保护线的最小截面积，应遵循以下原则：

1）按通过接地故障电流时热稳定的要求，TN 系统 PE 线的最小截面积见表 6-6。在应用本表时，如果得出非标准截面积，则采用最接近标准截面积的导线。表中的数值只在 PE 线的材质与相线相同时才有效。否则 PE 线截面积的确定要使用其得出的电导体与表 6-6 PE 线截面积的电导体相当。在任何情况下，非供电电缆或电缆外护物组成部分的每根保护线，其截面积不应小于下列数值：有机械性的保护时，铜为 2.5mm²，铝为 16mm²；无机械性的保护时，铜为 4mm²，铝为 16mm²。

2）上述规定对 TT 系统和 IT 系统发生两个接地故障时也适用。

表 6-6　TN 系统 PE 线的最小截面积

回路相线的截面积 S/mm^2	相应 PE 线的最小截面积 S_{PE}/mm^2
$S\leqslant 16$	S
$16<S\leqslant 35$	16
$35<S\leqslant 400$	$S/2$
$400<S\leqslant 800$	200
$S>800$	$S/4$

3）PEN 线只能用于固定安装敷线，其截面积不小于：铜为 10mm²，铝为 16mm²。

6.3.3 接地

对外露的导体部件，除非其不构成危险，否则都应在电气上相互连接并连接到保护接地端子上，以便连接到接地极或外部保护导体。保护接地端子应设置在容易接近、便于接线的地方，且当罩壳或任何其他可拆卸部件移去后，其位置仍应保证电器与接地极或保护导体间的连接；保护接地端子应具有适当的抗腐蚀措施；电气及控制设备具有导体构架、外壳等的情况下，若有必要应提供相应措施，以保证电气及控制设备的外露导体部件和连接电缆的金属护套间有电气上的连续性；保护接地端子不应兼作他用，但在指定连接到接地中性线（PEN）导体的情况下，PEN 端子既用于保护接地又作为中性线端子。保护接地端子标志应用颜色（绿黄）标志或 PE、PEN 符号清楚永久地识别，或在 PEN 情况下用图形符号标志在电气及控制设备上，根据 GB/T 5465.2—2008 规定，采用图 6-12 所示的符号表示保护接地。

图 6-12 保护接地符号

根据国家标准对接地电阻的要求：独立的防雷保护接地电阻应小于等于 10Ω；独立的安全保护接地电阻应小于等于 4Ω；独立的交流工作接地电阻应小于等于 4Ω；独立的直流工作接地电阻应小于等于 4Ω；防静电接地电阻一般要求小于等于 10Ω；共用接地体不应大于 1Ω。因此，对于设备的接地是否良好一定要按照接地电阻的阻值来判断，而不是简单地通过看设备是否接地来判断，例如接地线截面积小而且接地线很长，这样可能会导致接地线的阻值大于标准所要求的最大阻值，不符合接地标准要求。

导线的阻抗由两部分构成，分别是电阻部分和内电感产生的感抗部分。

导体电阻由直流电阻 R_{DC} 和交流电阻 R_{AC} 两部分组成，直流电阻阻值见式（6-1）。

$$R_{DC} = \rho l / S \tag{6-1}$$

式中 ρ——导体材料的电阻率（$\Omega \cdot mm^2/m$）；

l——电流流过导体的长度（m）；

S——电流流过导体的截面积（mm^2）。

在交流信号中，由于趋肤效应交变电流会集中在导体表面，导致电缆的有效截面积减小，电阻增加。直流电阻和交流电阻的换算关系见式（6-2），即

$$R_{AC} = 0.076 r f^{\frac{1}{2}} R_{DC} \tag{6-2}$$

式中 r——导线半径（cm）；

R_{DC}——导线的直流电阻（Ω）；

f——流过导线的交变电流频率（Hz）。

内电感与导体所包围面积无关，圆截面导体的内电感（单位为 μH）见式（6-3），即

$$L = 0.2 l [\ln(4.5/d) - 1] \tag{6-3}$$

式中 l——导体长度（m）；

d——导体直径（m）。

因导体在频率高时，电感的感抗部分起主要作用，所以高频时增加导体截面积并不能明显降低导体阻抗，但可通过缩短导体长度来实现，将多根导线并联并相距一定距离也可降低并联导线的总体阻抗。

片状导体（导体宽度与厚度比最小为 10∶1）电感（单位为 μH）的计算方法见

式（6-4），即

$$L = 0.2l(\ln W + 0.5 + 0.2l/W)(\mu H) \tag{6-4}$$

式中 l——导体长度（m）；

W——导体宽度（m）。

对单位长度的导体来说，片状导体的电感小于圆形截面的导体；截面积一定时，片状导体高频时电阻更小。因此片状导体更适合高频电流，在实际工程中常用金属片作为接地线。但随着导体长度增加，差别逐渐减小，应控制 $l/W<10$。

接地线电流回路的阻抗由导线的电阻和环境电感形成的感抗组成，通过实验发现，当频率较低时，几乎所有电流都通过连接同轴电缆金属编织层的导线回到信号源；当频率升高时，电流开始从同轴电缆的外屏蔽层回到信号源。这说明，看似阻抗小的路径阻抗不一定小，我们设计的接地线电流路径不一定就是实际接地线电流路径。

当两台设备互连时，通过接地线形成回路，因此会产生经过互连电缆的环路电流和经过接地线的环路电流，若两个电流不相等，则会在设备的输入端形成噪声电压，从而对电路形成干扰。因此，产生地线环路干扰的内在原因是地线环路电流的存在，形成地线环路电流的原因有：

1）两台设备接地点不同；若两接地点电位不同，则在两设备接地点间形成电压。

2）一个设备的地线上电压较大，这个电压驱动地线环路电流，其产生原因有：

① 电路的地线电流；

② 静电泄放电流，机壳上发生静电放电时，放电电流会流过安全地线；

③ 浪涌泄放电流，电源线上出现浪涌电压时，浪涌抑制器发生放电，则浪涌电流会在地线上产生电压。

3）互连设备工作在较强的交变电磁场中，交变磁场在回路中产生感应电压，在两设备的回路间感应出环路电流。

地线环路的解决方法有：

1）单点接地。仅适用于干扰频率较低的场合。可通过将两个设备用一根地线与大地连接的方法消除地线环路。但当干扰频率较高时，单点接地的方法就不那么明显了，因为尽管不存在明显的地线环路，由于分布电容的原因，还是会存在无形的地线环路。

2）切断两电路的电气连接。有些场合单点接地并不容易实现，如为了电气安全，设备必须接安全地，这时可通过切断两设备间的电气连接方法消除地线环路，然后可通过光耦隔离器或隔离变压器实现两台设备间的电气连接。

3）共模扼流圈。共模扼流圈是一种特殊方式绕制的电感，地线环路电流是一种共模电流，共模扼流圈对差模电流来讲是呈阻性的，仅对共模电流呈感性。共模扼流圈之所以能减小地线环路电流的影响，是因为其增加了地线环路的阻抗，从而减小了地线环路电流的影响。在两台设备和互连电缆上安装共模扼流圈最简单的方法是将整束电缆绕在铁氧体磁环上。共模扼流圈的阻抗越大，对地线噪声的抑制作用越明显，在实际情况中，因共模扼流圈上还有分布电容与共模电感并联，因此当频率较高时，电容容抗较小，可将干扰旁路绕过电感。当共模扼流圈匝数一定时，其对地线噪声的抑制性能随噪声频率的增加而增大，当频率到达共模电感与分布电容的并联谐振点时，抑制性能达到最好，随后因分布电容的存在抑制性能下降。而对低频段的地线噪声，共模扼流圈匝数越多，抑制性能越好。

4）平衡电路。两个导体及其所连接的电路相对于地线或其他电位参考点的阻抗相同，这种电路称为平衡电路。在平衡电路中，仅有信号电流在负载上产生电压，而地线环路噪声电流在负载上没有造成影响。在高频时，电路平衡性较差，因为实际电路中会有很多分布参数，如分布电容、电感等，这些参数的不确定性造成高频时两导体阻抗很难保证完全相同。

除了地线环路干扰外，还有地线公共阻抗干扰的现象存在。当多个电路共用一根地线时，地线的电压会受到每个电路工作状态的影响，如图 6-13 所示。

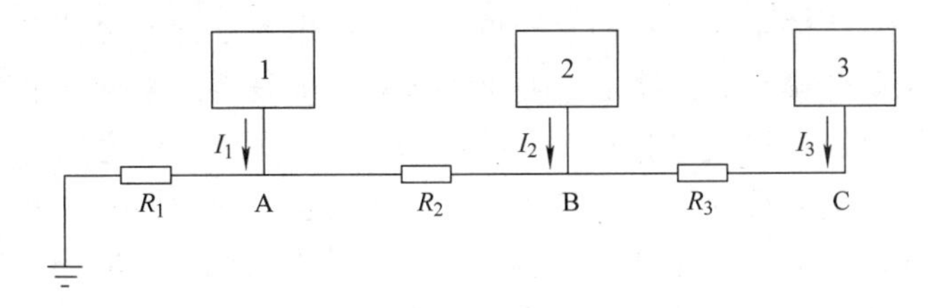

图 6-13　多电路共用地线时的地线电压

各电路的工作电流 I_1、I_2、I_3 影响着 A，B，C 三点的电压，C 点的电压尤其不稳定。这就是地线公共阻抗干扰。地线公共阻抗干扰的解决方法如下：

1）降低地线噪声电压。在前置放大器与功率放大器组成的电路中，可将电源放置在靠近功率放大器一侧，于是放大器地线上较大的电流就不会经过前级的地线，消除了干扰。

2）避免公共地线。在前置放大器与功率放大器组成的电路中，可将功率放大器通过单独的一根地线连接到电源地，于是就避免了共用地线。因为电源地线的电流随电源线中电流的变化而变化，因此直流电源线和地线上的电流变化与功率放大器的输出是同步的。当另一个电路共用这根电源线时，可能受到干扰，这时可加电源去耦电路或对每个电路分别供电。

为了避免地线产生的干扰，须在系统或电路的方案设计初期按接地方式对地线进行设计，应遵循以下地线设计原则：

1）单点接地。单点接地是指所有电路的地线接到公共地线的同一点，其最大的好处是避免了地线环路。若将单点接地结构进一步细化，可分为串联单点接地和并联单点接地。串联单点接地实现简单，但问题是存在很多潜在的公共阻抗干扰因素，尤其是功率相差很大的电路采用此方式时，相互干扰严重。并联单点接地可避免串联单点接地的问题，但由于所需接地线太多，不经济。串、并联混合单点接地将电路按照特性分组，每组内采用串联单点接地，不同组间采用并联单点接地以避免相互干扰，此方法是最实用的接地方式。当电路频率较高时，各分布参数起很重要的作用，单点接地的接地线又较长，因此单点接地不适合频率较高的场合。

2）多点接地。多点接地可缩短地线，即所有电路都就近连接到公共地线上。但多点接地的结构形成了许多地线环路。为减小地线环路的影响，可从减小导体电阻和减小导体电感两方面考虑。另外可将电路间的连线尽量靠近地线以减小地线环路面积，这样可减小空间电磁场的干扰。实践证明，单点接地可用在工作频率不大于 1MHz 的场合；频率在 10MHz 以上时，采用多点接地；频率在 1～10MHz 时，若最长接地线不超出波长的 1/20，可用单点接地，否则采用多点接地。

3）混合接地。利用电容、电感等元器件在不同频率下的不同阻抗特性，可构成混合接地系统。用电感接地时，地线在低频时连通，在高频时断开；用电容接地时，地线在低频时断开，高频时连通。

6.3.4 电磁兼容性的设计

自动化与驱动产品主要包括可编程序控制器、运动控制器、数控系统、变频器系统、伺服驱动系统、低压电器、传感器和工控仪表等。在这些产品中，每种产品都有自己的电磁兼容标准，因此在控制系统中，对每种产品电磁兼容的要求也不同。例如，传动系统的抗干扰性较强，但它是一个主要的干扰源；而对于仪表，它产生的干扰信号较小，但需要考虑它的抗干扰性。通常采用屏蔽接地方式降低主要干扰源对其他设备的影响，提高其他设备的抗干扰性等。屏蔽是通过金属材料或绝缘材料上的金属涂层对两个区域之间进行电磁隔离，屏蔽后不仅可以防止外来的电磁辐射进入设备，还可以将设备内部的辐射电磁干扰限制在一定区域。屏蔽对来自导线、电缆、元器件、电路或系统等外部及内部干扰电磁波起着抵消能量、反射能量和吸收能量的作用，因此屏蔽体能够有效地减弱干扰。

1）内部干扰。对抗内部信号的干扰通常采用电缆双绞的方式，又称为对绞，将多芯电缆的芯线分成若干对，每一对都按照一定的绞距绞合。双绞线应用了差分信号技术原理，双绞的两根芯线在工作时会产生幅度相等、相位相反的信号，称为差模信号。两个信号互相抵消，就能起到消除干扰的功效，如图 6-14 所示，从而提高了数据传输的可靠性。

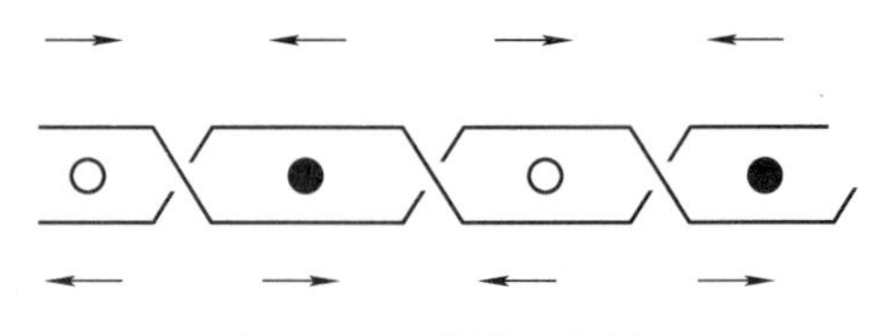

图 6-14　双绞线工作原理

2）外部干扰。对抗外部信号的干扰通常采用屏蔽线的方式，导体外部有包裹的导线称为屏蔽线，包裹的导体称为屏蔽层，一般为编织铜网或铜泊（铝），屏蔽层需要接地，外来的干扰信号可被该层导入大地。屏蔽双绞电缆是在双绞线的外面多加一层或两层铝箔，利用金属对电磁波的反射、吸收和趋肤效应原理（所谓趋肤效应是指电流在导体截面的分布随频率的升高而趋于导体表面分布，频率越高，趋肤深度越小，即频率越高，电磁波的穿透能力越弱），有效地防止外部电磁干扰进入电缆，同时也阻止内部信号辐射出去，干扰其他设备的工作。

3）屏蔽电缆的作用和选择。屏蔽电缆抵抗外界干扰主要体现在信号传输的完整性可以通过屏蔽系统得到一定的保证。屏蔽布线系统可以防止传输数据受到外界电磁干扰和射频干扰的影响。电磁干扰（EMI）主要是低频干扰，电动机、荧光灯以及电源线是通常的电磁干扰源。射频干扰（RFI）是高频干扰，主要是无线频率干扰，包括无线电、电视转播、雷达及其他无线通信。对于抵抗电磁干扰，选择编织层屏蔽最为有效，也就是金属网屏蔽，因其具有较低的临界电阻；而对于射频干扰，金属箔层屏蔽最有效，因为金属网屏蔽所产生的缝隙可使得高频信号自由地进出；对于高低频混合的干扰场，则应采用金属箔层加金属网的组合屏蔽方式，这样可使得金属网屏蔽适用于低频范围的干扰，金属箔屏蔽适用于高频范围的干扰。

在电气控制柜中，电源设备之间的电缆尽量采用短电缆，信号电缆和电动机电缆均应采用屏蔽电缆，如图 6-15 所示。

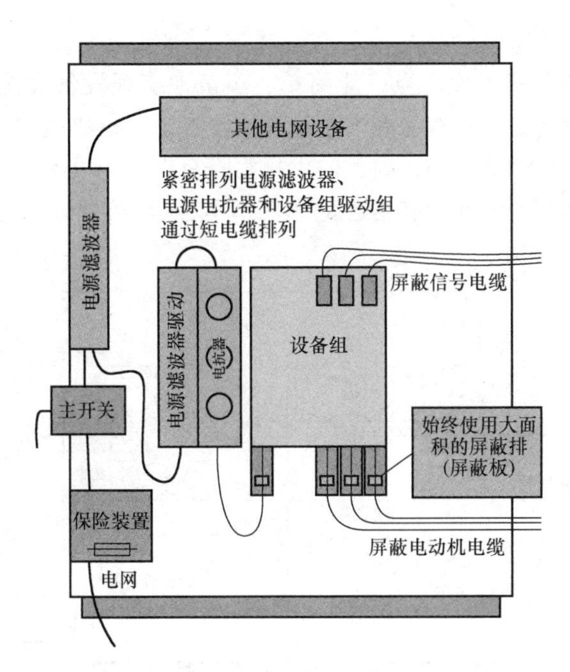

图 6-15 电气控制柜电缆排布及应用

6.3.5 西门子驱动器的接地屏蔽要点

为达到设备、机器或控制柜的 EMC 规定，必须依据驱动系统的使用环境、EMC 的区域设计方案和等电位联结的要求进行设计与布线。

1. 驱动系统的使用环境

在 1 类环境（居住区域）中允许的放射电平处在较低的级别。因此，对于 1 类环境中的使用设备必须具有较低的干扰放射性，所需的抗干扰性也相对较低。在 2 类环境（工业区域）中允许的放射电平处在较高的级别。对于 2 类环境中的使用设备必须具有相对较高的干扰放射性，所需的抗干扰性也相对较高。根据 IEC61800－3 2017 可调速电力驱动系统第 3 部分：电磁兼容性（EMC）要求和特定试验法，EMC 产品标准的环境和类别见表 6-7。

表 6-7 EMC 产品标准的环境和类别

	驱动系统			
环境	居住区域、商业区域和手工业区域、民用电网		工业区域、通过分离变压器耦合的工业网络	
类别	C1①	C2②	C3③	C4④
电压	<1000V			≥1000V 或≥400V
电网系统	TN、TT			TN、TT、IT
专业人员	没有要求	安装和调试必须由专业人员进行		

① C1 类没有产品供货。

② 如果驱动系统已由专业人员安装，则可在符合 EMC 产品标准 IEC61800－3 的 1 类环境 C2 类中使用。

③ 在本节中所描述的驱动系统与相应的滤波器可在符合 EMC 产品标准 IEC61800－3 的 2 类环境 C3 类中使用。

④ 为确保 C4 类中的 EMC 标准，设备制造商和设备操作人员必须在此情况下协商 EMC 计划，即单独的、设备专用的措施。驱动系统在产品描述中得到确认后，也可根据 EMC 产品标准 IEC61800－3 在未接地的电网（IT 电网）上使用。

2. EMC 区域方案

通过互相分隔干扰源和干扰汇点，能简单、经济地实现设备或控制柜内部的抗干扰措施。确定每个使用的设备是否具有潜在的干扰源或干扰汇点；典型的干扰源有变频器、制动模块、开关网络部件、接触器线圈；典型的干扰汇点有自动化设备、编码器和传感器及其分析电子设备；进行设备总范围或控制柜总范围在 EMC 区域的划分并为设备分配区域。EMC 区域方案设计如图 6-16 所示。

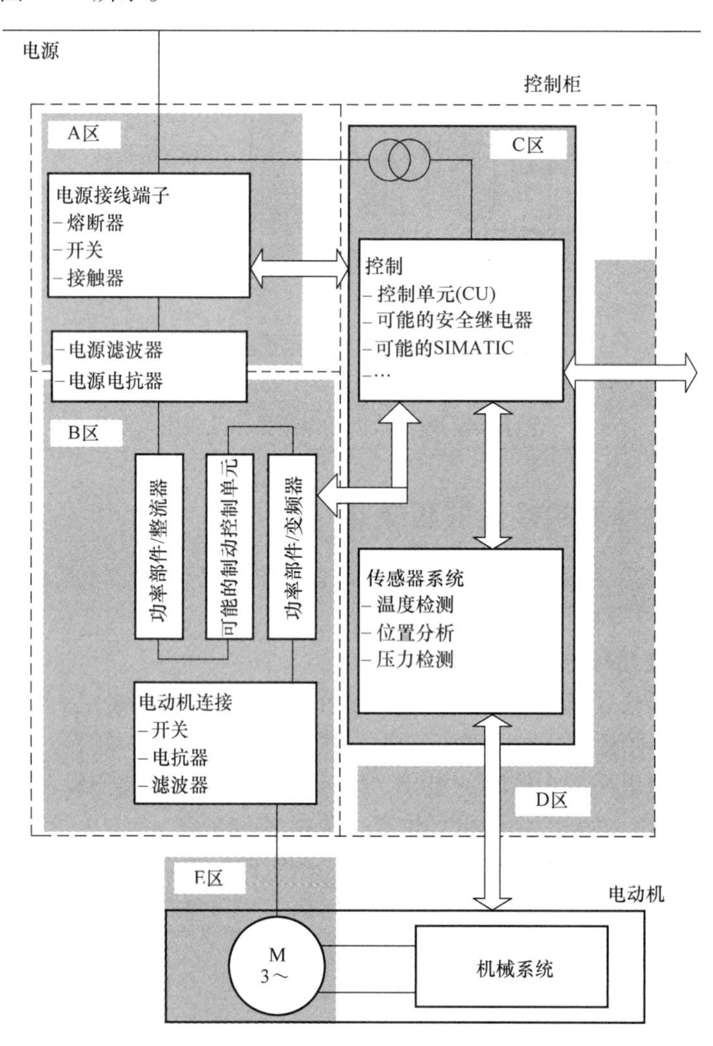

图 6-16　EMC 区域方案

A 区：电源连接，必须遵守电缆干扰放射性和抗干扰性的限值。

B 区：功率电子设备，干扰源可能有整流器、制动器、逆变器和电动机侧电抗器、滤波器。

C 区：控制和传感器系统，干扰汇点可能有敏感的控制系统电子设备、调节电子设备和传感器系统。

D 区：外设信号接口，必须遵守抗干扰性的限值。

E 区：电动机和电动机电缆，干扰源。

每个区域都有干扰放射性和抗干扰性的不同要求。这些区域必须进行电磁去耦处理。可通过空间长间距进行去耦（大约 20cm）。使用分开的金属外壳或大面积的分隔板可以更好、更节约空间地进行去耦。不同区域的电缆必须分隔开，不允许在相同的电缆束或电缆通道中进行布线。在每个区域的连接处可能需要使用滤波器和/或耦合模块。通过电流隔断的耦合模块可以有效地阻止区域间的干扰扩散。所有牵引到控制柜外部的通信电缆和信号电缆都必须经过屏蔽。对于较长的模拟信号电缆还需额外使用分割放大器。

3. 等电位联结

为确保复杂系统中各组件顺畅、稳定地安全运行，电气控制系统需要建立良好的等电位联结，等电位联结必须对超过 10MHz 以上的高频率有效。所有金属部件将会大面积互相连接并构成等电位区域。避免了两侧安装的屏蔽层由于过高的平衡电流而损坏或中断，或者避免了组件由于过高的电压差而发生故障、损坏或损毁。连接至等电位区域之外站点的信号电缆必须配备有电流隔断的耦合模块。

通过所有金属部件互相大面积连接至尽可能多的位置，如控制柜壁，控制柜横梁上可以实现控制柜内部的等电位联结。柜门由尽可能短的铜条上下至少要和横梁或侧柜壁连接。在机柜单元中安装的设备外壳和组件（如变频器、电源滤波器、控制单元、端子模块、传感器模块等）通过导电性良好的（镀锌的）装配板大面积互相连接。此装配板和机柜框架，机柜单元的 PE 母线排或屏蔽母线排大面积导电相连。涂漆的控制柜壁、装配板或带有较小安装面的安装辅助工具不能满足这些要求或只能部分满足要求。如果必须使用涂漆的控制柜壁或装配板，要确保有足够良好的触点。因此在安装旋紧时不需要涂漆或使用接触盘。要求进行防腐蚀保护，例如安装后进行涂漆。如果使用电缆或连接带相互连接多个装配板，则必须在信号电缆或者功率电缆的附近连接（较少封闭的面积）。正确和不正确的电气控制柜内部等电位联结如图 6-17 所示。

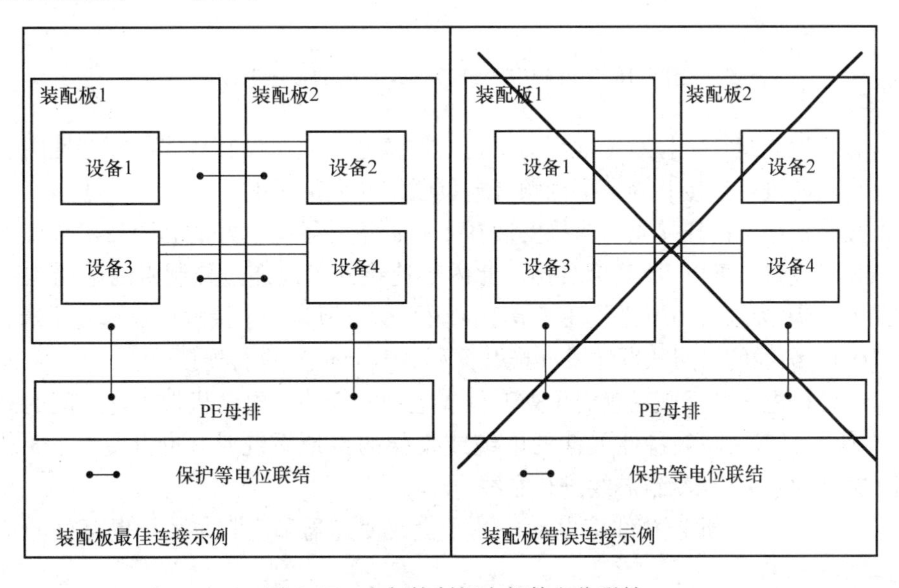

图 6-17　电气控制柜内部等电位联结

在大型控制柜中，使用一个贯穿于所有机柜单元的 PE 母线排可以进行多个机柜单元间的等电位联结。另外，在使用接触盘相互旋紧的情况下，各个机柜单元的框架具有良好的导电性。如果将较长机柜背靠背地进行安装，应尽可能地将两个 PE 母线排互相连接（标准值：每个机柜单元 10 个旋紧螺钉）。

通过将所有电气和机械驱动组件（变频器、控制柜、电动机、变速器和负载机械）连接至接地系统中，可以在机器/设备的内部进行等电位联结用于技术频率。使用普通的动力 PE 电缆就能进行等电位联结。高频率时等电位联结可通过电动机电缆屏蔽层连接至所有驱动组件（电动机、变速器和负载机械）。

多个 SINAMICS S120 伺服控制器机柜模块组成的、典型大功率设备所有接地措施和所有高频率等电位联结措施如图 6-18 所示。

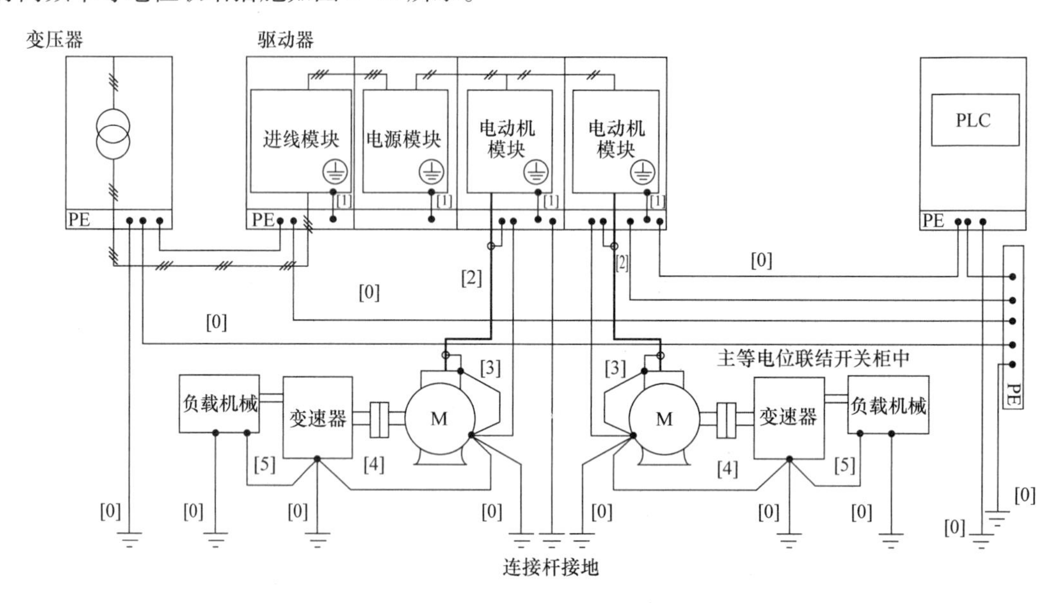

图 6-18　SINAMICS S120 驱动系统的接地设计

[0]：此接地连接点，显示了常规的驱动组件接地。使用没有特殊高频特性的、普通的动力 PE 电缆就能进行连接并确保了低频等电位联结和人员保护。

[1]：控制柜内部的连接点，连接安装在变频器组件导电良好的高频技术金属外壳、控制柜中的 PE 母线排和 EMC 屏蔽母线排。此内部连接片可以通过控制柜的金属构造大面积实现，此处的金属接触面必须裸露且其最小横截面积必须为每个接触点几平方厘米。或者也可以使用短的、细线的、网状铜导线（横截面积 $>95\ mm^2$）进行连接。

[2]：电动机电缆的屏蔽层确定了逆变器或电动机模块和电动机端子盒之间的高频等电位联结。在使用屏蔽层高频特性欠佳的电缆或欠佳的接地系统时，也可使用[3]、[4]、[5]标记的、细线的、网状铜芯线进行布线。

[3]、[4]、[5]：此连接线将电动机端子盒或变速器和高频技术导电良好的负载机械连接至电动机外壳上。

在进行移动部件或滑块上组件的等电位联结时，应对等电位联结导线（至少 $10mm^2$）进行额外布线（束状），此布线应尽量平行于电缆并在其附近。该等电位联结导线应尽量接近于滑块组件连接，在机柜侧直接连接至工作模块的 PE 端子上。

SINAMICS V90 伺服驱动器的接地措施如图 6-19 所示，图中电动机的动力电缆应使用屏蔽电缆，且屏蔽层应接地，同时伺服驱动器和伺服电动机也应接地。

图 6-19 SINAMICS V90 伺服驱动器接地

6.4 运动控制系统的设计调试要点

6.4.1 电动机的起停控制

通常情况下，采用 PLC 控制接触器的通断实现电动机的起动和停止。在某些特殊情况下，出现 PLC 输出后，电动机并未起动或停止，此时需要技术人员查看技术图样。使用一些测量工具进行检测，从而在错综复杂的电气控制柜中找出故障原因，因此不仅耗费时间，还存在一定的设备与人身的安全风险。这里介绍一种带自诊断的电动机起停控制方式，可以监控电动机起动和停止时外部电路的工作状态，从而当 PLC 输出后，快速地判断电动机未起动或停止的故障原因。

电动机起停控制电路如图 6-20 所示，电动机起停控制电路符号功能见表 6-8。

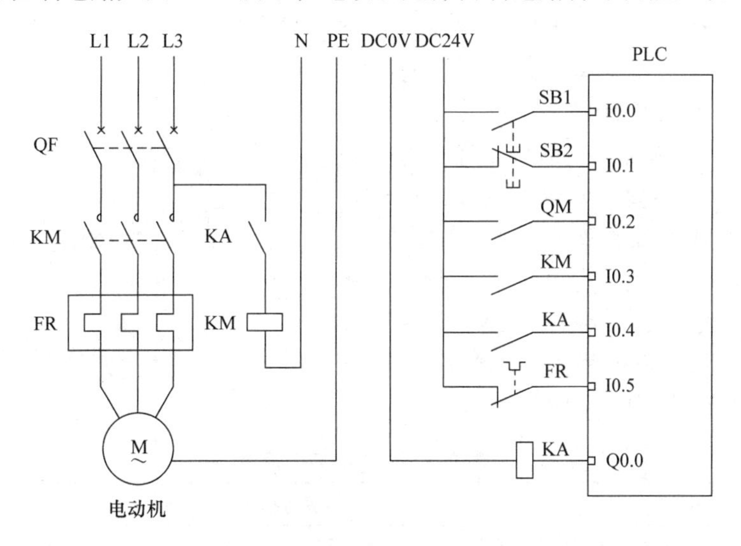

图 6-20 电动机起停控制电路图

表 6-8 电动机起停控制电路符号、功能表

符 号	功 能	符 号	功 能
L1、L2、L3、N、PE	三相五线制供电电源	DC24V、DC0V	直流 24V 供电电源
QF	断路器	PLC	PLC 控制器
KM	交流接触器	SB1	起动按钮
FR	热继电器	SB2	停止按钮
M	异步电动机	KA	直流中间继电器

三相交流电通过断路器、交流接触器和热继电器后，给三相异步电动机供电。交流接触器线圈从断路器下端取得，这样在断路器未闭合的情况下，该电动机控制回路也不会有电。当该回路进行检修时，继电器和接触器均不会有交流电通过，同时将断路器的状态反馈到PLC控制器中，进行软件逻辑连锁，继电器也不会得电，安全性能高，且在断路器未闭合时PLC接收到起动命令，这时将给出警告信息。当PLC输出电动机起动信号后，可能会出现电动机不能起动的情况，这时可以判断继电器和接触器的反馈状态，判断电动机不能起动的原因及可能出现的故障点在哪里；同样，当PLC输出电动机停止信号后，可能会出现电动机不能停止的情况，这时也可以通过继电器和接触器的反馈状态判断电动机不能停止的原因及可能出现的故障点在哪里。当热继电器信号动作后，代表电动机可能存在短路、断相、过载等严重故障，必须立即停止电动机，给出报警信号，从而保护电动机。由于继电器和接触器的线圈动作时间不同，可以设置延时滤波器以避免PLC程序产生误判。对于PLC的输入、输出点，可以在人机界面上编写诊断画面显示PLC输入、输出点的状态，也可以通过PLC硬件上的输入、输出点指示灯判断输入、输出点的状态。

通常一个工程有许多需要控制的电动机，因此对于PLC程序来说可以建立一个功能块，不同的电动机调用同一个功能块，仅修改功能块的输入、输出地址，而不需要对每一个电动机进行编程，大大节省了编程时间。电动机控制功能块结构如图6-21所示。

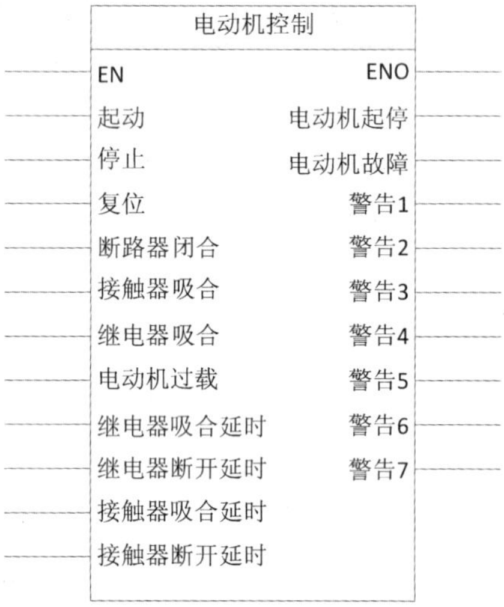

图6-21中，左侧为输入信号，延时时间输入的数据类型为双整型，单位为毫秒，其余输入信号的数据类型为布尔型；右侧为输出信号，其数据类型为布尔型，警告的详细信息见表6-9，程序流程图如图6-22所示。当EN信号为1时，执行电动机控制程序，当ENO输出为1时，可以执行该程序后的其他程序。

电动机控制	
EN	ENO
起动	电动机起停
停止	电动机故障
复位	警告1
断路器闭合	警告2
接触器吸合	警告3
继电器吸合	警告4
电动机过载	警告5
继电器吸合延时	警告6
继电器断开延时	警告7
接触器吸合延时	
接触器断开延时	

图6-21　电动机控制功能块结构图

表6-9　警告的详细信息

序号	变量名	警告描述
1	警告1	电动机在起动时同时存在停止命令，无法起动，检查停止按钮
2	警告2	电动机在起动时断路器未闭合，检查断路器
3	警告3	PLC输出电动机起动命令并延时后，继电器未吸合，检查继电器
4	警告4	继电器吸合并延时后，接触器未吸合，检查接触器
5	警告5	电动机在停止时同时存在起动命令，无法停止，检查起动按钮
6	警告6	PLC停止输出电动机起动命令并延时后，继电器未断开，检查继电器
7	警告7	继电器断开并延时后，接触器未断开，检查接触器

根据图6-22所示的程序流程图，编写PLC逻辑。首先需要新建一个TIA Portal项目，进行相应的控制器及其外部设备的硬件组态。新建一个功能块，并在功能块内新建变量表，

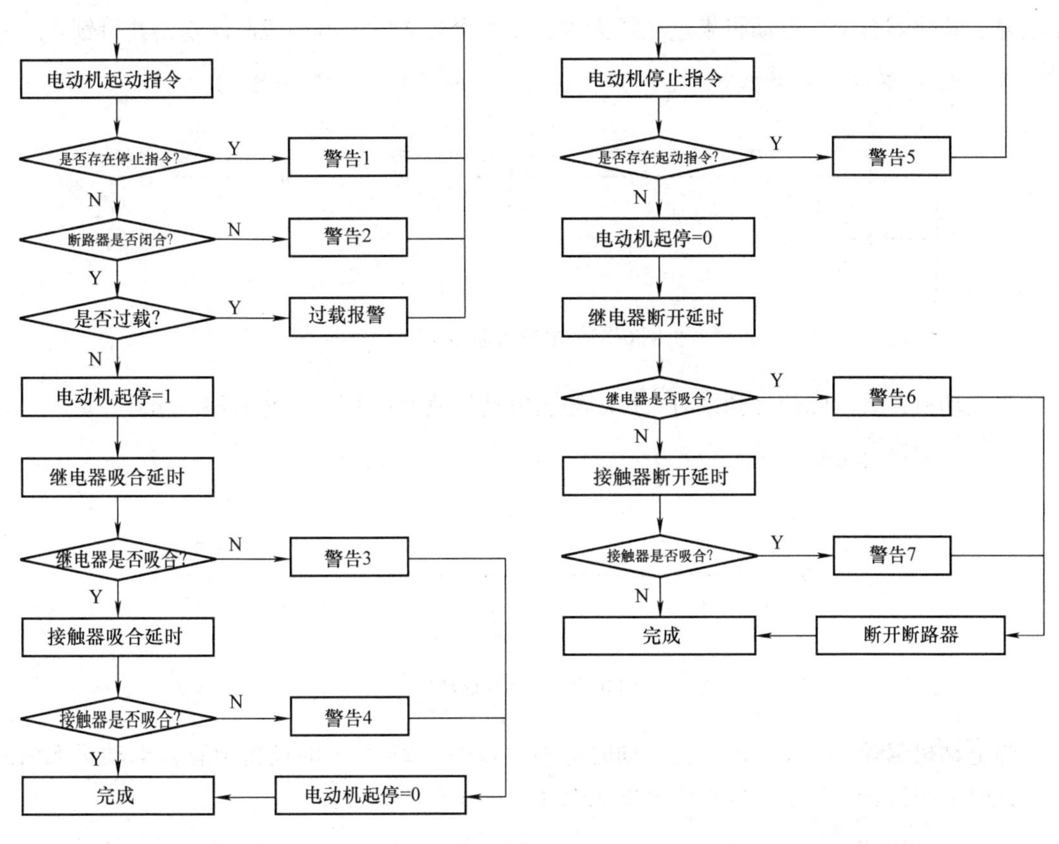

图 6-22　电动机起停控制程序流程图

见表 6-10。

表 6-10　变量表

名　　称	数据类型	变量类型	名　　称	数据类型	变量类型
起动	BOOL	输入	电动机故障	BOOL	输出
停止	BOOL		警告 1	BOOL	
复位	BOOL		警告 2	BOOL	
断路器合	BOOL		警告 3	BOOL	
继电器合	BOOL		警告 4	BOOL	
接触器合	BOOL		警告 5	BOOL	
电动机过载	BOOL		警告 6	BOOL	
继电器吸合延时	DINT		警告 7	BOOL	
继电器断开延时	DINT		继电器吸合延时时间继电器	IEC_ TIMER	静态
接触器吸合延时	DINT		继电器断开延时时间继电器	IEC_ TIMER	
接触器断开延时	DINT		接触器吸合延时时间继电器	IEC_ TIMER	
电动机起停	BOOL	输出	接触器断开延时时间继电器	IEC_ TIMER	

编写电动机起停的 PLC 逻辑程序，如图 6-23 所示。当 PLC 收到起动指令时，且没有停止信号、断路器合上、电动机未过载、无警告 3 和警告 4 时，电动机起停输出并自锁。

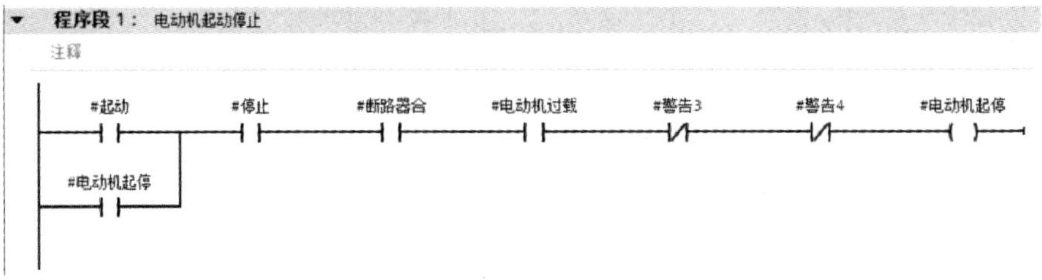

程序段 1： 电动机起动停止
注释
#起动 #停止 #断路器合 #电动机过载 #警告3 #警告4 #电动机起停
#电动机起停

图 6-23 电动机起停逻辑

当电动机过载故障信号到来时，PLC 输出电动机故障信号，如图 6-24 所示。

程序段 2： 故障
注释
#电动机过载 #电动机故障

图 6-24 电动机故障

当电动机起动时，发现停止指令同时存在，从图 6-23 所示的逻辑中看，电动机无法起动，此时给出警告 1 信号，提示检查停止按钮，如图 6-25 所示。

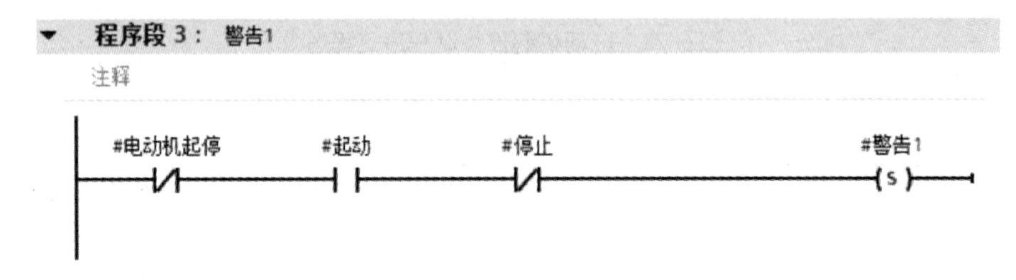

图 6-25 警告 1

当按起动按钮时，若断路器未闭合，从图 6-20 和图 6-23 所示的电路图和程序逻辑图均可以看出电动机无法起动，此时给出警告 2 信号，提示检查断路器，如图 6-26 所示。

程序段 4： 警告2
注释
#断路器合 #起动 #警告2

图 6-26 警告 2

当 PLC 输出电动机起动信号后，由于不同继电器的吸合特性不一样，经过延时后监控继电器的反馈信号，若继电器未吸合，则表明继电器回路存在故障，给出警告 3 信号，提示检查继电器，并断开电动机起动信号的输出，防止故障进一步扩大，如图 6-27 所示。在正常运行中，也可以监控继电器的状态，在继电器由于某种原因瞬时断开时也给出警告信息。

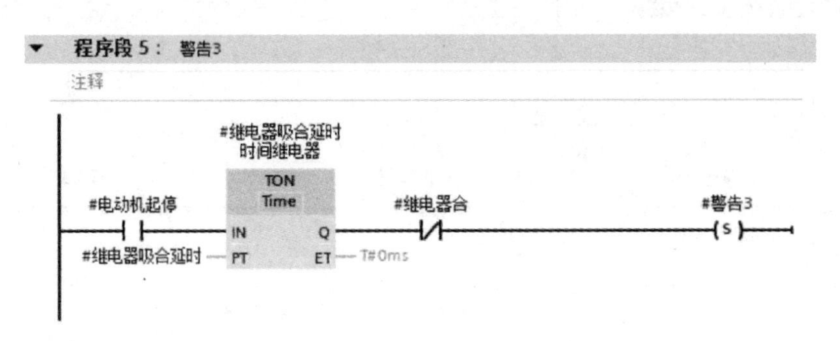

图 6-27 警告 3

当继电器吸合后，由于不同接触器的吸合特性不一样，经过延时后监控接触器的反馈信号，若接触器未吸合，则表明接触器回路存在故障，给出警告 4 信号，提示检查接触器，并断开电动机起动信号的输出，防止故障进一步扩大，如图 6-28 所示。在正常运行中，也可以监控接触器的状态，在接触器由于某种原因瞬时断开时也给出警告信号。

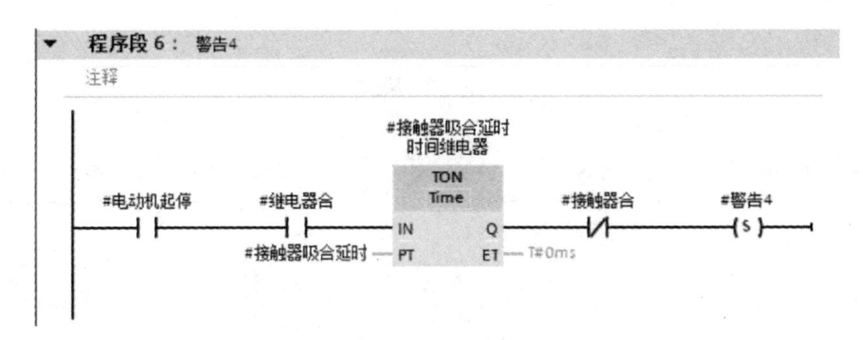

图 6-28 警告 4

当电动机在停止状态时，发现起动指令同时存在，从图 6-23 所示的逻辑中看，停止指令消失后，电动机会自动的再次起动，此时给出警告 5 信号，提示检查起动按钮，如图 6-29所示。

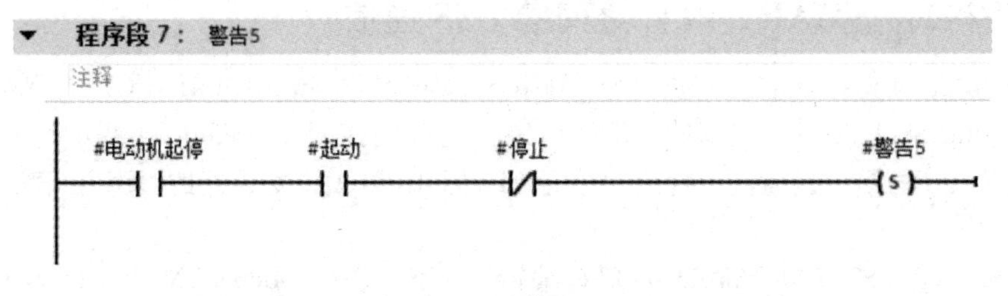

图 6-29 警告 5

当PLC操作电动机停止时，此时PLC的电动机起停输出消失，由于继电器的断开特性不同，因此延时后监控继电器的状态，若继电器反馈信号依然存在，则说明继电器存在粘连，给出警告信号6，提示检查继电器，如图6-30所示。

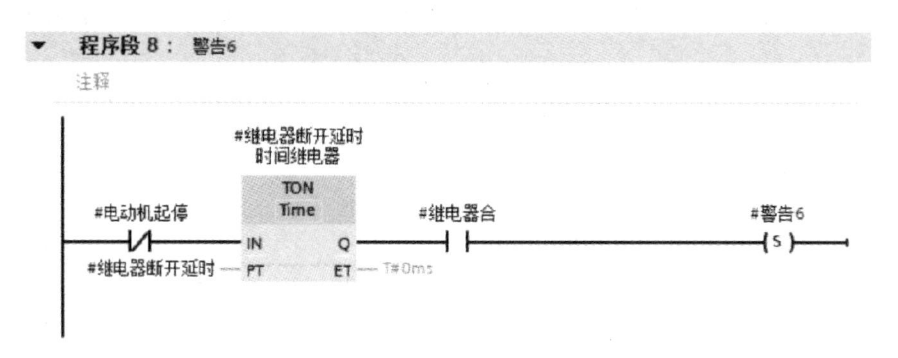

图6-30 警告6

当继电器反馈信号消失后，由于接触器的断开特性不同，因此延时后监控接触器的状态，若接触器反馈信号依然存在，则说明接触器存在粘连，给出警告信号7，提示检查接触器，如图6-31所示。

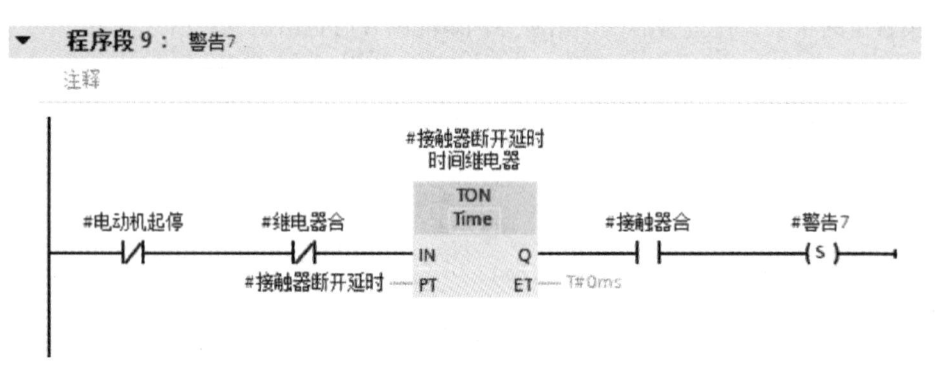

图6-31 警告7

电动机故障或警告信号触发后，需要按复位开关进行故障或警告的复位，如图6-32所示。

6.4.2 SINAMICS V20变频器或SINAMICS G120C变频器与SIMATIC S7-200 SMART PLC之间的USS通信

在进行USS通信控制前，需要对SINAMICS V20变频器或SINAMICS G120C变频器与SIMATIC S7-200 SMART PLC之间的通信接口进行正确的接线，如图6-33所示。通信线缆建议采用屏蔽双绞电缆，提高抗干扰能力，且SIMATIC G120C变频器的USS通信端子在端子排X128上。

打开SIMATIC S7-200 SAMRT的PLC编辑软件STEP 7 - MicroWIN SMART，新建一个项目，选择对应型号的CPU。由于SIMATIC S7-200 SAMRT PLC的CPU本体自带有一个RS485通信接口，因此对于该PLC不需要进行通信模块的组态。也可以使用RS485通信信号板，

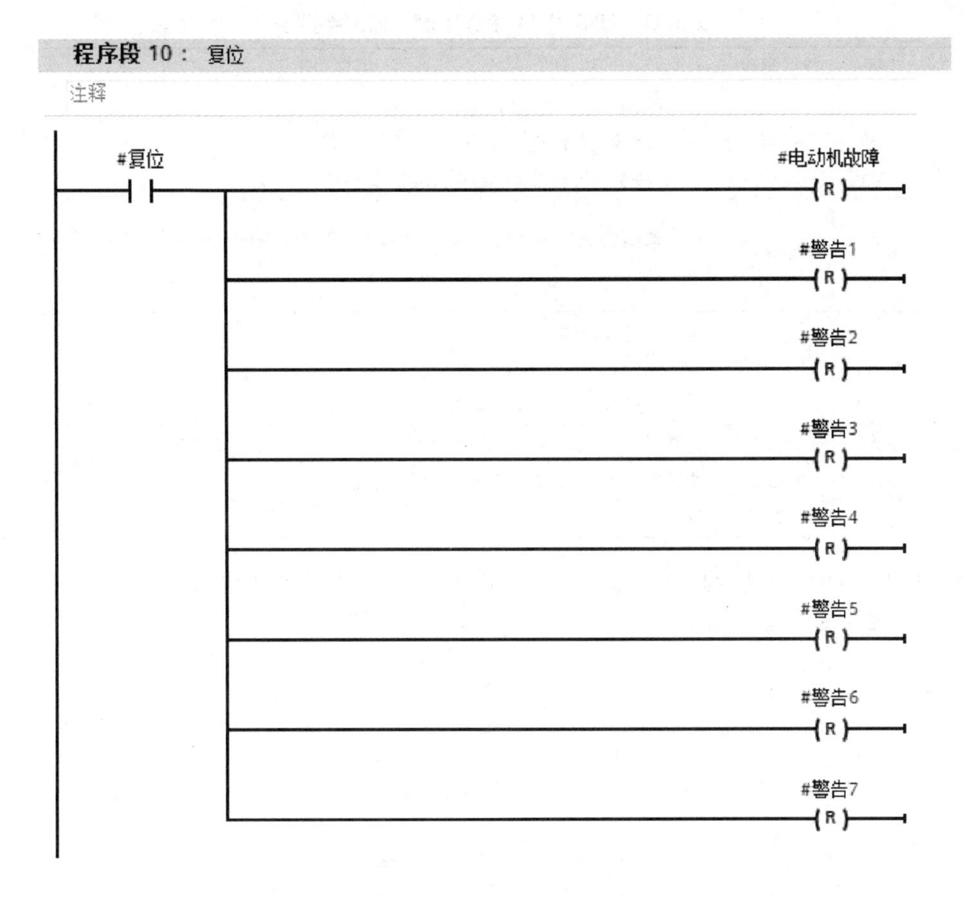

图 6-32 复位

此时需要进行硬件的组态，将该通信信号板添加到项目硬件组态中。

硬件组态完成后，调用 USS_INIT 子程序对 USS 通信端口进行初始化，每次通信状态变化时，需要执行一次该指令，通常采用边缘检测指令调用该指令，当需要修改初始化参数时，也需要重新执行一次该指令，USS_INIT 子程序的结构如图 6-34 所示，其输入输出参数见表 6-11。

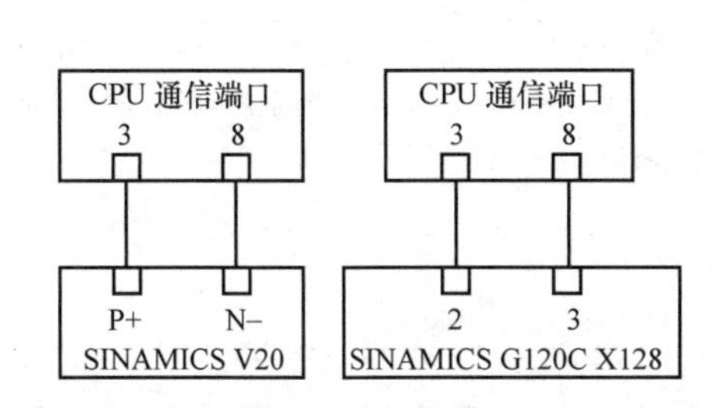

图 6-33 SINAMICS V20 或 SINAMICS G120C 与 SIMATIC S7-200 SMART PLC 的 USS 通信接线

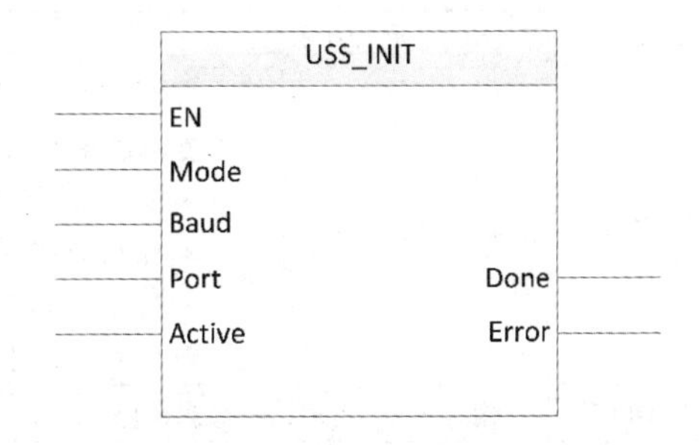

图 6-34 USS_INIT 子程序结构图

表 6-11　USS_INIT 子程序输入输出参数表

参数	声明	数据类型	说　　明
Mode	输入	BYTE	此参数用于选择通信协议： =1：将端口分配给 USS 协议并启用该协议 =0：将端口分配给 PPI 协议并禁用 USS 协议
Baud	输入	DWORD	USS 通信的波特率，可以设置为 1200、2400、4800、9600、19200、38400、57600 或 115200
Port	输入	BYTE	设置物理通信端口 =0：选择 CPU 中集成的 485 端口 =1：选择信号板上的 485 端口
Active	输入	DWORD	选择激活的变频器，当该双字中的哪一位为 1 则激活该变频器
Done	输出	BOOL	当执行完 USS_INIT 指令且无错误时输出
Error	输出	BYTE	指令执行的错误代码

调用 USS_CTRL 控制变频器，并显示变频器的状态，其程序结构如图 6-35 所示，USS_CTRL 子程序输入输出参数见表 6-12。

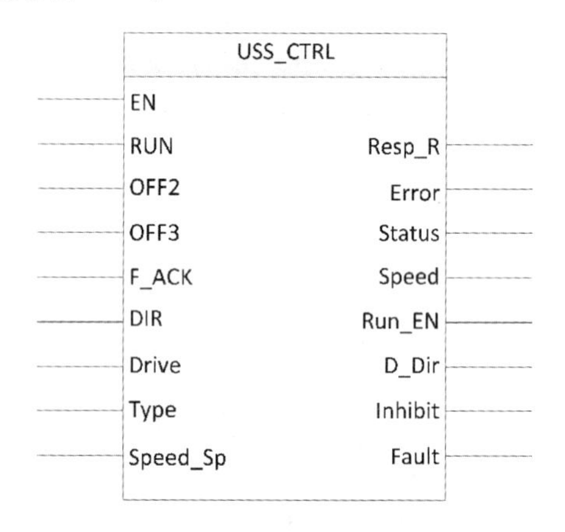

图 6-35　USS_CTRL 子程序结构

表 6-12　USS_CTRL 子程序输入输出参数表

参数	声明	数据类型	说　　明
RUN	输入	BOOL	命令变频器是接通还是关闭。当 RUN 为 1 时，变频器接收到该指令后，以指定的速度和方向运行，为了使变频器运行，必须符合以下条件，否则变频器不会被起动： • 该变频器在 USS_INIT 中已经被激活 • OFF2 和 OFF3 必须设置为 1 • Fault 和 Inhibit 输出必须为 0 当 RUN 为 0 时，变频器接收到该停止指令后，将减速停车
OFF2	输入	BOOL	自由停车
OFF3	输入	BOOL	快速停车
F_ACK	输入	BOOL	故障复位
DIR	输入	BOOL	移动方向
Drive	输入	BYTE	变频器地址，0～31

（续）

参数	声明	数据类型	说　明
Type	输入	BYTE	变频器类型
Speed_Sp	输入	REAL	变频器速度设定值
Resp_R	输出	BOOL	确认接收到来自变频器的响应
Error	输出	BYTE	错误代码
Status	输出	WORD	变频器返回的状态字
Speed	输出	REAL	变频器的实际速度
Run_EN	输出	BOOL	变频器的实际运行状态
D_Dir	输出	BOOL	变频器的实际运行方向
Inhibit	输出	BOOL	变频器禁止运行
Fault	输出	BOOL	变频器故障输出

在 PLC 程序编辑软件的项目树中，找到“符号表”选项，并双击打开其中的表格 1，新建的符号表如图 6-36 所示。

	符号	地址	注释
1	USS_INIT_CMD	M0.0	USS初始化
2	USS_INIT_Done	M0.1	USS初始化完成
3	USS_INIT_Error	MB1	USS初始化错误代码
4	USS_CTRL_RUN	M2.0	变频器启动
5	USS_CTRL_OFF2	M2.1	变频器自由停车
6	USS_CTRL_OFF3	M2.2	变频器快速停车
7	USS_CTRL_F_ACK	M2.3	变频器复位
8	USS_CTRL_DIR	M2.4	变频器方向
9	USS_CTRL_Speed_SP	MD4	变频器速度设定值
10	USS_CTRL_Resp_R	M2.5	变频器通信反馈信号
11	USS_CTRL_Run_EN	M2.6	变频器实际运行信号
12	USS_CTRL_D_Dir	M2.7	变频器实际方向信号
13	USS_CTRL_Inhibit	M3.0	变频器禁止输出
14	USS_CTRL_Fault	M3.1	变频器故障
15	USS_CTRL_Status	MW8	变频器状态字
16	USS_CTRL_Error	MB10	变频器控制错误代码
17	USS_CTRL_Speed	MD12	变频器实际速度

图 6-36　符号表

编写 USS 初始化程序如图 6-37 所示，在项目树中找到指令选项，指令→库→USS Protocol 中找到对应的指令。

编写变频器控制程序如图 6-38 所示，在项目树中找到指令选项，指令→库→USS Protocol 中找到对应的指令。

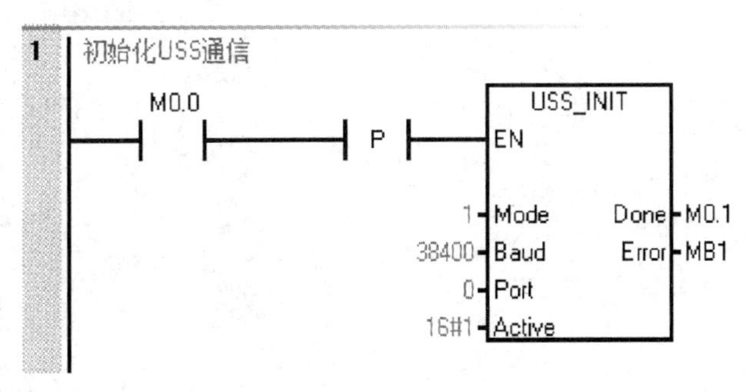

图 6-37　USS 初始化程序

对于 USS_INIT 和 USS_CTRL 指令，需要指定背景数据，在项目树的“符号表”选项中，找到其中的库下面的 USS Protocol［v2.1］并双击打开，设置 USS4_RW_RETRY 的起始地

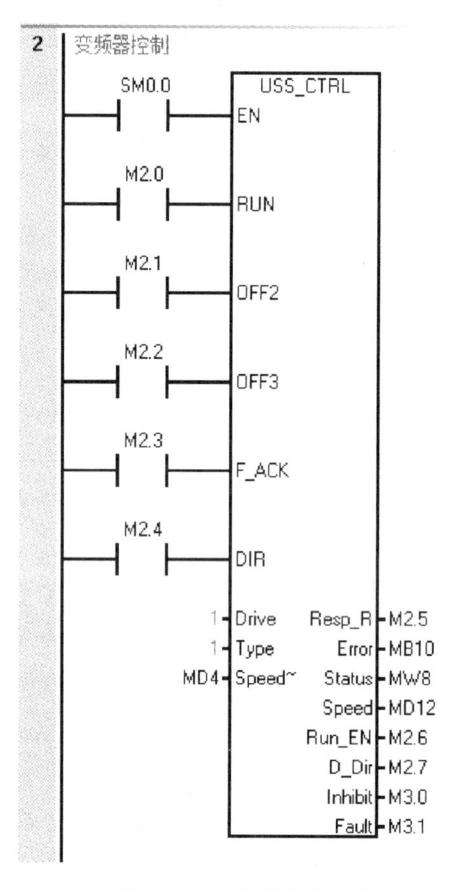

图 6-38　变频器控制程序

址，系统会自动生成各个变量所需的地址，且该地址在 PLC 程序中不能被其他指令使用，如图 6-39 所示。

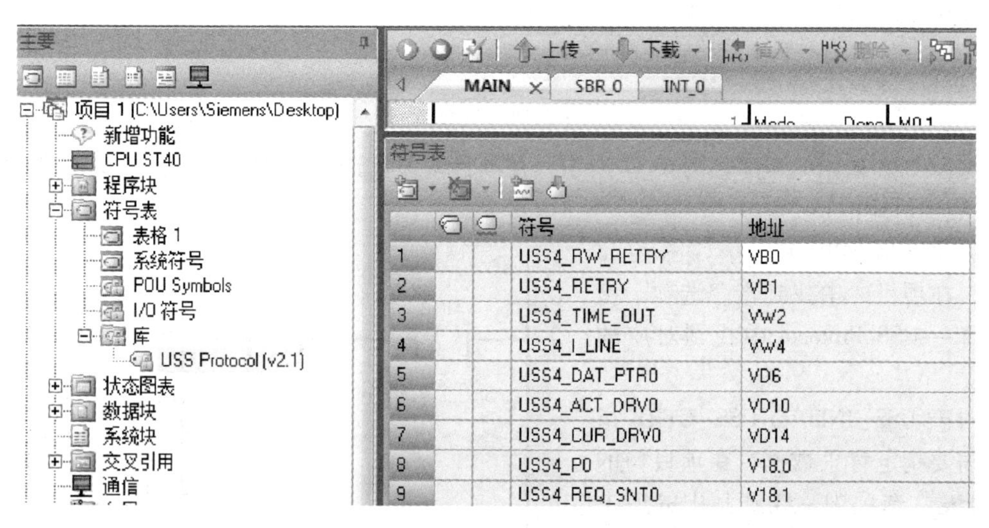

图 6-39　指定 USS 通信的背景数据

完成 PLC 的组态和程序编写后，还需要进行变频器的参数设置，见表 6-13。

表 6-13 变频器 USS 参数设置

参 数	SINAMICS V20 变频器参数设置值	SINAMICS G120C 变频器参数设置值
波特率	p2010 = 8	p2020 = 8
USS 从站地址	p2011 = 1	p2021 = 1
RS485 协议	p2023 = 1	p2030 = 1
奇偶校验	p2034 = 0	p2031 = 0
停止位	p2035 = 1	—

此时执行程序就可以通过 USS 指令对 SINAMICS V20 变频器或 SINAMICS G120C 变频器进行控制。

6.4.3 SINAMICS V20 变频器或 SINAMICS G120C 变频器与 SIMATIC S7-200 SMART PLC 之间的 Modbus 通信

Modbus 通信与 USS 通信一样，首先应正确地接线并进行硬件组态。由于 Modbus 通信和 USS 通信同属于 485 通信，因此在进行 SINAMICS V20 变频器和 SINAMICS G120C 变频器与 SIMATIC S7-200 SMART PLC 之间的 Modbus 通信时，其通信接线与图 6-33 所示的 USS 通信接线相同。

调用 MBUS_CTRL 子程序进行初始化，监视或禁用 Modbus 通信，需要每个 PLC 扫描周期都执行该指令。MBUS_CTRL 子程序结构如图 6-40 所示，其输入输出参数见表 6-14。

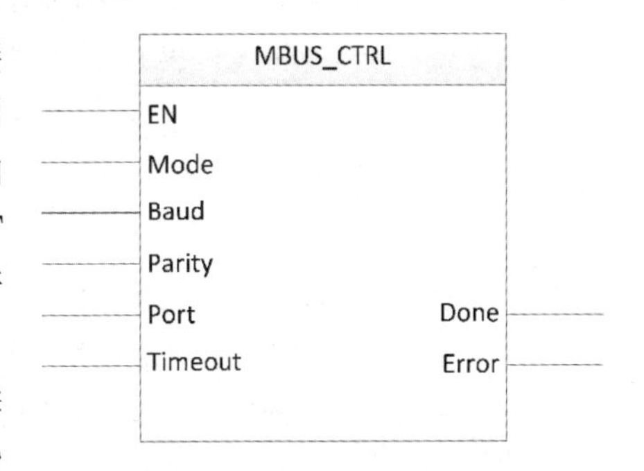

图 6-40 MBUS_CTRL 子程序结构

表 6-14 Modbus_CTRL 子程序输入输出参数表

参数	声明	数据类型	说 明
Mode	输入	BOOL	模式用于选择通信协议 =1：将 CPU 端口分配给 Modbus 协议并启用该协议 =0：将 CPU 端口分配给 PPI 协议并禁止 Modbus 协议
Baud	输入	DWORD	设置通信的波特率
Parity	输入	BYTE	设置奇偶校验 =0：无校验 =1：奇校验 =2：偶校验
Port	输入	BYTE	设置物理通信端口 =0：CPU 中集成的 485 端口 =1：信号板上的 485 端口
Timeout	输入	WORD	等待从站响应的时间，单位为毫秒
Done	输出	BOOL	初始化完成后，输出完成信号
Error	输出	BYTE	初始化错误代码

调用 MBUS_MSG 指令向从站发起主站请求。发送请求、等待响应和处理响应通常需要多个 PLC 扫描时间，因此需要一直调用该指令直到指令执行完成。其程序结构如图 6-41 所示，输入输出参数见表 6-15。

打开 SIMATIC S7-200 SMART PLC 编辑软件 STEP 7-MicroWIN SMART，新建一个项目，选择对应型号的 CPU。在项目树中，找到“符号表”选项中的表格 1 并双击打开，新建变量符号表如图 6-42 所示。

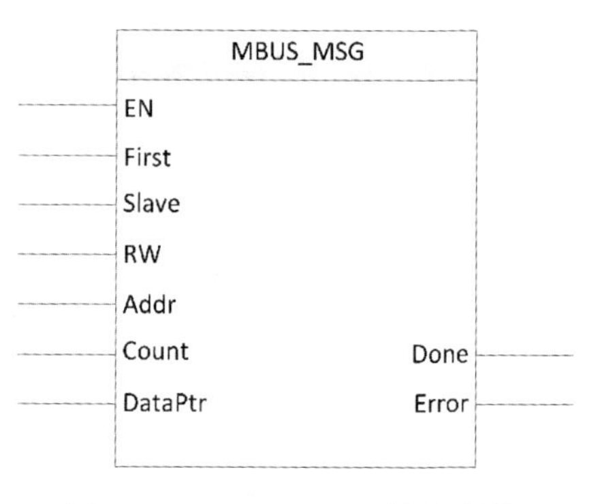

图 6-41 MBUS_MSG 子程序结构

表 6-15 MBUS_MSG 子程序输入输出参数表

参数	声明	数据类型	说　明
First	输入	BOOL	以边缘检测的方式启动程序进行一次 Modbus 操作请求
Slave	输入	BYTE	从站设备的 Modbus 地址
RW	输入	BYTE	该指令是进行读操作还是写操作 =0：读 =1：写
Addr	输入	DWORD	起始的 Modbus 寄存器地址
Count	输入	INT	在该请求中读取或写入的数据个数
DataPtr	输入	DWORD	间接地址指针，指向 CPU 中与读或写请求相关的数据的存储器地址
Done	输出	BOOL	执行发生错误时输出
Error	输出	BYTE	错误代码

	符号	地址	注释
1	MBUS_CTRL_Done	M0.0	Modbus初始化完成
2	MBUS_CTRL_Error	MB1	Modbus初始化错误代码
3	MBUS_MSG_EN	M0.1	使能Modbus操作指令
4	MBUS_MSG_First	M0.2	执行Modbus指令
5	MBUS_MSG_RW	MB2	Modbus读写类型
6	MBUS_MSG_Addr	MD4	Modbus寄存器首地址
7	MBUS_MSG_Done	M0.3	Modbus指令执行完成
8	MBUS_MSG_Error	MB3	Modbus指令执行错误代码

图 6-42 符号变量表

编写 Modbus 初始化程序如图 6-43 所示，在项目树的“指令”选项中，找到库→Modbus RTU Master 下的 MBUS_CTRL 指令。

编写 Modbus 执行程序如图 6-44 所示，在项目树的“指令”选项中，找到库→Modbus RTU Master 下的 MBUS_MSG 指令。

与 USS 指令相同，也需要为 Modbus 指令指定对应的背景数据块，在项目树的“符号

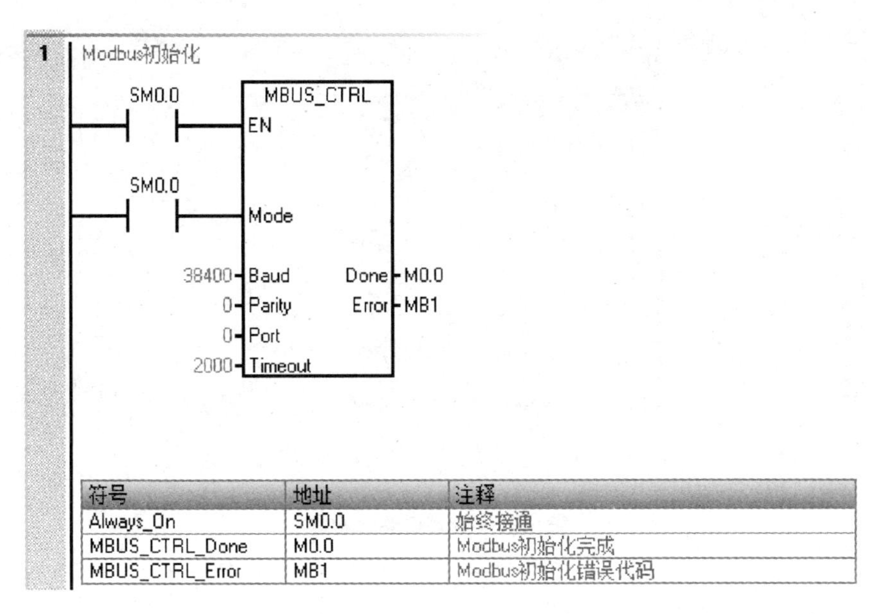

符号	地址	注释
Always_On	SM0.0	始终接通
MBUS_CTRL_Done	M0.0	Modbus初始化完成
MBUS_CTRL_Error	MB1	Modbus初始化错误代码

图 6-43　Modbus 通信初始化程序

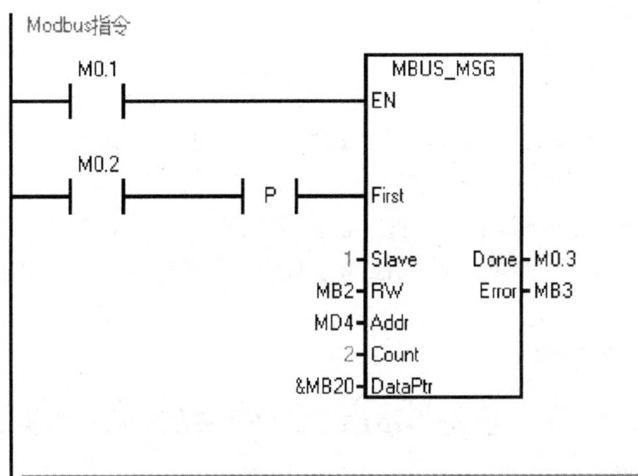

符号	地址	注释
MBUS_MSG_Addr	MD4	Modbus寄存器首地址
MBUS_MSG_Done	M0.3	Modbus指令执行完成
MBUS_MSG_EN	M0.1	使能Modbus操作指令
MBUS_MSG_Error	MB3	Modbus指令执行错误代码
MBUS_MSG_First	M0.2	执行Modbus指令
MBUS_MSG_RW	MB2	Modbus读写类型

图 6-44　Modbus 通信执行程序

表”选项中，找到其中的库下面的 Modbus RTU Master［v2.0］并双击打开，设置 mModbus-Bufr 的起始地址，系统会自动生成各个变量所需的地址，且该地址在 PLC 程序中不能被其他指令使用，如图 6-45 所示。

此时变频器的参数设置见表 6-16。

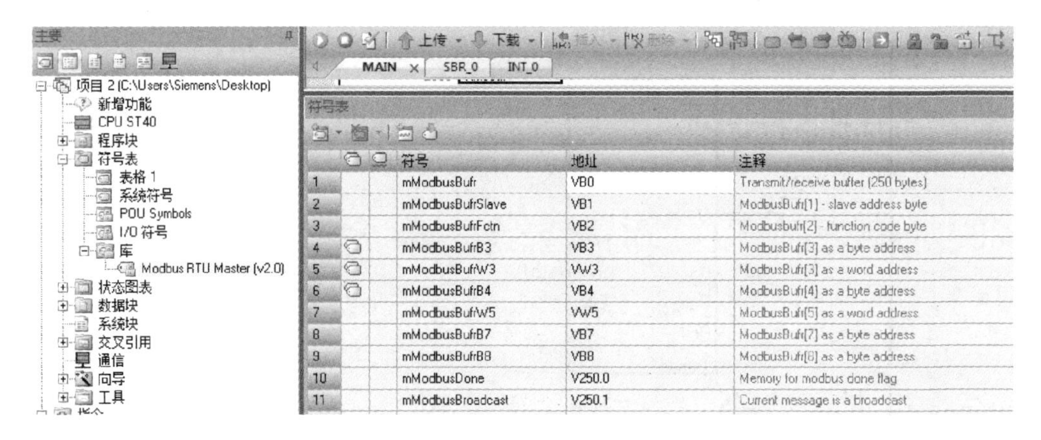

图 6-45 指定 Modbus 通信的背景数据

表 6-16 变频器参数设置

参　　数	SINAMICS V20 变频器参数设置值	SINAMICS G120C 变频器参数设置值
波特率	p2010 = 8	p2020 = 8
Modbus 从站地址	p2021 = 1	p2021 = 1
RS485 协议	p2023 = 2	p2030 = 2
奇偶校验	p2034 = 0	p2031 = 0
停止位	p2035 = 1	—

在程序中，当 MB = 0 时，表示读变频器中的数据，此时可以设置寄存器的首地址为 40110，执行完读操作后，MW20 中的值则为变频器的状态字，MW22 中的值则为变频器的当前速度；当 MB = 1 时，表示写变频器中的数据，此时可以设置寄存器的首地址为 40100，则 MW20 中的值为变频器的控制字，MW22 中的值为变频器的设定速度，执行写操作，对变频器进行控制。其中 047F 为变频器正向运行的控制字，0C7F 为变频器反向运行的控制字，047E 或 0C7E 为变频器停止的控制字。

6.4.4 SINAMICS G120C 变频器与 SIMATIC S7-200 SMART PLC 之间的 PROFINET 通信

自 SIMATIC S7-200 SMART PLC CPU 的固件版本从 V2.4 开始，CPU 可以支持 PROFINET 通信，同时对于 PLC 的编程软件 STEP 7 - MicroWIN SMART 需要使用的版本需要从 V2.4 开始。因此，可以使用 SIMATIC S7-200 SMART PLC 控制 SINAMICS G120C PN 变频器。

首先使用 STEP 7 - MicroWIN SMART 软件新建一个项目，需要添加 SINAMICS G120C PN 变频器的 GSD 文件，如图 6-46 所示。

① 单击菜单栏中的“文件”菜单。

② 单击工具栏中的“GSDML 管理”工具。

③ 在弹出的 GSDML 管理选项中，单击“浏览”按钮，并找到对应的 GSD 文件。

④ 选中需要“导入的 GSDML 文件”。

⑤ 单击“确认”按钮，将 GSD 文件添加到项目中。

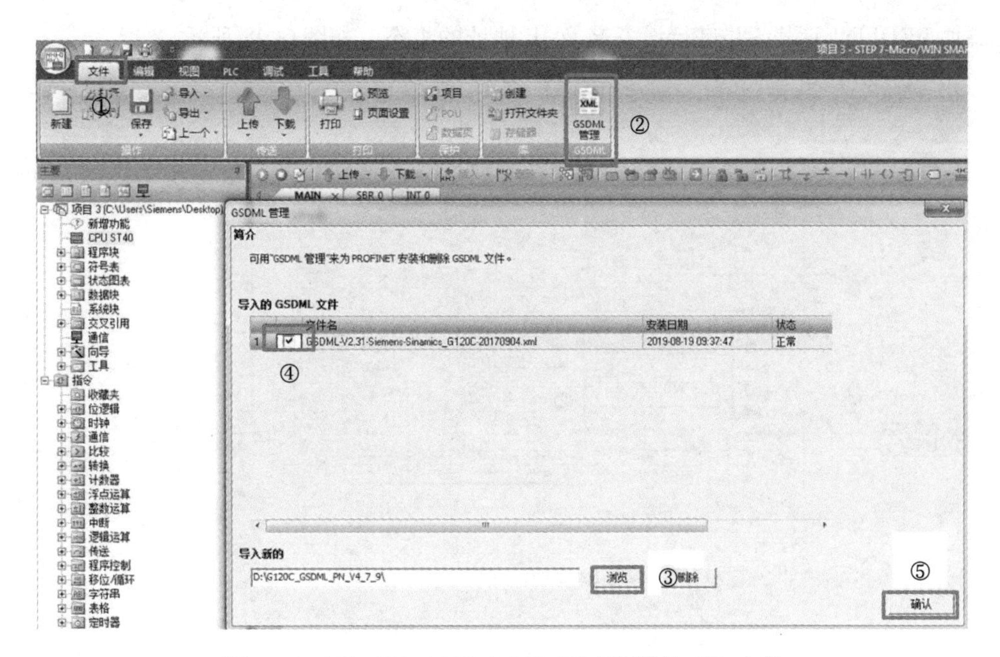

图 6-46 添加 SINAMICS G120C PN 变频器的 GSD 文件

添加完 GSD 文件后，需要进行 PROFINET 设备的组态，使用 PROFINET 向导功能对 PROFINET 设备进行组态，首先需要激活 PROFINET 控制器，如图 6-47 所示。

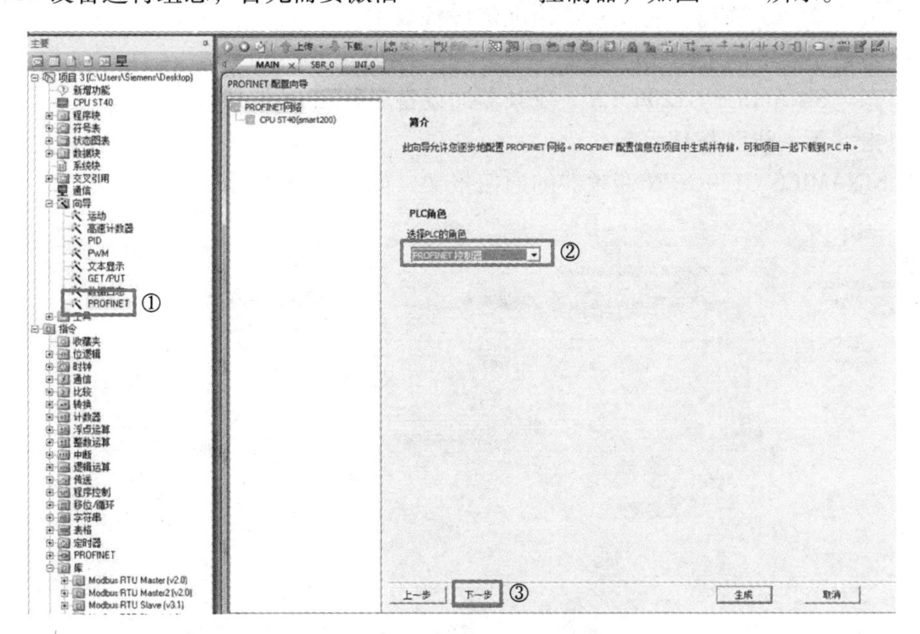

图 6-47 激活 PROFINET 控制器

① 在项目树的“向导”选项中，找到“PROFINET”并双击打开。
② 在“PLC 角色”的下拉菜单中，选择“PROFINET 控制器”。
③ 单击“下一步”按钮。

添加 PROFINET 设备并进行设备名及 IP 地址的组态，如图 6-48 所示。

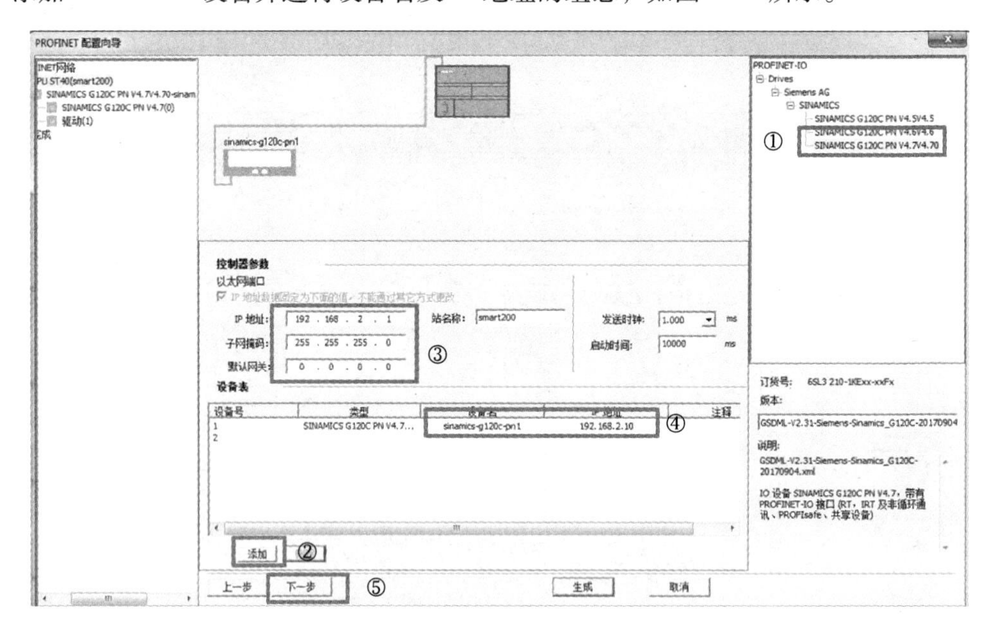

图 6-48　组态 PROFINET 通信网络

① 在“PROFINET－IO”设备中，找到“SINAMICS G120C PN”对应固件的 GSD 文件。
② 单击“添加”按钮，将变频器添加进设备表中。
③ 组态控制器的以太网端口参数。
④ 组态“SINAMICS G120C PN”变频器的设备名称和 IP 地址。
⑤ 单击“下一步”按钮。

组态 SINAMICS G120C PN 变频器的通信报文，如图 6-49 所示。

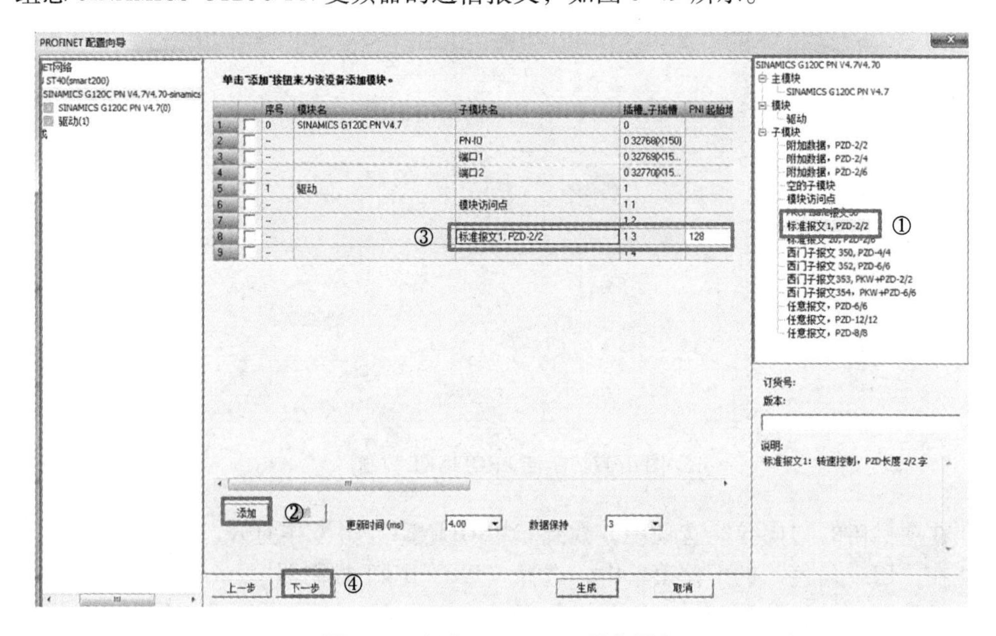

图 6-49　组态 PROFINET 通信报文

① 在子模块中找到“标准报文 1”。

② 单击“添加”按钮将标准报文 1 添加到项目中。

③ 可以查看 SINAMICS G120C PN 变频器的 PROFINET 起始输入和输出地址及其输入和输出长度。

④ 单击“下一步”按钮。

查看 SINAMICS G120C PN 变频器的相应参数，如图 6-50 所示。

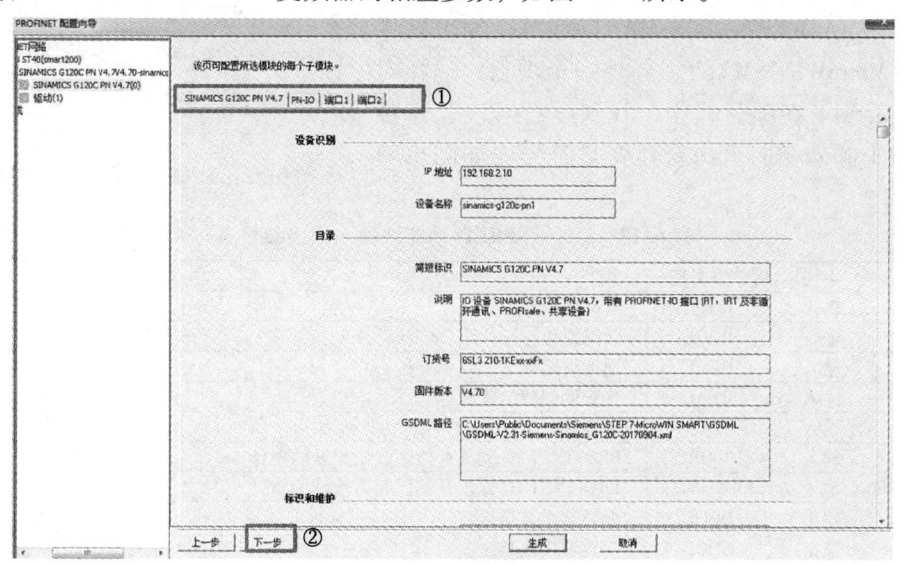

图 6-50　变频器参数

① 可以选择不同的选项，查看其相应的属性。

② 单击“下一步”按钮，直到出现如图 6-51 的界面。

如图 6-51 所示，生成 SINAMICS G120C PN 变频器与 SIMATIC SMART 200 PLC 的 PROFINET 通信。

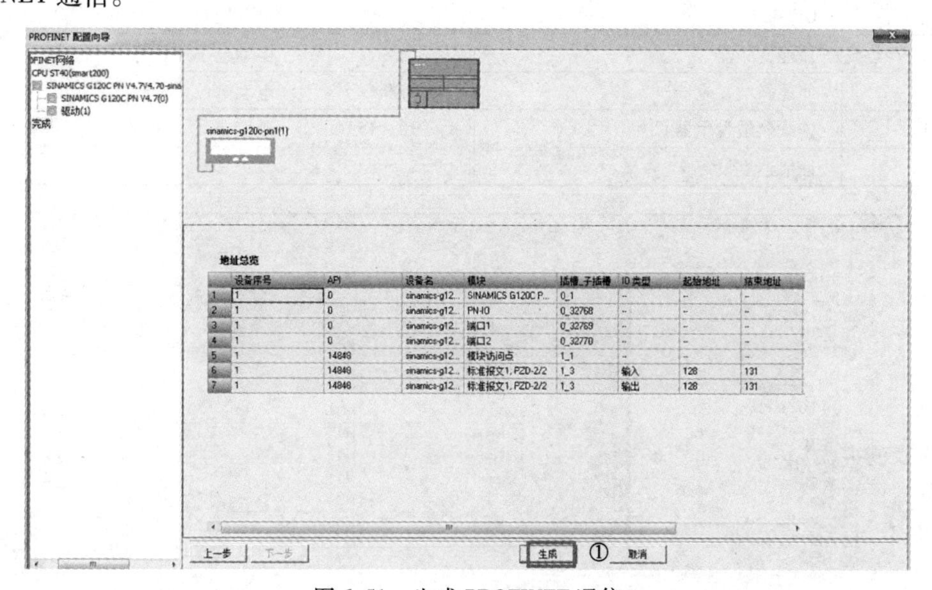

图 6-51　生成 PROFINET 通信

① 单击“生成”按钮，生成 SINAMICS G120C PN 变频器的 PROFINET 通信。

组态完成后，需要调用 SINA_SPEED 功能块对变频器进行控制，其程序结构如图 6-52 所示，输入输出见表 6-17。

对于 ConfigAxis 变量，其每位的含义见表 6-18。

打开 SIMATIC S7-200 SMART 的 PLC 编辑软件 STEP 7 - MicroWIN SMART，新建一个项目，选择对应型号的 CPU。在项目树中，找到“符号表”选项中的表格 1 并双击打开，新建变量符号表如图 6-53 所示。

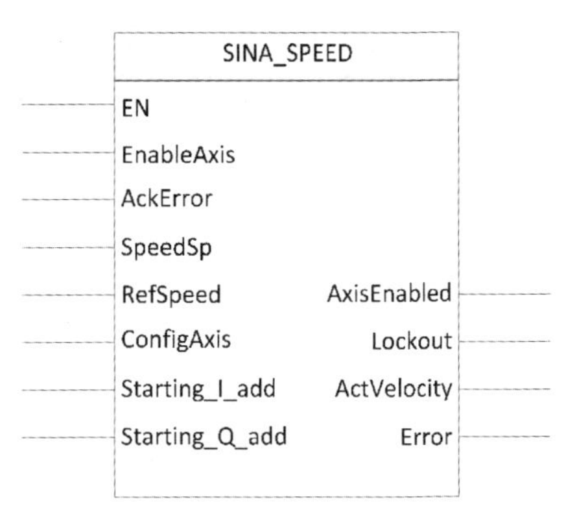

图 6-52　SINA_SPEED 功能块结构

表 6-17　SINA_SPEED 功能块输入输出参数表

参数	声明	数据类型	说　　明
EnableAxis	输入	BOOL	起动变频器
AckError	输入	BOOL	故障复位
SpeedSp	输入	REAL	速度设定值
RefSpeed	输入	REAL	变频器的额定速度
ConfigAxis	输入	WORD	轴组态
Starting_I_add	输入	DWORD	PROFINET IO 输入存储区起始地址的指针
Starting_Q_add	输入	DWORD	PROFINET IO 输出存储区起始地址的指针
AxisEnabled	输出	BOOL	变频器正在执行
Lockout	输出	BOOL	变频器接通禁止
ActVelocity	输出	REAL	变频器实际速度
Error	输出	BOOL	故障

表 6-18　ConfigAxis 变量含义

位	说　　明	位	说　　明
0	OFF2	6	反向运行
1	OFF3	7	打开抱闸
2	使能变频器	8	电动电位计升速
3	使能斜坡发生器	9	电动电位计减速
4	连续斜坡发生器	10 ~ 15	预留
5	使能速度设定		

	符号	地址	注释
1	EnableAxis	M0.0	变频器启动
2	AckError	M0.1	变频器复位
3	SpeedSp	MD4	变频器速度设定值
4	ConfigAxis	MW2	变频器控制字
5	AxisEnabled	M0.2	变频器运行
6	Lockout	M0.3	变频器禁止输出
7	Error	M0.4	变频器报警
8	ActVelocity	MD8	变频器实际速度
9	RefSpeed	MD12	变频器额定速度

图 6-53　变量符号表

编写 SINA_SPEED 程序如图 6-54 所示，在项目树的“指令”选项中，找到库→“SINAMICS Control”下的“SINA_SPEED”指令。

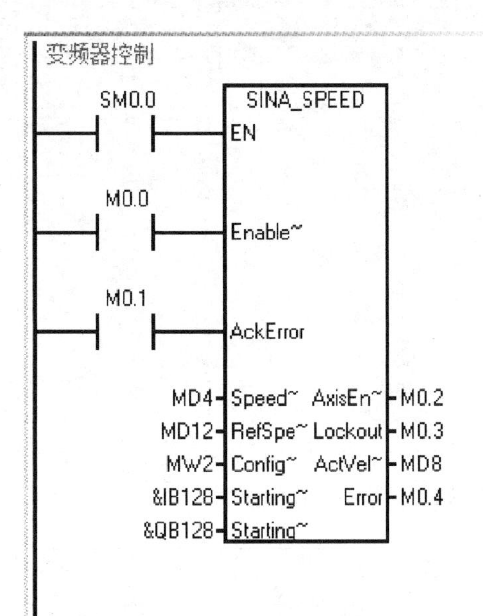

符号	地址	注释
AckError	M0.1	变频器复位
ActVelocity	MD8	变频器实际速度
Always_On	SM0.0	始终接通
AxisEnabled	M0.2	变频器运行
ConfigAxis	MW2	变频器控制字
EnableAxis	M0.0	变频器启动
Error	M0.4	变频器报警
Lockout	M0.3	变频器禁止输出
RefSpeed	MD12	变频器额定速度
SpeedSp	MD4	变频器速度设定值

图 6-54　SINAMICS G120C PN 变频器的控制程序

需要为 SINA_SPEED 指令指定对应的背景数据块，在项目树的“符号表”选项中，找到其中的库下面的“SINAMICS Control [v1.0]”并双击打开，设置“STW1_X8”的起始地址，系统会自动生成各个变量所需的地址，且该地址在 PLC 程序中不能被其他指令使用，如图 6-55 所示。

6.4.5　SINAMICS V20 变频器或 SINAMICS G120C 变频器与 SIMATIC S7-1200 PLC 之间的 USS 通信

由于 SIMATIC S7-1200 PLC 的 CPU 本体上不带有 RS485 通信接口，因此在进行 RS485 通信时需要选购 485 通信模块。在进行 USS 通信控制前，需要对 SINAMICS V20 变频器或 SINAMICS G120C 变频器与 SIMATIC S7-1200 PLC 的通信模块之间进行正确的接线，如图 6-56所示。通信线缆建议采用屏蔽双绞电缆，提高抗干扰能力，且 SINAMICS G120C 的 USS 通信端子在端子排 X128 上。

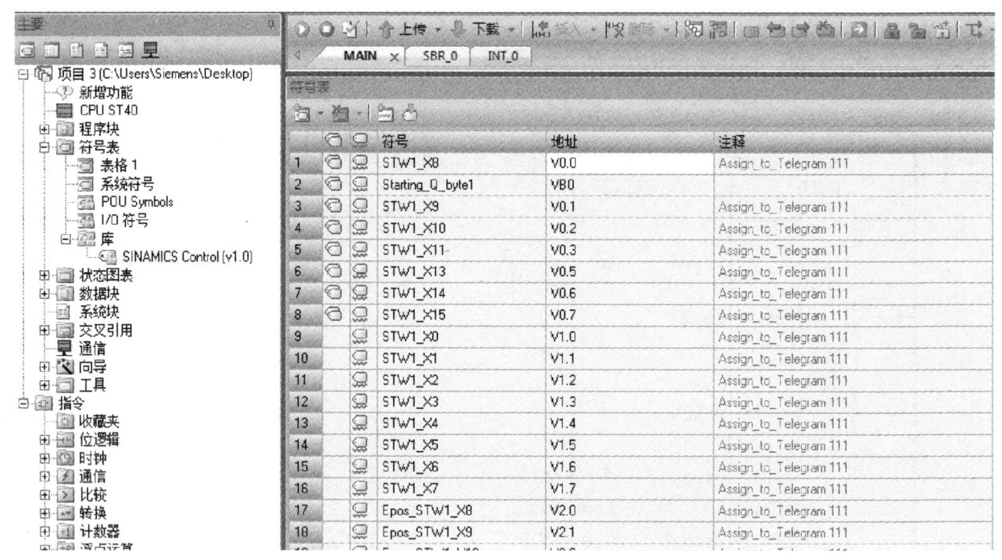

图 6-55　指定 PROFINET 通信的背景数据

打开博途软件，新建一个 PLC 项目，并添加对应的 CPU。由于 SIMATIC S7-200 CPU 本体不带有 RS485 通信接口，因此需要添加额外的通信模块或者通信信号板，如图 6-57 所示，在 101 槽位添加一个 RS485 信号通信模块。在硬件目录中找到对应的通信模块，并选择正确的固件版本，双击添加到 101 槽位。

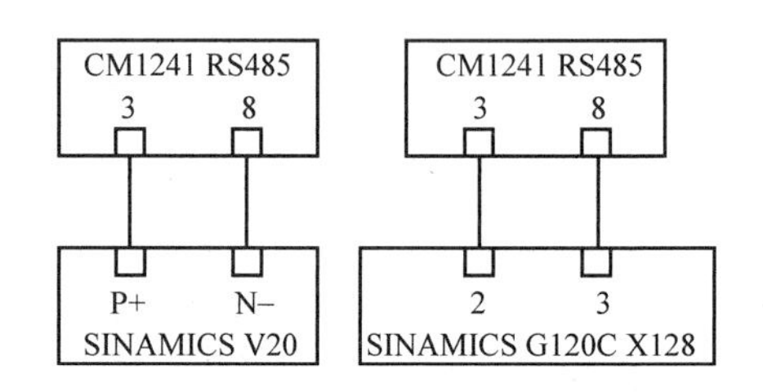

图 6-56　SINAMICS V20 变频器或 SINAMICS G120C 变频器与 CM1241 的接线

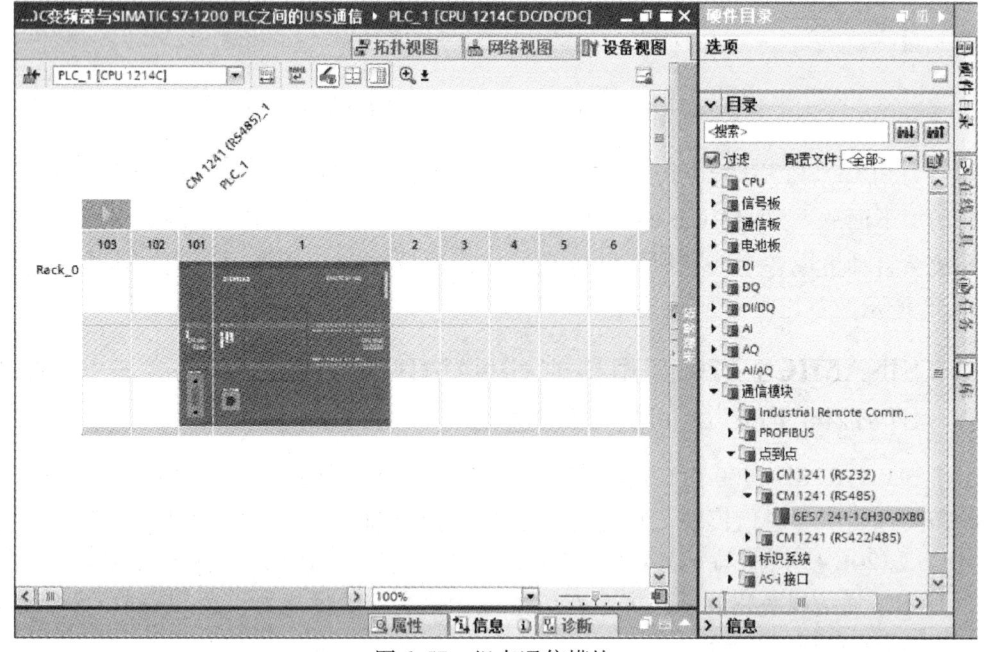

图 6-57　组态通信模块

设置通信模块的通信参数，如图 6-58 所示。

图 6-58　设置通信参数

波特率、奇偶校验、数据位和停止位的设置需要与变频器的设置保持一致，否则会出现通信故障。SIMATICS V20 变频器和 SIMATICS G120C 变频器相关的参数设置见表 6-19。

表 6-19　变频器参数设置

参数	SIMATICS V20 变频器参数设置值	SIMATICS G120C 变频器参数设置值
波特率	p2010 = 6	p2020 = 6
USS 从站地址	p2011 与程序中的 MB1 值相同	p2021 与程序中的 MB1 值相同
RS485 协议	p2023 = 1	p2030 = 1
奇偶校验	p2034 = 0	p2031 = 0
停止位	p2035 = 1	—

完成硬件组态并设置完相关模块的属性后，采用 USS_PORT 指令处理 USS 程序段上的通信，在程序中，每一个 RS485 通信端口使用一条该指令来控制与其连接的驱动器的数据传输。USS_PORT 子程序结构如图 6-59 所示，各输入输出参数见表 6-20。

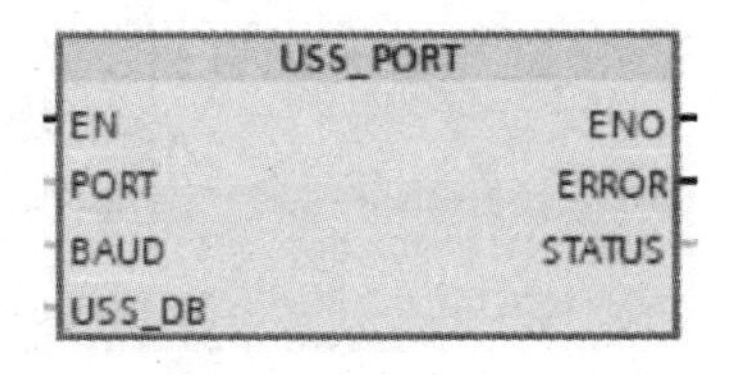

图 6-59　USS_PORT 子程序结构

表 6-20　USS_PORT 子程序输入输出参数表

参数	声明	数据类型	说　明
PORT	输入	PORT	通信端口的标识符常数，可在默认变量表的“常数”选项卡中找到，如图 6-60 所示
BAUD	输入	DINT	USS 通信的波特率
USS_DB	输入输出	USS_BASE	USS_DRV 指令的背景数据块
ERROR	输出	BOOL	发生错误时，输出为 1
STATUS	输出	WORD	通信模块的当前状态值

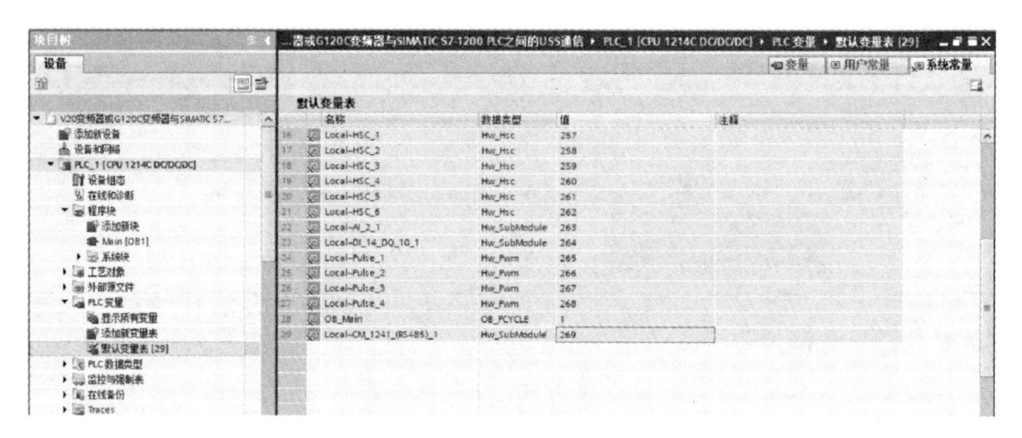

图 6-60　通信端口标识符常数

采用 USS_DRV 指令与驱动器进行数据交换。应注意的是每个驱动器单独使用一条指令，分配到同一个 USS 网络中的 USS_DRV 需要使用同一个背景数据块，因此在调用第一条“USS_DRV”指令时创建背景数据块，后续的调用的指令重复使用该背景数据块。其程序结构如图 6-61 所示，USS_DRV 子程序输入输出参数见表 6-21。

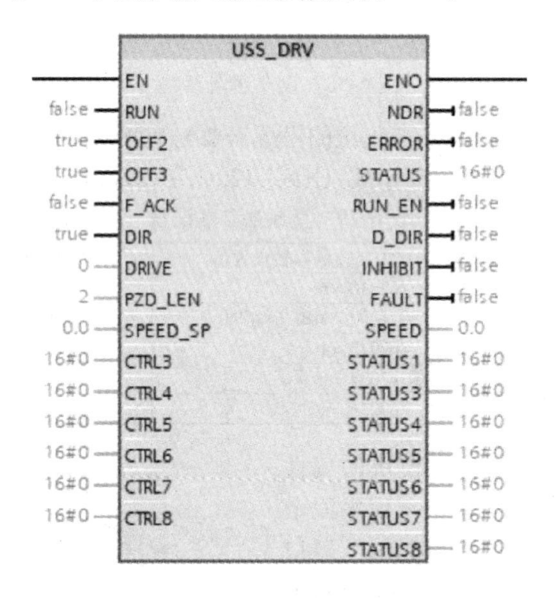

图 6-61　USS_DRV 子程序结构

表 6-21　USS_DRV 子程序输入输出参数表

参数	声明	数据类型	说　明
RUN	输入	BOOL	驱动器的起动命令
OFF2	输入	BOOL	驱动器的自由停车命令
OFF3	输入	BOOL	驱动器的快速停止命令
F_ACK	输入	BOOL	驱动器的故障复位命令
DIR	输入	BOOL	驱动器运行的方向命令
DRIVE	输入	USINT	驱动器的通信地址

（续）

参数	声明	数据类型	说　明
PZD_LEN	输入	USINT	驱动器 USS 通信传输的数据长度
SPEED_SP	输入	REAL	驱动器的速度设定值
CTRL3～8	输入	WORD	控制字 3～8
NDR	输出	BOOL	新数据就绪
ERROR	输出	BOOL	发生错误时，输出为 1
STATUS	输出	WORD	通信模块的当前状态值
RUN_EN	输出	BOOL	驱动器是否在运行
D_DIR	输出	BOOL	驱动器当前的运行方向
INHIBIT	输出	BOOL	驱动器是否被禁用
FAULT	输出	BOOL	驱动器是否故障
SPEED	输出	REAL	驱动器的当前速度
STATUS1	输出	WORD	驱动器的状态字 1
STATUS3～8	输出	WORD	驱动器的状态字 3～8

在编写控制程序前，先按图 6-62 定义变量。

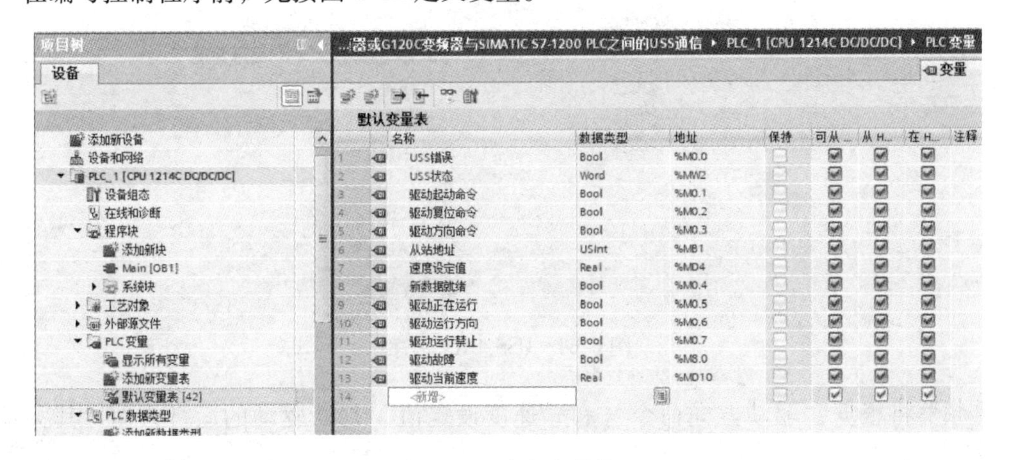

图 6-62　定义变量表

按图 6-63 编写 USS_PORT 程序。

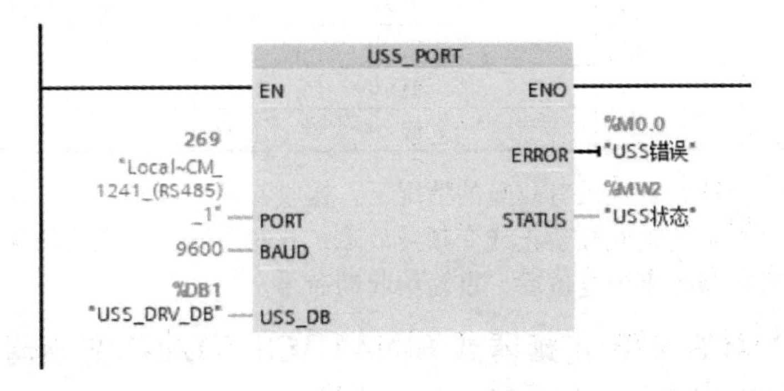

图 6-63　USS_PORT 程序

按图 6-64 编写 USS_DRV 程序。

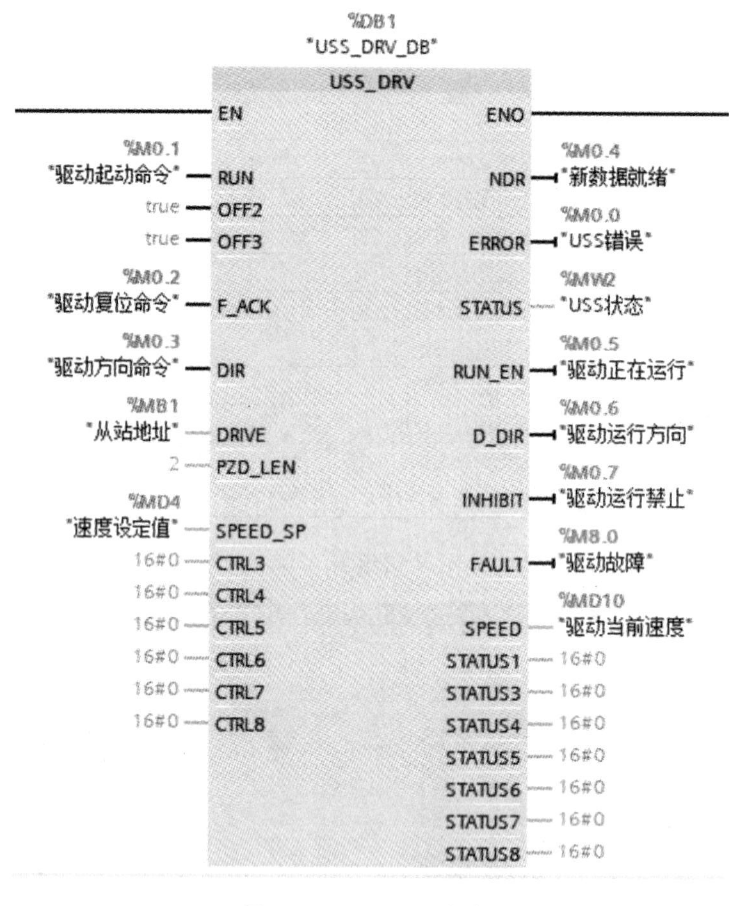

图 6-64　USS_DRV 程序

变频器将根据“驱动方向命令”和“速度设定值”判断驱动的运行方向，其关系见表 6-22。

表 6-22　驱动方向命令和速度设定值与驱动运行方向的关系

驱动方向命令	速度设定值	驱动运行方向
0	值 >0	反向
0	值 <0	正向
1	值 >0	正向
1	值 <0	反向

变频器必须在未被禁止且没有故障的情况下，接收起动、停止命令；当变频器接收到起动命令运行后，若发生变频器被禁止或变频器故障，此时应断开变频器的起动命令，待变频器禁止被解除或变频器故障被复位后，重新给起动命令。

6.4.6　SINAMICS V20 变频器或 SINAMICS G120C 变频器与 SIMATIC S7-1200 PLC 之间的 Modbus 通信

设置 Modbus 通信与设置 USS 通信一样，首先应正确的接线并进行硬件组态，添加

RS485 通信模块并进行通信参数的设置。由于 MODBUS 和 USS 同属于 RS485 通信，因此在 SINAMICS V20 变频器和 SINAMICS G120C 变频器与 SIMATIC S7-1200 之间的 MODBUS 通信时，其通信接线与图 6-56 所示的 USS 通信接线相同。变频器的参数设置见表 6-23。

表 6-23 变频器参数设置

参数	SINAMICS V20 变频器参数设置值	SINAMICS G120C 变频器参数设置值
波特率	p2010 = 6	p2020 = 6
MODBUS 从站地址	p2021 与程序中的 MW12 值相同	p2021 与程序中的 MW12 值相同
RS485 协议	p2023 = 2	p2030 = 2
奇偶校验	p2034 = 0	p2031 = 0
停止位	p2035 = 1	—

采用 MB_COMM_LOAD 指令处理 Modbus 通信，必须调用该指令一次后，才可以使用“MB_MASTER”指令和“MB_SLAVE”指令，如果修改了通信参数，则需要再次调用该指令，且每次调用时都将删除通信缓冲区中的内容，为了避免通信期间数据的丢失，应避免不必要地调用该指令。每个通信模块需要单独调用该指令。MB_COMM_LOAD 子程序结构如图 6-65 所示，其输入输出参数见表 6-24。

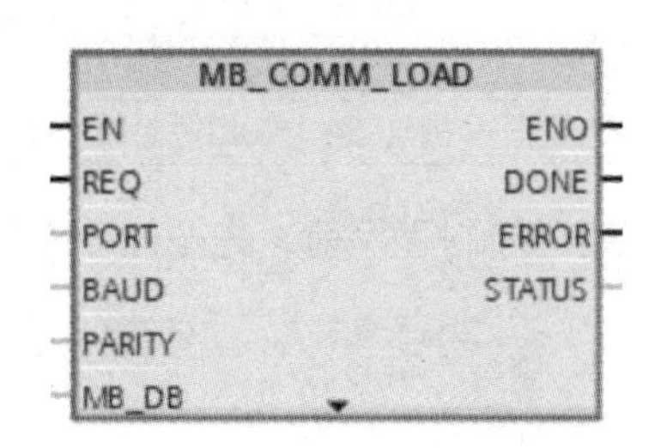

图 6-65 MB_COMM_LOAD 子程序结构

表 6-24 MB_COMM_LOAD 子程序输入输出参数表

参数	声明	数据类型	说 明
REQ	输入	BOOL	在上升沿时执行该命令
PORT	输入	BOOL	通信端口的标识符常数
BAUD	输入	BOOL	波特率
PARITY	输入	BOOL	奇偶校验选择
MB_DB	输入	BOOL	“MB_MASTER”或“MB_SLAVE”指令的背景数据块
DONE	输出	BOOL	指令执行已完成且未出错时输出 1
ERROR	输出	BOOL	检测到错误时输出 1
STATUS	输出	STATUS	通信端口的当前状态

采用“MB_MASTER”指令访问一个或多个 Modbus 从站设备中的数据。用于 Modbus 主站请求的端口不能用于“MB_SLAVE”指令。该端口的所有从站采用多个“MB_MASTER”指令时，其背景数据块需要相同。Modbus 通信模式为轮巡模式，因此不能通过通信中断事件控制通信过程。启用该指令后，确保该指令继续执行到从站返回完成信号。MB_MASTER 子程序结构如图 6-66 所示，其输入输出参数见表 6-25。

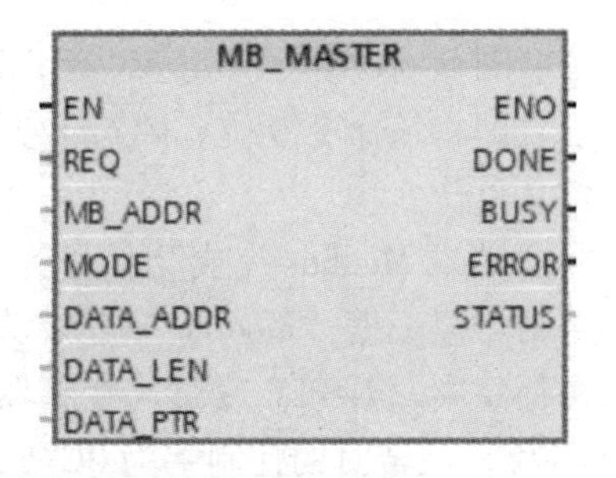

图 6-66 MB_MASTER 子程序结构

表 6-25　MB_MASTER 子程序输入输出参数表

参数	声明	数据类型	说　明
REQ	输入	BOOL	请求输入信号
MB_ADDR	输入	UINT	从站地址，为 0 用于消息广播
MODE	输入	USINT	模式选择 0：读操作 1：写操作
DATA_ADDR	输入	UDINT	从站中将提供访问数据的起始地址
DATA_LEN	输入	UINT	访问的数据长度
DATA_PTR	输入输出	VARIANT	指向 CPU 数据块，从该位置开始读取数据或向其写入数据
DONE	输出	BOOL	执行任务是否完成
BUSY	输出	BOOL	任务是否正在执行
ERROR	输出	BOOL	任务执行是否错误
STATUS	输出	WORD	任务执行的状态

编写控制程序前，先按图 6-67 定义一个变量表。

默认变量表

	名称	数据类型	地址	保持	可从 ...	从 H...	在 H...
1	请求Modbus	Bool	%M0.0	☐	☑	☑	☑
2	Modbus通信错误	Bool	%M0.1	☐	☑	☑	☑
3	Modbus通信状态	Word	%MW2	☐	☑	☑	☑
4	请求Modbus完成	Bool	%M0.2	☐	☑	☑	☑
5	状态字1	Word	%MW4	☐	☑	☑	☑
6	控制字1	Word	%MW8	☐	☑	☑	☑
7	从站地址	UInt	%MW12	☐	☑	☑	☑
8	读请求	Bool	%M0.3	☐	☑	☑	☑
9	读状态	Word	%MW14	☐	☑	☑	☑
10	读完成	Bool	%M0.4	☐	☑	☑	☑
11	正在读	Bool	%M0.5	☐	☑	☑	☑
12	读错误	Bool	%M0.6	☐	☑	☑	☑
13	写请求	Bool	%M0.7	☐	☑	☑	☑
14	写完成	Bool	%M1.0	☐	☑	☑	☑
15	正在写	Bool	%M1.1	☐	☑	☑	☑
16	写错误	Bool	%M1.2	☐	☑	☑	☑
17	写状态	Word	%MW16	☐	☑	☑	☑
18	控制字2	Word	%MW10	☐	☑	☑	☑
19	状态字2	Word	%MW6	☐	☑	☑	☑
20	<新增>			☐	☑	☑	☑

图 6-67　变量表

按照图 6-68 编写“MB_COMM_LOAD”指令。由于该指令仅需执行一次，因此在请求命令后立即将该命令复位。即对于变量“请求 Modbus”可以采用上升沿信号或者在请求完成后将其复位。

在“请求 Modbus 完成”信号为 1 时，可以调用“MB_MASTER”进行变频器数据的读写，否则可以根据“Modbus 通信状态”判断通信故障，程序如图 6-69 所示。

在程序中，各 PLC 变量与变频器寄存器地址的对应关系见表 6-26。其中正转时的控制字为 047F，反转时的控制字为 0C7F，停止时的控制字为 047E 或 0C7E。由于西门子的变频器起动指令需要上升沿，因此在操作变频器起动时应先给停止时的控制字，然后再给正转或反转的控制字。

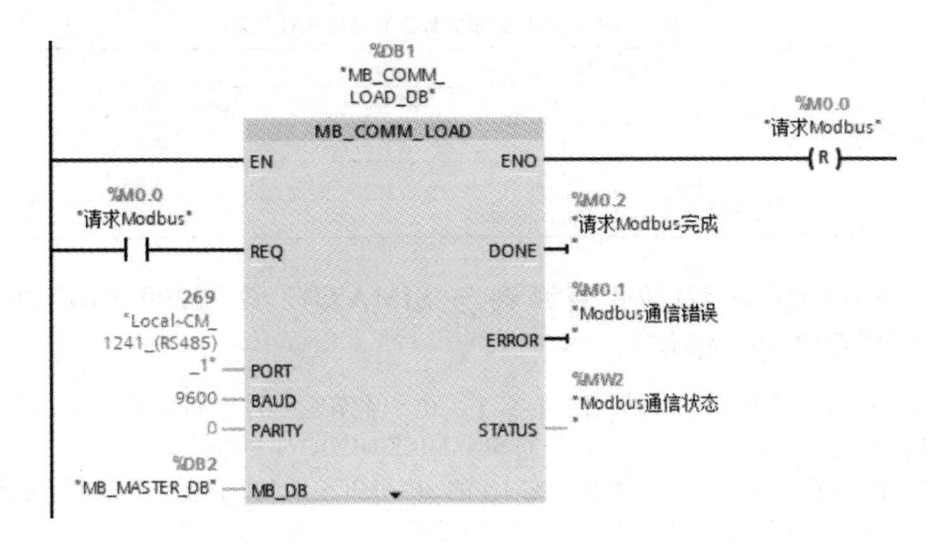

图 6-68 MB_COMM_LOAD 程序

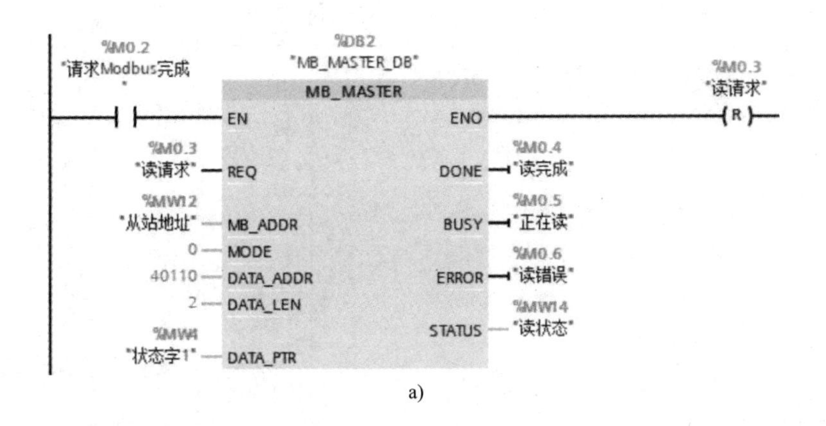

a)

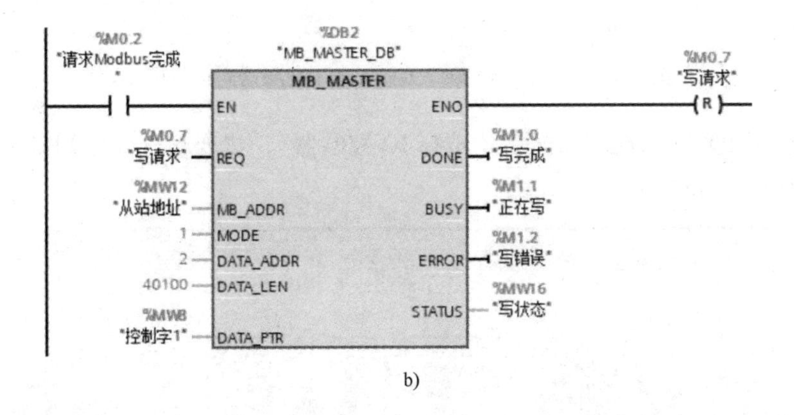

b)

图 6-69 程序

a）读变频器数据 b）写变频器数据

表 6-26 PLC 变量与变频器寄存器地址的对应关系

PLC 变量	变频器寄存器地址	PLC 变量
控制字 1	40100	MW8
控制字 2	40101	MW10
状态字 1	40110	MW4
状态字 2	40111	MW6

6.4.7 SINAMICS G120C 变频器与 SIMATIC S7-1200 PLC 之间的 PROFINET 通信

首先新建一个博途项目，添加对应的 CPU。由于本节重点讨论 PLC 的编程，因此在进行 PLC 硬件组态时直接使用 GSD 文件控制 SINAMICS G120C 变频器。

切换到网络视图，在硬件目录中找到对应的 SINAMICS G120C 设备，并双击添加到项目中，如图 6-70 所示。具体路径为“其他现场设备”→“PROFINET IO”→“Drives”→“SIEMENS AG”→“SINAMICS”。

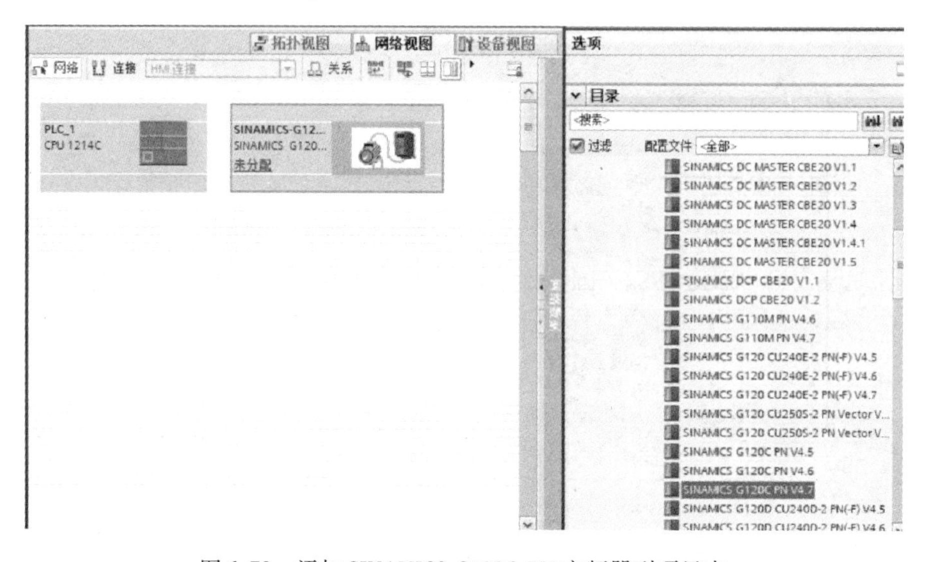

图 6-70 添加 SINAMICS G120C PN 变频器到项目中

单击变频器中的“未分配”，然后“选择 IO 控制器”，将变频器分配 PLC 的 PROFINET 网络中，如图 6-71 所示。

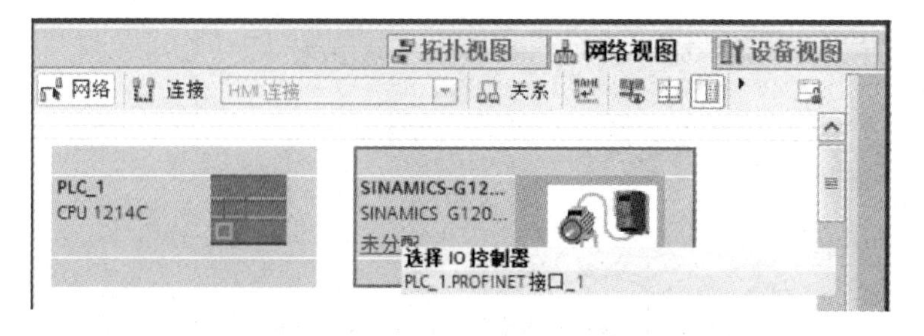

图 6-71 选择 SINAMICS G120C PN 变频器的 IO 控制器

切换到设备视图，选择对应的变频器，并在“属性”栏里修改设备名称，如图 6-72 所示。

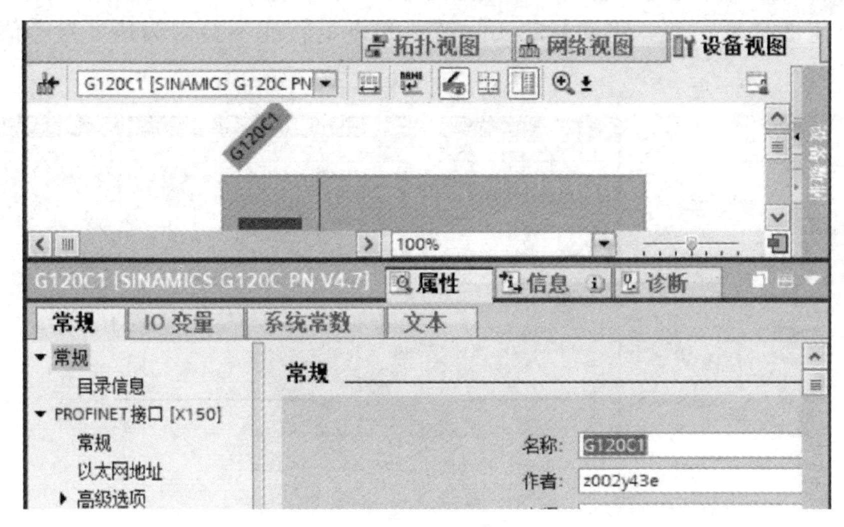

图 6-72　设置 PROFINET 通信属性

在“目录”的“子模块”选项中找到“标准报文 1”，双击添加到项目中，如图 6-73 所示。

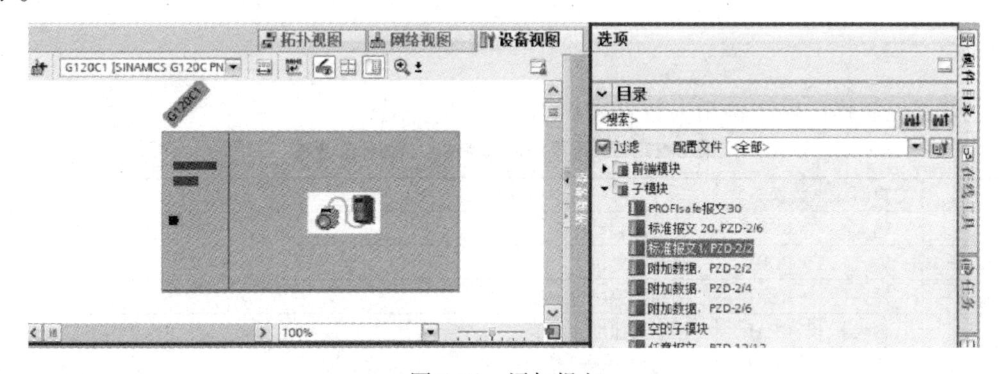

图 6-73　添加报文

定义 PLC 变量表如图 6-74 所示。

默认变量表

		名称	数据类型	地址	保持	可从 ...	从 H...	在 ...
1		驱动起动命令	Bool	%M0.0	☐	☑	☑	☑
2		驱动复位命令	Bool	%M0.1	☐	☑	☑	☑
3		驱动已起动	Bool	%M0.2	☐	☑	☑	☑
4		速度设定值	Real	%MD4	☐	☑	☑	☑
5		速度参考值	Real	%MD8	☐	☑	☑	☑
6		驱动实际速度	Real	%MD12	☐	☑	☑	☑
7		通信错误	Bool	%M0.3	☐	☑	☑	☑
8		通信状态	Word	%MW2	☐	☑	☑	☑
9		扩展通信诊断数据	Word	%MW16	☐	☑	☑	☑
10		禁止激活	Bool	%M0.4	☐	☑	☑	☑
11		<新增>			☐	☑	☑	☑

图 6-74　定义变量表

在主循环 OB1 中编写变频器控制程序如图 6-75 所示，调用 FB285 对变频器进行控制。采用默认到驱动器功能配置，速度参考值需要与变频器参数 p2000 一致，否则电动机的实际转速与设定速度会不一致。驱动器的实际转速和设定转速不会因为速度参考值的变化而变化。

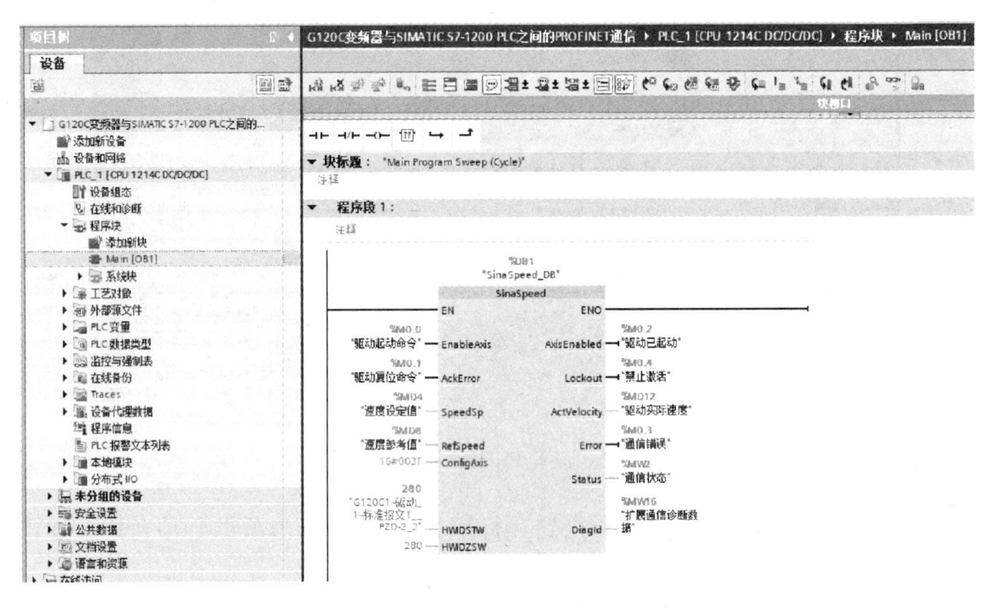

图 6-75　变频器控制程序

变频器控制程序输入输出参数见表 6-27。

表 6-27　变频器控制程序输入输出参数表

参数	声明	数据类型	说　　明
EnableAxis	输入	BOOL	驱动器起动停止
AckError	输入	BOOL	驱动器复位
SpeedSp	输入	REAL	驱动器速度设定值
RefSpeed	输入	REAL	驱动器速度参考值
ConfigAxis	输入	WORD	驱动器功能配置
HWIDSTW	输入	HW_IO	硬件 ID
HWIDZSW	输入	HW_IO	硬件 ID
AxisEnabled	输出	BOOL	驱动已起动
Lockout	输出	BOOL	禁止激活
ActVelocity	输出	REAL	实际速度
Error	输出	BOOL	通信故障
Status	输出	WORD	通信状态
DiagId	输出	WORD	扩展通信诊断数据

6.4.8　SINAMICS V90 PN 伺服驱动器与 SIMATIC S7-1500 PLC 之间的位置控制（HSP）

新建一个 TIA Portal 项目，添加对应的 CPU 到项目中，然后切换到网络视图，在硬件目录中找到对应订货号的 SINAMICS V90 PN 伺服驱动器（具体路径为驱动器和起动器 → SI-

NAMICS 驱动 → SINAMICS V90 PN 伺服驱动器）并在信息栏中选择对应的固件版本号，并双击或者拖拽到项目中，如图 6-76 所示。将驱动器的网络分配到 PLC_1 中。

图 6-76　添加 SINAMICS V90 PN 伺服驱动器到项目中

切换到设备视图中，选择刚添加进项目中的 SINAMICS V90 PN 伺服驱动器，并在常规选项中修改设备名称，如图 6-77 所示。

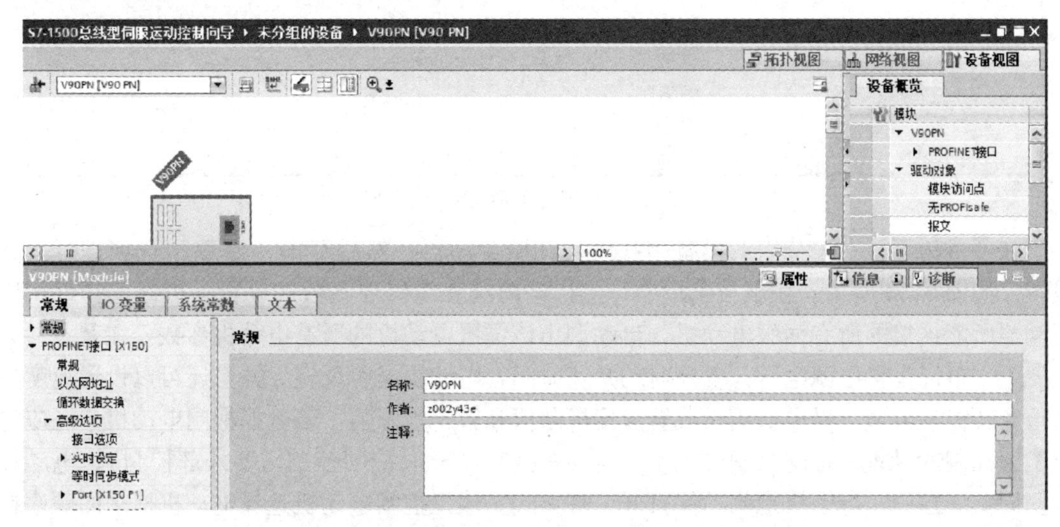

图 6-77　设置 SINAMICS V90 PN 伺服驱动器的设备名称

在循环数据交换中，确保循环数据的报文为西门子报文 105，使用其 DSC 功能提高位置控制的动态特性，如图 6-78 所示。

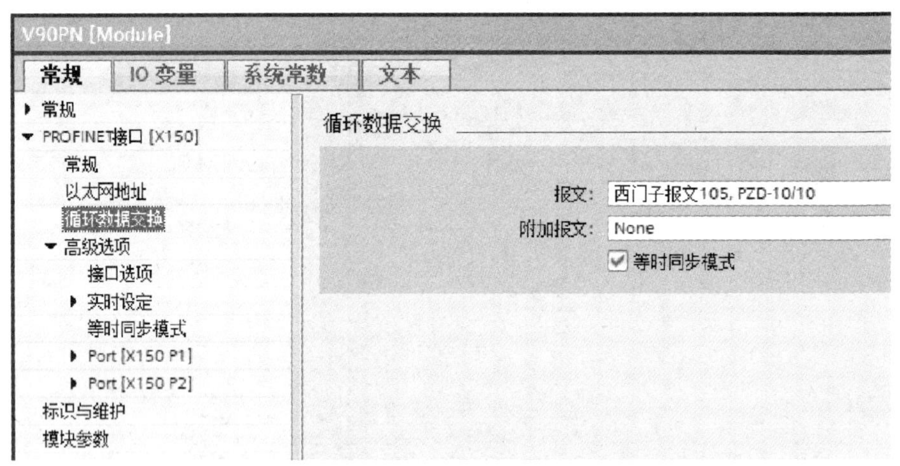

图 6-78　设置 SINAMICS V90 PN 伺服驱动器的报文

西门子 105 报文不仅有 DSC 功能，提高位置控制的动态特性，其默认的 IRT 通信可以缩短位置环的控制周期，还可以提高位置控制的动态特性，但是 IRT 通信需要进行网络结构的拓扑组态。切换到拓扑视图，实际的网络接线应与拓扑组态相同，否则 PLC 无法建立与 SINAMICS V90 PN 伺服驱动器 IRT 的通信。例如 PLC_1 的 X1. P1 与 SINAMICS V90 PN 伺服驱动器的 X150. P1 相连，应按图 6-79 所示进行拓扑组态。

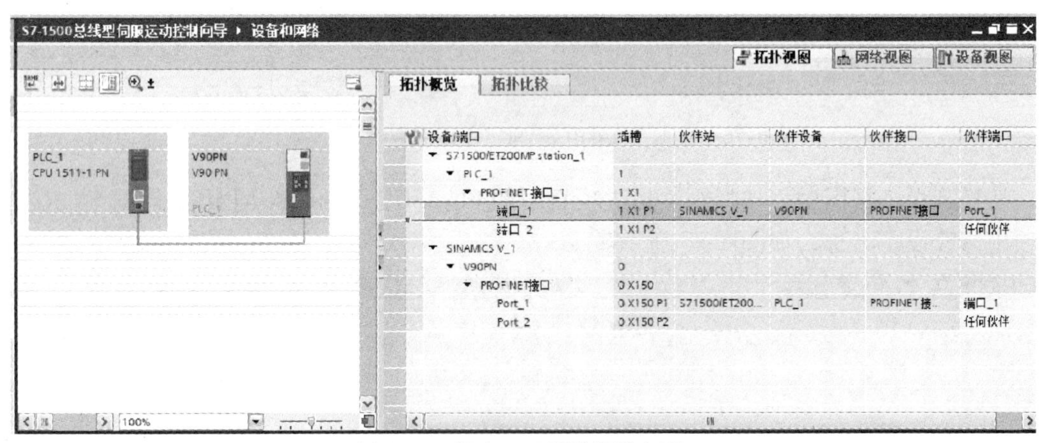

图 6-79　组态 IRT 通信网络拓扑

在项目树下，在未分组的设备中找到该伺服驱动器，然后双击“参数”选项进行参数设置，如图 6-80 所示。在下拉菜单中，包括电动机和编码器参数的设置，可以选择该伺服驱动器所能连接的所有伺服电动机，自动调出该伺服电动机的所有电动机参数。在基本参数设置中，可以设置电源电压，急停时的减速时间，电动机是否反转，并且还可以设置速度参考值和转矩参考值。极限值用于设置速度极限值和转矩极限值。若选择抱闸电动机，还应进行抱闸控制的设置，抱闸控制方式由无电动机抱闸（此时抱闸控制需要外部控制）、电动机抱闸同顺序控制、电动机抱闸始终打开三种方式。建议抱闸电动机选择电动机抱闸同顺序控制这种方式。

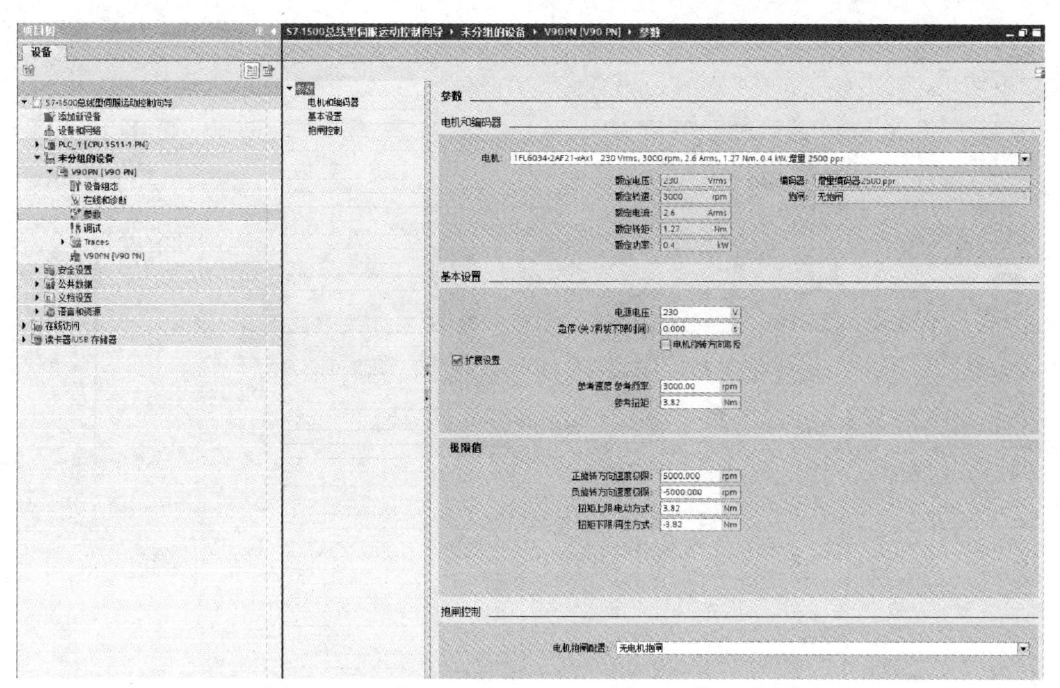

图 6-80 组态 SINAMICS V90 PN 伺服驱动器的参数

在项目树中，找到“工艺对象”，并双击“新增对象”，然后选择“TO_PositioningAxis”新建一个位置轴，可以修改轴的名称，确认后单击“确定”按钮，如图 6-81 所示。

图 6-81 新建一个位置轴的工艺对象

在“硬件件接口”中，选择“驱动装置”选项，并选择正确的“驱动装置”，如图6-82所示。

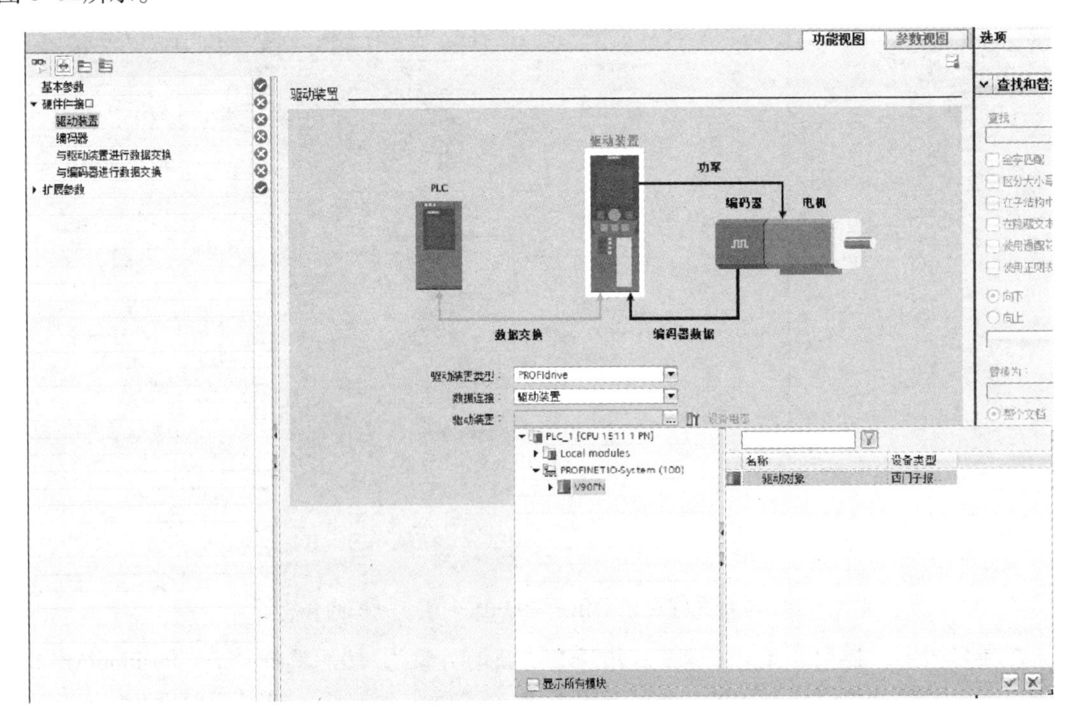

图6-82　组态工艺对象的驱动装置

由于采用SIMOTICS 1FL6伺服电动机的编码器作为反馈信号，因此“编码器”选项不需要进行组态，若采用外部编码器，则需要进行该选项的组态。对于“与驱动装置进行数据交换”和“与编码器进行数据交换”选项，可以选择运行时自动应用驱动值（在线），也可以选择组态过程中自动应用驱动值（离线），但该方式需要提前组态好伺服电动机，如图6-83所示。

根据实际运动控制的要求，可以设置“扩展参数”的相应功能。为了建立SINAMICS V90 PN伺服驱动器与SIMATIC S7-1500 PLC之间的正常通信与数据传输，需要在SINAMICS V90 PN伺服驱动器中按顺序设置如下：

1）确保SIMATIC V90 PN伺服驱动器工作在速度控制模式，即p29003 = 2。

2）设置SIMATIC V90 PN伺服驱动器的报文类型，即p922 = 105。

3）确保SIMATIC V90 PN伺服驱动器的设备名称与PLC项目中组态的设备名称一致，不一致则修改为一致，可以通过SIMATIC V90 PN伺服驱动器的调试软件V - Assistant修改，也可以在博途软件中，在线访问相应的SIMATIC V90 PN伺服驱动器，然后修改其设备名称。

4）SIMATIC V90 PN伺服驱动器参数被修改后，在断电前应进行保存，否则断电后，数据将恢复到上一次保存的数据。

在“项目树”中，PLC_1 →程序块，打开“MC - Servo [OB91]”的属性窗口，在“常规”菜单的“周期”选项中，将“因子”修改为1，从而使得位置环的控制周期为2ms，如

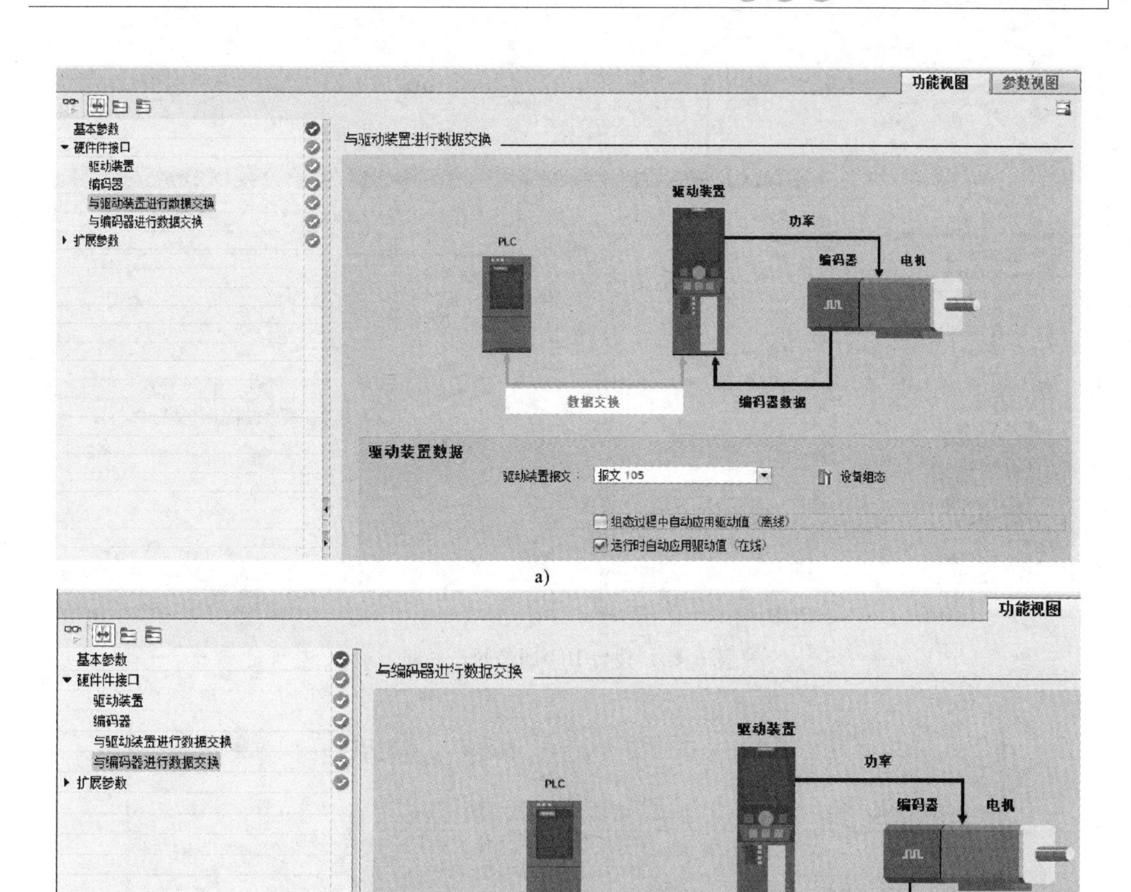

图6-83 设置参数

a）组态驱动数据交换 b）组态编码器数据交换

图6-84所示。

当PLC和SINAMICS V90 PN伺服驱动器的组态及设置完成后，编写控制程序对SINAMICS V90 PN伺服驱动器进行控制，建立变量表，如图6-85所示。

在主程序中编写轴控制程序，首先编写轴的使能程序，如图6-86所示。SINAMICS V90 PN伺服驱动器在驱动伺服电动机旋转前必须处于使能的状态，PLC通过“MC_Power”指令给伺服驱动器发使能命令，同时PLC还接收驱动器的状态反馈，确定伺服驱动器已经使能后，使能完成信号输出为1，否则无使能完成信号输出。当伺服驱动器出现报警或运动轴的工艺对象出现报警时，待报警解除后，应对伺服驱动器或运动轴的工艺对象进行复位如图6-87所示，并编写轴的复位程序。对于SINAMICS V90 PN伺服驱动器的报警，可以通过

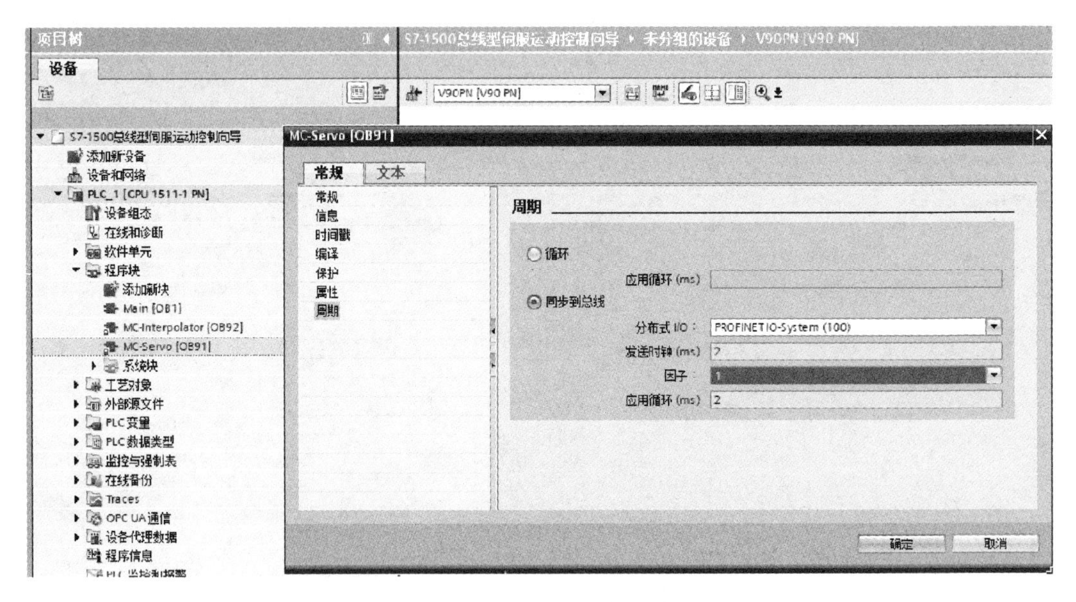

图 6-84　设置 IRT 通信同步周期

变量　用户常量　系统常量

默认变量表

	名称	数据类型	地址	保持	可从…	从 H…	在…
1	▸ 轴_1_Drive_IN	"PD_TEL3_IN"	%I68.0	☐	☑	☑	☑
2	▸ 轴_1_Drive_OUT	"PD_TEL3_OUT"	%Q64.0	☐	☑	☑	☑
3	轴使能	Bool	%M0.0	☐	☑	☑	☑
4	使能完成	Bool	%M0.1	☐	☑	☑	☑
5	轴错误	Bool	%M0.2	☐	☑	☑	☑
6	复位	Bool	%M0.3	☐	☑	☑	☑
7	复位完成	Bool	%M0.4	☐	☑	☑	☑
8	执行相对定位	Bool	%M0.5	☐	☑	☑	☑
9	相对定位完成	Bool	%M0.6	☐	☑	☑	☑
10	回零	Bool	%M0.7	☐	☑	☑	☑
11	回零完成	Bool	%M1.0	☐	☑	☑	☑
12	执行绝对定位	Bool	%M1.1	☐	☑	☑	☑
13	绝对定位完成	Bool	%M1.2	☐	☑	☑	☑
14	相对定位距离	Real	%MD4	☐	☑	☑	☑
15	相对定位速度	Real	%MD8	☐	☑	☑	☑
16	绝对定位距离	Real	%MD12	☐	☑	☑	☑
17	绝对定位速度	Real	%MD16	☐	☑	☑	☑
18	<新增>			☐	☑	☑	☑

图 6-85　变量表

长按伺服驱动器面板上的“OK”键进行复位，也可以通过复位指令复位；由于位置环在PLC 中，因此会出现位置环报警而伺服驱动器不报警的情况，即所说的工艺对象报警，此时必须使用复位指令进行复位，而无法通过伺服驱动器面板上的任何按键进行复位。

执行相对定位时，将按照设定的“相对定位距离”和“相对定位速度”相对当前位置定位运行，定位完成后，“相对定位完成”信号输出，如图 6-88 所示。

在进行绝对定位前，应对运动轴执行回参考点操作。绝对定位是基于参考点进行移动

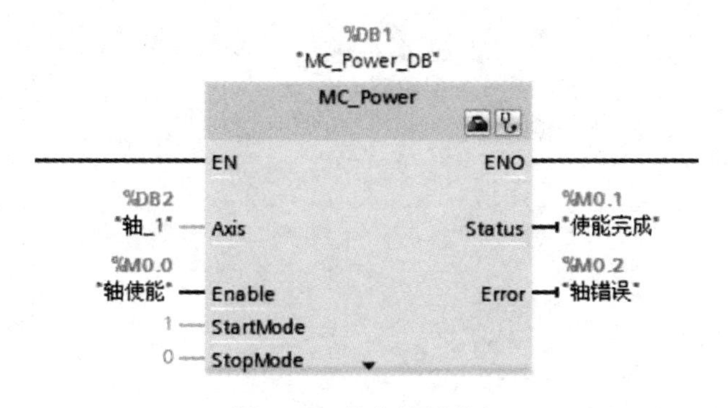

图 6-86 使能控制程序

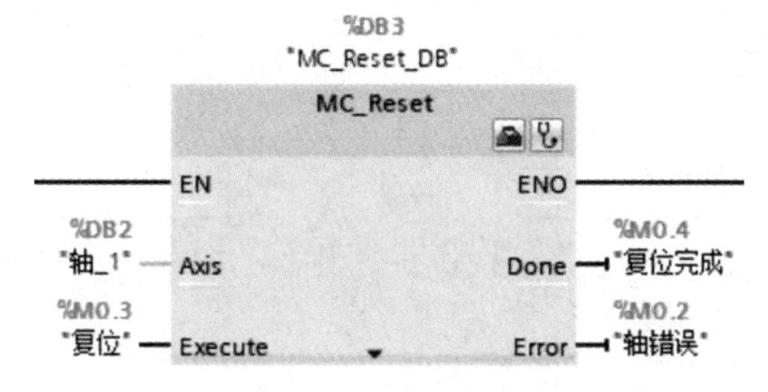

图 6-87 复位控制程序

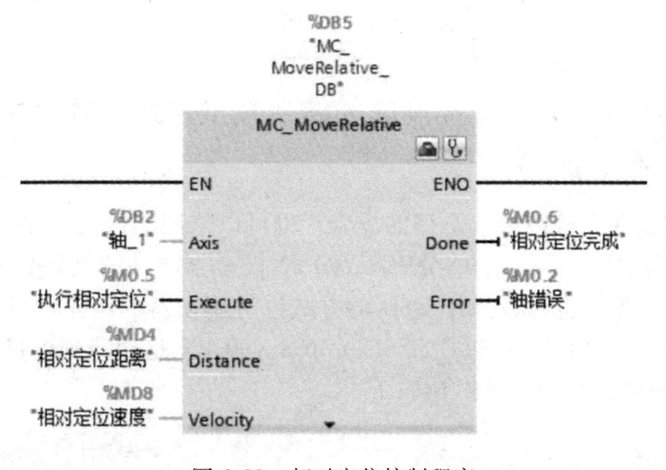

图 6-88 相对定位控制程序

的，而相对定位是基于当前位置进行移动的，因此相对运动不需要参考点。同时，若在工艺对象中激活并设置了软限位功能，软限位功能也是基于参考点的，也就是说没有经过回参考点操作，即便负载的实际位置已经超出了软限位设置的范围也不会产生软限位报警。按图 6-89编写回参考点程序，按图 6-90 编写绝对定位程序。在执行绝对定位时，若当前位置与设置的绝对定位距离相等，即便有“执行绝对定位”命令，运动轴也不会运行，这点与相对定位不同。

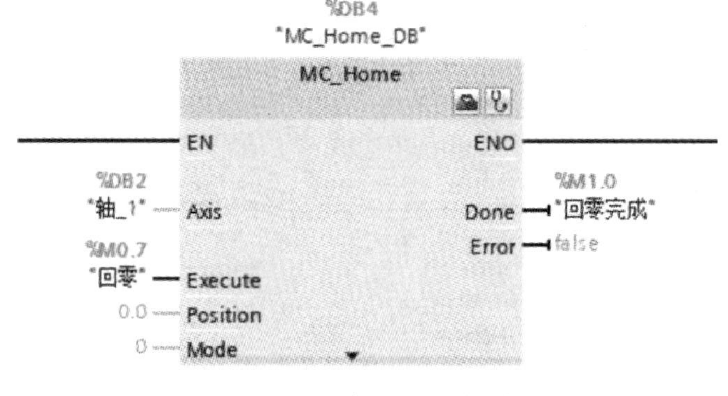

图 6-89　回参考点控制程序

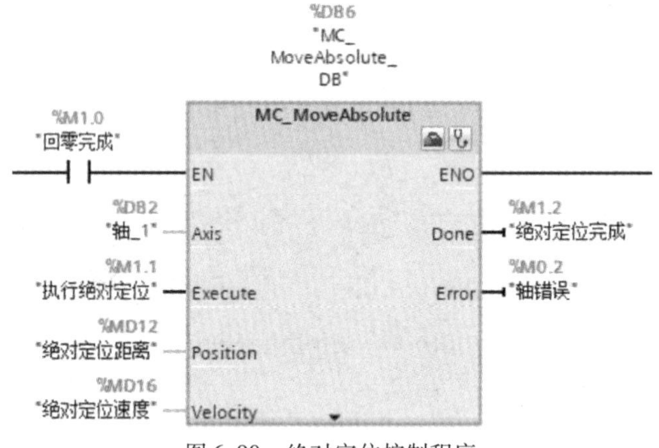

图 6-90　绝对定位控制程序

6.4.9　SINAMICS V90 PN 伺服驱动器与 SIMATIC S7-1500 PLC 之间的位置控制（GSD）

在某些位置控制动态特性要求不高的场合，也可以采用非西门子报文 105 进行位置控制，可以修改 HSP 控制模式中的 SINAMICS V90 PN 驱动器属性的循环数据交换选项，选择其报文为其他报文类型，也可以采用 GSD 的方式进行驱动器的组态和设置选择其他报文。新建一个博途项目，添加相应的 PLC 和 SINAMICS V90 PN 驱动器到项目中并将 SINAMICS V90 PN 驱动器分配到 PLC 中，如图 6-91 所示。

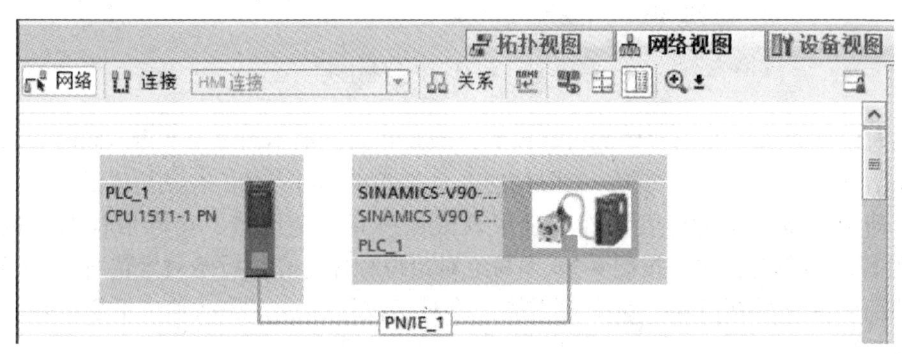

图 6-91　组态 SINAMICS V90 PN 伺服驱动器

切换到设备视图，修改 SINAMICS V90 PN 伺服驱动器的设备名称，并将标准报文 3 添加到 SINAMICS V90 PN 中。报文 3 默认为 RT 通信模式，如图 6-92 所示。

图 6-92　添加通信报文

在“项目树”中，找到“工艺对象”，并双击“新增对象”，然后选择“TO_PositioningAxis”新建一个位置轴，可以修改轴的名称，确认后单击“确定”按钮，如图 6-93 所示。

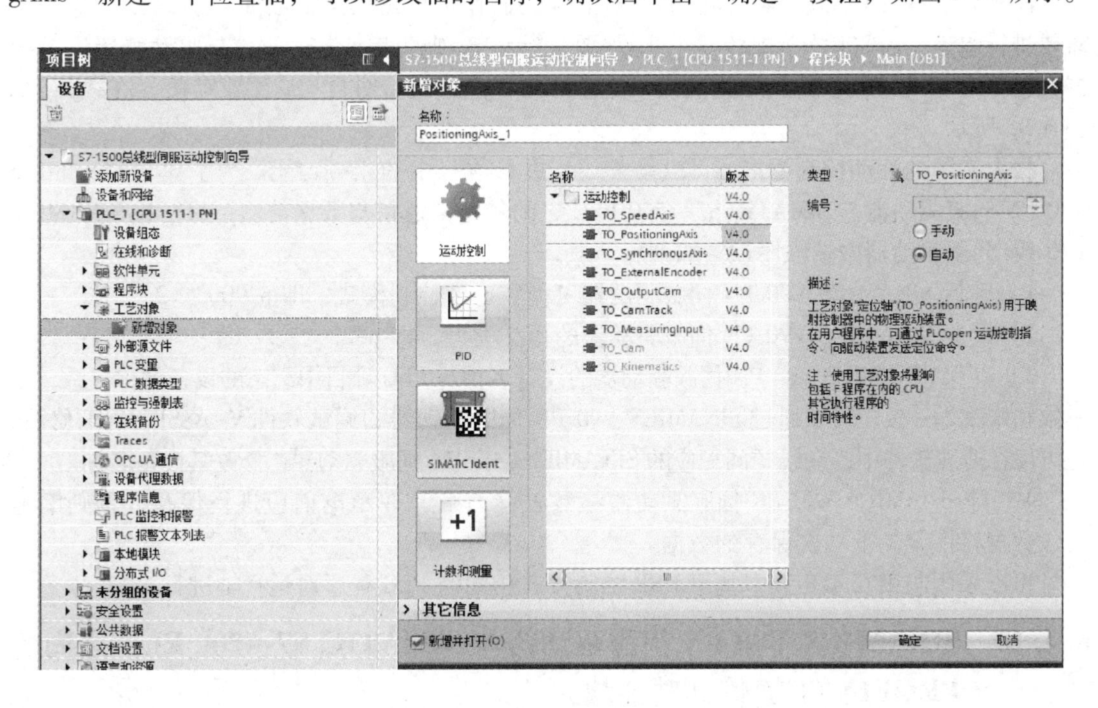

图 6-93　添加位置轴的工艺对象

在“硬件件接口”参数中，选择“驱动装置”选项并选择正确的“驱动装置”，如图6-94所示。

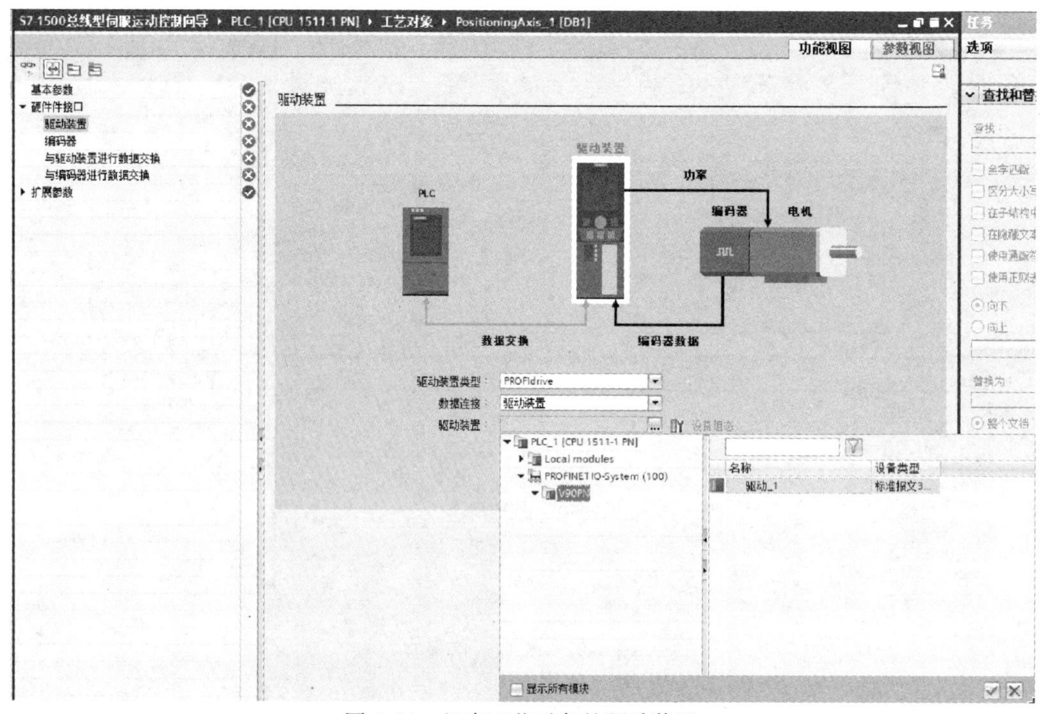

图6-94 组态工艺对象的驱动装置

由于采用SIMOTICS 1FL6伺服电动机的编码器作为反馈信号，因此“编码器”选项不需要进行组态，若采用外部编码器，则需要进行该选项的组态。对于“与驱动装置进行数据交换”和“与编码器进行数据交换”选项，可以选择运行时自动应用驱动值（在线），如图6-95所示。

根据实际的运动控制要求，可以设置“扩展参数”中的相应功能。为了建立SINAMICS V90 PN伺服驱动器与SIMATIC S7-1500 PLC之间的正常通信与数据传输，需要在SINAMICS V90 PN伺服驱动器中按顺序设置如下：

1）确保SINAMICS V90 PN伺服驱动器工作在速度控制模式，即p29003 = 2。

2）设置SINAMICS V90 PN伺服驱动器的报文类型，即p922 = 3。

3）确保SINAMICS V90 PN伺服驱动器的设备名称与PLC项目中组态的设备名称一致，不一致则修改为一致，可以通过SINAMICS V90 PN伺服驱动器的调试软件V-ASSISTANT修改；也可以在博途软件中，在线访问相应的SINAMICS V90 PN伺服驱动器，修改其设备名称。

4）当SINAMICS V90 PN伺服驱动器参数被修改后，在断电前应进行保存；否则断电后，数据将恢复到上一次保存的数据。

可以采用与第6.4.8节中基于HSP控制方式相同的PLC程序对运行轴进行控制。

6.4.10 SINAMICS V90 PN伺服驱动器与SIMATIC S7-1200 PLC之间的PROFINET通信（功能块）

本节将介绍采用FB284功能块控制SINAMICS V90 PN伺服驱动器的定位。新建一个博

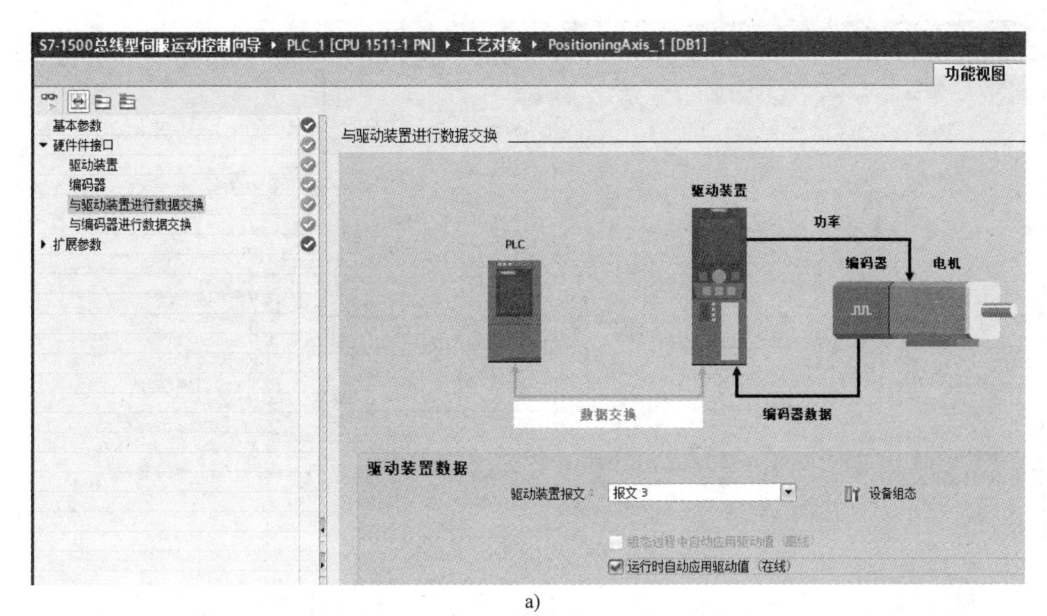

a)

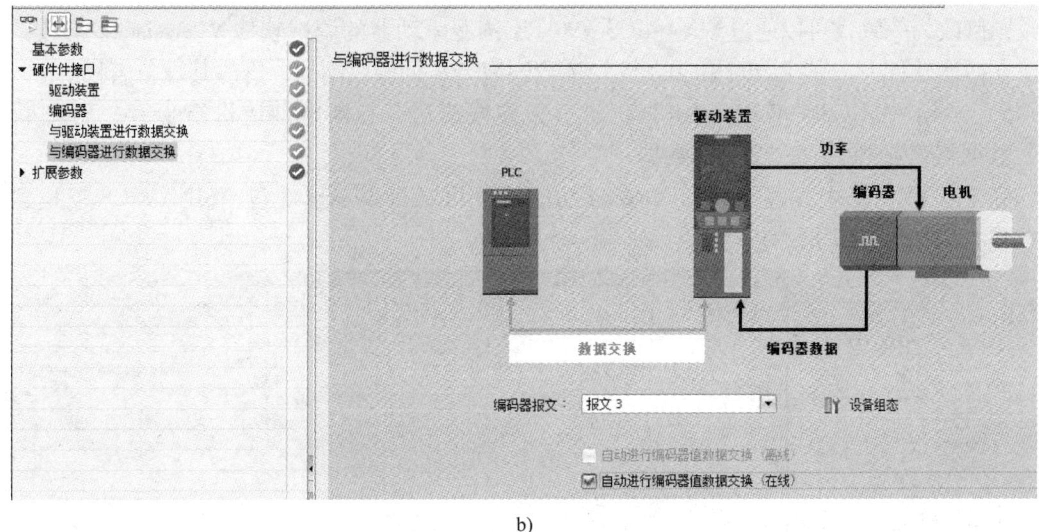

b)

图 6-95　设置参数

a）组态驱动装置数据　b）组态编码器数据

途项目，添加相应的 PLC 和 SINAMICS V90 PN 驱动器到项目中，并将 SINAMICS V90 PN 驱动器分配到 PLC 中。切换到设备视图，在属性窗口的“常规”选项中修改 SINAMICS V90 PN 伺服驱动器的设备名称，并将标准报文 111 添加到“V90 PN”中，如图 6-96 所示。

为了建立 SINAMICS V90 PN 伺服驱动器与 SIMATIC S7-1200 PLC 之间的正常通信与数据传输，应在 SINAMICS V90 PN 伺服驱动器中按顺序设置如下：

1）确保 SINAMICS V90 PN 伺服驱动器工作在速度控制模式，即 p29003 = 1。

2）设置 SINAMICS V90 PN 伺服驱动器的报文类型，即 p922 = 111。

3）根据实际情况设置 SINAMICS V90 PN 伺服驱动器的机械参数，p29247、p29248 和 p29149，在 PLC 程序中应根据设置的机械参数计算出伺服驱动器的位置设定值和速度设定值。

图 6-96　添加西门子报文

4）确保 SINAMICS V90 PN 伺服驱动器的设备名称与 PLC 项目中组态的设备名称一致，不一致则修改为一致，可以通过 SINAMICS V90 PN 伺服驱动器的调试软件 V-Assistant 修改；也可以在博途软件中，在线访问相应的 SINAMICS V90 PN 伺服驱动器，修改其设备名称。

5）当 SINAMICS V90 PN 伺服驱动器参数被修改后，在断电前应进行保存；否则断电后，数据将恢复到上一次保存的数据。

在主程序 OB1 中，直接调用 SinaPos 功能块（可在指令→选件包→SINAMICS 下找到该功能块），如图 6-97 所示。

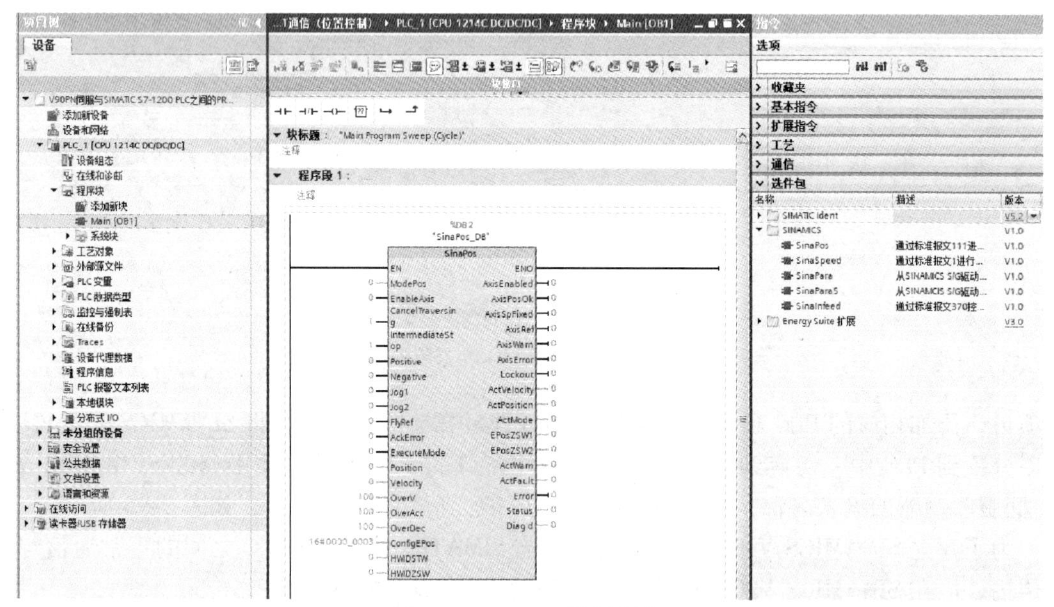

图 6-97　SinaPos 控制程序

“SinaPos”这个功能块是基于西门子标准报文 111 编写的。西门子标准报文 111 的功能非常强大，可以实现许多功能，这里不一一叙述，仅介绍 FB284 的主要功能，其输入端的详细接口信息见表 6-28。

表 6-28 SinaPos 程序输入参数表

输入信号	数据类型	默认值	含 义
ModePos	整形	0	操作模式：=1：相对定位；=2：绝对定位；=3：连续运行模式；=4：主动回参考点；=5：直接设置回零位置；=6：运行程序段；=7：按指定速度点动运行；=8：按指定距离点动运行
EnableAxis	布尔型	0	伺服驱动器使能命令，需要上升沿触发
CancelTraversing	布尔型	1	0：取消执行；1：不取消执行
IntermediateStop	布尔型	1	0：立即停止；1：不立即停止
Positive	布尔型	0	正向命令
Negative	布尔型	0	反向命令
jog1	布尔型	0	JOG1，速度设置在参数 p2585 中
jog2	布尔型	0	JOG2，速度设置在参数 p2586 中
FlyRef	布尔型	0	SINAMICS V90 PN 伺服驱动器不具有该功能
AckError	布尔型	0	故障复位
ExecuteMode	布尔型	0	执行命令
Position	双整形	0 [LU]	位置设定值或运行程序段的编号
Velocity	双整形	0 [LU/min]	速度设定值
OverV	整形	100 [%]	速度倍率
OverAcc	整形	100 [%]	加速度倍率
OverDec	整形	100 [%]	减速度倍率
ConfigEPos	双字	3H	功能组态，详见表
HWIDSTW	HW_IO	0	硬件 ID 号
HWIDZSW	HW_IO	0	硬件 ID 号

ConfigEPos 的详细功能见表 6-29。

表 6-29 ConfigEPos 功能表

ConfigEPos	含 义	PZD	ConfigEPos	含 义	PZD
位 0	OFF2	1	位 6	参考点开关信号	3
位 1	OFF3	1	位 7	上升沿执行外部程序段	1
位 2	1：激活软限位	3	位 8	1：持续传输	2
位 3	1：激活硬限位	3	位 9 ~ 位 31	保留	
位 4、位 5	保留				

FB284 的输出端详细接口信息见表 6-30。

表 6-30 FB284 的输出端详细接口信息

输出信号	数据类型	含 义	输出信号	数据类型	含 义
AxisEnabled	布尔型	驱动器已使能	ActWarn	字	驱动器警告代码
AxisPosOk	布尔型	驱动器定位完成	ActFault	字	驱动器故障代码
AxisRef	布尔型	驱动器已回参考点	Error	布尔型	错误
AxisWarn	布尔型	驱动器警告	Status	整形	16#7002：无错误 16#8401：驱动器故障 16#8402：禁止起动 16#8600：读驱动器参数错误 16#8601：写驱动器参数错误 16#8202：模式选择错误 16#8203：设定值错误 16#8204：程序段选择错误
AxisError	布尔型	驱动器故障			
Lockout	布尔型	禁止起动			
Actvelocity	双整形	实际速度			
ActPosition	双整形	实际位置			
ActMode	整形	实际模式			
EPosZSW1	字	EPOS 状态字 1			
EPosZSW2	字	EPOS 状态字 2	DiagID	字	通信错误详细代码

伺服轴运行必须满足下列条件：

1）伺服轴应通过输入 EnableAxis = 1 进行使能，若伺服驱动器正常使能且没有故障，则输出轴已使能信号；若使能后或使能时出现伺服驱动器故障报警，则需要在故障报警复位后重新进行使能。

2）ModePos 输入用于运行模式的选择。可在不同的运行模式下进行切换，但有些模式之间的切换可以在轴运行时进行，有些模式之间的切换需要在轴静止时进行。

3）输入信号 CancelTraversing 和 IntermediateStop 在点动模式下无效，非点动模式下均有效，因此运行 EPOS 时需要将其设置为 1。当取消运行时，轴按最大速度停止，并放弃当前的运动，待轴停止后可进行运行模式的切换。当立即停止时，轴按当前设置的减速度进行斜坡停车，任务保持，当立即停止命令消失后，继续执行当前的任务，可以理解为暂停。

3）输入信号 ConfigEPos 的位 0 和位 1 必须设置为 3，即没有自由停车和紧急停车命令。

4）如果激活了硬限位开关，则需要将输入信号 ConfigEPos 的位 3 置 1，且其正、负向的硬件限位开关信号必须接到 SINAMICS V90 PN 伺服驱动器的数字量输入端，并且将其数字量的输入端定义为正限位或负限位功能，否则伺服驱动器会存在正、负硬限位报警。限位开关的输出信号为高电平时，轴才能运行，即轴运行到限位开关处时，伺服驱动器对应开关的输入信号为 0 而非 1。

5）如果激活软限位开关功能，则需要将输入信号 ConfigEPos 的位 2 置 1。在伺服驱动器中，设置负向软限位位置值为 P2580 和正向软限位位置值为 P2581，软限位开关报警检测伺服驱动器已回参考点。

相对定位模式可以通过伺服驱动器相对定位功能来实现，采用伺服驱动器的内部位置控制器实现相对位置控制。进行相对定位控制时应将运行模式选择参数 ModePos 设置为 1 并且已处于使能的状态，伺服轴不必回零或绝对编码器可以处于未被校正的状态。在相对定位中，运动方向由位置设定值 Position 中所设置值的正负来确定。通过输入信号 ExecuteMode 的上升沿触发定位运动，到达目标位置后输出定位完成信号，对于正在运行中的相对定位运动再次触发，则执行新的命令，其控制时序图如图 6-98 所示。

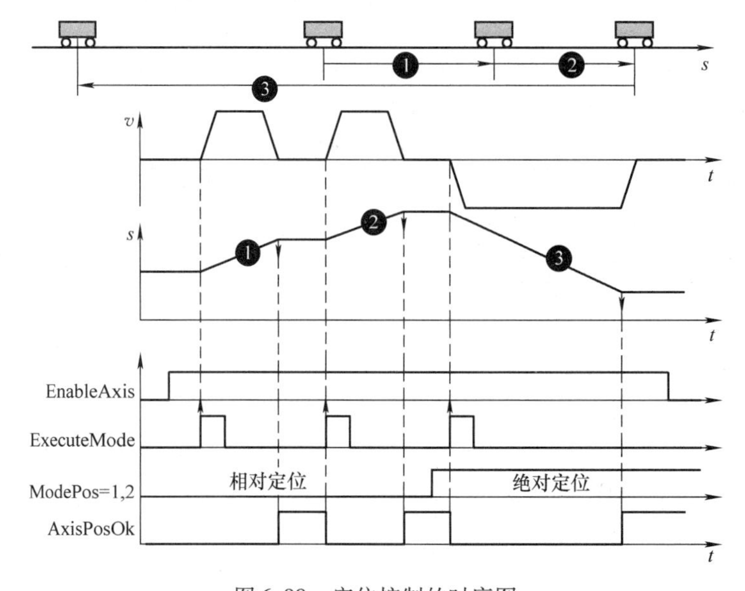

图 6-98　定位控制的时序图

绝对定位模式可以通过伺服驱动器绝对定位功能来实现，采用伺服驱动器的内部位置控制器实现绝对位置控制。进行绝对定位控制时，应将运行模式选择参数 ModePos 设置为 2 并且已处于使能的状态，伺服轴必须已回零或绝对编码器处于已被校正的状态。在绝对定位中，运动方向按照最短路径运行至目标位置，此时输入参数 Positive 和 Negative 必须为 0，如果是模态轴，则可以由此时输入参数 Positive 和 Negative 指定运行方向。通过输入信号 ExecuteMode 的上升沿触发定位运动，到达目标位置后输出定位完成信号，对于正在运行中的绝对定位运动再次触发，则执行新的命令。

连续运行模式允许轴在正向或反向以一个恒定的速度运行，应将运行模式选择参数 ModePos 设置为 3 并且已处于使能的状态，伺服轴不必回零或绝对编码器可以处于未被校正的状态。运行速度由输入参数 Velocity 指定，其方向由 Positive 和 Negative 决定。通过输入信号 ExecuteMode 的上升沿触发连续运行，对于正在运行中的连续运行再次触发，则执行新的命令，其控制时序图如图 6-99 所示。

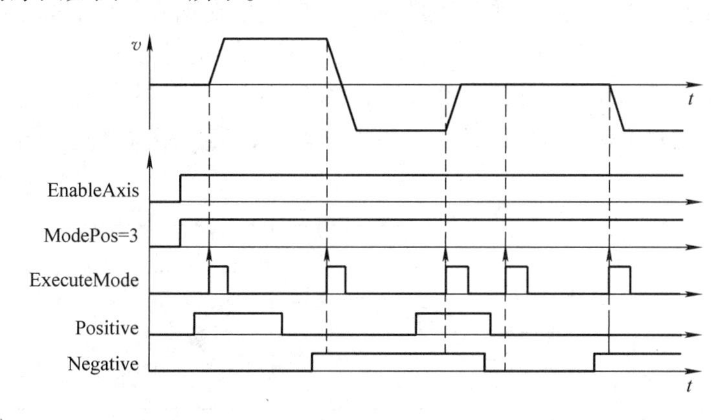

图 6-99 连续控制运行的时序图

主动回参考点允许轴按照预设的回零速度及方式沿着正向或反向进行回参考点操作，激活伺服驱动器的主动回参考点，应将运行模式选择参数 ModePos 设置为 4 并且已处于使能的状态，参考点开关应连接到 PLC 的输入点并通过 FB284 功能块发送到驱动器中。通过 ExecuteMode 的上升沿触发回参考点运动，且在回参考点过程中该信号应一直保持高电平，否则将会出现回参考点不成功的现象，其控制时序图如图 6-100 所示。

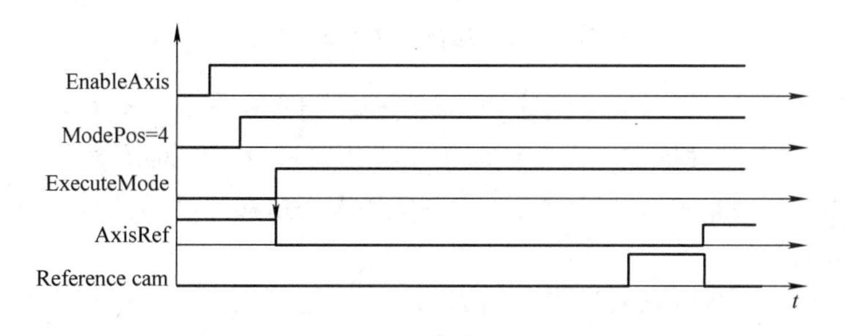

图 6-100 主动回参考点的时序图

直接设置回参考点位置允许轴在任意位置时对轴进行零点位置设置。应将运行模式选择参数 ModePos 设置为 5，执行时应确保伺服电动机处于静止状态，其控制时序图如图 6-101 所示。

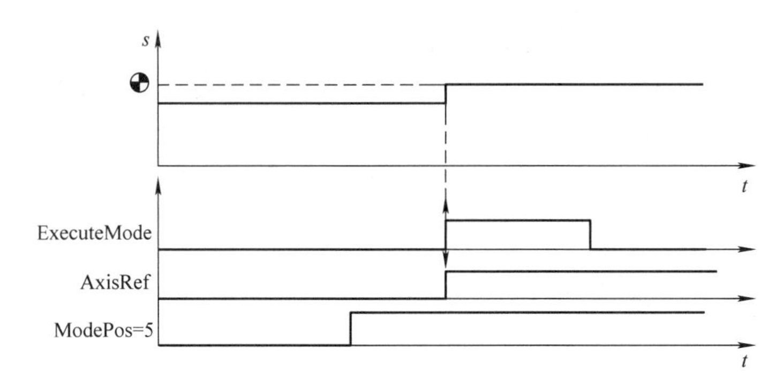

图 6-101 直接回参考点的时序图

运行程序段允许创建自动运行的运动任务、运行至固定挡块、设置及复位输出等功能。应将运行模式选择参数 ModePos 设置为 6 并且已处于使能的状态，伺服轴必须已回参考点或绝对值编码器已校正。工作模式、目标位置及动态响应已在伺服驱动器的运行程序段参数中进行设置，速度的倍率参数对程序块中的速度设定值进行控制。jog1 和 jog2 必须设置为 0，程序段号在输入参数 Position 中设置，其值范围为 0 ~ 15，运动的方向由工作模式及程序段中的设定值决定。通过 ExecuteMode 的上升沿触发运行，其控制时序图如图 6-102 所示。

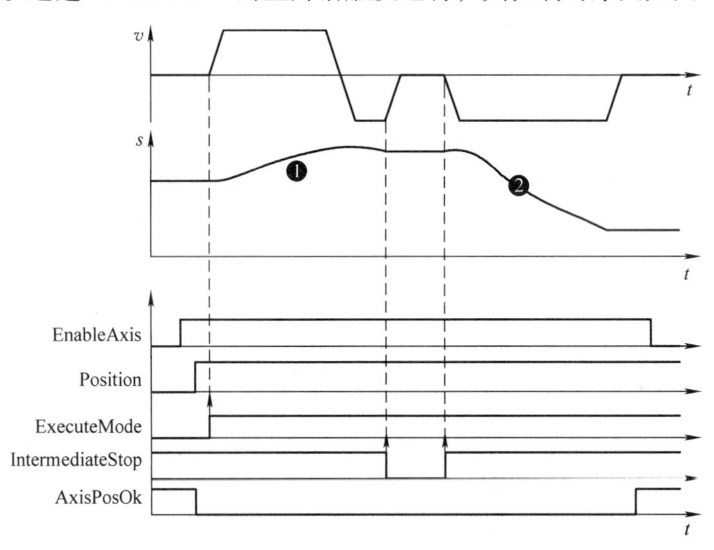

图 6-102 运行程序段的时序图

按指定速度点动运行可以通过驱动的 jog 点动功能实现，应将运行模式选择参数 ModePos 设置为 7 并且已处于使能的状态，伺服轴不必回参考点或绝对值编码器不必处于已校正的状态，点动速度在伺服驱动器中设置，速度的倍率参数对点动速度进行控制，其控制时序图如图 6-103 所示。

按指定位置点动运行可以通过驱动的 jog 点动功能实现，应将运行模式选择参数 ModePos 设置为 8 并且已处于使能的状态，伺服轴不必回参考点或绝对值编码器不必处于已校正的状态，点动速度在伺服驱动中设置，速度的倍率参数也可以控制点动速度设定值，其控制时序图如图 6-104 所示。

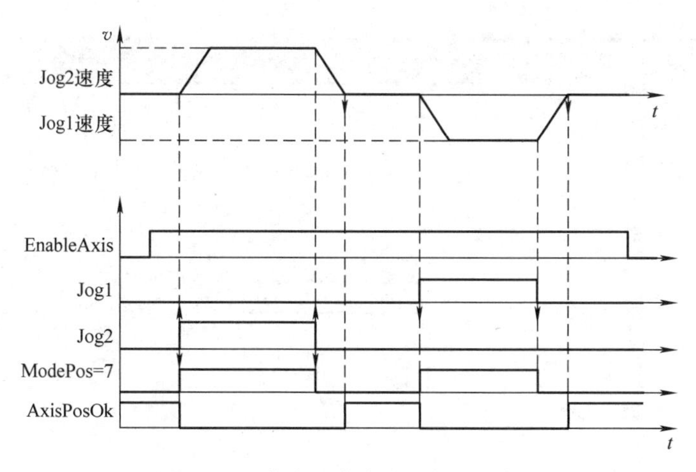

图 6-103　指定速度点动运行的时序图

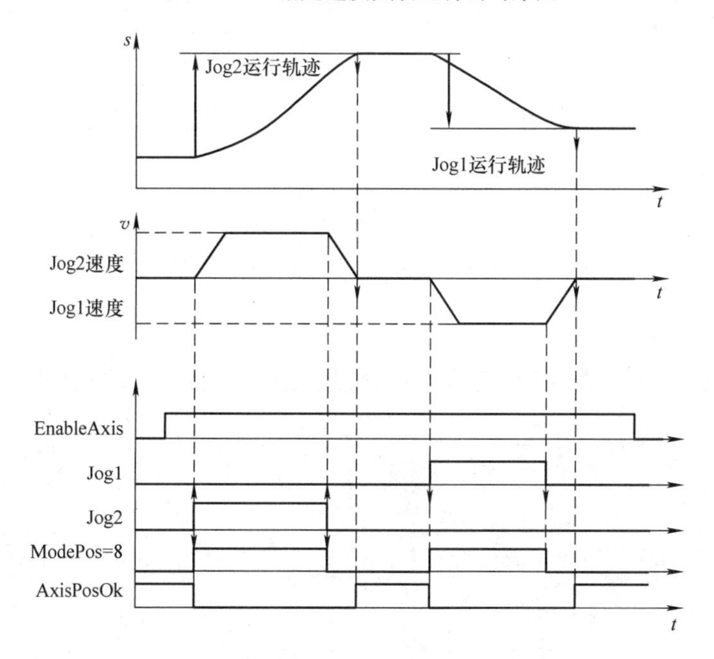

图 6-104　指定位置点动运行的时序图

6.4.11　SINAMICS V90 PN 伺服驱动器与 SIMATIC S7-200 SMART PLC 之间的位置控制

SIMATIC S7-200 SMART DC/DC/DC 型的 CPU 可以采用工艺对象的方式直接发脉冲控制 SINAMICS V90 脉冲型的伺服驱动器，对于总线型的 SINAMICS V90 伺服驱动器，则应进行 PROFINET 向导组态，然后通过功能块的方式进行位置控制。

与控制 SINAMICS G120C PN 伺服驱动器相同，首先应添加 GSD 文件到项目中。添加完 GSD 文件后，应进行 PROFINET 设备的组态，使用 PROFINET 向导功能对 PROFINET 设备进行组态，首先应激活 PROFINET 控制器，如图 6-105 所示。

① 在项目树的“向导”选项中，找到“PROFINET”并双击打开。

② 在“PLC 角色”的下拉菜单中，选择“PROFINET 控制器”。

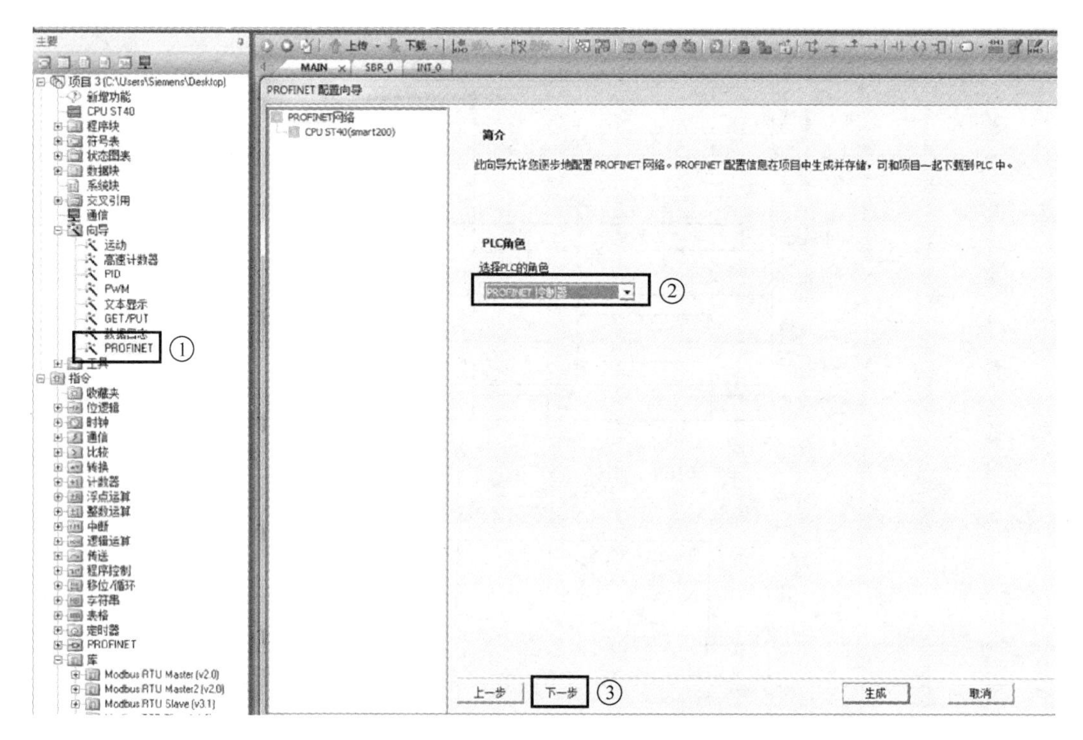

图 6-105　添加 SINAMICS V90 PN 伺服驱动器的 GSD 文件

③ 单击“下一步”。

添加 PROFINET 设备并进行设备名及 IP 地址的组态，如图 6-106 所示。

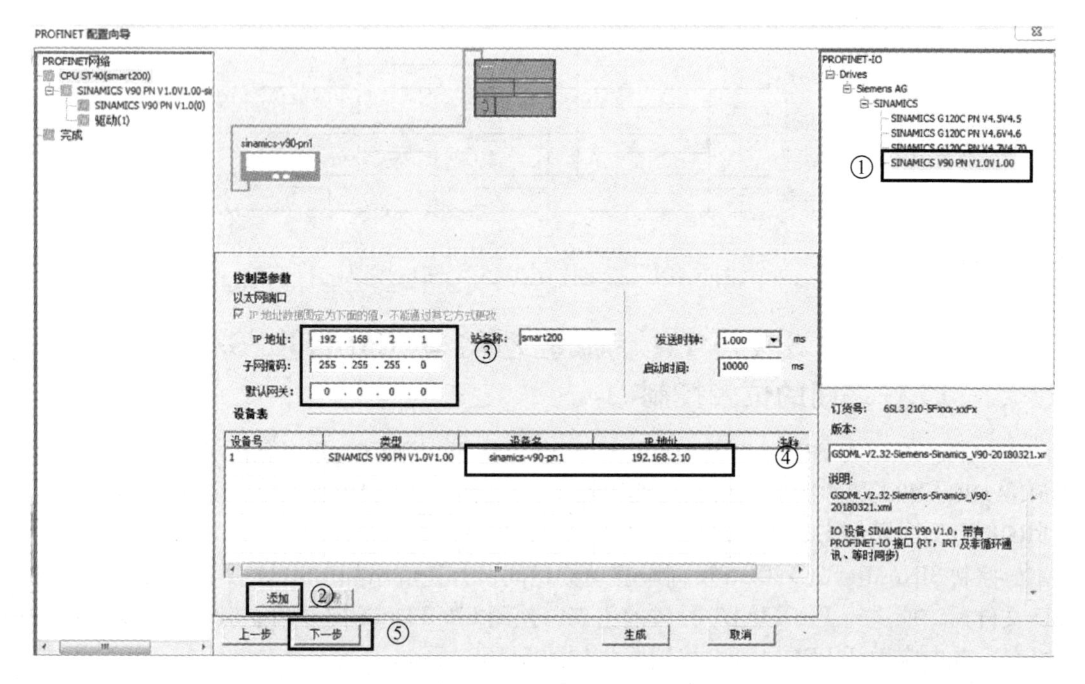

图 6-106　组态 PROFINET 通信

① 在“PROFINET－IO”设备中，找到“SINAMICS V90 PN”对应固件的 GSD 文件。

② 单击“添加”按钮，将 SINAMFCS V90 PN 伺服驱动器添加进设备表中。

③ 组态控制器的以太网端口参数。

④ 组态 SINAMICS V90 PN 伺服驱动器的设备名称和 IP 地址。

⑤ 单击“下一步”按钮。

组态 SINAMICS V90 PN 伺服驱动器的通信报文，如图 6-107 所示。

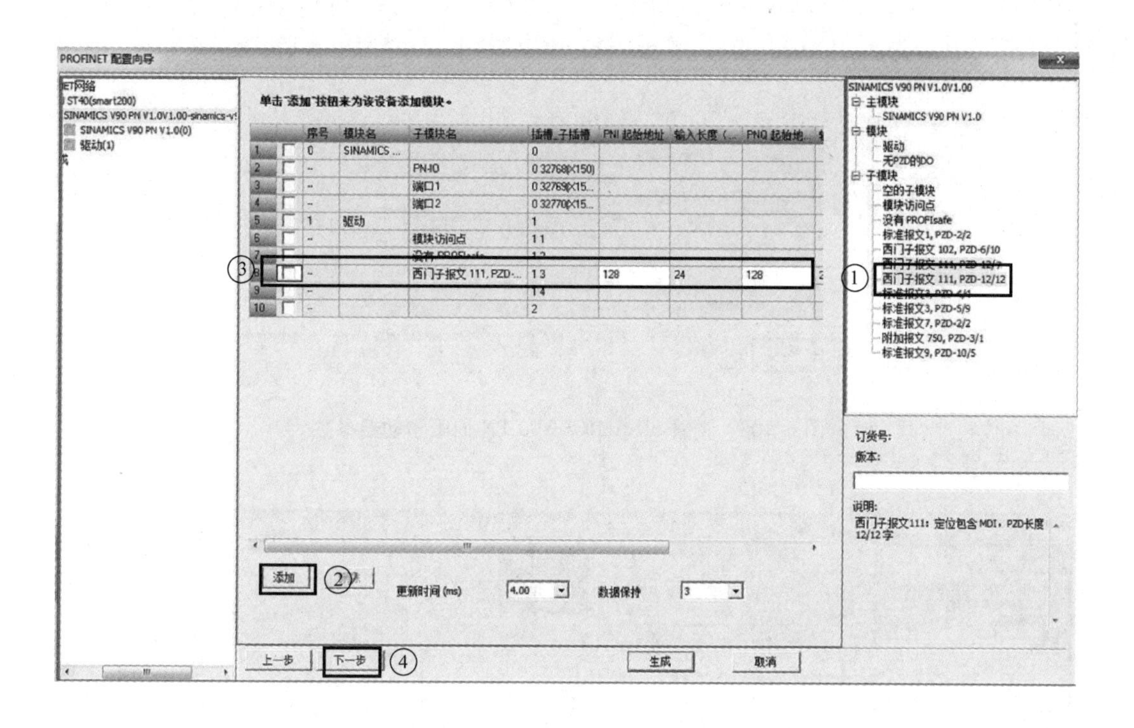

图 6-107　组态通信报文

① 在子模块中找到“西门子报文 111”。

② 单击“添加”按钮，将西门子报文 111 添加到项目中。

③ 可以查看 SINAMICS V90 PN 伺服驱动器的 PROFINET 起始输入和输出地址及输入和输出长度。

④ 单击“下一步”按钮。

查看 SINAMICS V90 PN 伺服驱动器的相应参数，如图 6-108 所示。

① 可以选择不同的选项，查看其相应的属性。

② 单击“下一步”按钮，直到出现如图 6-109 所示的界面，① 单击“生成”按钮生成 SINAMICS V90 PN 伺服驱动器的 PROFINET 通信。

组态完成后，需要调用“SINA_POS”功能块对变频器进行控制，其程序结构如图 6-110 所示，输入输出见表 6-31。

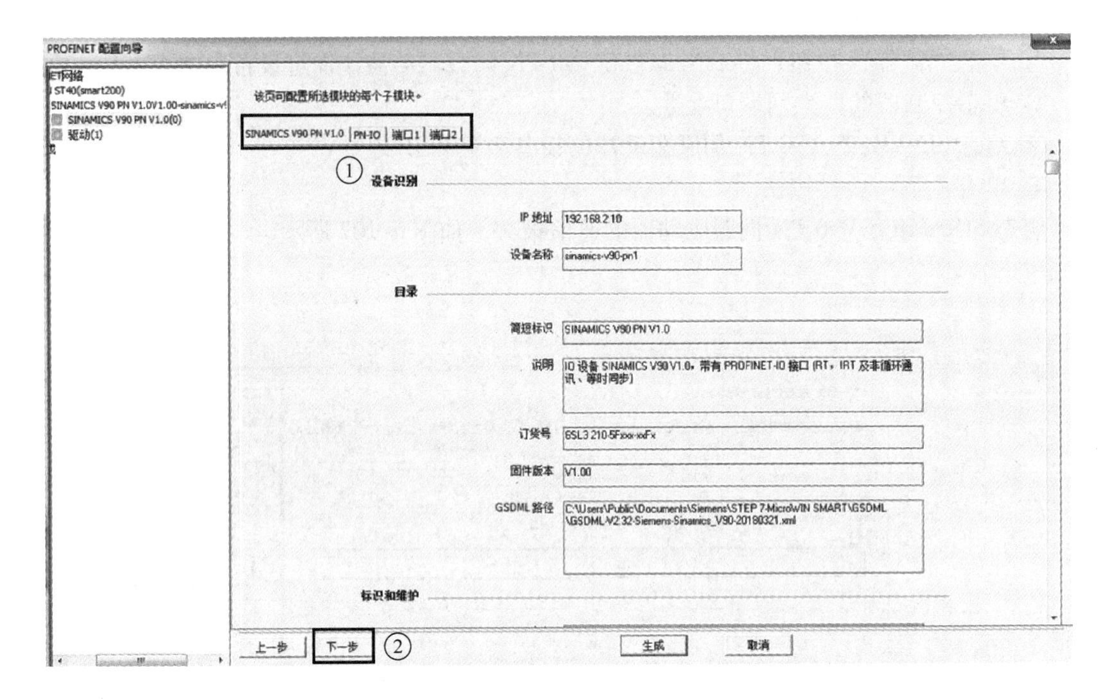

图 6-108　查看 SINAMICS V90 PN 伺服驱动器参数

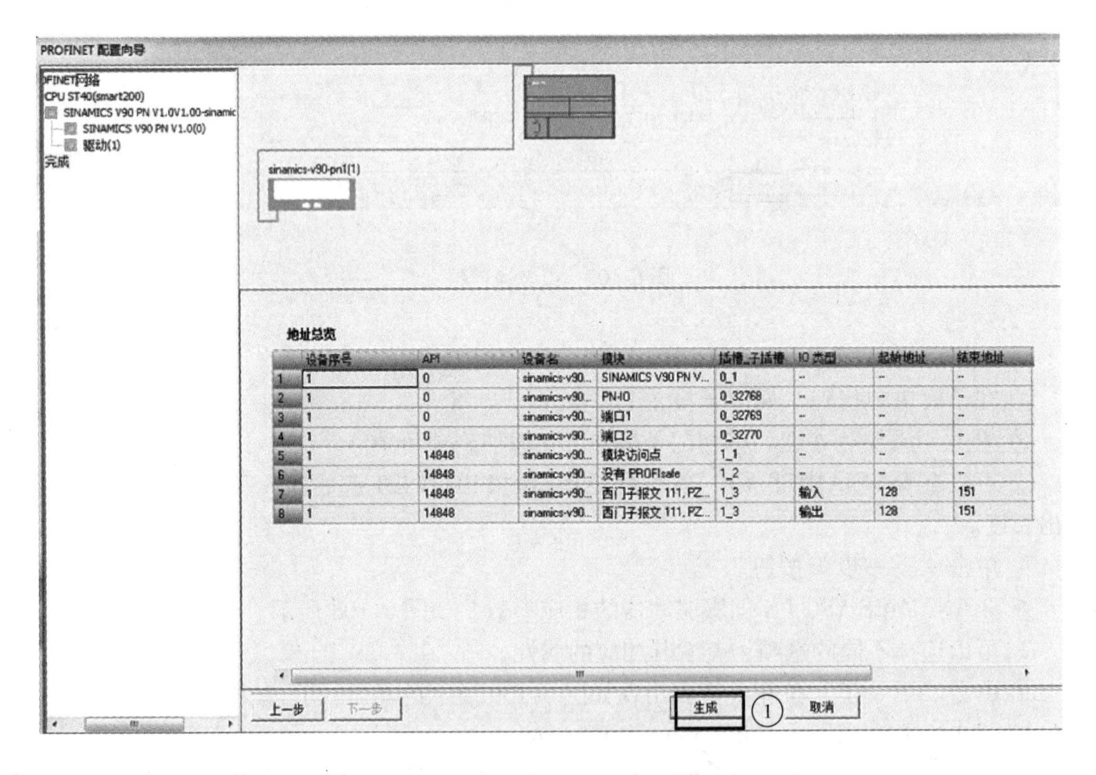

图 6-109　生成 PROFINET 通信

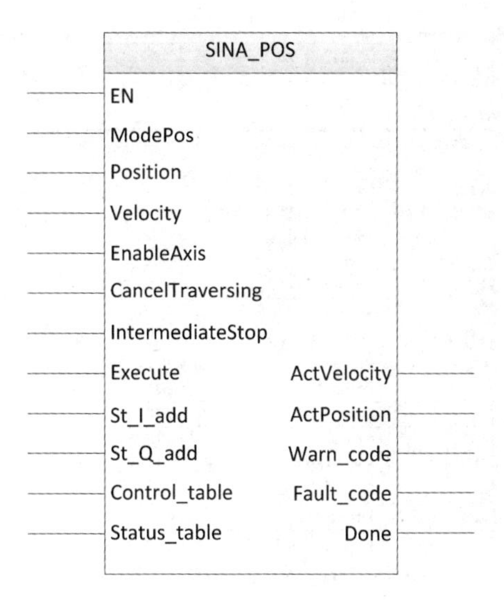

图 6-110　SINA_POS 程序结构

表 6-31　SINA_POS 程序输入输出参数表

参数	声明	数据类型	说　明
ModePos	输入	INT	操作模式 =1：相对运动、=2：绝对运动、=3：恒速运动、=4：主动回零、=5：设置参考点、=6：运行程序段、=7：点动模式、=8：增量点动
Position	输入	DINT	位置设定值或运行程序段的编号
Velocity	输入	DINT	MDI 的速度设定值
EnableAxis	输入	BOOL	轴使能
CancelTraversing	输入	BOOL	取消运行
IntermediateStop	输入	BOOL	立即停止
Execute	输入	BOOL	执行任务
St_I_add	输入	DWORD	PROFINET IO 输入存储区起始地址的指针
St_Q_add	输入	DWORD	PROFINET IO 输出存储区起始地址的指针
Control_table	输入	DWORD	Control_table 起始地址的指针
Status_table	输入	DWORD	Status_table 起始地址的指针
ActVelocity	输出	DWORD	实际速度
ActPosition	输出	DWORD	实际位置
Warn_code	输出	WORD	驱动器警告代码
Fault_code	输出	WORD	驱动器故障代码
Done	输出	BOOL	运行完成

打开 SIMATIC S7-200 SAMRT PLC 编辑软件 STEP 7 – MicroWIN SMART，新建一个项目，选择对应型号的 CPU。在项目树中，找到“符号表”选项中的“表格 1”并双击打开，新建变量符号表，如图 6-111 所示。

编写 SINA_POS 程序如图 6-112 所示，在项目树的“指令”选项中，找到库→SINAMICS Control 下的“SINA_POS 指令”。

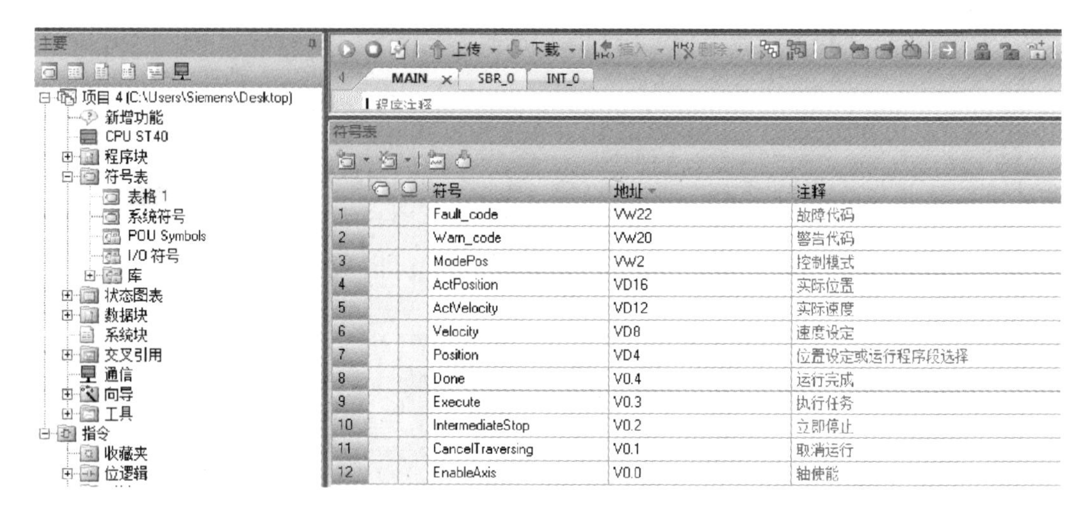

	符号	地址	注释
1	Fault_code	VW22	故障代码
2	Warn_code	VW20	警告代码
3	ModePos	VW2	控制模式
4	ActPosition	VD16	实际位置
5	ActVelocity	VD12	实际速度
6	Velocity	VD8	速度设定
7	Position	VD4	位置设定或运行程序段选择
8	Done	V0.4	运行完成
9	Execute	V0.3	执行任务
10	IntermediateStop	V0.2	立即停止
11	CancelTraversing	V0.1	取消运行
12	EnableAxis	V0.0	轴使能

图 6-111　变量符号表

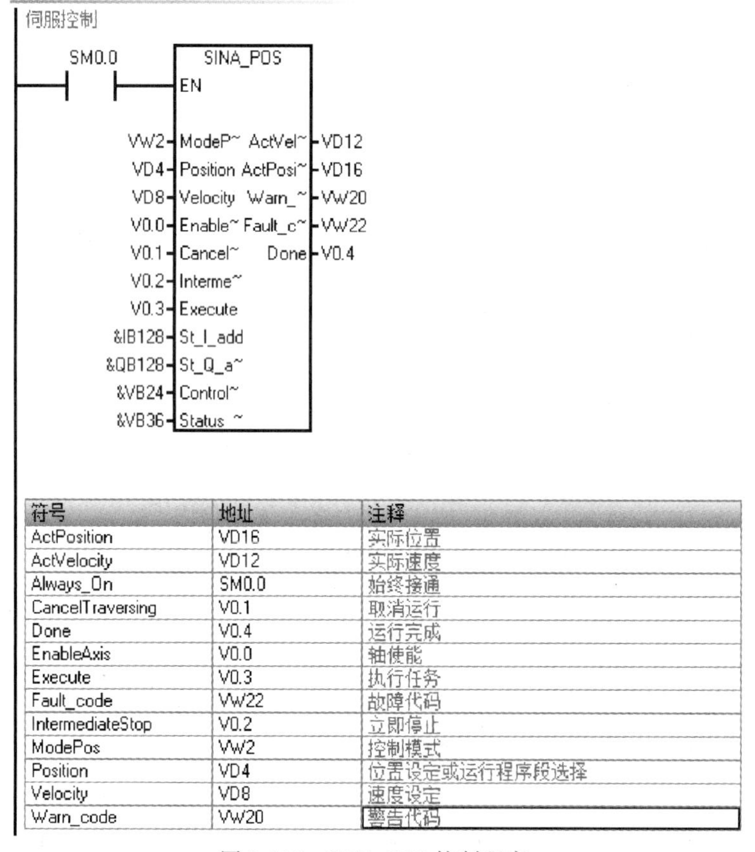

符号	地址	注释
ActPosition	VD16	实际位置
ActVelocity	VD12	实际速度
Always_On	SM0.0	始终接通
CancelTraversing	V0.1	取消运行
Done	V0.4	运行完成
EnableAxis	V0.0	轴使能
Execute	V0.3	执行任务
Fault_code	VW22	故障代码
IntermediateStop	V0.2	立即停止
ModePos	VW2	控制模式
Position	VD4	位置设定或运行程序段选择
Velocity	VD8	速度设定
Warn_code	VW20	警告代码

图 6-112　SINA_POS 控制程序

应为 SINA_POS 指令指定对应的背景数据块，在项目树的“符号表”选项中，找到其中的“库”下面的“SINAMICS Control [v1.0]”并双击打开，设置 STW1_X8 的起始地址，系统将自动生成各个变量所需的地址，且该地址在 PLC 程序中不能被其他指令使用，如图 6-113 所示。

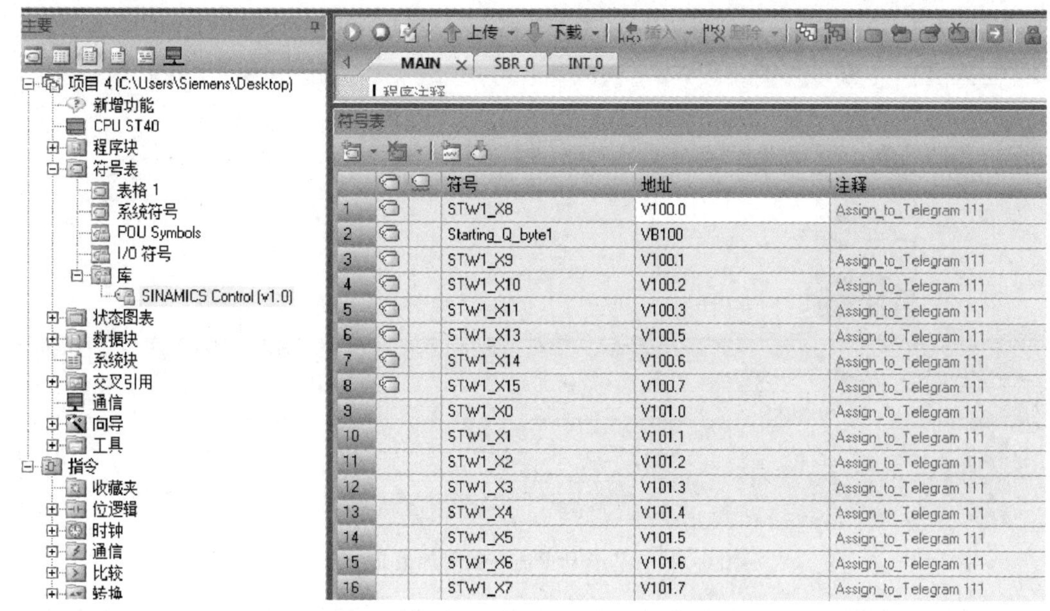

图 6-113　指定 PROFINET 通信的背景数据

6.4.12　SINAMICS V90 PN 伺服驱动器附加报文 750 的应用

附加报文 750 主要包含有 3 个输入和 1 个输出，其中输入包括附加扭矩设定、正向扭矩限幅设定和负向扭矩限幅设定，输出为实际扭矩输出，均与扭矩相关，单位为参考扭矩的百分比。在运行过程中，可以实时地修改附加扭矩、正向扭矩限幅和负向扭矩限幅，从而使得伺服驱动器可以进行扭矩相关的收放卷应用；实际扭矩的实时反馈，从而使控制器可以进行扭矩相关的固定点停止应用。附加报文 750 可以与任何 SINAMICS V90 PN 伺服驱动器支持的报文一起使用。

当附加报文 750 与工艺对象配合使用时，应在工艺对象中对其进行组态，并可以利用运动控制器中的运动控制库程序进行控制。组态工艺对象同样可以采用 HSP 或 GSD 的方式进行，但必须先进行伺服驱动器的报文组态。

基于 HSP 方式的伺服驱动器附加报文组态如图 6-114 所示。在“设备视图”中，选中需要进行附加报文组态的“V90 PN”伺服驱动器，在其属性页中找到“循环数据交换”选项，并在附加报文的下拉菜单中添加“附加报文 750”。

完成附加报文的组态后应进行工艺对象的组态，在“硬件件接口”参数中，选择“与驱动装置进行数据交换”选项，激活附加数据中的“扭矩数据”功能，如图 6-115 所示。

激活扭矩数据后，单击附加报文后的扩展按钮，然后选择“显示所有模块”，选中“附加报文 750”后，单击“确定”，如图 6-116 所示。

基于 GSD 方式的伺服驱动器附加报文组态如图 6-117 所示。在“设备视图”中，选中需要进行附加报文组态的“V90 PN”伺服驱动器，在硬件“目录”中的“子模块”选项中，选择“附加报文 750”，并双击或拖拽到设备视图中。

组态完附加报文后，进行工艺对象的组态，在“硬件件接口”的“驱动装置”选项中，选择该驱动，工艺对象自动激活“附加数据”中的扭矩功能并添加对应的“附加报文”，如

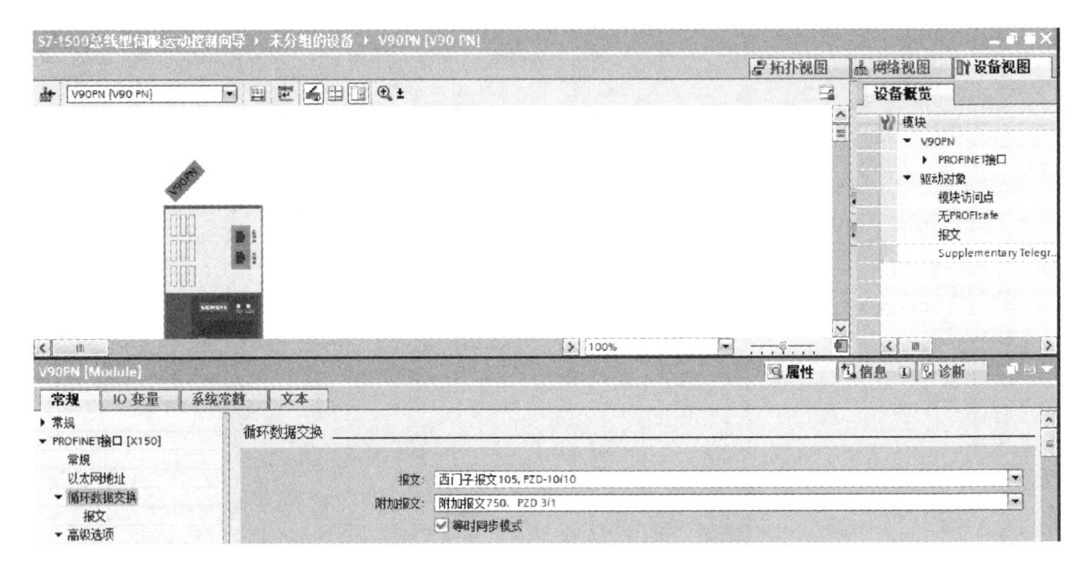

图 6-114　基于 HSP 方式的附加报文组态

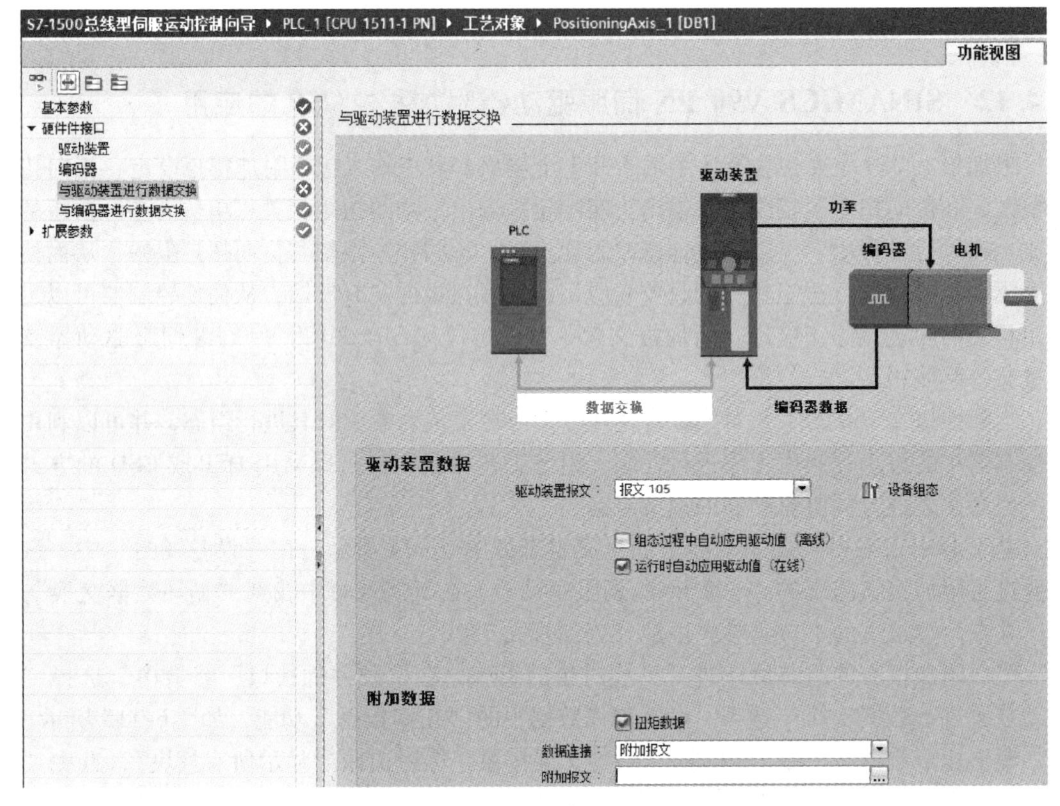

图 6-115　基于 HSP 方式的附加数据设定

图 6-118 所示。

工艺对象提供 3 个运动控制子程序，包括激活/禁用附加扭矩、设置扭矩上下限、激活和取消激活力/扭矩限值/固定挡块检测。在指令 →工艺 →运动控制 →扭矩数据中，可以找到与扭矩相关的 3 个运动控制子程序，如图 6-119 所示。

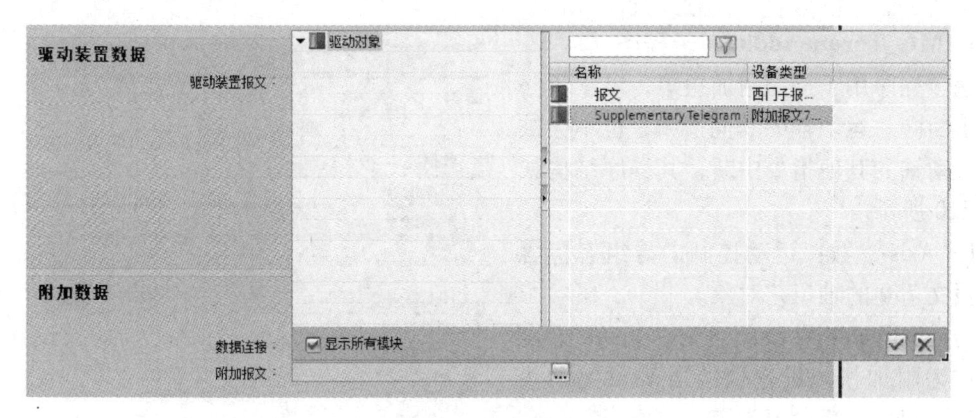

图 6-116 选择附加报文

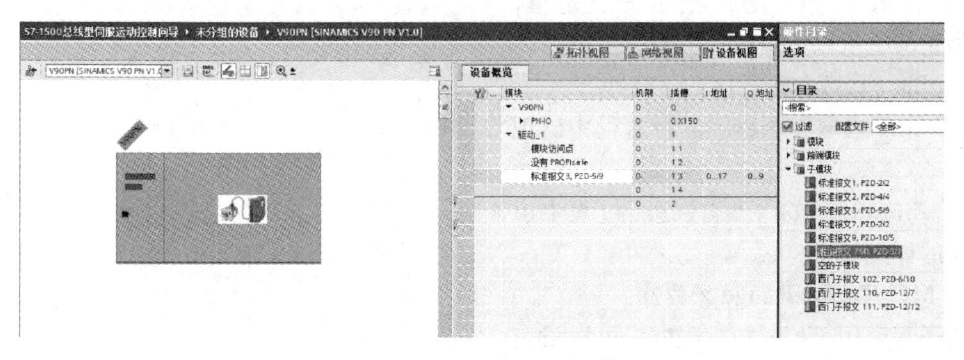

图 6-117 基于 GSD 方式的附加报文组态

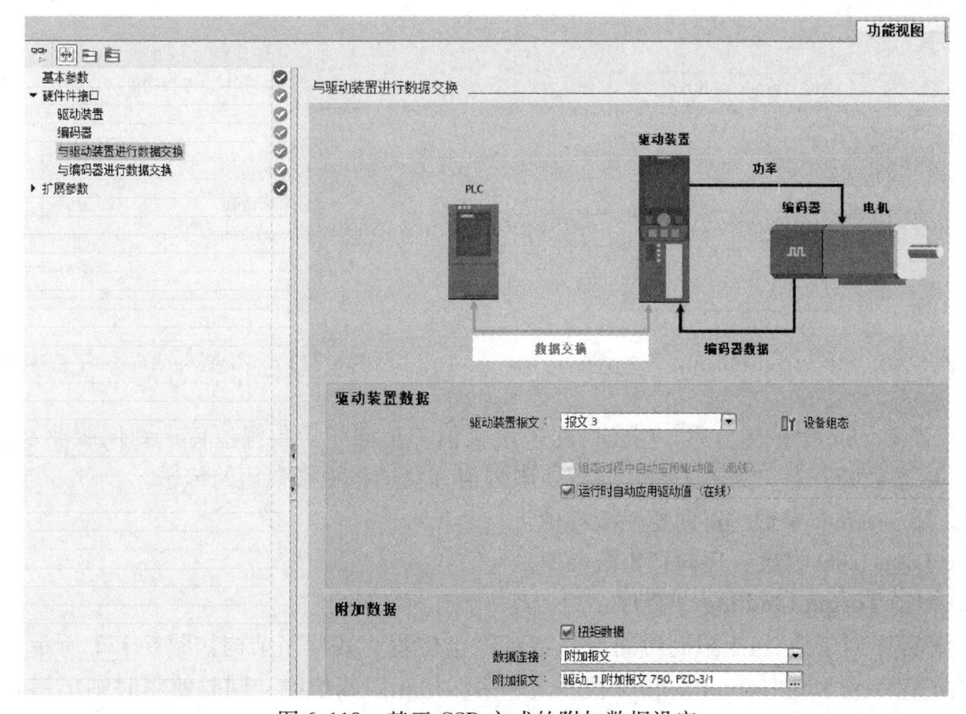

图 6-118 基于 GSD 方式的附加数据设定

1. MC_TorqueAdditive 子程序

该子程序用于控制附加扭矩，该子程序不会中断同一运动轴的其他指令，也不会被同一运动轴的其他指令中断，其程序结构如图 6-120 所示。

1）Axis 参数：运动控制向导组态包含附加报文 750 的轴工艺对象。

2）当 Enable 参数闭合后，Value 指定的值作为附加扭矩设定值；当 Enable 参数断开后，附加扭矩设定为零。

3）Value 参数：附加扭矩的设定值，可以为正值也可以为负值。

4）Busy 参数：子程序的运行状态。

5）Error 参数：子程序运行过程中出现错误。

6）ErrorId 参数：子程序运行过程中出现错误的详细信息。

2. MC_TorqueRange 子程序

该子程序用于控制扭矩限幅，可以设定正向扭矩限幅和负向扭矩限幅，其程序结构如图 6-121 所示。

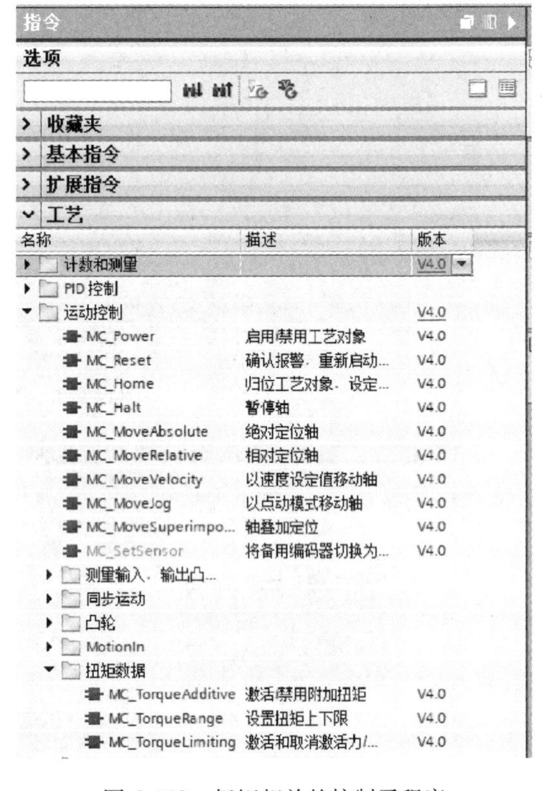

图 6-119　扭矩相关的控制子程序

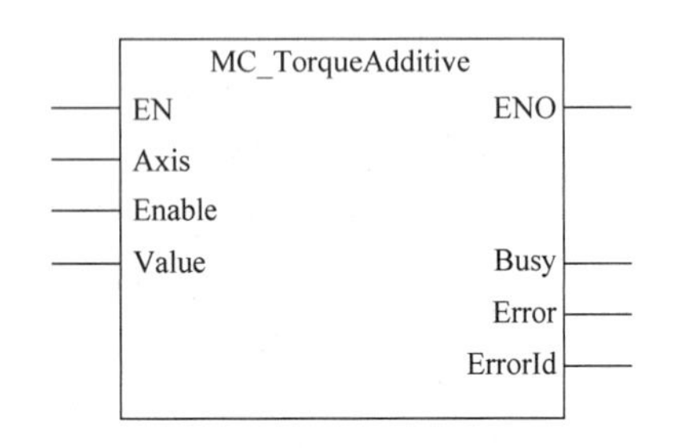

图 6-120　MC_TorqueAdditive 子程序结构

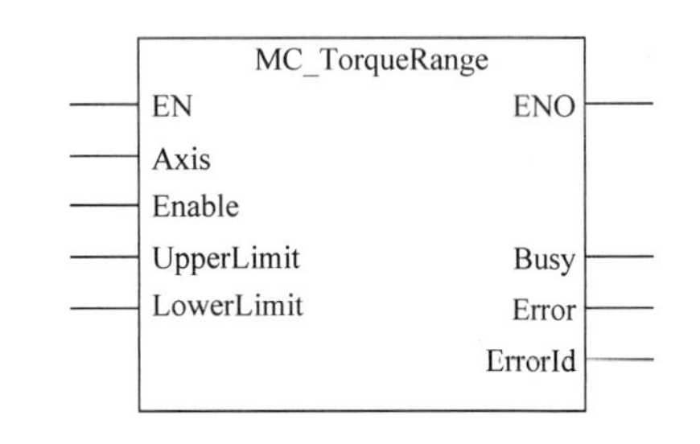

图 6-121　MC_TorqueRange 子程序结构

1）当 Enable 参数闭合后，将正向扭矩限幅值和负向扭矩限幅值传送到伺服驱动器中；当 Enable 参数断开后，则不进行正向扭矩限幅值和负向扭矩限幅值的传送。

2）UpperLimit 参数：正向扭矩限幅值。

3）LowerLimit 参数：负向扭矩限幅值。

3. MC_TorqueLimiting 子程序

该子程序用于力/扭矩限制检测或固定点停止检测，其程序结构如图 6-122 所示。仅能通过该子程序或 MC_TorqueRange 子程序之一激活扭矩限幅值时，同时使用时则出错并给出错误信息。

1）当Enable参数闭合后，激活力/扭矩限制检测或固定点停止检测功能；当Enable参数断开后，则取消力/扭矩限制检测或固定点停止检测功能。

2）Limit参数：力或扭矩的限制值，当Limit小于0时，则使用工艺对象中组态的值，反之则使用该值。

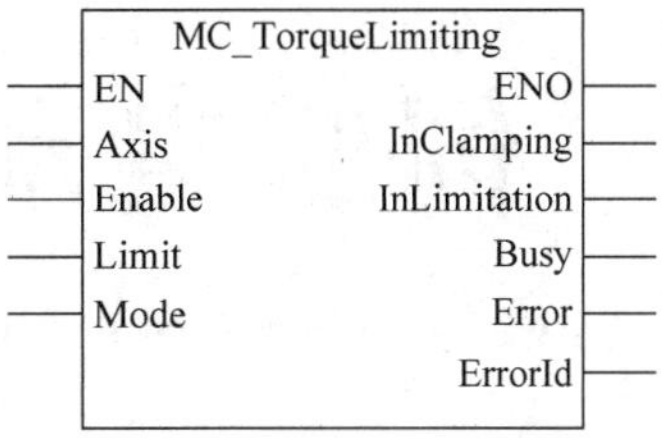

3）Mode参数：功能选择为0时表示力或力矩限制检测；为1时表示固定点停止检测且仅能与定位轴或同步轴配合使用。

图6-122 MC_TorqueLimiting子程序结构

4）InClamping参数：当Mode参数为1时，且驱动装置位于挡块位置，而定位轴位于定位误差范围内，则输出1表示当前处于固定点停止状态。

5）InLimitation参数：力/扭矩为限制值时，则输出1。

可以通过<TO>. StatusTorqueData. ActualTorque变量读出实际扭矩。

当附加报文750与功能块配合使用时，仅需在TIA Portal项目中进行SINAMICS V90 PN伺服驱动器的报文组态，而不需要进行工艺对象的组态，然后通过用户程序进行附加扭矩设定和扭矩限幅值设定并读出实际扭矩。

若采用HSP的方式，则在设置完附加报文750后，可以直接使用TIA Portal将组态的伺服驱动器下载到SINAMICS V90 PN伺服驱动器中，也可以采用参数设置的方式修改p8864 = 750，而采用GSD方式则仅能通过修改伺服驱动器参数的方式或者V-Assistant调试软件进行附加报文750的设置。

附录 伺服电动机选型的计算

附录 A　基本运动原理

1. 运动的基本概念

运动可以分为直线运动和旋转运动，也可分为匀速运动和变速运动，其中变速运动又可以分为匀变速运动和变加速运动，其相关物理量见表 A-1。

表 A-1　运动相关物理量

参数	描　　述	单位	备　　注
s	位移	m	直线运动
v	运行速度	m/s	
v_0	初始速度	m/s	
a	加速度	m/s^2	
t	时间	s	
θ	角位移	rad	旋转运动
ω	运行角速度	rad/s	
ω_0	初始角速度	rad/s	
α	角加速度	rad/s^2	
t	时间	s	

其中匀变速直线运动的基本运动公式见式（A-1）和式（A-2）。

$$s = v_0 t + \frac{1}{2} a t^2 \tag{A-1}$$

$$v = v_0 + at \tag{A-2}$$

在直线运动的 5 个基本物理量中，若已知其中任意 3 个变量的值，则可以求得另外 2 个变量的值。

其中匀变速旋转运动的基本运动公式见式（A-3）和式（A-4）。

$$\theta = \omega_0 t + \frac{1}{2}\alpha t^2 \tag{A-3}$$

$$\omega = \omega_0 + \alpha t \tag{A-4}$$

在旋转运动的 5 个基本物理量中，若已知其中任意 3 个变量的值，同样可以求得另外 2 个变量的值。

2. 旋转运动与直线运动的关系

弧长与角位移、半径的关系如图 A-1 所示。

从图 A-1 中，可以得到弧长、角位移和半径之间的关系，见式（A-5）。

$$s = r\theta \tag{A-5}$$

式中　s——弧长（m）；

r——半径（m）；

θ——角位移（°）。

在旋转运动中，角度、弧度和转数是可以相互转换的，其转换关系见式（A-6）。

$$1\text{转} = 2\pi = 360° \tag{A-6}$$

直线速度与旋转角速度之间的关系见式（A-7）。

$$v = r\omega \tag{A-7}$$

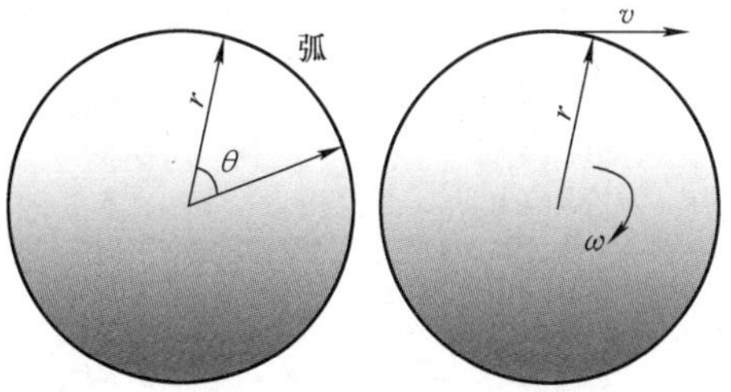

弧
v
r
θ
ω

图 A-1　弧长与角位移、半径的关系

它们之间通过圆的半径相互关联。角速度的单位是 rad/s，而在工业运动控制中，旋转速度的单位大多表示为 r/min，因此在计算时需要进行转换，关系见式（A-8）。

$$n = \omega \frac{60}{2\pi} \tag{A-8}$$

式中　n——旋转速度（r/min）；

ω——角速度（rad/s）。

3. 力、能量与功率

力、能量与功率的关系见表 A-2。

表 A-2　力、能量与功率的关系

参数	描述	单位	备　注
F	力	N	直线运动
P	功率	W	
W	功	J	
E	能量	J	
m	质量	kg	
T	转矩	N·m	旋转运动
T_a	加速转矩	N·m	
P	功率	W	
W	功	J	
E	能量	J	
J	转动惯量	kg·m²	
r	半径	m	

直线运动的力、功率、功、能量、质量之间的动力学关系见式（A-9）。

$$F = ma \tag{A-9a}$$

$$P = Fv \tag{A-9b}$$

$$W = Fs \tag{A-9c}$$

$$E = \frac{1}{2}m v^2 \tag{A-9d}$$

式中，力是质量与加速度的乘积，功率是力与速度的乘积，功是力与该力下所产生的位移的乘积。能量与质量成正比，与速度的二次方成正比。

旋转运动的转矩、加速转矩、功、功率、能量、转动惯量和半径之间的动力学关系见式（A-10）。

$$T = Fr \tag{A-10a}$$

$$P = T\omega \tag{A-10b}$$

$$W = T\theta \tag{A-10c}$$

$$E = \frac{1}{2}J\omega^2 \tag{A-10d}$$

$$T_a = J\alpha \tag{A-10e}$$

式中，转矩为力与力到参考点的作用距离的乘积；功率为转矩与角速度的乘积；功为转矩与转矩作用的角位移的乘积；能量与转动惯量成正比，与角速度的二次方成正比；加速转矩为转动惯量与角加速度的乘积。

4. 摩擦力

摩擦力是两个表面之间阻止它们相互运动的力。当移动一个静止的物体时，摩擦力与施加在物体的作用力方向相反，称为静摩擦力；当物体克服了静摩擦力并开始移动，摩擦力与作用力相反，称为动摩擦力。

如图 A-2 所示，质量为 m 的物体 A 在物体 B 的表面上，推力 F 推动物体 A。

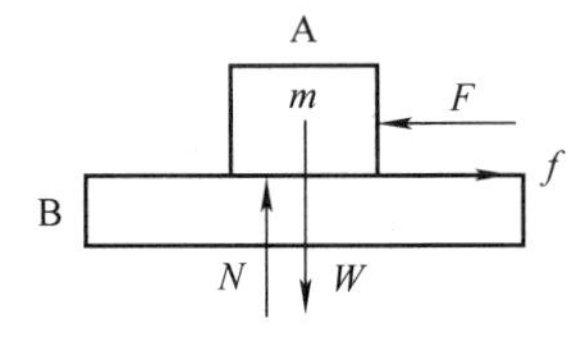

图 A-2 摩擦力与质量的关系

发生在物体 A 与物体 B 间的动摩擦力 f，等于作用在两者接触面上的压力乘以动摩擦系数 μ，从而得到动摩擦力的表达式，见式（A-11）。

$$f = \mu N = \mu mg \tag{A-11}$$

当物体 A 处于静止还未被推动时，静摩擦力与推力 F 大小相等，方向相反；当推力逐渐增大，直到大于最大静摩擦力时，物体 A 就会被推动。最大静摩擦力总是会比动摩擦力大，动摩擦力的大小与接触面的面积无关。

5. 转动惯量

惯性是看不见摸不着的东西，但却在机械设计、电动机选型中扮演着重要的角色。根据牛顿定律，惯性是物体抵抗加速度的一种趋势，这种趋势会使物体保持当前的运动状态，即静止的物体继续保持静止，直线运动的物体继续保持直线运动，除非有外力打破这种状态。惯量则是物体抵抗角加速度的一种趋势，与直线运动类似。转动惯量的定义来自于质量，见式（A-12）。

$$J = mr^2 \tag{A-12}$$

式中 J——转动惯量（kg/m^2）；

m——物体质量（kg）；

r——旋转半径（m）。

（1）实心矩形块转动惯量的计算

图 A-3 所示的实心矩形块，长、宽、高分别为 l、h、w，有两条虚线 a-a 和 $b-b$，它们是矩形块旋转时围绕的对称轴。

矩形块的相关物理量见式（A-13）。

$$A_e = hw \tag{A-13a}$$

$$A_s = lh \tag{A-13b}$$

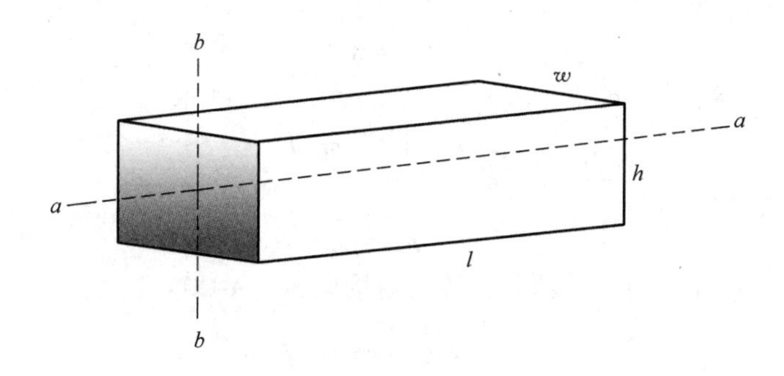

图 A-3 实心矩形块

$$V = lhw \tag{A-13c}$$

$$m = V\rho = lhw\rho \tag{A-13d}$$

式中 A_e——端面面积（m^2）；

A_s——侧面面积（m^2）；

V——矩形体体积（m^3）；

m——物体质量（kg）；

ρ——物体的密度（kg/m^3）。

当矩形块以 a-a 为旋转轴时，转动惯量见式（A-14）。

$$J_{a\text{-}a} = \frac{1}{12}m(h^2 + w^2) = \frac{1}{12}lhw\rho(h^2 + w^2) \tag{A-14}$$

当矩形块以 $b-b$ 为旋转轴时，转动惯量见式（A-15）。

$$J_{b-b} = \frac{1}{12}m(4l^2 + w^2) = \frac{1}{12}lhw\rho(4l^2 + w^2) \tag{A-15}$$

当矩形块以 $b-b$ 为旋转轴，且 l 远大于 h 和 w 时，其转动惯量见式（A-16）。

$$J_{b-b} = \frac{1}{3}ml^2 = \frac{1}{3}hw\rho l^3 \tag{A-16}$$

（2）实心圆柱体转动惯量的计算

实心圆柱体是自动控制领域最常见的一种构造。图 A-4 所示的实心圆柱体，半径为 r，柱长为 l，两条虚线 $a-a$ 和 $b-b$ 分别为实心圆柱体旋转时围绕的对称轴。

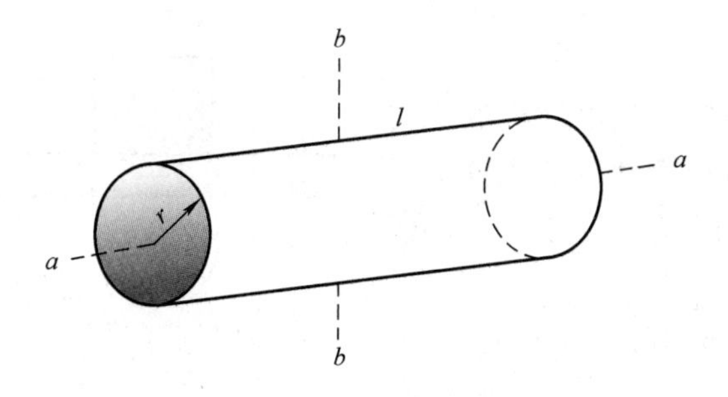

图 A-4 实心圆柱体

端面面积见式（A-17）。

$$A_{e}=\pi r^{2} \tag{A-17}$$

体积见式（A-18）。

$$V=A_{e}L=\pi r^{2}l \tag{A-18}$$

质量见式（A-19）。

$$m=\rho V=\rho\pi r^{2}l \tag{A-19}$$

当实心圆柱体以 a-a 为旋转轴时，转动惯量见式（A-20）。

$$J_{a-a}=\frac{1}{2}mr^{2}=\frac{1}{2}\rho\pi lr^{4} \tag{A-20}$$

从式（A-20）中可以看出，半径对转动惯量的影响大于其他因素，对于一台电动机，在保持转动惯量不变的情况下让电动机的轴更细长，则需要缩小电动机转子的半径。

当实心圆柱体以 $b-b$ 为旋转轴时，转动惯量见式（A-21）。

$$J_{b-b}=\frac{1}{12}m(3r^{2}+l^{2})=\frac{1}{12}\rho\pi lr^{2}(3r^{2}+l^{2}) \tag{A-21}$$

（3）空心圆柱体转动惯量的计算

图 A-5 所示的空心圆柱体，内径为r_1，外径为r_0，柱长为 l，有两条虚线 $a-a$ 和 $b-b$，它们是空心圆柱体旋转时围绕的对称轴。

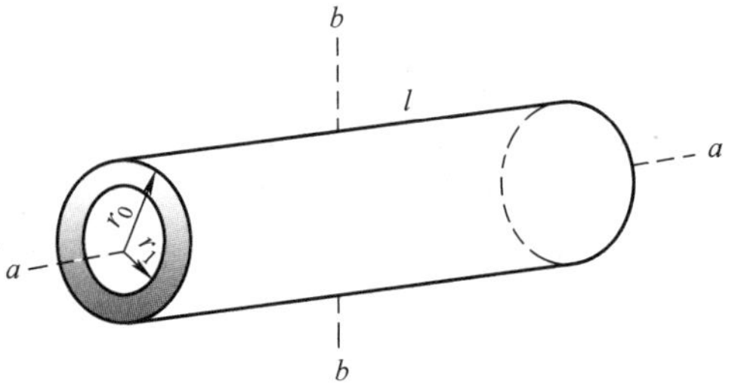

图 A-5　空心圆柱体

端面面积见式（A-22）。

$$A_{e}=\pi(r_0^2-r_1^2) \tag{A-22}$$

体积见式（A-23）。

$$V=A_{e}l=\pi l(r_0^2-r_1^2) \tag{A-23}$$

质量见式（A-24）。

$$m=\rho V=\rho\pi l(r_0^2-r_1^2) \tag{A-24}$$

当空心圆柱体以 $a-a$ 为旋转轴时，转动惯量见式（A-25）。

$$J_{a-a}=\frac{1}{2}m(r_0^2+r_1^2)=\frac{1}{2}\rho\pi l(r_0^4-r_1^4) \tag{A-25}$$

当空心圆柱体以 $b-b$ 为旋转轴时，转动惯量见式（A-26）。

$$J_{b-b}=\frac{1}{12}m(3r_0^2+3r_1^2+L^2)=\frac{1}{12}\rho\pi l(r_0^2-r_1^2)(3r_0^2+3r_1^2+l^2) \tag{A-26}$$

（4）普通传送辊

将物体的直线运动转换到电动机的旋转运动，在计算负载惯量折算到电动机轴上时将使用，如传送带和滚珠丝杠上的负载等，如图 A-6 所示。

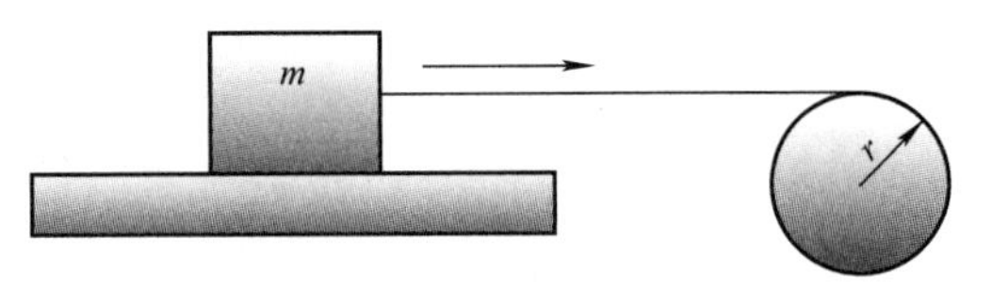

图 A-6　普通传送辊

传递的惯量见式（A-27）。

$$J=mr^{2} \tag{A-27}$$

（5）带减速机构负载惯量的折算

如图 A-7 所示，转动惯量为J_M的电动机通过减速比为N_r的减速机拖动转动惯量为J_L的负载运行。

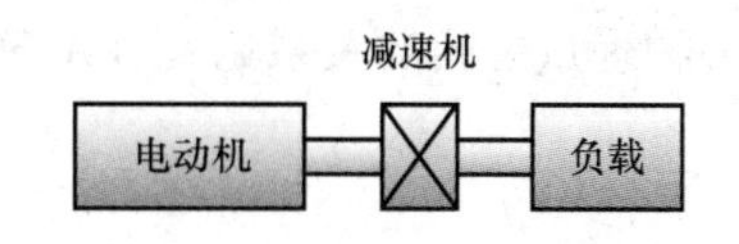

图 A-7　带减速机构的电动机拖动负载

则负载转动惯量折算到电动机侧的转动惯量见式（A-28）。

$$J_L' = \frac{1}{N_r^2} J_L \qquad (A\text{-}28)$$

（6）运动曲线

对于机器设备定位运动的起动，运行和停止可以通过位移曲线、速度曲线、加速度曲线和转矩曲线表示，如图 A-8 所示。

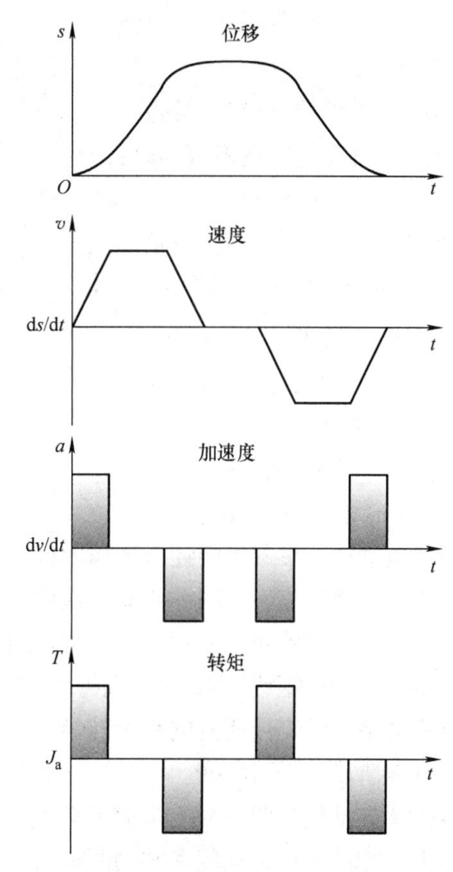

图 A-8　机器设备定位运动曲线

基本运动曲线包括三角形曲线、梯形曲线和 S 型曲线，如图 A-9 所示。

各物理量之间的关系见式（A-29）。

$$\theta = \theta_a + \theta_d = \omega_{max}\left(\frac{t_a}{2} + \frac{t_d}{2}\right) \qquad (A\text{-}29a)$$

$$\alpha_a = \frac{\omega_{max}}{t_a} \qquad (A\text{-}29b)$$

$$\alpha_d = \frac{\omega_{max}}{t_d} \qquad (A\text{-}29c)$$

式中　θ——总的旋转角度（rad）；

θ_a——加速运行角度（rad）；

θ_d——减速运行角度（rad）；

α_a——加速度（rad）；

α_d——减速度（rad/s^2）；

ω_{max}——最大角速度（rad/s）；

t_a——加速时间（s）；

t_d——减速时间（s）。

梯形速度曲线和加速度曲线如图 A-10 所示。

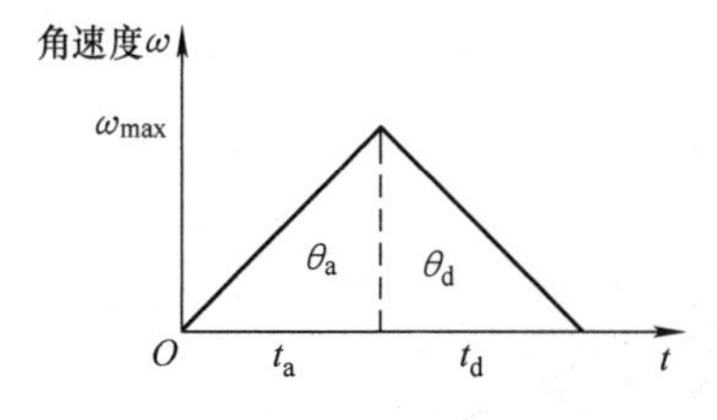

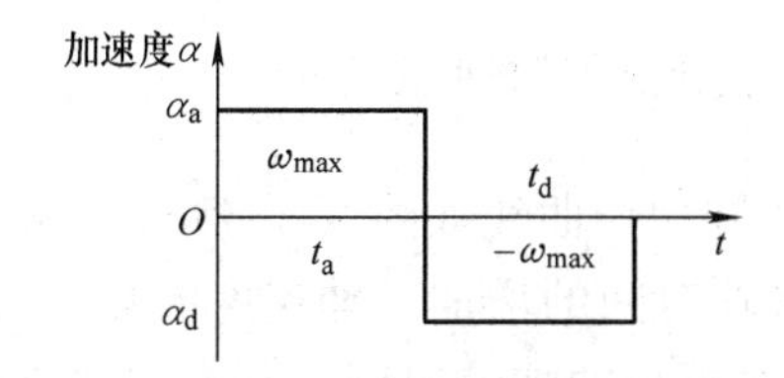

图 A-9　基本运动曲线

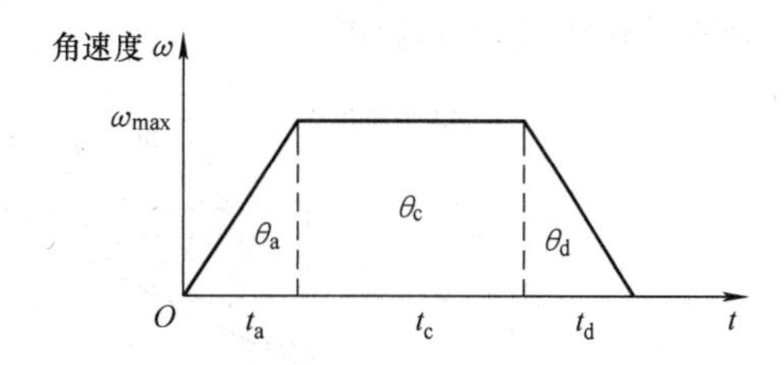

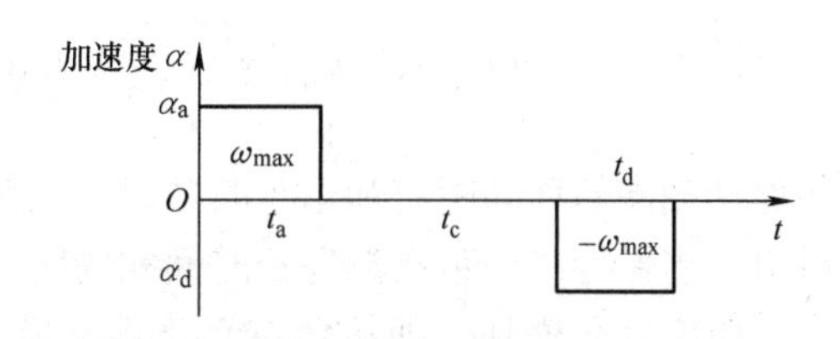

图 A-10　梯形速度曲线和加速度曲线

各物理量之间的关系见式（A-30）。

$$\theta=\theta_a+\theta_c+\theta_d=\omega_{max}\left(\frac{t_a}{2}+t_c+\frac{t_d}{2}\right) \tag{A-30a}$$

$$\alpha_a=\frac{\omega_{max}}{t_a} \tag{A-30b}$$

$$\alpha_d=\frac{\omega_{max}}{t_d} \tag{A-30c}$$

式中 θ——总的旋转角度（rad）；

θ_a——加速运行角度（rad）；

θ_c——匀速运行角度（rad）；

θ_d——减速运行角度（rad）；

α_a——加速度（rad/s^2）；

α_d——减速度（rad/s^2）；

ω_{max}——最大角速度（rad/s^2）；

t_a——加速时间（s）；

t_c——匀速时间（s）；

t_d——减速时间（s）。

除了电动机，负载可能还有滚珠丝杠、齿轮齿条、轴承、连杆等。这些传动装置不会很完美地紧跟电动机旋转，因此刚起动或停止时就用最大的转矩去驱动负载时，负载不会立即跟随电动机转动或停止。此时采用S型曲线，在刚起动时，电动机输出的转矩逐步加大，直到电动机的最大转矩或所需的加速转矩；而在停止时，电动机输出的转矩同样逐步加大，直到电动机的最大转矩或所需的减速转矩，于是就实现了加速阶段切换到匀速阶段或匀速阶段切换到减速阶段的平滑转变。

在选择电动机与驱动时，应知道设备运行的速度及其距离，然后考虑选择哪种运动曲线。当保持相同的最大速度和移动距离时，三角形曲线和梯形曲线如图A-11所示。从图中可以看出，当保持最大速度并且移动距离一样的时候，随着加速时间的增加（加速度的减小），总的运行时间也在增加。

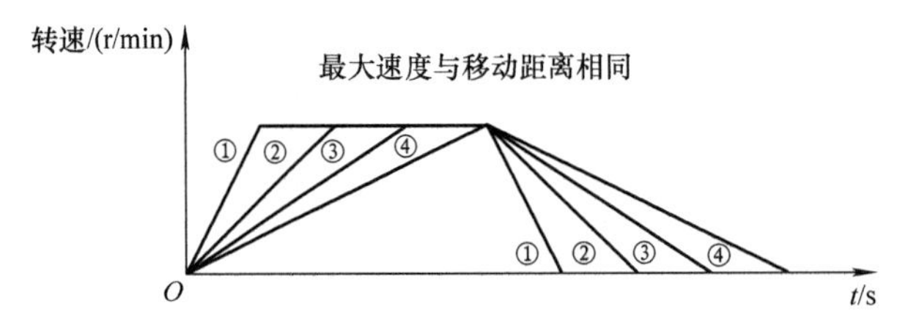

图 A-11　相同最大速度和移动距离时的三角形、梯形曲线

当保持相同的移动距离和运行时间时，三角形曲线和梯形曲线如图A-12所示。从图中可以看出，当保持移动距离和运行时间相同时，随着加速时间的增加（加速度的减小），需要的最大速度也会增加。即按照三角形曲线移动，需要更长的加速时间，但由于加速度较小，所以需要电动机输出的加速转矩也较小。

平均转速和方均根转矩如图 A-13 所示。

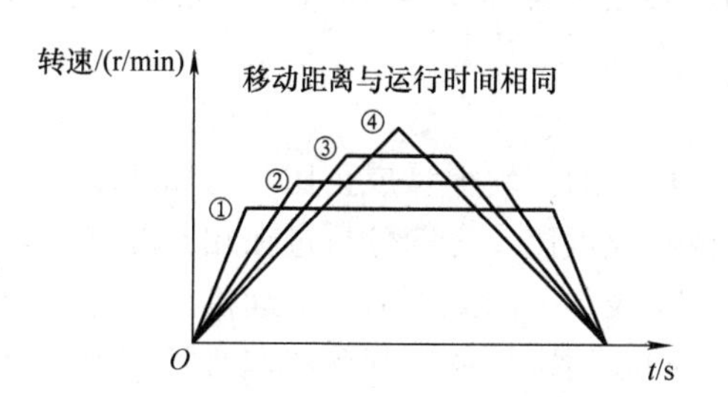

图 A-12 相同移动距离和运行时间时的三角形、梯形曲线

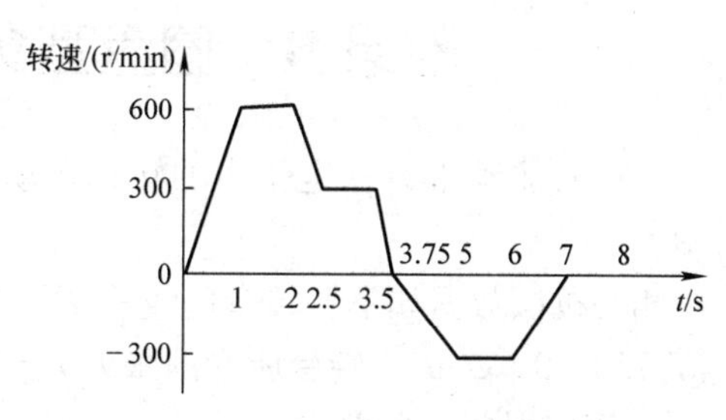

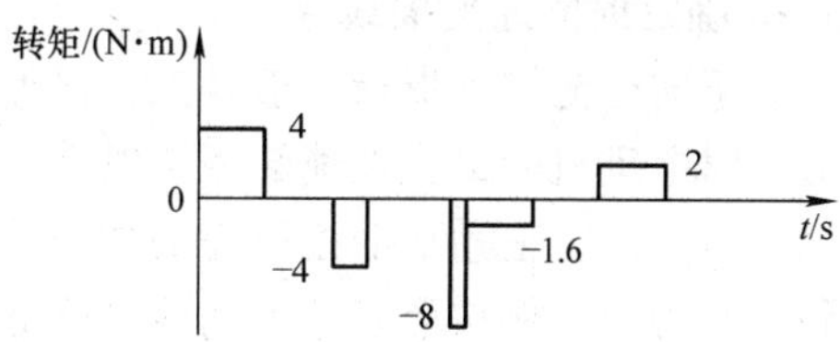

图 A-13 平均转速和方均根转矩

在某一时间间隔中，一个三角形区域的平均转速是它最高转速的一半。

平均转速为

$$n_{AV}=\frac{\sum_{i=0}^{k}n_i t_i}{\sum_{i=0}^{k}t_i}$$

$$=\frac{300\times1+600\times1+450\times0.5+300\times1+150\times0.25+150\times1.25+300\times1+150\times1}{8}$$

$$=263\text{r/min}$$

方均根转矩为

$$T_{rms}=\sqrt{\frac{\sum_{i=0}^{k}T_i^2 t_i}{\sum_{i=0}^{k}t_i}}=\sqrt{\frac{4^2\times1+(-4)^2\times0.5+(-8)^2\times0.25+(-1.6)^2\times1.25+2^2\times1}{8}}$$

$$=2.43\text{N}\cdot\text{m}$$

附录 B　圆盘型负载的伺服电动机选型

电动机驱动带有一定张力的转台运动，要求转台每 2s 的时间内旋转 1080°，如图 B-1 所示。

相关机械数据如下：转台的直径 $D=400\text{mm}$，转台的厚度 $H=50\text{mm}$，转台的材料密度 $\rho=7.75\times10^3\text{kg/m}^3$，转台所受的张力 $F=10\text{N}$。

1. 确定时间速度曲线

由于转台的转动惯量一般较大，而加速转矩与转台的转动惯量成正比，与加速度也成正比，同时电动机的最大加速转矩与电动机的额定转矩成正比。之前分析过在相同的移动距离和运行时间下，三角形曲线所需的加速转矩比梯形曲线小，因此所需的电动机的额定转矩也会较小，因此本例按照三角形曲线进行分析计算，同时假定加速时间和减速时间相等。时间速度曲线如图 B-2 所示。

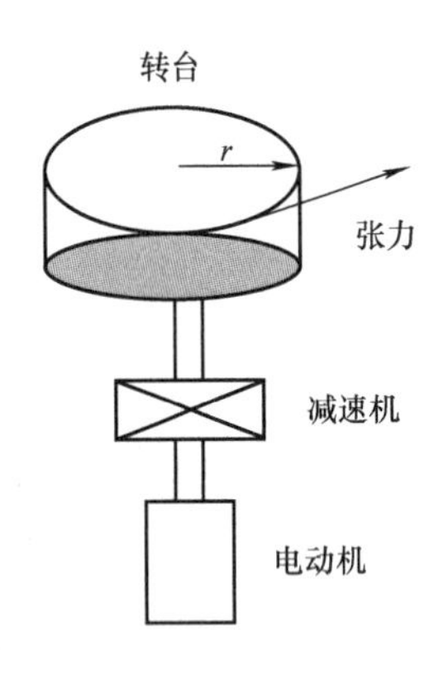

图 B-1　转台示意图

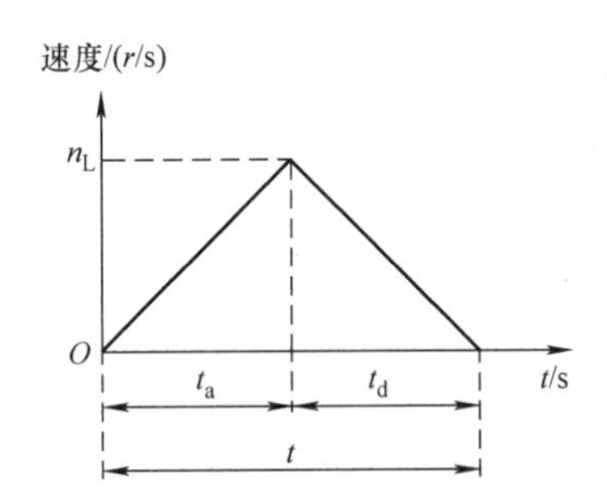

图 B-2　时间速度曲线

运行时间 $t=2\text{s}$，移动距离 $\theta=1080°=6\pi\text{rad}$，则加减速时间为

$$t_a=t_d=\frac{2}{2}\text{s}=1\text{s}$$

2. 确定转速

负载最大转速

$$n_L=\frac{\theta}{t_a}=\frac{6\pi}{1}=3\text{r/s}=180\text{r/min}$$

预估所选电动机的最大转速为 3000r/min，预选减速箱的减速比 $N_r=15$。

转动惯量

$$J_G=3.1\times10^{-4}\text{kg}\cdot\text{m}^2$$

电动机轴端的最大转速

$$n_M=n_LN_r=180\times15=2700\text{r/min}$$

3. 确定负载转矩

转台的半径

$$r=\frac{D}{2}=\frac{0.4\text{m}}{2}=0.2\text{m}$$

折算到电动机轴端的负载转矩

$$T_L=\frac{Fr}{N_r}=\frac{10}{15}\text{N}\cdot\text{m}=0.67\text{N}\cdot\text{m}$$

4. 确定负载转动惯量

转台的体积

$$V=\pi r^2H=\pi\times0.2\text{m}\times0.2\text{m}\times0.05\text{m}=0.00628\ \text{m}^3$$

转台的质量

$$m=\rho V=7.75\times10^3\text{kg/m}^3\times0.00628\text{m}^3=48.67\text{kg}$$

折算到电动机端的负载转动惯量

$$J_L=\frac{\frac{1}{2}mr^2}{N_r^2}+J_G=\frac{\frac{1}{2}\times48.67\times0.2\times0.2}{15^2}+3.1\times10^{-4}=46.36\times10^{-4}\text{kg}\cdot\text{m}^2$$

5. 功率计算

负载行走功率

$$P_c=\frac{2\pi\times n_M\times T_L}{60}=\frac{2\pi\times2700\times1}{60}=283\text{W}$$

负载加速功率

$$P_a=\frac{2\pi\times n_M}{60}\times\frac{2\pi\times n_M}{60\times t_a}\times J_L=\frac{2\pi\times2700}{60}\times\frac{2\pi\times2700}{60\times1}\times46.36\times10^{-4}=371\text{W}$$

6. 预选伺服电动机

根据以下条件预选伺服电动机：

1）$T_L\leqslant$电动机额定转矩。

2）$\frac{P_c+P_a}{2}<$预选电动机的额定功率。

3）$n_M\leqslant$电动机额定转速。

4）$J_L\leqslant$容许负载转动惯量。

选择SINAMICS V90伺服驱动系统中1FL6高惯量电动机，预选电动机的参数见表B-1。

表B-1　预选电动机参数

项　目	值
额定功率	750W
额定转速	3000r/min
额定转矩	2.39N·m
瞬时最大转矩	7.2N·m
电动机转子转动惯量	$5.2\times10^{-4}\text{kg}\cdot\text{m}^2$
容许负载的转动惯量	$5.2\times10^{-3}\text{kg}\cdot\text{m}^2$

400W 电动机容许负载的转动惯量为 $27\times10^{-4}\text{kg}\cdot\text{m}^2$。

7. 校验预选的伺服电动机

加速转矩的确认

$$T_a=\frac{2\pi\times n_M\times(J_M+J_L)}{60\times t_a}+T_L=\frac{2\pi\times2700\times(5.2+46.36)\times10^{-4}}{60\times1}+0.67=2.128\text{N}\cdot\text{m}$$

减速转矩的确认

$$T_d=\frac{2\pi\times n_M\times(J_M+J_L)}{60\times t_d}-T_L=\frac{2\pi\times2700\times(5.2+46.36)\times10^{-4}}{60\times1}-0.67=1.458\text{N}\cdot\text{m}$$

转矩有效值的确认

$$T_{rms}=\sqrt{\frac{T_a^2\times t_a+T_d^2\times t_d}{t}}=\sqrt{\frac{2.128^2\times1+1.458^2\times1}{2}}=1.824\text{N}\cdot\text{m}$$

加速转矩和减速转矩均小于预选伺服电动机的瞬时最大转矩，转矩有效值小于预选伺服电动机的额定转矩，预选伺服电动机可以使用。

8. 转矩曲线（图 B-3）

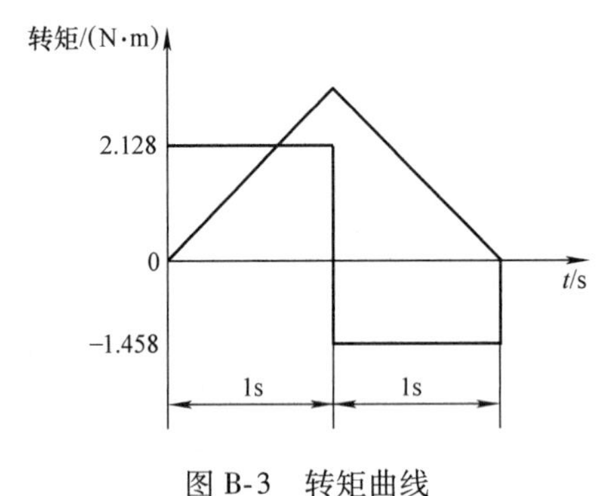

图 B-3　转矩曲线

附录C　滚珠丝杠型负载的伺服电动机选型

如图C-1所示为一个水平丝杠带动工作台水平运动的案例，工件紧固在工作台上，与工作台之间没有相对运动。工作台在A点和B点之间往复运动，A点装上工件，B点卸下工件，且时间均为0.2s。

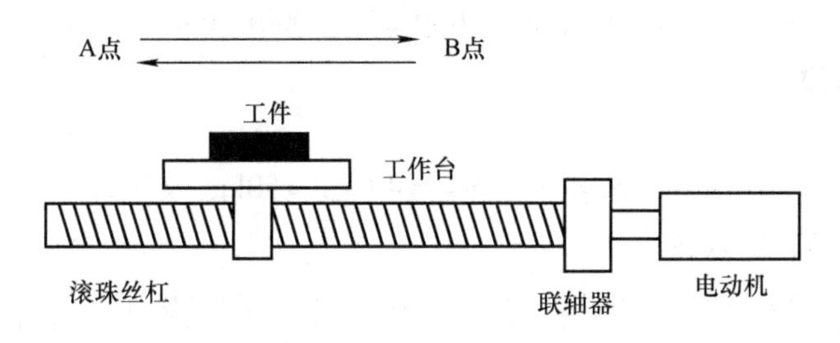

图C-1　水平丝杠带动工作台水平运动案例

相关数据如下：工作台的重量$m_T=49$kg，工件的重量$m_W=1$kg，滚珠丝杠的长度$l_B=0.6$m，滚珠丝杠的直径$d_B=0.02$m，滚珠丝杠的导程$l_P=0.016$m，滚珠丝杠的材质密度$\rho_B=7.87\times10^3$kg/m³，直线运动部分承受的外力$F=0$N，联轴器的重量$m_C=0.1$kg，联轴器的外径$d_C=0.03$m，工作台与滚珠丝杠之间的摩擦系数$\mu=0.2$，负载的运行速度$v_L=16$m/min，传送次数$n=20$次/min，A点与B点之间的传送长度$l_s=0.32$m，减速比$N_r=3$，机械效率$\eta=0.9$，连接部件转动惯量$J_G=0.1\times10^{-4}$kg·m²。

1. 确定时间速度曲线

由于A点到B点的运行是带有工件的传送，而B点到A点的运行是不带工件的传送，因此仅计算：如果伺服电动机的选型能够满足A点到B点的运行，必然可以满足B点到A点的运行。假设A点到B点的运行时间与B点到A点的运行时间相等，其速度运行曲线如图C-2所示。

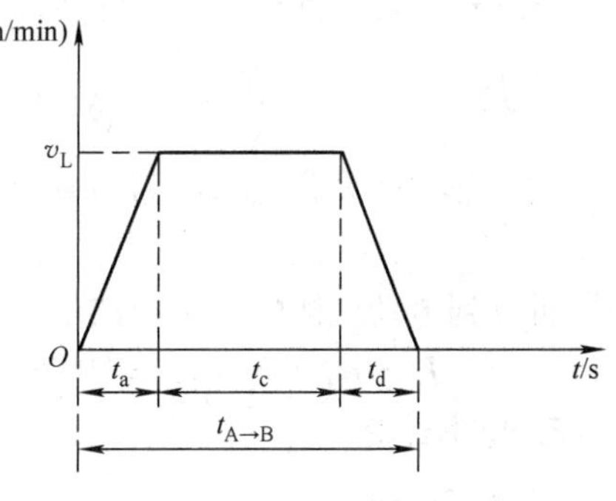

图C-2　速度运行曲线

单次传送的时间为

$$t=\frac{60}{n}=\frac{60}{20}=3\text{s}$$

A点到B点的运行时间为

$$t_{A\to B}=\frac{3-0.2-0.2}{2}=1.3\text{s}$$

假设加速时间与减速时间相等，则加速距离与减速距离相等。

加速时间和减速时间为

$$t_a=t_d=t_{A\to B}-(t_a+t_c)=t_{A\to B}-\frac{l_s}{v_L}=1.3-\frac{60\times0.32}{16}=0.1\text{s}$$

匀速段的运行时间

$$t_c = t_{A\to B} - (t_a + t_d) = 1.3 - (0.1 + 0.1) = 1.1\text{s}$$

2. 确定转速

负载端轴的转速为

$$n_L = \frac{v_L}{l_P} = \frac{16}{0.016} = 1000\text{r/min}$$

电动机端轴的转速为

$$n_M = n_L N_r = 1000 \times 3 = 3000\text{r/min}$$

3. 确定负载转矩

负载重量

$$m = m_T + m_W = 49 + 1 = 50\text{kg}$$

折算到电动机侧的负载转矩

$$T_L = \frac{(9.8 \times \mu \times m + F) \times l_B}{2 \times \pi \times \eta \times N_r} = \frac{(9.8 \times 0.2 \times 50 + 0) \times 0.016}{2 \times \pi \times 0.9 \times 3} = 0.093\text{N} \cdot \text{m}$$

4. 确定负载转动惯量

直线运动部分折算到电动机侧的转动惯量

$$J_{L1} = m \times \left(\frac{l_B}{2\pi}\right)^2 \times \frac{1}{N_r^2} = 50 \times \left(\frac{0.016}{2\pi}\right)^2 \times \frac{1}{3^2} = 0.36 \times 10^{-4}\text{kg} \cdot \text{m}^2$$

滚珠丝杠的重量

$$m_B = \rho \times \pi \times \left(\frac{d_B}{2}\right)^2 \times l_B = 7.87 \times 10^3 \times \pi \times \left(\frac{0.02}{2}\right)^2 \times 0.6 = 1.48346\text{kg}$$

滚珠丝杠折算到电动机侧的转动惯量

$$J_B = \frac{1}{2} \times m_B \times \left(\frac{d_B}{2}\right)^2 \times \frac{1}{N_r^2} = \frac{1}{2} \times 1.48346 \times \left(\frac{0.02}{2}\right)^2 \times \frac{1}{3^2} = 0.085 \times 10^{-4}\text{kg} \cdot \text{m}^2$$

联结部件折算到电动机侧的转动惯量

$$J_G = 0.1 \times 10^{-4}\text{kg} \cdot \text{m}^2$$

折算到电动机侧的总转动惯量

$$J_L = J_{L1} + J_B + J_G = (0.36 + 0.085 + 0.1) \times 10^{-4} = 0.545 \times 10^{-4}\text{kg} \cdot \text{m}^2$$

5. 功率计算

负载行走功率

$$P_c = \frac{2\pi \times n_M \times T_L}{60} = \frac{2\pi \times 3000 \times 0.093}{60} = 29\text{W}$$

负载加速功率

$$P_a = \frac{2\pi \times n_M}{60} \times \frac{2\pi \times n_M}{60 \times t_a} \times J_L = \frac{2\pi \times 3000}{60} \times \frac{2\pi \times 3000}{60 \times 0.1} \times 0.545 \times 10^{-4} = 54\text{W}$$

6. 预选伺服电动机

根据以下条件预选伺服电动机：

1）$T_L \leqslant$电动机额定转矩。

2）$\frac{P_c + P_a}{2} <$ 预选电动机的额定功率。

3）n_M≤电动机额定转速。

4）J_L≤容许负载转动惯量。

选择 SINAMICS V90 伺服驱动系统中 1FL6 低惯量电动机，预选电动机的参数见表 C-1。

表 C-1　预选电动机参数

项　目	值
额定功率	50W
额定转速	3000r/min
额定转矩	0.16N·m
瞬时最大转矩	0.48N·m
电动机转子转动惯量	0.031×10^{-4}kg·m²
容许负载的转动惯量	0.93×10^{-4}kg·m²

7. 校验预选的伺服电动机

加速转矩的确认

$$T_a=\frac{2\pi\times n_M\times(J_M+J_L)}{60\times t_a}+T_L=\frac{2\pi\times3000\times(0.031+0.545)\times10^{-4}}{60\times0.1}+0.093=0.274\text{N}\cdot\text{m}$$

减速转矩的确认

$$T_d=\frac{2\pi\times n_M\times(J_M+J_L)}{60\times t_d}-T_L=\frac{2\pi\times3000\times(0.031+0.545)\times10^{-4}}{60\times0.1}-0.093=0.089\text{N}\cdot\text{m}$$

转矩有效值的确认

$$T_{rms}=\sqrt{\frac{T_a^2\times t_a+T_L^2\times t_c+T_d^2\times t_d}{\frac{t}{2}}}=\sqrt{\frac{0.274^2\times0.1+0.093^2\times1.1+0.0892^2\times0.1}{\frac{3}{2}}}=0.109\text{N}\cdot\text{m}$$

加速转矩和减速转矩均小于预选伺服电动机的瞬时最大转矩，转矩有效值小于预选伺服电动机的额定转矩，预选伺服电动机可以使用。

8. 转矩曲线

转矩曲线如图 C-3 所示。

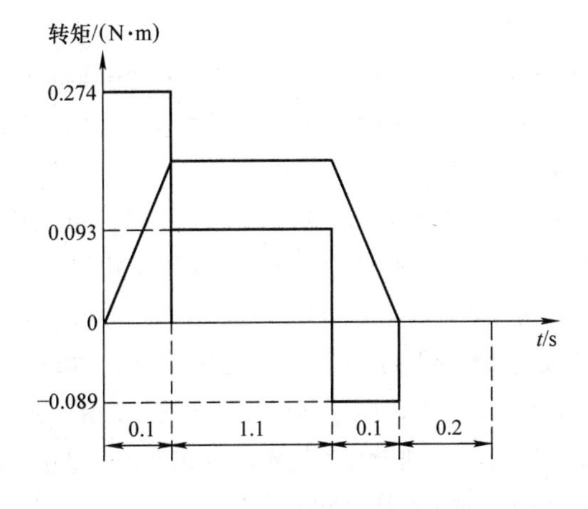

图 C-3　转矩曲线

参 考 文 献

[1] 任清晨．电气控制柜设计制作——电路篇［M］. 北京：电子工业出版社，2014.

[2] 任清晨．电气控制柜设计制作——结构与工艺篇［M］. 北京：电子工业出版社，2014.

[3] 张亮．电磁兼容（EMC）技术及应用实例详解［M］. 北京：电子工业出版社，2014.

[4] 高安邦，石磊，胡乃文．三菱 FX/A/Q 系列 PLC 自学手册［M］. 北京：中国电力出版社，2013.

[5] 徐清书．SINAMICS S120 变频控制系统应用指南［M］. 北京：机械工业出版社，2014.

[6] 廖常初．西门子人机界面（触摸屏）组态与应用技术［M］. 北京：机械工业出版社，2006.

[7] 杨光．西门子自动化系统接地指南［M］. 北京：机械工业出版社，2016.

[8] 同志学，吴晓君．西门子运动控制及工程应用［M］. 北京：国防工业出版社，2016.

[9] 崔坚．SIMATIC S7-1500 与 TIA 博途软件使用指南［M］. 北京：机械工业出版社，2016.

[10] 王薇．深入浅出西门子运动控制器——SIMOTION 实用手册［M］. 北京：机械工业出版社，2013.

[11] 廖常初．西门子工业通信网络组态编程与故障诊断［M］. 北京：机械工业出版社，2009.

[12] 文杰．欧姆龙 PLC 电气设计与编程自学宝典［M］. 北京：中国电力出版社，2015.

[13] 王兆宇．施耐德 PLC 电气设计与编程自学宝典［M］. 北京：中国电力出版社，2015.

[14] 中国航空工业规化设计院．工业与民用配电设计手册［M］. 3 版．北京：中国电力出版社，2005.

[15] 刘介才．工厂供电［M］. 4 版．北京：机械工业出版社，2004.

[16] 陈勇，耿亮．SINUMERIK 808D 数控系统安装与调试轻松入门［M］. 北京：机械工业出版社，2014.

[17] 薛士龙．现代电气控制与可编程控制器［M］. 北京：电子工业出版社，2017.

[18] 黄永红．电气控制技术与 PLC 应用［M］. 北京：机械工业出版社，2011.

[19] 李西兵，郭强．机床电气与可编程控制技术［M］. 北京：电子工业出版社，2014.

[20]《钢铁企业电力设计手册》编委会钢铁企业电力设计手册［M］. 北京：冶金工业出版社，1996.

[21] GEORGE ELLIS. 控制系统设计指南（原书第 4 版）［M］. 汤晓君，译．北京：机械工业出版社，2016.

[22] 袁雷，等．现代永磁同步电动机控制原理及 MATLAB 仿真［M］. 北京：北京航空航天大学出版社，2016.

[23] HANS G, JENS H, GEORGE W. Electrical Feed Drives in Automation [M]. Erlangen and Munich: Publicis MCD Corporate Publishing, 2001

[24] GERD T. Electrical Drives and Control Techniques [M]. Leuven (Belgium): Uitgeverij Acco, 2004.

[25] EDWIN K. Drive Solutions Mechatronics for Production and Logistic [M]. Berlin: Springer - Verlag Berlin Heidelberg 2008: 179 - 185

[26] 游辉胜．SIMATIC S7-1200 和 SINAMICS V20 在卷绕机上的应用［J］. 电气技术，2018，19（10）：85－87.

[27] 游辉胜，李澄，薛孝琴．SINAMICS V90 PN 回零方法及应用分析［J］. 电工技术，2019（4）：1－3.

[28] 游辉胜．SINAMICS V90 在分压机中的应用［J］. 变频器世界，2016（9）：83－85.

[29] 游辉胜．SINAMICS V20 在电动扶梯上的应用［J］. 变频器世界，2016（10）：96－97.

[30] 游辉胜．2016 西门子工业专家会议论文集：上册［C］. 北京：机械工业出版社，2016.

[31] 全国低压成套开关设备和控制设备标准化技术委员会．GB7251. 1—2013［S］. 低压成套开关设备和控制设备第 1 部分．北京：中国标准出版社，2013.

[32] 全国电气安全标准化技术委员会．外壳防护等级：GB/T 4208—2017［S］. 北京：中国标准出版

社，2017.

[33] 中国电力企业联合会. 交流电气装置的接地设计规范：GB/T 50065—2011 [S]. 北京：中国计划出版社，2011.

[34] 全国电气信息结构、文件编制和图形符号标准化技术委员会. 电气设备用图形符号：GB/T 5465.1—2009 [S]. 北京：中国标准出版社，2008.

[35] 国际电工委员会. 机壳提供的防护等级（IP 代码）：IEC60529：2013 [S]. 北京：中国标准出版社，2013.

[36] 国际电工委员会. 可调速电力传动系统. 第 3 部分：包括特定试验方法的电磁兼容（EMC）产品标准：IEC61800 - 3：2017 [S]. 北京：中国标准出版社，2017.